Mathematik für Bauingenieure

Teil 2
Differentialrechnung. Integralrechnung
Angewandte Mathematik

Von Dr. W. Haacke, Dr. M. Hirle, Dr. O. Maas
unter Mitwirkung von Dipl.-Ing. W. Burghardt

1972. Mit 243 Bildern, 235 Beispielen und 168 Aufgaben

D1662382

 B. G. Teubner Stuttgart

Verfasser

Dr. rer. nat. Wolfhart Haacke
Fachhochschule Südost-Westfalen, Paderborn

Dr.-Ing. Manfred Hirle
Fachhochschule Stuttgart
z. Z. Managua/Nicaragua

Dr.-Ing. Otto Maas
Fachhochschule Essen

Dipl.-Ing. Will Burghardt
Fachhochschule Frankfurt/M.

ISBN 3–519–05228–8

Alle Rechte, auch die der Übersetzung, des auszugsweisen Nachdruckes
und der fotomechanischen Wiedergabe, vorbehalten
© B. G. Teubner, Stuttgart 1972
Printed in Germany
Satz: Schmitt u. Köhler, Würzburg
Druck: A. Boegler's Verlagsdruckerei, Würzburg
Binderei: G. Gebhardt, Schalkhausen/Ansbach
Umschlaggestaltung: W. Koch, Stuttgart

Vorwort

Die sich immer mehr abzeichnende Bedeutung der Mathematik zur Lösung technischer Probleme führte innerhalb der Erweiterung des Grundlagenstudiums für Bau- und Vermessungsingenieure an Hochschulen zu einem Ausbau dieses Faches, insbesondere des Gebietes der „Praktischen und numerischen Mathematik".

Weiterhin verlagert sich die Form einer Wissensvermittlung von der ausschließlichen Lehre mit Vortrag und Diskussion zur Stofferarbeitung in Arbeitsgemeinschaften und Gruppen bis zum Selbststudium. So ist in diesem Buch betont Wert gelegt worden auf eine leicht verständliche Darstellung und auf eine Vertiefung der dabei gewonnenen Kenntnisse durch mehrere Beispiele. Hierdurch wird die Nutzanwendung der jeweiligen Aussagen unterstrichen. Die Benutzung des Rechenschiebers und der Einsatz von Datenverarbeitungsanlagen werden eingehend erklärt.

Zahlreiche Aufgaben aus der Praxis – die einerseits zur weiteren Abrundung des vorangegangenen Abschnitts, andererseits zur Eigenkontrolle des Verständnisses dienen – stehen am Ende der Teilabschnitte. Auf diese Weise wird der Fertigkeit im formalen Benutzen der Mathematik Rechnung getragen; ebenso wird die häufig nicht leicht zu erfüllende Forderung angesprochen, diese Kenntnisse für eine gegebene technische Aufgabe nutzbar zu machen. Die Lösungen sind im Anhang zusammengefaßt. Eine mathematisch korrekte Darstellung ist besonders angestrebt worden, wobei jedoch gelegentlich von schwierigen und aufwendigen Beweisen abgesehen wird, die den Ingenieur nur belasten würden. Hierauf ist aber jeweils ausdrücklich hingewiesen. Diese Methodik der Darstellung wendet sich nicht nur an Studenten während ihrer Ausbildung, sondern gleichfalls an die in der Praxis stehenden Ingenieure, um auch diese mit neueren Methoden der Mathematik vertraut zu machen.

Die „Mathematik für Bauingenieure" erscheint in zwei Bänden; in ihnen stellen Querverweise eine Verbindung zwischen Grundkenntnissen und weiterführenden Ergebnissen her. Die Stoffgliederung erlaubt es jedoch, die Bände unabhängig voneinander zu verwenden. Eine Kurzangabe der Inhalte beider Bände ist auf Seite II angegeben.

Auf DIN-Ausgaben, die den Inhalt dieses Buches beeinflußt haben, wird auf Seite VIII verwiesen.

Für das Angebot, Abschnitte aus dem Werk „Mathematik für Ingenieure des Maschinenbaus und der Elektrotechnik" (Brauch/Dreyer/Haacke; 3. Auflage 1971) zu übernehmen, sei den Mitautoren jenes Buches herzlich gedankt.

Herr Will Burghardt verfaßte für diesen Band den Abschnitt „Netzplantechnik".

Hinweise auf Mängel und Anregungen für die Weiterentwicklung dieses Buches nehmen wir gern entgegen.

Paderborn, Managua, Essen. Frühjahr 1972   Die Verfasser

Inhalt

Formelzeichen

Für die hier benutzten mathematischen und technischen Formelzeichen sowie Symbole wird auf Wendehorst, Bautechnische Zahlentafeln. 16. Aufl. Stuttgart 1970, verwiesen.

Griechisches Alphabet

A	α	Alpha	H	η	Eta	N	ν	Nü	T	τ	Tau
B	β	Beta	Θ	ϑ	Theta	Ξ	ξ	Ksi	Y	υ	Ypsilon
Γ	γ	Gamma	I	ι	Iota	O	o	Omikron	Φ	φ	Phi
Δ	δ	Delta	K	$\varkappa$	Kappa	Π	π	Pi	X	χ	Chi
E	ε	Epsilon	Λ	λ	Lambda	P	ϱ	Rho	Ψ	ψ	Psi
Z	ζ	Zeta	M	μ	Mü	Σ	σ	Sigma	Ω	ω	Omega

DIN-Ausgaben (Auswahl)

Für dieses Buch zutreffende Normen sind entsprechend dem Entwicklungsstand ausgewertet worden, den die Normen-Bearbeitung bei Abschluß des Manuskripts erreicht hatte.

1080 Zeichen für statische Berechnungen im Bauingenieurwesen

1301 Einheiten; Einheitennamen, Einheitenzeichen

1302 Mathematische Zeichen

1303 Schreibweise von Tensoren (Vektoren)

1304 Allgemeine Formelzeichen

1305 Masse, Gewicht, Gewichtskraft, Fallbeschleunigung; Begriffe

1306 Dichte; Begriffe

1313 Schreibweise physikalischer Gleichungen in Naturwissenschaft und Technik

1314 Druck; Begriffe, Einheiten

1315 Winkeleinheiten, Winkelteilungen

1319 Bl. 1 Grundbegriffe der Meßtechnik; Messen, Zählen, Prüfen

Bl. 2 –; Begriffe für die Anwendung von Meßgeräten

Bl. 3 –; Begriffe für die Fehler beim Messen

1333 Runden von Zahlen; Regeln, Kennzeichnung

1350 Zeichen für Festigkeitsberechnungen, Formelzeichen, Mathematische Zeichen, Einheiten

1357 Einheiten elektrischer Größen

5486 Schreibweise von Matrizen

5493 Logarithmierte Verhältnisgrößen (Pegel, Maße)

5494 Größensysteme und Einheitensysteme

5497 Mechanik; starre Körper, Formelzeichen

44300 Informationsverarbeitung; Begriffe

55302 Bl. 1 Statistische Auswertungsverfahren; Häufigkeitsverteilung, Mittelwert und Streuung, Grundbegriffe und allgemeine Rechenverfahren

Bl. 2 –; Häufigkeitsverteilung, Mittelwert und Streuung, Rechenverfahren in Sonderfällen

66000 Mathematische Zeichen der Schaltalgebra

66001 Informationsverarbeitung; Sinnbilder für Datenfluß- und Programmablaufpläne

69900 Bl. 1 Netzplantechnik; Begriffe

Maßeinheiten

Mit dem „Gesetz über Einheiten im Meßwesen" vom 2. 7. 1969 und seiner „Ausführungsverordnung" vom 26. 6. 1970 werden für einige Technische Größen – in den meisten Fällen mit einer Übergangsfrist bis zum 31. 12. 1977 – neue Einheiten eingeführt. In Anlehnung an die vom FN Bau-Arbeitsausschuß Einheiten im Bauwesen (ETB) für die Verwendung von Baunormen empfohlene Übergangsregelung werden in diesem Buch die bisher gebräuchlichen Einheiten beibehalten.

1. Grenzwerte

1.1. Unendliche Zahlenfolgen

Definition. In einer **Zahlenfolge mit unendlich vielen Gliedern** ist jedem Index $i \in N$ ein Glied a_i der Folge zugeordnet. Hierbei ist $N = \{i\}$ die Menge der natürlichen Zahlen. Die Folge wird durch (a_i) bezeichnet. Hier wird im weiteren unter einer Zahlenfolge immer eine Folge mit unendlich vielen Gliedern verstanden.

Gelegentlich treten auch der Index 0 und negative ganzzahlige Indizes auf.

Definition. Gestattet eine Zuordnungsvorschrift einer unendlichen Zahlenfolge, zu jedem Index i der Folge das zugehörige a_i zu berechnen, so heißt a_i für ein allgemeines i das **Bildungsgesetz** der Zahlenfolge.

Neben Zahlenfolgen mit Bildungsgesetz haben besonders in der Wahrscheinlichkeitsrechnung und in der Statistik s t o c h a s t i s c h e F o l g e n Bedeutung. Beispiel 1 h zeigt eine stochastische Folge.

Beispiel 1. a) Die Zahlenfolge 1, 2, 3, 4, 5, ... hat das Bildungsgesetz $a_i = i$.

b) Die Zahlenfolge 1, $-1/2$, $1/3$, $-1/4$, $1/5$, $-1/6$, ... hat das Bildungsgesetz $a_i = (-1)^{i+1} (1/i)$.

c) Die Zahlenfolge 1/2, 2/3, 3/4, 4/5, 5/6, ... hat das Bildungsgesetz $a_i = \dfrac{i}{i+1}$.

d) Die Zahlenfolge 2, 4, 8, 16, 32, ... hat das Bildungsgesetz $a_i = 2^i$.

e) Die Zahlenfolge $\sqrt{10}$, $\sqrt[3]{10}$, $\sqrt[4]{10}$, $\sqrt[5]{10}$, ... genügt dem Bildungsgesetz $a_i = {}^{i+1}\sqrt{10}$.

f) Die Zahlenfolge 1/2, 2/3, 1/4, 4/5, 1/6, 6/7, ...

genügt für gerade Indizes $i = 2m$ dem Bildungsgesetz $a_i = a_{2m} = \dfrac{2m}{2m+1} = \dfrac{i}{i+1}$,

für ungerade Indizes $i = 2m - 1$ dem Bildungsgesetz $a_i = a_{2m-1} = \dfrac{1}{2m} = \dfrac{1}{i+1}$

g) Die Zahlenfolge 1, 1/2, 2, 1/3, 3, 1/4, ...

genügt für gerade Indizes $i = 2m$ dem Bildungsgesetz $a_i = a_{2m} = \dfrac{1}{m+1} = \dfrac{1}{\frac{i}{2}+1}$

und für ungerade Indizes $i = 2m - 1$ dem Bildungsgesetz $a_i = a_{2m-1} = m = \dfrac{i+1}{2}$.

h) Die Zahlenfolge 2, 5, 3, 4, 3, 6, 3, 1, 5, ... genügt keinem Bildungsgesetz. Es handelt sich um eine stochastische Folge der Augen, die man mit einem Würfel nacheinander wirft.

Die Glieder einer Zahlenfolge sind als Punkte auf der Zahlengeraden darstellbar (**1.1**).

$A \quad a_1\, a_7 \quad a_3 \quad a_4 \quad a_2 \quad a_5\, a_6 \ \cdot B$

1.1

Definition. Eine **Zahlenfolge** heißt **beschränkt,** wenn alle Glieder der Folge zwischen zwei festen Zahlen A und B liegen.

$$A \leqq a_i \leqq B \qquad \text{für alle } i \in N \tag{2.1}$$

Dieser Sachverhalt ist in Bild **1.1** gekennzeichnet. Bei den Zahlen A und B braucht es sich nicht um die engsten Schranken zu handeln. Es genügt, wenn es irgend zwei Schranken gibt, die der Ungleichung (2.1) für alle i genügen.

Von den in Beispiel 1 genannten Folgen sind die zweite (b), die dritte (c), die fünfte (e), die sechste (f) und die achte (h) beschränkt. Mögliche Schranken für die Folgen sind

b) $A = -1/2$ $B = 1$

c) $A = 1/2$ $B = 1$

e) $A = 1$ $B = \sqrt{10}$

f) $A = 0$ $B = 1$

h) $A = 1$ $B = 6$

Definition. Eine Zahlenfolge heißt **monoton steigend,** wenn jedes Glied der Folge größer als das vorangegangene oder ihm mindestens gleich ist

$$a_{i+1} \geqq a_i \qquad \text{für alle } i \in N \tag{2.2}$$

Die Folgen a), c) und d) in Beispiel 1 sind monoton steigend.

Bei der Folge c) des Beispiels 1 soll die Monotonie nach Gl. (2.2) bewiesen werden.

Es ist $\qquad a_i = \dfrac{i}{i+1} \qquad$ und $\qquad a_{i+1} = \dfrac{i+1}{i+2}$

Gl. (2.2) erfordert $\qquad \dfrac{i+1}{i+2} \geqq \dfrac{i}{i+1}$

Hieraus folgt $\qquad (i+1)^2 \geqq i\,(i+2)$

$$i^2 + 2i + 1 \geqq i^2 + 2i$$

$$1 \geqq 0$$

Damit ist die steigende Monotonie der Folge c) bewiesen.

Definition. Eine Zahlenfolge heißt **monoton fallend,** wenn jedes Glied der Folge kleiner als das vorangegangene oder ihm höchstens gleich ist

$$a_{i+1} \leqq a_i \qquad \text{für alle } i \in N \tag{2.3}$$

Die Folge e) in Beispiel 1 ist monoton fallend. Dies erfordert nach Gl. (2.3)

$$\sqrt[i+2]{10} \leqq \sqrt[i+1]{10}$$

Erhebt man beide Seiten in die $(i+1) \cdot (i+2)$-te Potenz, so gilt

$$10^{i+1} \leqq 10^{i+2}$$

$$1 \leqq 10$$

Damit ist die fallende Monotonie dieser Folge bewiesen.

Definition. Zahlenfolgen mit wechselnden Vorzeichen benachbarter Glieder heißen **alternierende Folgen.**

Die Folge b) in Beispiel 1 ist eine alternierende Folge, nicht jedoch die Folge

$$1, + 1/2, - 1/3, - 1/4, 1/5, 1/6, - 1/7, - 1/8, \ldots$$

da in dieser Folge benachbarte Glieder zum Teil gleiche Vorzeichen haben.

Intervallschachtelung

Eine beschränkte Zahlenfolge sei durch die Schranken A und B eingeschlossen (1.1). Zwischen A und B liegen dann alle unendlich vielen Glieder der Folge. Einen solchen Bereich nennt man ein Intervall. Dieses Intervall der Länge l wird nun halbiert (3.1). Jedes der beiden Teilintervalle hat die Länge $l/2$. Es folgt zwingend, daß in mindestens einem dieser beiden Teilintervalle unendlich viele Elemente der Folge liegen, denn sonst läge keine unendliche Zahlenfolge vor. Im linken Teilintervall mögen unendlich viele Elemente der Folge liegen. Dann wird dieses Intervall wiederum halbiert. Auch in mindestens einem dieser Intervalle der Länge $l/4$ liegen unendlich viele Elemente der Folge. So kann man weiter fortfahren. Nach m-maligem Halbieren erhält man ein Intervall der Länge $l/2^m$, wobei m beliebig groß sein kann. Dieses Teilintervall kann man so klein machen, wie man es nur will. Immer liegen in diesem noch so kleinen Teilintervall unendlich viele Zahlen der Folge. Um einen Punkt β gibt es eine Umgebung, in der unendlich viele Glieder der Folge liegen. Ist x ein Punkt dieser Umgebung, so gilt

$$| x - \beta | < \varepsilon$$

für jedes noch so kleine ε (3.2). Hierbei gehören β und x zur Menge der reellen Zahlen: $\beta, x \in R$.

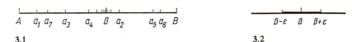

3.1   3.2

Definition. Ein **Häufungspunkt** einer Zahlenfolge ist ein Punkt, in dessen beliebig kleiner Umgebung unendlich viele Elemente der Folge liegen.

Auf Grund dieser Definition und der geschilderten Intervallschachtelung folgt:

Eine beschränkte Zahlenfolge hat mindestens einen Häufungspunkt.

Die Zahlenfolge g) in Beispiel 1, S. 1 zeigt, daß auch eine unbeschränkte Zahlenfolge einen Häufungspunkt (hier $\beta = 0$) besitzen kann.

Konvergenz. Grenzwert

Definition. Hat eine beschränkte Zahlenfolge nur einen einzigen Häufungspunkt, so heißt dieser Häufungspunkt der **Grenzwert** der Zahlenfolge. Eine solche Zahlenfolge heißt **konvergent.** Jede andere Zahlenfolge heißt **divergent.**

Aus dieser Definition folgt:

Divergente Zahlenfolgen haben mehrere Häufungspunkte oder sie sind unbeschränkt.

Aus der Definition des Häufungspunktes folgt:

In einer beliebig kleinen Umgebung um einen Grenzwert einer Zahlenfolge liegen unendlich viele Glieder der Folge. Außerhalb dieser Umgebung liegen nur endlich viele Glieder der Folge.

Dieser Satz kann auch folgendermaßen formuliert werden:

Wählt man den Index i einer konvergenten Zahlenfolge nur hinreichend groß, so ist die Differenz zwischen dem Glied a_i und dem Grenzwert a beliebig klein.

Man schreibt
$$\lim_{i \to \infty} a_i = a$$

(gesprochen: Limes i gegen Unendlich aller a_i ist gleich a; oder: für i gegen Unendlich strebt die Folge der a_i gegen den Grenzwert a).

In Beispiel 1, S. 1 sind die Folgen a), d) und g) divergent, da sie unbeschränkt sind. Die Folge b) dieses Beispiels ist konvergent, denn

$$a_i = \frac{(-1)^{i+1}}{i}$$

strebt mit wachsendem i gegen Null. Für hinreichend große i unterscheiden sich a_i und alle folgenden Glieder beliebig wenig von Null. Ist z.B. $i > 100\,000$, so ist der Betrag des Gliedes

$$|a_i| = \frac{1}{i} < 0{,}00001$$

Das heißt also
$$\lim_{i \to \infty} \frac{1}{i} = 0 \tag{4.1}$$

Beispiel 2. Man prüfe die Beschränktheit, Monotonie und Konvergenz der Folge

$$a_i = \frac{2i - 1 + (-1)^i (i - 2)}{i}$$

Man kann a_i auch wie folgt schreiben

$$a_i = 2 - \frac{1}{i} + (-1)^i - 2\frac{(-1)^i}{i}$$

Nach Gl. (4.1) streben der zweite und der vierte Summand gegen Null. Daher[1]) unterscheidet sich a_i für hinreichend große i nur sehr wenig von $2 + (-1)^i = b_i$.
Die Folge (b_i) lautet jedoch 1, 3, 1, 3, 1, 3, 1, 3, ...
Da für hinreichend große i

$$|a_i - b_i| < \varepsilon$$

gilt, so klein man auch ε wählen mag, ist die Folge (a_i) beschränkt, nicht monoton und hat zwei Häufungspunkte 1 und 3. Daher ist diese Folge divergent.

Definition. Eine konvergente Zahlenfolge, deren Grenzwert Null ist, wird **Nullfolge** genannt.

Notwendig und hinreichend für die Konvergenz der Folge (a_i) gegen den Grenzwert a ist, daß die Zahlenfolge $(a - a_i)$ eine Nullfolge ist.

Die Formulierung „notwendig und hinreichend" bedeutet:

Notwendig: Wenn die Folge (a_i) konvergieren soll, muß $(a - a_i)$ eine Nullfolge sein, ohne daß damit alle Konvergenzbedingungen genannt sein müssen.

Hinreichend: Aus der Eigenschaft $(a - a_i) \to 0$ folgt die Konvergenz $(a_i) \to a$.

---

[1]) Zum strengen Beweis benötigt man Gl. (6.4).

Einmal ist also zu zeigen:

Aus $\qquad \lim_{i\to\infty} a_i = a \qquad$ folgt $\qquad \lim_{i\to\infty}(a - a_i) = 0$

Sodann muß gezeigt werden:

Aus $\qquad \lim_{i\to\infty}(a - a_i) = 0 \qquad$ folgt $\qquad \lim_{i\to\infty} a_i = a$

Bei der Folge (a_i) liegen alle Glieder bis auf endlich viele in einer beliebig kleinen Umgebung von a. Für alle diese unendlich vielen Elemente der Folge ist daher die Differenz $a - a_i$ beliebig klein, d.h. aber, daß die Folge $(a - a_i)$ Nullfolge ist. Ist andererseits $(a - a_i)$ eine Nullfolge, so sind für hinreichend große Indizes i die Glieder dieser Folge $b_i = a - a_i$ beliebig klein. Daher liegen die Zahlen a_i beliebig nahe bei a, was genau die Konvergenz der Folge (a_i) gegen den Grenzwert a besagt.

Das Bestimmen des Grenzwertes einer Zahlenfolge wird in den meisten Fällen auf den Beweis zurückgeführt, daß Nullfolgen auftreten. Die Zahlenfolge c) in Beispiel 1, S. 1 mit dem allgemeinen Glied $a_i = i/(i + 1)$ formt man durch die Division in Zähler und Nenner durch i um

$$a_i = \frac{i}{i + 1} = \frac{1}{1 + \dfrac{1}{i}}$$

Der Zähler und der erste Summand im Nenner sind konstant. Der zweite Summand ist nach Gl. (4.1) ein Glied einer Nullfolge. Daher[1]) gilt für den Grenzwert dieser Folge

$$\lim_{i\to\infty} \frac{i}{i + 1} = \lim_{i\to\infty} \frac{1}{1 + \dfrac{1}{i}} = 1$$

Wie vorstehend gezeigt wurde, ist die Folge e) in Beispiel 1, S. 1 beschränkt und monoton. Nun gilt:

Eine beschränkte monotone Zahlenfolge ist konvergent.

Für den Beweis wird ohne Einschränkung der Allgemeinheit vorausgesetzt, daß die Folge monoton steigend ist. Es ist zu zeigen, daß diese beschränkte Folge nicht zwei Häufungspunkte besitzen kann. Gemäß Bild **5.1** wird angenommen, es seien zwei Häufungspunkte α und β vorhanden. Da β ein Häufungspunkt ist, liegen in der Umgebung von β unendlich viele Glieder der Folge. Die Umgebung kann so klein gewählt werden, daß sie nicht bis zur Mitte zwischen α und β reicht. Es sei a_n das Element mit dem kleinsten Index, das in der genannten Umgebung des Häufungspunktes β liegt. Da die Folge monoton wächst,

$A \quad a_1\, a_7 \quad a_3 \quad\quad a_4 \quad \alpha \quad a_2 \quad \beta \quad a_5\, a_6 \quad B$
5.1

können links von a_n höchstens $(n - 1)$ Glieder der Folge liegen. Dies ist eine endliche Anzahl, daher kann α kein Häufungspunkt der Folge sein. Die Annahme zweier Häufungspunkte ist also falsch, und damit ist dieser Satz bewiesen.

Aus diesem Satz folgt, daß der Grenzwert einer beschränkten monotonen Zahlenfolge rechts (bzw. links) aller Glieder der Folge liegt.

Die Folge e) in Beispiel 1, S. 1 ist beschränkt und monoton fallend. Da jede Wurzel aus einer Zahl größer Eins ebenfalls größer Eins ist, schreibt man zweckmäßig

$$a_i = {}^{i+1}\!\sqrt{10} = 1 + b_i \qquad\qquad (5.1)$$

---

[1]) Zum strengen Beweis benötigt man die Grenzwertsätze in Abschn. 1.2.

Jetzt wird gezeigt, daß die b_i eine Nullfolge bilden. Aus Gl. (5.1) und der Bernoullischen Ungleichung (s. Abschn. Binomischer Lehrsatz in Teil 1) folgt

$$10 = (1 + b_i)^{i+1} > 1 + (i + 1)\, b_i$$
$$9 > (i + 1)\, b_i$$

Diese Ungleichung gilt für jedes noch so große i. Dies ist nur möglich, wenn (b_i) eine Nullfolge ist.

Daher gilt: $$\lim_{i \to \infty} \sqrt[i+1]{10} = 1$$

Allgemeiner erhält man $$\lim_{i \to \infty} \sqrt[i]{a} = 1 \tag{6.1}$$

Der Beweis verläuft in gleicher Weise.

Die Zahlenfolge f) in Beispiel 1, S. 1 hat zwei Häufungspunkte. Diese Zahlenfolge ist aus zwei konvergenten Zahlenfolgen zusammengesetzt, den Folgen

$$(b_i) = \left(\frac{1}{i+1} \right) \quad \text{und} \quad (c_i) = \left(\frac{i}{i+1} \right)$$

Diese Folgen nennt man Teilfolgen. Eine Teilfolge entsteht, wenn man Glieder der Hauptfolge fortläßt, jedoch die Reihenfolge nicht ändert.

Beispiel 3. Man bestimme den Grenzwert der Folge (a_i) bei $a_i = \sqrt[i]{i}$.

Da Wurzeln aus Zahlen größer als Eins gezogen werden, wird wieder

$$a_i = \sqrt[i]{i} = 1 + b_i \tag{6.2}$$

angesetzt und bewiesen, daß (b_i) eine Nullfolge bildet. Aus Gl. (6.2) erhält man

$$i = (1 + b_i)^i = 1 + i \cdot b_i + \frac{i(i-1)}{2} \cdot b_i^2 + \cdots$$

$$> 1 + i \cdot b_i + \frac{i(i-1)}{2} b_i^2 > 1 + \frac{i(i-1)}{2} b_i^2$$

da alle weiteren Summanden positiv sind. Durch Subtraktion von 1 ergibt sich

$$i - 1 > \frac{i(i-1)}{2} b_i^2$$

$$2 > i \cdot b_i^2$$

Da diese Ungleichung für alle i gilt, ist b_i eine Nullfolge. Daher ist

$$\lim_{i \to \infty} \sqrt[i]{i} = 1 \tag{6.3}$$

1.2. Rechnen mit Grenzwerten

Der Grenzwert einer Summe (Differenz) ist gleich der Summe (Differenz) der Grenzwerte der Summanden.

$$\lim_{i \to \infty} (a_i \pm b_i) = \lim_{i \to \infty} a_i \pm \lim_{i \to \infty} b_i = a \pm b \tag{6.4}$$

wenn $$\lim_{i \to \infty} a_i = a \quad \text{und} \quad \lim_{i \to \infty} b_i = b \quad \text{existieren}$$

Gl. (6.4) gilt also nur, wenn die rechte Seite dieser Gleichung existiert, d. h. die beiden Einzelfolgen konvergieren. Die Summenfolge ist konvergent, wenn in einer gewählten beliebig kleinen Umgebung um $a + b$ unendlich viele Glieder der Summenfolge liegen, außerhalb dieser Umgebung jedoch nur endlich viele (7.1). Diese frei gewählte Umgebung um $a + b$ habe die Breite ε. Da die beiden Teilfolgen konvergieren, kann man um die Grenzwerte a und b je eine Umgebung der Breite $\varepsilon/2$ wählen, so daß außerhalb dieser Umgebung nur endlich viele Glieder der Teilfolgen liegen. Das Glied a_{n_1} sei das Glied der a-Folge mit dem größten Index, das außerhalb dieser Umgebung um a liegt. Entsprechend sei b_{n_2} das Glied der b-Folge mit dem größten Index, das außerhalb der b-Umgebung liegt. Man wählt nun den größeren der beiden Indizes n_1 und n_2. Dieser Index soll n genannt werden. Dann gilt: Alle a_i und alle b_i mit $i > n$ liegen in den in Bild 7.1 gezeigten Umgebungen um a und um b. Dann liegen aber auch alle Glieder $a_i + b_i$ der Summenfolge, deren Index $i > n$ ist, in der vorgegebenen Umgebung um $a + b$. Damit ist gezeigt, daß die Summenfolge konvergiert und den Grenzwert $a + b$ hat. Die Überlegung für die Differenzfolge verläuft entsprechend.

7.1

Der Grenzwert der Folge $(c \cdot a_i)$, in der c eine feste Zahl ist, ist gleich dem mit c multiplizierten Grenzwert der Folge (a_i).

$$\lim_{i \to \infty} (c \cdot a_i) = c \cdot \lim_{i \to \infty} a_i = c \cdot a \qquad (7.1)$$

Die Folge $(c \cdot a_i)$ konvergiert, wenn $(c \cdot a - c \cdot a_i)$ eine Nullfolge ist. Aus

$$c \cdot a - c \cdot a_i = c \, (a - a_i)$$

folgt dieser Satz, da $(a - a_i)$ nach Voraussetzung eine Nullfolge ist. Strebt $a - a_i$ mit wachsendem i gegen Null, so auch die mit einer Konstanten multiplizierte Folge $c \, (a - a_i)$.

Der Grenzwert eines Produktes ist gleich dem Produkt der Grenzwerte der Faktoren.

$$\lim_{i \to \infty} (a_i \cdot b_i) = \lim_{i \to \infty} a_i \cdot \lim_{i \to \infty} b_i = a \, b \qquad (7.2)$$

wenn $\quad \lim\limits_{i \to \infty} a_i = a \quad$ und $\quad \lim\limits_{i \to \infty} b_i = b \quad$ existieren

Es ist zu zeigen, daß $(a \cdot b - a_i \, b_i)$ eine Nullfolge ist. Durch

$$a \, b - a_i \, b_i = a \, b - a_i \, b + a_i \, b - a_i \, b_i = (a - a_i) \, b + a_i \, (b - b_i)$$

erhält man die beiden Nullfolgen $(a - a_i)$ und $(b - b_i)$. Da b konstant und (a_i) beschränkt ist, ist auch $(a \, b - a_i \, b_i)$ eine Nullfolge, was zu zeigen war.

Der Grenzwert eines Quotienten ist gleich dem Quotienten der Grenzwerte von Zähler und Nenner, sofern die Glieder der Nennerfolge und deren Grenzwert nicht gleich Null sind.

$$\lim_{i \to \infty} \left(\frac{a_i}{b_i} \right) = \frac{\lim\limits_{i \to \infty} a_i}{\lim\limits_{i \to \infty} b_i} = \frac{a}{b} \qquad (7.3)$$

wenn $\quad \lim\limits_{i \to \infty} a_i = a \quad$ und $\quad \lim\limits_{i \to \infty} b_i = b \neq 0 \quad$ existieren

Es ist $\dfrac{a}{b} - \dfrac{a_i}{b_i} = \dfrac{a \, b_i - a_i \, b}{b \, b_i} = \dfrac{a \, b_i - a_i \, b_i + a_i \, b_i - a_i \, b}{b \, b_i} = \dfrac{(a - a_i) \, b_i - a_i \, (b - b_i)}{b \, b_i}$

Die Folgen $(a - a_i)$ und $(b - b_i)$ sind Nullfolgen. Daher strebt der Zähler mit wachsendem i gegen Null. Wegen $b \neq 0$ und $b_i \neq 0$ strebt damit auch der Bruch gegen Null. Damit ist auch dieser Satz bewiesen.

Beispiel 4. Man untersuche die Zahlenfolge (a_i) mit

$$a_i = \frac{3\,i^3 + 2\sqrt{i} - 7\,i}{2\,i^2 - 4\,i + \pi}$$

Zähler und Nenner in dieser Folge wachsen unbeschränkt. Daher werden Zähler und Nenner durch i^2 dividiert und Gl. (7.1) bis (7.3) angewandt

$$a_i = \frac{3\,i + \dfrac{2}{i^{3/2}} - \dfrac{7}{i}}{2 - \dfrac{4}{i} + \dfrac{\pi}{i^2}}$$

Der zweite und dritte Summand in Zähler und Nenner bilden Nullfolgen. Der Nenner strebt gegen 2, der Zähler dagegen wächst unbeschränkt. Daher ist diese Zahlenfolge divergent.

Beispiel 5. Man untersuche die Zahlenfolge (a_i) mit

$$a_i = \frac{2\,i - \sqrt{i^3}}{5\sqrt{i} - i + 2\sqrt{i^3}}$$

Auch hier wachsen wieder Zähler und Nenner unbeschränkt. Nach Division durch die höchste Potenz $\sqrt{i^3}$ in Zähler und Nenner erhält man

$$a_i = \frac{\dfrac{2}{\sqrt{i}} - 1}{\dfrac{5}{i} - \dfrac{1}{\sqrt{i}} + 2}$$

Drei Summanden bilden wiederum Nullfolgen. Daher gilt

$$\lim_{i \to \infty} \frac{2\,i - \sqrt{i^3}}{5\sqrt{i} - i + 2\sqrt{i^3}} = -\frac{1}{2}$$

Beispiel 6. Man untersuche die Zahlenfolge (a_i) mit

$$a_i = \frac{3\,i^2 - 7\sqrt{i}}{4\,i + 2\,i^3}$$

Dieser Bruch wird in Zähler und Nenner durch i^2 dividiert

$$a_i = \frac{3 - \dfrac{7}{\sqrt{i^3}}}{\dfrac{4}{i} + 2\,i}$$

Der Zähler dieses Bruches strebt mit wachsendem i gegen 3, der Nenner jedoch wächst unbeschränkt. Daher gilt

$$\lim_{i \to \infty} \frac{3\,i^2 - 7\sqrt{i}}{4\,i + 2\,i^3} = 0$$

Aus den vorstehenden drei Beispielen folgt:

Bei der Untersuchung der Grenzwerte von Quotienten, in denen Zähler und Nenner Potenzsummen sind, sind für $i \to \infty$ die **größten** Exponenten entscheidend. Steht der größte Exponent nur im Zähler, so ist die Folge unbeschränkt, steht der größte Exponent nur im Nenner, so handelt es sich um eine Nullfolge; haben Zähler und Nenner gleiche größte Exponenten, so hat die Folge einen von Null verschiedenen Grenzwert.

Wenn $i \to \infty$ gilt, so folgt für $m = 1/i$, daß (m) eine Nullfolge bildet. Während bisher nur Folgen betrachtet wurden, in denen $i \to \infty$ galt, sollen nun Folgen untersucht werden, bei denen (m) irgendeine Nullfolge bildet. Man schreibt dann z.B.

$$\lim_{m \to 0} \frac{5\,m - 3}{2 - m} = -\frac{3}{2}$$

Beispiel 7. Man untersuche, ob der Grenzwert

$$\lim_{m \to 0} \frac{3\,m^2 - 7\sqrt{m}}{4\,m - 2\,m^3}$$

existiert. Gegebenenfalls bestimme man diesen Grenzwert.

Der Bruch wird in Zähler und Nenner durch $\sqrt{m}$ dividiert

$$\lim_{m \to 0} \frac{3\sqrt{m^3} - 7}{4\sqrt{m} + 2\sqrt{m^5}}$$

Der Zähler dieses Quotienten strebt gegen -7, der Nenner jedoch gegen Null. Daher wächst der Quotient unbeschränkt. Es existiert kein Grenzwert.

Beispiel 8. Man untersuche, ob der Grenzwert

$$\lim_{m \to 0} \frac{7\,m + 3\sqrt{m}}{2\,m^2 - \sqrt{m} + m}$$

existiert. Gegebenenfalls bestimme man diesen Grenzwert.

Zähler und Nenner werden durch $\sqrt{m}$ dividiert. Damit ergibt sich

$$\lim_{m \to 0} \frac{7\sqrt{m} + 3}{2\sqrt{m^3} - 1 + \sqrt{m}} = -3$$

Beispiel 9. Man untersuche, ob der Grenzwert

$$\lim_{m \to 0} \frac{\pi\sqrt{m} + 2\,m}{2\sqrt{m} - \sqrt[3]{m}}$$

existiert. Gegebenenfalls bestimme man diesen Grenzwert.

Zähler und Nenner werden durch $\sqrt[3]{m}$ dividiert

$$\lim_{m \to 0} \frac{\pi\sqrt[6]{m} + 2\sqrt[3]{m^2}}{2\sqrt[6]{m} - 1}$$

Der Nenner strebt für $m \to 0$ gegen -1. Der Zähler strebt gegen Null. Daher gilt

$$\lim_{m \to 0} \frac{\pi\sqrt{m} + 2\,m}{2\sqrt{m} - \sqrt[3]{m}} = 0$$

Aus den Beispielen 7, 8 und 9 folgt: Bei der Untersuchung von Grenzwerten von Quotienten, deren Zähler und Nenner Potenzsummen sind, sind für $m \to 0$ die **kleinsten Exponenten** entscheidend. Steht der kleinste Exponent nur im Zähler, so wächst der Quotient mit $m \to 0$ unbeschränkt. Steht der kleinste Exponent nur im Nenner, so handelt es sich um eine Nullfolge. Steht der kleinste Exponent im Zähler wie auch im Nenner, so erhält man einen von Null verschiedenen Grenzwert.

Hierbei ist zu beachten, daß Zähler und Nenner vorher so zusammengefaßt sind, daß jeder Exponent nur einmal auftritt. Bei

$$\lim_{i \to \infty} \frac{3\,i^3 - 2\,i + \sqrt{i} - 3\,i^3}{7\,i - \sqrt{i}}$$

sind die höchsten Exponenten in Zähler und Nenner Eins, der Grenzwert daher $-\,2/7$, da sich die dritte Potenz im Zähler aufhebt.

Häufig kann man nur nach einer Umformung erkennen, ob sich eine Potenz forthebt. Bei

$$\lim_{m \to 0} \frac{\sqrt{m+1} - 1}{m}$$

ist der niedrigste Exponent im Zähler Null, im Nenner Eins. Diese Potenz mit dem niedrigsten Exponenten $m^0 = 1$ steht jedoch an zwei Stellen im Zähler, nämlich unter der Wurzel und als letzter Summand. Diese Summanden werden voneinander subtrahiert. Treten in dieser Weise Differenzen mit Wurzeln auf, so ist eine Erweiterung des Bruchs mit dem Ziel der Vermeidung von Differenzen unter Ausnutzung von $(a + b)\,(a - b) = a^2 - b^2$ sinnvoll

$$\lim_{m \to 0} \left[\frac{\sqrt{m+1} - 1}{m} \cdot \frac{\sqrt{m+1} + 1}{\sqrt{m+1} + 1} \right] = \lim_{m \to 0} \frac{m}{m \left[\sqrt{m+1} + 1 \right]} = \lim_{m \to 0} \frac{1}{\sqrt{m+1} + 1} = \frac{1}{2}$$

Setzt man bei $m \to 0$, also einer Nullfolge (m)

$$k = a + m$$

mit konstantem a, so strebt k gegen a. So ist ein Grenzwert

$$\lim_{k \to -2} \frac{5\sqrt{k+2} + k^2 + 5\,k + 6}{\sqrt{k+2}\,(7\,k^2 - 4\,k + 3)}$$

zu verstehen. Derartige Grenzwerte löst man zweckmäßig, indem man

$$m = k + 2$$

einsetzt. Dann ist $k^2 = (m - 2)^2 = m^2 - 4\,m + 4$. Man erhält

$$\lim_{m \to 0} \frac{5\sqrt{m} + m^2 - 4\,m + 4 + 5\,m - 10 + 6}{\sqrt{m}\,(7\,m^2 - 28\,m + 28 - 4\,m + 8 + 3)}$$

$$= \lim_{m \to 0} \frac{5\sqrt{m} + m^2 + m}{\sqrt{m}\,(7\,m^2 - 32\,m + 39)} = \lim_{m \to 0} \frac{5 + \sqrt{m^3} + \sqrt{m}}{7\,m^2 - 32\,m + 39} = \frac{5}{39}$$

Manchmal kann man auch auf diese Zurückführung auf einen Grenzwert mit $m \to 0$ verzichten

$$\lim_{k \to a} \frac{k^2 - a^2}{k - a} = \lim_{k \to a} \frac{(k + a)\,(k - a)}{k - a} = \lim_{k \to a} (k + a) = 2\,a$$

Die in den letzten Beispielen behandelten Ausdrücke, die die Gestalt

$$\frac{0}{0} \quad \text{oder} \quad \frac{\infty}{\infty}$$

hätten, wenn man formal zur Grenze übergehen würde, nennt man unbestimmte Ausdrücke. Weitere Methoden zur Ermittlung unbestimmter Ausdrücke werden in Abschn. 1.4 und 7.4 entwickelt.

1.3. Grenzwerte von Funktionen

Es sei $(a - x_i)$ eine beliebige, nicht notwendig monotone Nullfolge. Es gilt also

$$\lim_{i \to \infty} x_i = a$$

Weiter ist eine Funktion $y = f(x)$ gegeben. Zu jedem Element der Folge (x_i) wird durch die Funktionsgleichung $y = f(x)$ ein Element $y_i = f(x_i)$ einer Folge (y_i) erklärt.

Definition. Eine Funktion $y = f(x)$ sei an der Stelle $x = a$ definiert. Sie ist dort **stetig**, wenn für **jede** Nullfolge $(a - x_i)$ die Folge (y_i) dem **gleichen** Grenzwert zustrebt und dieser Grenzwert gleich dem Funktionswert an der Stelle $x = a$ ist

$$\lim_{x \to a} f(x) = f(a) \tag{11.1}$$

Definition. Ist eine Funktion $y = f(x)$ in jedem Punkt eines abgeschlossenen Intervalls $a \leqq x \leqq b$ stetig, so heißt sie in diesem Intervall **gleichmäßig stetig**.

Ein Intervall heißt abgeschlossen, wenn beide Endpunkte zum Intervall gehören, geschrieben $[a, b]$. Sonst heißt das Intervall offen, geschrieben (a, b).

Ermittelt man Grenzwerte von Funktionen nach Gl. (11.1), so ist immer darauf zu achten, daß der Beweis für jede Folge $x_i \to a$ gültig sein muß.

Aus der Definition der Stetigkeit folgt der

Satz. Ist die Funktion $y = f(x)$ in einem Intervall definiert und stetig, das die beiden Punkte $x = a$ und $x = b$ enthält, und haben die Funktionswerte $f(a)$ und $f(b)$ verschiedene Vorzeichen

$$\text{sgn} f(a) = - \text{sgn} f(b)$$

dann liegt zwischen a und b mindestens eine Nullstelle der Funktion $f(x)$.

Auf den Beweis dieses Satzes soll verzichtet werden.

Beispiel 10. Man untersuche, ob die Funktion $y = (x^2 - 1)/(x - 1)$ im Punkte $x = 1$ stetig ist, wenn $f(1) = 2$ definiert ist.
Für alle Werte $x \neq 1$ gilt

$$y = \frac{(x + 1)(x - 1)}{x - 1} = x + 1$$

Für jede Nullfolge $(1 - x_i)$ strebt y_i gegen 2. Da $f(1) = 2$ definiert ist, ist diese Funktion im Punkte $x = 1$ stetig.

Bereits in Abschn. Gebrochene rationale Funktionen in Teil 1 wurden ohne die strenge Definition der Stetigkeit gebrochene rationale Funktionen, deren Zähler und Nenner gleichzeitig für $x = x_0$ verschwinden, durch den gemeinsamen Faktor $x - x_0$ gekürzt. Man definiert dann den Funktionswert $f(x_0)$ so, daß sich eine stetige Funktion ergibt. Bei anderen unbestimmten Ausdrücken (s. Abschn. 1.4 und 7.4) ermittelt man den Grenzwert dieser Ausdrücke und erreicht die Stetigkeit, wenn man den Funktionswert im Unbestimmtheitspunkt gleich diesem Grenzwert setzt.

Definition. (x_i) sei eine beliebige unbeschränkte Zahlenfolge mit nur positiven Gliedern, die keinen Häufungspunkt hat. Wenn für **jede** solche Folge (x_i) der Grenzwert

$$\lim_{i \to \infty} f(x_i) = b$$

ist, heißt dieser Grenzwert der **Grenzwert der Funktion** $y = f(x)$, und man schreibt

$$\lim_{x \to \infty} f(x) = b$$

Gelegentlich wird auch die Schreibweise $f(\infty) = b$ benutzt.

Beispiel 11. Man bestimme den Grenzwert

$$\lim_{x \to \infty} \frac{2x - 1}{\sqrt{x^2 - 3}}$$

Es ist

$$y = f(x) = \frac{2x - 1}{\sqrt{x^2 - 3}} = \frac{2 - \dfrac{1}{x}}{\sqrt{1 - \dfrac{3}{x^2}}} \quad \text{für} \quad x > 0$$

Die Funktionen $1/x$ und $3/x^2$ streben für jede unbeschränkt wachsende Folge (x_n) ohne Häufungspunkt gegen Null. Daher gilt

$$\lim_{x \to \infty} \frac{2x - 1}{\sqrt{x^2 - 3}} = 2$$

1.4. Spezielle Grenzwerte

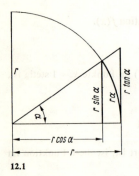

In der Differential- und Integralrechnung wird der unbestimmte Ausdruck

$$\lim_{\alpha \to 0} \frac{\sin \alpha}{\alpha}$$

gebraucht, wobei der Winkel α im Bogenmaß gemessen wird. Der Grenzübergang $\alpha \to 0$ soll für jede Nullfolge (α) gelten. Nach Bild **12.1** ergibt sich aus dem Vergleich der Flächen der beiden Dreiecke und des Kreissektors folgende Ungleichung

$$\frac{1}{2} \cdot r \cdot \cos \alpha \cdot r \cdot \sin \alpha < \frac{r^2 \alpha}{2} < \frac{1}{2} \cdot r \cdot r \cdot \tan \alpha$$

12.1

für jedes α, das der Bedingung $0 < \alpha < \pi/2$ genügt. Dividiert man diese Ungleichung durch $0,5 \cdot r^2 \cdot \sin \alpha$, so erhält man

$$\cos \alpha < \frac{\alpha}{\sin \alpha} < \frac{1}{\cos \alpha}$$

Für jede Nullfolge (α) streben $\cos \alpha$ und $1/\cos \alpha$ gegen Eins, daher muß wegen der Stetigkeit der Funktionen $\sin \alpha$ und $\cos \alpha$ auch $\alpha/\sin \alpha$ sowie der Kehrwert $\sin \alpha/\alpha$ gegen Eins streben. Daher gilt

$$\lim_{\alpha \to 0} \frac{\sin \alpha}{\alpha} = 1 \qquad (13.1)$$

Weiter wird der Grenzwert der Funktion

$$y = \frac{a^n - x^n}{a - x}$$

für $x \to a$ untersucht. Zunächst soll dieser Grenzwert für positive ganzzahlige Exponenten n ermittelt werden. Es gilt

$$\frac{a^n - x^n}{a - x} = \frac{x^n \left[\left(\frac{a}{x} \right)^n - 1 \right]}{x \left[\left(\frac{a}{x} \right) - 1 \right]} = x^{n-1} \cdot \frac{\left(\frac{a}{x} \right)^n - 1}{\left(\frac{a}{x} \right) - 1}$$

Der zweite Faktor der rechten Seite kann als Summe einer geometrischen Reihe angesehen werden. Daher gilt

$$\frac{a^n - x^n}{a - x} = x^{n-1} \left[1 + \left(\frac{a}{x} \right) + \left(\frac{a}{x} \right)^2 + \cdots + \left(\frac{a}{x} \right)^{n-1} \right]$$

Für jede Folge $x \to a$ strebt $(a/x) \to 1$. In der eckigen Klammer erhält man insgesamt n Summanden 1. Daher gilt

$$\lim_{x \to a} \frac{a^n - x^n}{a - x} = n \, a^{n-1} \qquad (13.2)$$

Ist n ein positiver Bruch, also eine positive rationale Zahl, so kann $n = p/q$ mit ganzzahligem p und q geschrieben werden. Man setzt zur Abkürzung $a^{1/q} = b$ und $x^{1/q} = z$. Dann gilt wegen $a = b^q$ und $x = z^q$

$$\lim_{x \to a} \frac{a^{p/q} - x^{p/q}}{a - x} = \lim_{z \to b} \frac{b^p - z^p}{b^q - z^q}$$

Dieser Bruch wird durch $b - z$ in Zähler und Nenner dividiert. Damit erhält man

$$\lim_{z \to b} \frac{b^p - z^p}{b^q - z^q} = \lim_{z \to b} \frac{\dfrac{b^p - z^p}{b - z}}{\dfrac{b^q - z^q}{b - z}} = \frac{\lim_{z \to b} \dfrac{b^p - z^p}{b - z}}{\lim_{z \to b} \dfrac{b^q - z^q}{b - z}} = \frac{p \, b^{p-1}}{q \, b^{q-1}}$$

$$= \frac{p}{q} \cdot b^{p-q} = \frac{p}{q} \, (a^{1/q})^{p-q} = n \, a^{n-1}$$

denn für ganzzahlige p und q ist dieser Grenzwert bereits in Gl. (13.2) ermittelt. Nun soll

Gl. (13.2) auch auf negative rationale Exponenten erweitert werden. Man setzt $k = -n$ mit positivem k. Damit erhält man

$$\lim_{x \to a} \frac{a^n - x^n}{a - x} = \lim_{x \to a} \frac{a^{-k} - x^{-k}}{a - x} = \lim_{x \to a} \frac{1/a^k - 1/x^k}{a - x} = \lim_{x \to a} \frac{1}{a^k \cdot x^k} \cdot \frac{x^k - a^k}{a - x}$$

$$= -\lim_{x \to a} \frac{1}{a^k \cdot x^k} \cdot \lim_{x \to a} \frac{a^k - x^k}{a - x} = -\frac{1}{a^{2k}} \cdot k \cdot a^{k-1} = -k\, a^{-k-1} = n\, a^{n-1}$$

Hiermit ist $$\lim_{x \to a} \frac{a^n - x^n}{a - x} = n\, a^{n-1} \qquad (14.1)$$

für alle rationalen Exponenten $n \neq 0$ bewiesen. Der gleiche Grenzwert ergibt sich auch für irrationale Exponenten. Dies wird auf S. 45 bewiesen. Für den Fall $n = 1/2$ läßt sich der Grenzwert elementar bestimmen

$$\lim_{x \to a} \frac{\sqrt{a} - \sqrt{x}}{a - x} = \lim_{x \to a} \frac{\sqrt{a} - \sqrt{x}}{(\sqrt{a} + \sqrt{x})(\sqrt{a} - \sqrt{x})} = \lim_{x \to a} \frac{1}{\sqrt{a} + \sqrt{x}} = \frac{1}{2 \cdot \sqrt{a}} = \frac{1}{2} a^{-1/2}$$

Für das Rechnen mit Logarithmen und Exponentialfunktionen ist der Grenzwert

$$\lim_{n \to \infty} \left(1 + \frac{1}{n}\right)^n \qquad (14.2)$$

wichtig. Zunächst sollen einige Glieder dieser Folge (a_n) berechnet werden.

Es ist $\quad a_1 = 2 \qquad\qquad\qquad a_3 = 2{,}37$

$\qquad\quad a_2 = 2{,}25 \qquad\qquad\quad a_4 = 2{,}44$

Sicher sind alle Glieder dieser Folge positiv. Zunächst soll bewiesen werden, daß diese Folge beschränkt ist. Dazu ist zu zeigen, daß es eine obere Schranke gibt. Zum Beweis wird a_n umgewandelt und sodann mehrmals vergrößert. Schließlich wird gezeigt, daß dieser Ausdruck, der größer als a_n für jedes n ist, gleich 3 ist.

Nach dem Binomischen Satz gilt

$$a_n = \left(1 + \frac{1}{n}\right)^n = 1 + n \cdot \frac{1}{n} + \frac{n(n-1)}{2} \cdot \frac{1}{n^2} + \frac{n(n-1)(n-2)}{2 \cdot 3} \cdot \frac{1}{n^3} + \cdots + \frac{1}{n^n}$$

$$= 1 + 1 + \frac{1}{2}\left(1 - \frac{1}{n}\right) + \frac{1}{2 \cdot 3}\left(1 - \frac{1}{n}\right)\left(1 - \frac{2}{n}\right) + \cdots +$$

$$+ \frac{1}{n!}\left(1 - \frac{1}{n}\right)\left(1 - \frac{2}{n}\right) \cdots \left(1 - \frac{n-1}{n}\right)$$

$$< 1 + 1 + \frac{1}{2} + \frac{1}{2 \cdot 3} + \frac{1}{2 \cdot 3 \cdot 4} + \cdots + \frac{1}{n!}$$

$$< 1 + 1 + \frac{1}{2} + \frac{1}{4} + \frac{1}{8} + \frac{1}{16} + \cdots + \frac{1}{2^n}$$

$$< 1 + 1 + \frac{1}{2} + \frac{1}{4} + \frac{1}{8} + \frac{1}{16} + \cdots = 1 + \frac{1}{1 - \frac{1}{2}} = 3$$

Die erste Vergrößerung erfolgt, indem man $1 - (1/n)$ usw. durch 1 ersetzt. Weiter wird vergrößert, indem man für $1/(i!)$ den größeren Wert $1/2^i$ setzt, denn für $i > 2$ ist $i! > 2^i$, also $1/i! < 1/2^i$. Eine letzte Vergrößerung erweitert die endliche geometrische Reihe zu einer unendlichen geometrischen Reihe (s. S. 16). Alle Glieder der Folge Gl. (14.2) liegen also zwischen 0 und 3. Als nächstes soll bewiesen werden, daß diese Folge monoton steigt, was man nach den ersten vier Gliedern vermuten kann. Es muß hierzu gezeigt werden, daß für alle n

$$a_n < a_{n+1}$$

gilt. Wie bereits oben gezeigt wurde, ist

$$a_n = 1 + 1 + \frac{1}{2}\left(1 - \frac{1}{n}\right) + \frac{1}{3!}\left(1 - \frac{1}{n}\right)\left(1 - \frac{2}{n}\right) +$$

$$+ \frac{1}{4!}\left(1 - \frac{1}{n}\right)\left(1 - \frac{2}{n}\right)\left(1 - \frac{3}{n}\right) + \cdots + \frac{1}{n!}\left(1 - \frac{1}{n}\right)\left(1 - \frac{2}{n}\right)\cdots\left(1 - \frac{n-1}{n}\right)$$

Entsprechend erhält man

$$a_{n+1} = 1 + 1 + \frac{1}{2}\left(1 - \frac{1}{n+1}\right) + \frac{1}{3!}\left(1 - \frac{1}{n+1}\right)\left(1 - \frac{2}{n+1}\right) +$$

$$+ \frac{1}{4!}\left(1 - \frac{1}{n+1}\right)\left(1 - \frac{2}{n+1}\right)\left(1 - \frac{3}{n+1}\right) + \cdots + \frac{1}{(n+1)!}\left(1 - \frac{1}{n+1}\right)\cdots\left(1 - \frac{n}{n+1}\right)$$

Wegen

$$1 - \frac{1}{n} < 1 - \frac{1}{n+1}$$

$$1 - \frac{2}{n} < 1 - \frac{2}{n+1} \qquad \text{usw.}$$

ist außer den ersten beiden Summanden jeder Summand von a_{n+1} größer als der entsprechende Summand von a_n. Außerdem hat a_{n+1} einen zusätzlichen positiven Summanden. Damit ist $a_n < a_{n+1}$ bewiesen. Die Folge (a_n) ist also beschränkt und monoton steigend. Nach dem Konvergenzsatz von S. 5 ist diese Folge daher konvergent.

Es gilt
$$\lim_{n \to \infty} \left(1 + \frac{1}{n}\right)^n = e = 2{,}718\ldots \tag{15.1}$$

Zur numerischen genaueren Berechnung der Eulerschen Zahl e benutzt man ein Verfahren, das in Abschn. 7.2.2 entwickelt wird.

Eine Verallgemeinerung von Gl. (15.1) gibt der folgende

Satz. Es sei (x_n) eine beliebige Nullfolge. Dann gilt
$$\lim_{n \to \infty} (1 + x_n)^{1/x_n} = e \tag{15.2}$$

Für den Spezialfall $x_n = 1/n$ ist der Satz bereits bewiesen. Der Beweis dieses Satzes, auf den hier verzichtet wird, erfolgt in folgenden Schritten. Nach $n = 1/x_n$ wird eine Nullfolge (x_n) mit nur positiven Gliedern betrachtet, deren Kehrwerte sämtlich ganzzahlig sind. Denn im Beweis des Grenzwertes Gl. (15.1) wurde die Ganzzahligkeit von n wesentlich benutzt. Im nächsten Beweisschritt wird die Gültigkeit für eine Nullfolge (x_n) mit nur positiven Gliedern gezeigt. Schließlich werden auch negative Glieder in der Folge (x_n) berücksichtigt.

1.5. Unendliche Reihen

Aus einer unendlichen Folge entsteht nach Verknüpfen der Glieder durch Addition eine unendliche Reihe. Eine unendliche Reihe ist nur dann sinnvoll, wenn ihre Summe endlich ist.

Teilsummen. Die Summe der ersten n Glieder einer unendlichen Reihe heißt n-te Teilsumme

$$s_1 = a_1, \qquad s_2 = a_1 + a_2, \qquad s_3 = a_1 + a_2 + a_3, \ldots, \qquad s_n = \sum_{i=1}^{n} a_i$$

Definition. Eine **unendliche Reihe** heißt **konvergent**, wenn die Folge ihrer (endlichen) Teilsummen konvergent ist. Der Grenzwert der Teilsummen heißt **Summe** der unendlichen Reihe

$$\lim_{n \to \infty} s_n = \lim_{n \to \infty} \sum_{i=1}^{n} a_i = \sum_{i=1}^{\infty} a_i = s \qquad (16.1)$$

Existiert kein Grenzwert der Folge der Teilsummen, so heißt die unendliche Reihe **divergent**.

1.5.1. Unendliche geometrische Reihe

Die n-te Teilsumme der unendlichen geometrischen Reihe

$$s = a + a\,q + a\,q^2 + a\,q^3 + \cdots = a \sum_{i=0}^{\infty} q^i$$

ist

$$s_n = a \sum_{i=0}^{n-1} q^i = a\,\frac{1 - q^n}{1 - q} = \frac{a}{1 - q} - \frac{a\,q^n}{1 - q} \qquad (16.2)$$

Der erste Summand von Gl. (16.2) hängt nicht von n ab. Die Konvergenz der Teilsumme wird also nur durch den zweiten Summanden bestimmt. Da q konstant ist, muß das Verhalten von q^n bei großen n untersucht werden.

Die Folge der q^n hat für $|q| > 1$ sicher keinen Grenzwert. Setzt man nämlich $|q| = 1 + k$, so ist nach der Bernoullischen Ungleichung (Teil 1) $|q|^n = (1 + k)^n > 1 + n\,k$, und dieser Ausdruck wächst mit n über alle Grenzen. Ist $q = 1$, so besteht die Summe aus n gleichen Summanden a mit $s_n = n\,a$. Die Teilsumme wird mit n beliebig groß. Für $q = -1$ ergeben die Teilsummen abwechselnd Null oder a, streben also keinem Grenzwert zu. Für Quotienten q, deren Betrag kleiner als Eins ist, ist $|q|^n$ eine Nullfolge.

$$\lim_{n \to \infty} q^n = 0 \qquad \text{für} \qquad |q| < 1 \qquad (16.3)$$

Damit wird der zweite Summand der rechten Seite von Gl. (16.2) für $|q| < 1$ ebenfalls eine Nullfolge. Die Folge der Teilsummen konvergiert gegen $a/(1 - q)$. Die unendliche geometrische Reihe konvergiert für $|q| < 1$ gegen den Grenzwert

$$s = a \sum_{i=0}^{\infty} q^i = \frac{a}{1 - q} \qquad (16.4)$$

Beispiel 12. Die unendliche geometrische Reihe mit dem Anfangsglied a und dem Quotienten $q = 1/2$

$$s = a\left(1 + \frac{1}{2} + \frac{1}{4} + \frac{1}{8} + \cdots\right) = a \sum_{i=0}^{\infty}\left(\frac{1}{2}\right)^i = \frac{a}{1 - 1/2} = 2a \qquad (17.1)$$

mit endlicher Summe ist in Bild **17.**1 anschaulich dargestellt. Addiert man zur Strecke a deren Hälfte, so stellt die Summe $a + a/2 = 1{,}5\,a$ die zweite Teilsumme der geometrischen Reihe dar. Die dritte Teilsumme beträgt $s_3 = a + (a/2) + (a/4) = 1{,}75\,a$, die vierte $s_4 = 1{,}875\,a$. Da das jeweils addierte Teilstück immer nur die Hälfte des bis $2a$ gemessenen Restes beträgt, kann die Teilsumme s_n den Wert $2a$ nicht überschreiten. Die Strecke $2a$ ist der Grenzwert der Folge der Teilsummen, denn von einem bestimmten n an unterscheiden sich diese nur noch beliebig wenig von dem Wert $s = 2a$.

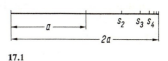

17.1

1.5.2. Allgemeine Sätze über unendliche Reihen

Satz 1. Notwendige, aber nicht hinreichende Bedingung für die Konvergenz einer Reihe $\sum_{i=1}^{\infty} a_i$ ist, daß die Folge (a_i) eine Nullfolge ist

$$\lim_{i \to \infty} a_i = 0 \qquad (17.2)$$

Aus der Konvergenz der Reihe folgt die Konvergenz der Folge der Teilsummen gegen den gleichen Grenzwert. Wegen der Konvergenz der Folge (s_i) strebt aber die Differenz benachbarter Glieder

$$s_i - s_{i-1} = a_i$$

mit wachsendem i gegen Null. Also folgt aus der Konvergenz der Reihe, daß die Folge (a_i) eine Nullfolge ist. Diese Bedingung des Satzes 1 ist aber nicht hinreichend, denn z.B. ist die harmonische Reihe $\sum_{i=1}^{\infty} (1/i)$ divergent.

Ohne Beweis sei gesagt, daß dieser Satz für **alternierende Reihen** auch hinreichend ist, wenn (a_i) eine monotone Nullfolge ist.

Aus den Rechenregeln über Folgen ergibt sich der

Satz 2. Falls $\sum_{i=1}^{\infty} a_i$ und $\sum_{i=1}^{\infty} b_i$ konvergieren, dann konvergieren auch die Reihen

$$\sum_{i=1}^{\infty} (a_i + b_i) \qquad \sum_{i=1}^{\infty} (a_i - b_i) \qquad \sum_{i=1}^{\infty} (c \cdot a_i)$$

wobei c eine beliebige reelle Zahl ist.

Definition. Die Menge aller Punkte $x \in X$ heißt die ε-**Umgebung** eines Punktes a, wenn für alle $x \in X$ die Ungleichung $|x - a| < \varepsilon$ gilt.

Satz 3. Eine Reihe $\sum\limits_{i=1}^{\infty} a_i$ **ist dann und nur dann mit der Summe** s **konvergent, wenn der Reihenrest**

$$\sum_{i=n+1}^{\infty} a_i = s - s_n \tag{18.1}$$

18.1

kleiner als eine beliebig vorgegebene Zahl ε **für alle** $n > N$ **wird, wobei** N **von** ε **abhängt (18.1).**

Setzt man voraus, daß die Folge der Teilsummen konvergiert, und wählt man eine ε-Umgebung um s (18.1), so liegen nur endlich viele s_i außerhalb dieser Umgebung. Nennt man den größten Index einer Teilsumme, die außerhalb der Umgebung liegt, $N - 1$, so folgt die Behauptung.

Setzt man voraus, daß $|s - s_n| < \varepsilon$ für alle $n > N$ ist, so folgt die Konvergenz, da nur endlich viele Elemente außerhalb der ε-Umgebung liegen.

Definition. Die Reihe $\sum\limits_{i=1}^{\infty} a_i$ heißt **absolut konvergent**, wenn die Reihe der Absolutbeträge ihrer Glieder $\sum\limits_{i=1}^{\infty} |a_i|$ konvergiert.

Satz 4. Eine absolut konvergente Reihe konvergiert in gewöhnlichem Sinne.

Nach den Regeln über Ungleichungen (Teil 1) gilt für jedes n

$$\left| \sum_{i=n+1}^{\infty} a_i \right| \leq \sum_{i=n+1}^{\infty} |a_i| \tag{18.2}$$

Wegen der absoluten Konvergenz der Reihe kann nach Satz 3 die rechte Seite beliebig klein gemacht werden, wenn man nur n genügend groß wählt. Da die linke Seite nicht größer ist, ist diese nach Satz 3 ebenfalls konvergent.

Eine Aussage gilt „für fast alle i", wenn sie nur für endlich viele i nicht gültig ist.

Definition. Sind $\sum\limits_{i=1}^{\infty} a_i$ und $\sum\limits_{i=1}^{\infty} b_i$ zwei unendliche Reihen und gilt für fast jedes i

$$|a_i| \leq b_i \tag{18.3}$$

so heißt die Reihe der b_i die **Majorante** der Reihe der a_i. Die Reihe der a_i heißt **Minorante** der Reihe der b_i.

Satz 5. Die Minorante $\sum\limits_{i=1}^{\infty} a_i$ **einer konvergenten Reihe** $\sum\limits_{i=1}^{\infty} b_i$ **mit nur positiven Summanden** $b_i > 0$ **ist ebenfalls konvergent.**

Da die Ungleichung (18.3) nur für endlich viele Summanden nicht zu gelten braucht, gibt es einen Index m derart, daß diese Ungleichung für alle $i \geq m$ gültig ist. Für die Konvergenz der Reihe $\sum\limits_{i=1}^{\infty} a_i$ ist die endliche Teilreihe $\sum\limits_{i=1}^{m-1} a_i$ ohne Bedeutung. Daher sollen die beiden Reihen $\sum\limits_{i=m}^{\infty} a_i$ und $\sum\limits_{i=m}^{\infty} b_i$ miteinander verglichen werden. Nach den Ungleichungen (18.2) und (18.3) ist

$$\left| \sum_{i=m}^{\infty} a_i \right| \leq \sum_{i=m}^{\infty} |a_i| \leq \sum_{i=m}^{\infty} b_i$$

Entsprechend dem Beweis zu Satz 4 folgt hiermit die Konvergenz der Minorante.

Satz 6. (Quotientenkriterium). Die Reihe $\sum\limits_{i=1}^{\infty} a_i$ ist absolut konvergent, wenn es eine Zahl q mit $0 < q < 1$ derart gibt, daß für fast alle i die Ungleichung

$$\left| \frac{a_{i+1}}{a_i} \right| \leqq q < 1 \tag{19.1}$$

gilt. Wird jedoch für fast alle i

$$\left| \frac{a_{i+1}}{a_i} \right| \geqq 1 \tag{19.2}$$

so ist die Reihe $\sum\limits_{i=1}^{\infty} a_i$ divergent.

Der Beweis des ersten Teiles dieses Satzes erfolgt mit Hilfe des Satzes 5. Es ist die Konvergenz der Reihe $\sum\limits_{i=1}^{\infty} a_i$ zu beweisen. Es gilt

$$|a_{i+1}| \leqq q\,|a_i|$$
$$|a_{i+2}| \leqq q^2 \cdot |a_i|$$
$$\cdots$$
$$|a_{i+j}| \leqq q^j\,|a_i|$$

Die Teilreihe $\sum\limits_{i=m}^{\infty} |a_i|$ hat demnach die Reihe $\sum\limits_{i=m}^{\infty} |a_m|\, q^{i-m}$ als Majorante. Diese Majorante ist eine geometrische Reihe mit $q < 1$. Daher konvergiert sie. Nach Satz 5 ist also auch die Reihe $\sum\limits_{i=1}^{\infty} |a_i|$ konvergent. Gilt Gl. (19.2), so bildet (a_i) keine Nullfolge. Die Reihe $\sum\limits_{i=1}^{\infty} a_i$ ist also nach Satz 1 divergent.

Beispiel 13. Man untersuche die Konvergenz der Reihe

$$\sum_{i=1}^{\infty} (-1)^i \frac{c^i}{i!}$$

mit einer beliebigen reellen Zahl c.

Nach dem Quotientenkriterium ist

$$\left| \frac{a_{i+1}}{a_i} \right| = \frac{\dfrac{|c|^{i+1}}{(i+1)!}}{\dfrac{|c|^i}{i!}} = \frac{|c|}{i+1}$$

Setzt man $q = |c|/(|c|+1)$, so gilt die Ungleichung (19.1) für alle $i > |c|$, also für fast alle i. Damit ist die absolute Konvergenz der Reihe bewiesen.

Satz 7. Ist $s = \sum\limits_{i=1}^{\infty} a_i$ eine absolut konvergente Reihe und werden endlich oder unendlich viele Vertauschungen von Summanden vorgenommen, so ist die neu entstandene Reihe $\sum\limits_{i=1}^{\infty} b_i$ ebenfalls absolut konvergent mit der gleichen Summe s.

Auf den Beweis dieses Satzes muß hier verzichtet werden.

Definition. Sind die Summanden einer konvergenten Reihe Funktionen von x, also $a_i = f_i(x)$, und konvergiert diese Reihe in einem abgeschlossenen Intervall $[a, b]$, so heißt sie in diesem Intervall **gleichmäßig konvergent**.

In Erweiterung von Satz 7 gilt

Satz 8. Ist eine Reihe in einem abgeschlossenen Intervall absolut und gleichmäßig konvergent, so dürfen die gleichen Rechenoperationen wie mit endlichen Reihen vorgenommen werden.

Auf den Beweis muß hier verzichtet werden.

Man darf bei absolut und gleichmäßig konvergenten Reihen innerhalb ihres Konvergenzbereiches gliedweise mit einem Faktor multiplizieren, zwei Reihen dürfen gliedweise addiert werden. Es dürfen ebenfalls Grenzprozesse vertauscht werden, d.h. diese Reihen dürfen gliedweise integriert oder differenziert werden.

Aufgaben zu Abschnitt 1

1. Man berechne die Grenzwerte der unendlichen Folgen

a) $a_i = \dfrac{i + 3}{3i + 5}$ b) $a_i = 0{,}8^i$ c) $a_i = i^{0,8}$

d) $a_i = \dfrac{(3 - i)(i + 2)}{3i^2 - 27}$ e) $a_i = \dfrac{1}{i} \dfrac{(2i + 1)^3 - 8i^3}{(2i + 3)^2 - 4i^2}$

f) $a_i = \dfrac{\sqrt{4i(i - 2)} - \sqrt{2i(i - 1)}}{\sqrt{3i(i + 3)} - \sqrt{i(i + 5)}}$ g) $a_i = \sqrt{3i^2 - 7i + 1} - \sqrt{3i^2 - 8i - 3}$

h) $a_i = \dfrac{4i^{\frac{3}{4}} + 6i^{\frac{5}{4}} - 6i - 6i^{\frac{5}{4}}}{7i - 4i^{\frac{1}{3}} + \sqrt{i}}$ i) $a_i = \sqrt{i + \sqrt{i}} - \sqrt{i - \sqrt{i}}$

2. Man bestimme folgende Grenzwerte

a) $\lim\limits_{m \to 0} \dfrac{(1 + m^2)^2 - (1 - m^2)^2}{(1 + m + m^2)(1 - m + m^2) - 1}$ b) $\lim\limits_{k \to -2} \dfrac{\sqrt{k + 2}\,(k^3 + 3k^2 - 4)}{(k + 2)^{3/2}\,(k^2 - k - 6)}$

c) $\lim\limits_{k \to a} \dfrac{(k - a)^2}{k^2 - a^2}$

3. Man bestimme die Grenzwerte der Folgen

a) $a_n = \left(\dfrac{n}{n + 1}\right)^n$ b) $a_n = \left(1 - \dfrac{1}{n}\right)^n$ c) $a_n = \left(1 - \dfrac{1}{n^2}\right)^n$

Hinweis: Man benutze Gl. (15.1)

4. Man berechne die Grenzwerte

a) $\lim\limits_{\alpha \to 0} \dfrac{\tan \alpha}{\alpha}$ Hinweis: Gl. (13.1)

b) $\lim\limits_{\alpha \to 0} \dfrac{1 - \cos \alpha}{\alpha^2}$ Hinweis: Gl. (13.1) und Additionstheorem

c) $\lim\limits_{\beta \to 0} \dfrac{\cos(\alpha + \beta) - \cos \alpha}{\beta}$ Hinweis: Additionstheorem

5. Man ermittle den Grenzwert

$$\lim_{z \to 0} \frac{\sqrt[2]{x + z} - \sqrt[2]{x}}{z}$$

Hinweis: Man verwende die Binomische Näherungsformel.

6. Man prüfe die Beschränktheit, Monotonie und Konvergenz der Folge

$$a_n = \left\{ \begin{array}{ll} \dfrac{(1 - n)(1 + n)}{n^2} & \text{gerade} \\[2mm] \sqrt[n]{-\pi} & \text{ungerade} \end{array} \right\} \text{für} \left. \right\} n > 0$$

7. Wie groß sind die ersten sechs Teilsummen der Reihe $s = 1 + 0{,}2 + 0{,}2^2 + 0{,}2^3 + \cdots$?

8. Wie groß ist die Summe der unendlichen geometrischen Reihe $s = 0{,}875 + 0{,}875^2 + \cdots$?

9. Man berechne die Summe der unendlichen geometrischen Reihe $s = 1 + 0{,}6 + 0{,}6^2 +$ $+ 0{,}6^3 + \cdots$ und konstruiere die Summe durch Teilsummen in Anlehnung an Bild **17.1.**

10. Man untersuche mit dem Quotientenkriterium die Konvergenz der Reihe $1 + 2c + 3c^2 +$ $+ 4c^3 + 5c^4 + \cdots$, wobei c eine positive reelle Zahl ist.

2. Einführung in die Diffenrentialrechnung

2.1. Ableitung

Anstieg einer Funktion

Viele geometrische Aufgaben führen auf das Problem, den Anstieg einer Funktionskurve in einem Punkt zu ermitteln. Hierunter versteht man den Anstieg der Tangente $m = \tan \alpha$ an die Kurve in diesem Punkt (**22.1**).

Zunächst wird vorausgesetzt, daß auf beiden Koordinatenachsen Strecken mit gleichen Einheitslängen aufgetragen sind

$$l_x = l_y$$

Nicht jede Kurve hat in jedem Punkt einen eindeutigen Anstieg, wie das Beispiel in Bild **22.2** zeigt. In diesem Abschnitt werden nur solche Funktionskurven behandelt, die in jedem Punkt einen eindeutigen Anstieg haben. Bild **22.2** zeigt, daß die Stetigkeit einer Funktion wohl notwendig, aber noch nicht hinreichend für die Existenz eines eindeutigen Anstiegs in einem Punkte der Funktionskurve ist.

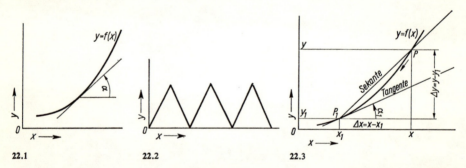

22.1   22.2   22.3

Um die Lage der Tangente zu bestimmen, betrachtet man in Bild **22.3** zunächst die Sekante durch zwei benachbarte Punkte $P(x; y)$ und $P_1(x_1; y_1)$. Den Anstieg der Sekante nennt man auch Differenzenquotient

$$\frac{\Delta y}{\Delta x} = \frac{y - y_1}{x - x_1} \tag{22.1}$$

Verschiebt man den Punkt P längs der Kurve $y = f(x)$ gegen den Punkt P_1, so nähert sich der Sekantenanstieg immer mehr dem Anstieg der Tangente an die Kurve im Punkte P_1.

Ableitung

Führt man in Gl. (22.1) die Annäherung $P \rightarrow P_1$ rechnerisch schrittweise durch, so nähert sich der Quotient $\Delta y/\Delta x$ immer mehr dem Ausdruck 0/0. Dieser Quotient ist nach Abschnitt 1.2 ein unbestimmter Ausdruck: Die Ermittlung des Anstiegs der Tangente führt also auf die Berechnung unbestimmter Ausdrücke.

Definition. Falls alle Folgen der Differenzenquotienten der betrachteten Funktion $y = f(x)$ im Punkte $(x_1; y_1)$ einen Grenzwert besitzen, die Lage der Tangente also eindeutig ist, sagt man, die Funktion ist in diesem Punkt differenzierbar, und nennt den Grenzwert die **erste Ableitung** der Funktion an der Stelle x_1

$$\lim_{x \to x_1} \frac{y - y_1}{x - x_1} = \lim_{\Delta x \to 0} \frac{\Delta y}{\Delta x} = y'(x_1) = f'(x_1) = y_1' \qquad (23.1)$$

(gesprochen: y Strich an der Stelle x_1 oder f Strich an der Stelle x_1).

Betrachtet man nicht nur den Anstieg in einem bestimmten Punkt P_1, sondern in einem beliebigen Punkt $P(x, y)$ der Kurve, so enthält man die Ableitungsfunktion $y' = f'(x)$; sie ist eine Funktion von x, deren Gleichung die Vorschrift angibt, wie man zu jedem Abszissenwert x den Anstieg $f'(x)$ errechnet. Das Berechnen dieser Funktion nennt man differenzieren oder ableiten. Da die Einheitslängen l_x und l_y als gleich vorausgesetzt sind, gilt nach Bild 22.3 und Gl. (23.1)

$$y' = m = \tan \alpha \qquad (23.2)$$

Beispiel 1. Man bilde die erste Ableitung der Funktion $y = 2x^2 - 4$ an der Stelle $x_1 = 1$. Es ist $y_1 = 2x_1^2 - 4 = -2$. Damit wird der Differenzenquotient

$$\frac{y - y_1}{x - x_1} = \frac{(2x^2 - 4) - (2x_1^2 - 4)}{x - x_1}$$

$$= \frac{2x^2 - 4 + 2}{x - 1} = \frac{2(x^2 - 1)}{x - 1} = \frac{2(x + 1)(x - 1)}{x - 1} = 2(x + 1)$$

Daher ergibt sich für die erste Ableitung

$$y_1' = \lim_{x \to x_1} \frac{y - y_1}{x - x_1} = \lim_{x \to 1} [2(x + 1)] = 4$$

Beispiel 2. Man bilde die erste Ableitung der Funktion $y = 3/x^2$ an der Stelle x_0. Es ist der Differenzenquotient $(y - y_0)/(x - x_0)$ mit $y_0 = 3/x_0^2$ zu bilden

$$\frac{y - y_0}{x - x_0} = \frac{\dfrac{3}{x^2} - \dfrac{3}{x_0^2}}{x - x_0} = 3 \frac{\dfrac{x_0^2 - x^2}{x^2 x_0^2}}{x - x_0} = \frac{3}{x^2 x_0^2} \cdot \frac{x_0^2 - x^2}{x - x_0}$$

$$= \frac{3}{x^2 x_0^2} \cdot \frac{(x_0 + x)(x_0 - x)}{x - x_0} = - \frac{3(x_0 + x)}{x^2 x_0^2}$$

Damit erhält man für die erste Ableitung

$$y_0' = \lim_{x \to x_0} \frac{y - y_0}{x - x_0} = -3 \lim_{x \to x_0} \frac{x_0 + x}{x^2 x_0^2} = -3 \frac{2x_0}{x_0^4} = - \frac{6}{x_0^3}$$

Für $x_0 = 1$ wird $y_0' = y'(1) = -6$.

Beispiel 3. Für die im vorstehenden Beispiel betrachtete Funktion $y = 3/x^2$ führe man den Grenzübergang vom Differenzenquotienten zur Ableitung bei $x_0 = 1$ in einer Wertetafel numerisch durch, wenn x von zwei beginnend gegen $x_0 = 1$ strebt.

x	$3/x^2$	$3/x^2 - 3/x_0^2$	$x - x_0$	$\dfrac{\dfrac{3}{x^2} - \dfrac{3}{x_0^2}}{x - x_0}$
2	0,750 000	− 2,250 000	1	− 2,25000
1,2	2,083 333	− 0,916 667	0,2	− 4,58333
1,1	2,479 339	− 0,520 661	0,1	− 5,20661
1,01	2,940 888	− 0,059 112	0,01	− 5,9112
1,001	2,994 009	− 0,005 991	0,001	− 5,991
1,0001	2,999 400	− 0,000 600	0,0001	− 6,00
⋮	⋮	⋮	⋮	⋮
1	3	0	0	− 6

Beispiel 4. Welchen Anstiegswinkel α_1 hat die Funktionskurve $y = (x + 1)/(x + 2)$ im Punkt mit der Abszisse $x_1 = -1$?

Da in diesem Abschnitt $l_x = l_y$ vorausgesetzt ist, gilt nach Gl. (23.2) $y' = m = \tan \alpha$. Für den Punkt $x = x_1$ gilt entsprechend $y_1' = m_1 = \tan \alpha_1$.

Es ist $y_1 = y(-1) = 0$. Daher ist in dieser Aufgabe nach dem Anstiegswinkel in einer Nullstelle gefragt. Der Differenzenquotient lautet

$$\frac{y - y_1}{x - x_1} = \frac{\dfrac{x + 1}{x + 2}}{x + 1} = \frac{1}{x + 2}$$

Daher ist der Anstieg

$$m_1 = \tan \alpha_1 = y_1' = \lim_{x \to x_1} \frac{y - y_1}{x - x_1} = \lim_{x \to -1} \frac{1}{x + 2} = 1$$

Damit ergibt sich der Anstiegswinkel $\alpha_1 = 45° = 50^g = \pi/4$.

Anstieg

In diesem Abschnitt wurde bisher die Gleichheit beider Einheitslängen $l_x = l_y$ vorausgesetzt. Diese Voraussetzung gilt bereits nicht mehr, wenn zwar beide Veränderliche x und y Größen gleicher Art oder Zahlen sind, jedoch in unterschiedlicher Größenordnung auftreten. In Bild **24.**1a und b sind diese beiden Möglichkeiten gezeigt. Immer treten unterschiedliche Einheitslängen auf beiden Achsen auf, wenn x und y Größen verschiedener Art sind. In diesen Fällen gilt (s. Abschn. Funktionskurve in Teil 1)

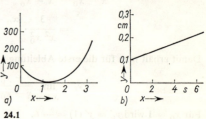

24.1

$$y = \frac{\eta}{l_y} \qquad x = \frac{\xi}{l_x}$$

Damit wird Gl. (23.1)

$$y_1' = \lim_{\xi \to \xi_1} \frac{l_x(\eta - \eta_1)}{l_y(\xi - \xi_1)} = \frac{l_x}{l_y} \lim_{\xi \to \xi_1} \frac{\eta - \eta_1}{\xi - \xi_1} = \frac{l_x}{l_y} \tan \alpha_1 \qquad (25.1)$$

Der Tangens (Anstieg) ist stets der Quotient zweier Strecken, die Ableitung jedoch ist im allgemeinen eine Größe.

2.2. Anwendungen in der Technik

Zum Veranschaulichen der praktischen Bedeutung der Ableitung werden einige Anwendungen in der Technik betrachtet.

Geschwindigkeit. Bei einer gleichförmigen Bewegung werden in gleichen Zeiten t gleiche Wege s zurückgelegt. Den konstanten Quotienten $\Delta s/\Delta t$ nennt man die Geschwindigkeit. Wird bei einer ungleichförmigen Bewegung im Zeitabschnitt $t - t_1$ der Weg $s - s_1$ zurückgelegt, so nennt man den Differenzenquotienten

$$\frac{\Delta s}{\Delta t} = \frac{s - s_1}{t - t_1}$$

die mittlere Geschwindigkeit in diesem Zeitabschnitt (**25.1**). Analog dem Grenzübergang von Gl. (22.1) zu Gl. (23.1) ergibt sich:

Die Änderung des Weges (des Ortes) s in der dazu benötigten Zeit t, also der Grenzwert der Folge der Quotienten zurückgelegter Wege $\Delta s = s - s_1$ dividiert durch die benötigten Zeiten $\Delta t = t - t_1$, wenn $t \to t_1$ strebt (**25.1**), ist die Geschwindigkeit zur Zeit t_1

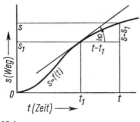

25.1

$$v(t_1) = \lim_{t \to t_1} \frac{s - s_1}{t - t_1} = \dot{s}(t_1) \qquad (25.2)$$

Auf Grund dieses physikalischen Problems wurde von Newton im 17. Jahrhundert die Differentialrechnung entwickelt. Gleichzeitig und unabhängig von ihm beschäftigte sich Leibniz auf mathematisch-philosophischer Grundlage mit den gleichen Fragen.

Nach Newton bezeichnet man erste Ableitungen nach der Zeit durch einen über die abhängige Veränderliche gesetzten Punkt (hier $\dot{s}$, gesprochen: s Punkt zur Zeit t). Ableitungen nach anderen Veränderlichen werden durch Striche gekennzeichnet, wie Gl. (23.1) zeigt. Außerdem werden durch Punkte Ableitungen nach Parametern (Abschn. 6.6) bezeichnet.

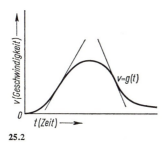

25.2

Beschleunigung. Entsprechend der Definition der Geschwindigkeit nennt man die Änderung der Geschwindigkeit v in der Zeit t die Beschleunigung. Ihre Größe zur Zeit t_1 ist

$$a(t_1) = \lim_{t \to t_1} \frac{v - v_1}{t - t_1} = \dot{v}(t_1) \qquad (25.3)$$

Ist die Beschleunigung negativ, so nimmt die Geschwindigkeit ab. Eine negative Beschleunigung heißt auch Verzögerung. In den Bildern **25.1** und **25.2** ist der gleiche Bewegungsablauf dargestellt. Die Geschwindigkeit nimmt von Null beginnend zu und nimmt dann wieder gegen Null ab. Der Betrag der Beschleunigung ist an den Zeitpunkten groß, an denen die Tangenten in Bild **25.2** besonders steil sind.

Spannung. Im Innern eines Körpers, an dem von außen Kräfte einwirken, entstehen Spannungen (**26.1** a), die man in gedachten Schnitten (**26.1** b) anbringt und so der Untersuchung zugänglich macht. Da es nicht möglich ist, ein Körperteilchen zu beanspruchen und das benachbarte nicht, können keine sprunghaften Spannungsänderungen auftreten. Der Quotient Teilkraft ΔP durch Teilquerschnittsfläche ΔF ist die auf die Fläche bezogene Kraft $\Delta P/\Delta F$. Den Ausdruck

$$p = \lim_{\Delta F \to 0} \frac{\Delta P}{\Delta F}$$

nennt man Spannung. Diese im Normalfall schräg zur Fläche wirkende Spannung kann in die normal zur Fläche wirkende Normalspannung σ und die tangential in der Fläche wirkende Tangentialspannung τ zerlegt werden. Ziehende Normalspannungen (Zugspannungen) werden als positive und drückende Normalspannungen (Druckspannungen) als negative Spannungen definiert.

a)   b)

26.1   26.2

Beispiel 5. Die gleichförmige Bewegung $s = v_0 t$ mit $v_0 = 2$ m/s wird in einem Koordinatensystem mit den Einheitslängen $l_s = 0{,}15$ cm/m und $l_t = 1$ cm/s dargestellt. Unter welchem Winkel α verläuft die diese Bewegung beschreibende Gerade (**26.2**)?

Da der Anstieg dieser Geraden in jedem Punkte der gleiche ist, soll der Anstieg im Nullpunkt ermittelt werden. Mit $t_1 = 0$ ist auch $s_1 = 0$. Damit wird die Ableitung

$$\dot{s} = \lim_{t \to 0} \frac{v_0 t - 0}{t - 0} = v_0 = \frac{l_t}{l_s} \tan \alpha = \frac{1 \text{ cm/s}}{0{,}15 \text{ cm/m}} \tan \alpha = \frac{20}{3} \frac{\text{m}}{\text{s}} \tan \alpha$$

Für den Anstieg erhält man

$$\tan \alpha = \frac{3}{20} \frac{\text{s}}{\text{m}} \cdot v_0 = 0{,}15 \frac{\text{s}}{\text{m}} \cdot 2 \frac{\text{m}}{\text{s}} = 0{,}3 \qquad \alpha = 16{,}7° = 18{,}55^{\text{g}}$$

Beispiel 6. Ein Bewegungsablauf wird durch die Funktionsgleichung

$$s = 0{,}8 \frac{\text{m}}{\text{s}^2} t^2 - 1{,}7 \frac{\text{m}}{\text{s}} t + 0{,}4 \text{ m}$$

beschrieben. Wie groß ist die Geschwindigkeit v zum Zeitpunkt $t = t_1$?

Bei dieser Bestimmung eines Grenzwertes werden die in Abschn. 1.2 hergeleiteten Regeln über das Rechnen mit Grenzwerten benutzt. Nach Gl. (25.2) ist $v(t_1) = \dot{s}(t_1)$. Damit erhält man

$$v(t_1) = \lim_{t \to t_1} \frac{s - s_1}{t - t_1} = \lim_{t \to t_1} \frac{\left(0,8\,\dfrac{m}{s^2}\,t^2 - 1,7\,\dfrac{m}{s}\,t + 0,4\,m\right) - \left(0,8\,\dfrac{m}{s^2}\,t_1^2 - 1,7\,\dfrac{m}{s}\,t_1 + 0,4\,m\right)}{t - t_1}$$

$$= 0,8\,\frac{m}{s^2}\,\lim_{t \to t_1} \frac{t^2 - t_1^2}{t - t_1} - 1,7\,\frac{m}{s}\,\lim_{t \to t_1} \frac{t - t_1}{t - t_1}$$

$$= 0,8\,\frac{m}{s^2}\,\lim_{t \to t_1}\,(t + t_1) - 1,7\,\frac{m}{s}$$

$$= 0,8\,\frac{m}{s^2}\cdot 2\,t_1 - 1,7\,\frac{m}{s} = 1,6\,\frac{m}{s^2}\,t_1 - 1,7\,\frac{m}{s}$$

2.3. Grundregeln des Differenzierens

Bei den Beispielen 1 bis 6 in Abschn. 2.1 und 2.2 wurde in jedem Fall die Grenzwertbestimmung nach den Regeln des Rechnens mit Grenzwerten durchgeführt. Es ist zweckmäßig, für die einzelnen Funktionstypen diese Grenzwerte ein für alle Mal zu ermitteln. In diesem Abschnitt werden zunächst die Regeln für das Rechnen mit Grenzwerten auf das Differenzieren übertragen, im folgenden Abschn. 2.4 werden sodann Differentiationsformeln für einige wichtige Funktionen bestimmt.

Differenzieren der Konstanten. Das Schaubild der Funktion $y = c$ ist eine horizontale Gerade, daher ist $\tan \alpha$ gleich Null. So ist die e r s t e A b l e i t u n g d e r K o n s t a n t e n

$$c' = 0 \tag{27.1}$$

Konstanter Faktor. Es ist $y = c\,f(x)$. Im Differenzenquotienten kann der konstante Faktor c herausgezogen werden

$$\frac{c\,f(x) - c\,f(x_1)}{x - x_1} = c\,\frac{f(x) - f(x_1)}{x - x_1}$$

Da bei einer Grenzwertbestimmung (Abschn. 1.2) ein konstanter Faktor vorgezogen werden kann, ist die e r s t e A b l e i t u n g b e i k o n s t a n t e m F a k t o r

$$[c\,f(x)]' = c\,f'(x) \tag{27.2}$$

Differenzieren von Summe und Differenz. Es ist $y = f_1(x) \pm f_2(x)$. Der Differenzenquotient lautet

$$\frac{[f_1(x) \pm f_2(x)] - [f_1(x_1) \pm f_2(x_1)]}{x - x_1} = \frac{f_1(x) - f_1(x_1)}{x - x_1} \pm \frac{f_2(x) - f_2(x_1)}{x - x_1}$$

Nach Abschn. 1.2 ist der Grenzwert dieser Summe gleich der Summe der Grenzwerte der einzelnen Summanden. Daraus folgt die Regel für die e r s t e A b l e i t u n g e i n e r S u m m e oder D i f f e r e n z

$$[f_1(x) \pm f_2(x)]' = f_1'(x) \pm f_2'(x) \tag{27.3}$$

2.4. Ableitung einiger Grundfunktionen

Potenzfunktion $y = x^n$. In Beispiel 1, S. 23 wurde unmittelbar die Funktion $y = x^2$, in Beispiel 2, S. 23 die Funktion $y = x^{-2}$ differenziert. In Beispiel 6, S. 26 wurde das Differenzieren einer allgemeinen quadratischen Funktion gezeigt. Nun soll eine allgemeine Regel hergeleitet werden, wie man eine Potenzfunktion mit einem rationalen Exponenten n differenziert. Der Differenzenquotient der Potenzfunktion $y = x^n$ lautet

$$\frac{x^n - x_1^n}{x - x_1}$$

Der Grenzwert dieses Quotienten wurde in Abschn. 1.4 für alle rationale n bestimmt; nach Gl. (14.1) ist

$$\lim_{x \to x_1} \frac{x^n - x_1^n}{x - x_1} = n\, x_1^{n-1} \tag{28.1}$$

Für $n = 0$ gilt $y = 1$, nach Gl. (27.1) ist $y' = 0$.

So erhält man für alle rationalen Exponenten als erste Ableitung der Potenz

$$(x^n)' = n\, x^{n-1} \tag{28.2}$$

Beispiel 7. Man differenziere die Potenzsumme

$$y = 3x^4 - 7\sqrt{x^5} + \frac{6}{x^2} - \frac{1}{\sqrt{x}}$$

Es ist zweckmäßig, diese Funktion zunächst in der Form

$$y = 3x^4 - 7x^{5/2} + 6x^{-2} - x^{-1/2}$$

zu schreiben. Nach Gl. (28.2) erhält man unter Beachtung der Summenregel Gl. (27.3) und der Faktorregel Gl. (27.2)

$$y' = 3 \cdot 4x^3 - 7 \cdot \frac{5}{2} x^{3/2} + 6 \cdot (-2) x^{-3} - \left(-\frac{1}{2}\right) x^{-3/2}$$

$$= 12x^3 - 17{,}5\sqrt{x^3} - \frac{12}{x^3} + \frac{1}{2\sqrt{x^3}}$$

Beispiel 8. Beim **schiefen Wurf** bewegt sich der Körper auf einer **Wurfparabel (28.1)**

$$y = -\frac{g}{2v_{x0}^2} x^2 + \frac{v_{y0}}{v_{x0}} x$$

Der Geschwindigkeitsvektor $\vec{v}_0 = v_{x0}\,\vec{i} + v_{y0}\,\vec{j}$ bestimmt die Anfangsgeschwindigkeit (Abschn. Vektorrechnung in Teil 1). Wie groß ist die Scheitelhöhe h?

Im Scheitelpunkt ist die Tangente an die Wurfparabel horizontal, für $x = x_h$ ist daher die Ableitung y' gleich Null

$$y_h' = -\frac{g}{v_{x0}^2} x_h + \frac{v_{y0}}{v_{x0}} = 0 \quad \text{ergibt} \quad x_h = \frac{v_{x0}\,v_{y0}}{g}$$

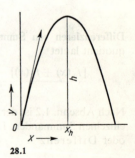

28.1

woraus die Wurfhöhe $h = y(x_h) = \dfrac{v_{y0}^2}{2g}$ folgt.

Beispiel 9. Welchen Anstiegswinkel hat die Funktionskurve $y = 6x^3 - 5x^2 + 2x - 6$ an den Punkten mit den Abszissen $x_1 = 0$, $x_2 = 1$, $x_3 = 2$ und $x_4 = 3$?

Es ist $y' = 18x^2 - 10x + 2$.

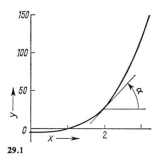

x	y	y'	β	$\tan \alpha$	α
0	-6	2	$63,4°$	0,04	$2,3°$
1	-3	10	$84,3°$	0,20	$11,3°$
2	26	54	$88,9°$	1,08	$47,2°$
3	117	134	$89,6°$	2,68	$69,5°$

Die Spalten y und y' der Wertetafel zeigen, daß für x und y verschiedene Einheitslängen gewählt werden müssen, wenn das Bild lesbar sein soll

29.1

$$\xi = l_x \cdot x = 1 \text{ cm} \cdot x \qquad \eta = l_y \cdot y = 0,02 \text{ cm} \cdot y$$

Aus Gl. (25.1) folgt dann $y' = (l_x/l_y) \tan \alpha = 50 \tan \alpha$. Der Winkel α ist der in Bild **29.1** sichtbare Winkel.

Sinusfunktion $y = \sin x$. Der Differenzenquotient ist

$$\frac{\sin x - \sin x_1}{x - x_1}$$

Um aus der Differenz der Winkelfunktionen im Zähler eine Funktion des Differenzwinkels zur Anwendung von Gl. (13.1) zu erhalten, benutzt man eine Gleichung der Additionstheoreme (Teil 1)

$$\sin x - \sin x_1 = 2 \sin \frac{x - x_1}{2} \cos \frac{x + x_1}{2}$$

Dann ergibt sich bei $x \to x_1$

$$\lim_{x \to x_1} \frac{2 \sin \dfrac{x - x_1}{2} \cos \dfrac{x + x_1}{2}}{x - x_1} = \lim_{x \to x_1} \frac{\sin \dfrac{x - x_1}{2}}{\dfrac{x - x_1}{2}} \cdot \lim_{x \to x_1} \cos \frac{x + x_1}{2}$$

da der Grenzwert eines Produktes gleich dem Produkt der Grenzwerte der Faktoren ist (Abschn. 1.2). Der Grenzwert des zweiten Faktors ist $\cos x_1$. Im ersten Faktor setzt man $(x - x_1)/2 = \varphi$. Nach Gl. (13.1) strebt der Quotient $(\sin \varphi)/\varphi$ gegen Eins, wenn φ gegen Null strebt. Daraus folgt die **erste Ableitung des Sinus**

$$(\sin x)' = \cos x \qquad\qquad (29.1)$$

Cosinusfunktion $y = \cos x$. Nach den Additionstheoremen ist

$$\cos x - \cos x_1 = -2 \sin \frac{x - x_1}{2} \sin \frac{x + x_1}{2}$$

Setzt man diesen Wert in den Zähler des Differenzenquotienten ein, so gilt

$$\lim_{x \to x_1} \frac{\cos x - \cos x_1}{x - x_1} = \lim_{x \to x_1} \frac{- 2 \sin \dfrac{x - x_1}{2} \sin \dfrac{x + x_1}{2}}{x - x_1}$$

$$= - \lim_{x \to x_1} \frac{\sin \dfrac{x - x_1}{2}}{\dfrac{x - x_1}{2}} \cdot \lim_{x \to x_1} \sin \frac{x + x_1}{2} = - \sin x_1$$

Damit wird die erste Ableitung des Cosinus

$$(\cos x)' = - \sin x \tag{30.1}$$

Beispiel 10. Unter welchem Winkel schneiden sich bei gleichen Einheitslängen die Kurven der Funktionen $y = f(x) = \sin x$ und $y = g(x) = \cos x$?

Die Kurven schneiden sich im Punkt mit der Abszisse $x = \pi/4$. Es ist $\tan \alpha_1 = f'(\pi/4)$ $= \cos (\pi/4) = 0{,}707$ und $\tan \alpha_2 = g'(\pi/4) = - \sin (\pi/4) = - 0{,}707$. Es ist mit $\delta = \alpha_1 - \alpha_2$

$$\tan \delta = \frac{\tan \alpha_1 - \tan \alpha_2}{1 + \tan \alpha_1 \tan \alpha_2} = \frac{0{,}707 + 0{,}707}{1 - 0{,}5} = 2{,}83$$

Hieraus folgt $\delta = 70{,}5° = 78{,}33^g$.

Beispiel 11. Man differenziere die Funktion $y = A \cos (\omega t + \varphi)$ nach der unabhängigen Veränderlichen t.

Bei diesem Beispiel ist Gl. (30.1) nicht anwendbar, da das Argument des Cosinus nicht nur aus der unabhängigen Veränderlichen t besteht. Daher muß der Grenzwert erneut bestimmt werden. Es ist

$$\dot{y}(t_1) = A \lim_{t \to t_1} \frac{\cos (\omega t + \varphi) - \cos (\omega t_1 + \varphi)}{t - t_1}$$

Das Additionstheorem liefert

$$\cos (\omega t + \varphi) - \cos (\omega t_1 + \varphi) = - 2 \sin \frac{\omega t - \omega t_1}{2} \cdot \sin \frac{\omega t + \omega t_1 + 2\varphi}{2}$$

Damit erhält man

$$\dot{y}(t_1) = - 2A \lim_{t \to t_1} \frac{\sin \dfrac{\omega (t - t_1)}{2} \cdot \sin \left(\dfrac{\omega (t + t_1)}{2} + \varphi \right)}{t - t_1}$$

Setzt man $\alpha = \dfrac{\omega (t - t_1)}{2}$ und zerlegt $\dot{y}(t_1)$ in das Produkt zweier Grenzwerte, so wird

$$\dot{y}(t_1) = - 2A \lim_{\alpha \to 0} \frac{\sin \alpha}{\dfrac{2\alpha}{\omega}} \cdot \lim_{t \to t_1} \sin \left(\frac{\omega (t + t_1)}{2} + \varphi \right)$$

$$= - A \omega \lim_{\alpha \to 0} \frac{\sin \alpha}{\alpha} \cdot \sin (\omega t_1 + \varphi)$$

Nach Gl. (13.1) strebt der verbleibende Grenzwert gegen Eins. Damit wird

$$[A \cos (\omega t + \varphi)]^{\boldsymbol{\cdot}} = - A \omega \sin (\omega t + \varphi) \tag{30.2}$$

Logarithmische Funktion $y = \ln x$. Setzt man $x = x_1 + \Delta x$, so lautet der Differenzen-quotient von $y = \ln x$

$$\frac{\ln x - \ln x_1}{x - x_1} = \frac{\ln (x_1 + \Delta x) - \ln x_1}{\Delta x}$$

Nach den Logarithmenregeln ist

$$\ln (x_1 + \Delta x) - \ln x_1 = \ln \frac{x_1 + \Delta x}{x_1} = \ln \left(1 + \frac{\Delta x}{x_1}\right)$$

Wenn $x \to x_1$ strebt, geht $\Delta x \to 0$. Also ist Δx eine Nullfolge. Dann ist aber auch $x_n = \Delta x/x_1$ eine Nullfolge. Damit wird mit den Logarithmenregeln

$$\frac{\ln x - \ln x_1}{\Delta x} = \frac{1}{\Delta x} \ln \left(1 + \frac{\Delta x}{x_1}\right) = \frac{1}{x_1 x_n} \ln (1 + x_n) = \frac{1}{x_1} \ln (1 + x_n)^{1/x_n}$$

Mit Hilfe des Grenzwertes Gl. (15.2) erhält man

$$\lim_{x \to x_1} \frac{\ln x - \ln x_1}{x - x_1} = \frac{1}{x_1} \lim_{x_n \to 0} \ln (1 + x_n)^{1/x_n} = \frac{1}{x_1} \ln e = \frac{1}{x_1}$$

Die erste Ableitung des natürlichen Logarithmus ist

$$(\ln x)' = \frac{1}{x} \tag{31.1}$$

Mit der Umrechnung der Logarithmenbasis

$$\log_a x = \frac{\ln x}{\ln a} = \frac{1}{\ln a} \ln x$$

lautet die erste Ableitung der allgemeinen logarithmischen Funktion, weil $1/(\ln a)$ ein konstanter Faktor ist

$$(\log_a x)' = \left(\frac{\ln x}{\ln a}\right)' = \frac{1}{x \ln a} \tag{31.2}$$

Es ist
$$\log_a(c\,x) = \log_a c + \log_a x$$

Damit lautet die erste Ableitung der Funktion $y = \log_a (c\,x)$, da $\log_a c$ eine additive Konstante ist

$$[\log_a (c\,x)]' = (\log_a x)' = \frac{1}{x \ln a} \tag{31.3}$$

2.5. Tangente und Normale

Gesucht ist die Gleichung der Tangente $y = g(x)$ an eine Funktionskurve $y = f(x)$ im Punkt mit der Abszisse $x = x_1$ (32.1). Die Tangente ist eine Gerade, die in einem vorgegebenen Punkt $(x_1, f(x_1))$ der Funktionskurve $y = f(x)$ diese Kurve berührt, d.h. in diesem Punkt haben Funktionskurve und Tangente die gleiche Ableitung $y_1' = f'(x_1)$.

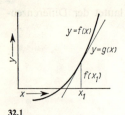

32.1

Sind von einer Geraden ein Punkt und die Ableitung bekannt, so lautet diese Geradengleichung nach der Punkt-Richtungs-Form

$$\frac{y - f(x_1)}{x - x_1} = f'(x_1) \tag{32.1}$$

Hieraus erhält man die Gleichung der Tangente an die Funktionskurve $y = f(x)$ im Punkt mit der Abszisse $x = x_1$

$$y = g(x) = f'(x_1)(x - x_1) + f(x_1) \tag{32.2}$$

Beispiel 12. Welcher Gleichung genügt die Tangente an die Funktionskurve $y = \mathrm{lb}\,(5x)$ im Punkt mit der Abszisse $x_1 = 3$?

Es ist $y(3) = \mathrm{lb}\,15 = 3{,}91$; nach Gl. (31.3)

$$f'(x) = \frac{1}{x \ln 2} \quad \text{und} \quad f'(3) = \frac{1}{3 \ln 2} = 0{,}481$$

Dann lautet die Gleichung der Tangente

$$y = 0{,}481\,(x - 3) + 3{,}91 = 0{,}481\,x + 2{,}47$$

Beispiel 13. Das Profil eines Werkstücks (32.2) kann im Bereich $2\,\mathrm{cm} \leqq x \leqq 4\,\mathrm{cm}$ durch die Gleichung $y = f(x) = (6/x)\,\mathrm{cm}^2$ dargestellt werden. Im Bereich $0 \leqq x \leqq 2\,\mathrm{cm}$ wird das Profil durch die Tangente $y = g(x)$ an die Kurve $y = (6/x)\,\mathrm{cm}^2$ im Punkte $x_1 = 2\,\mathrm{cm}$ beschrieben. Wo schneidet die Tangente die Ordinatenachse?

Es ist $f(2\,\mathrm{cm}) = 3\,\mathrm{cm}$, $f'(x) = -(6/x^2)\,\mathrm{cm}^2$ und $f'(2\,\mathrm{cm}) = -1{,}5$. Dann erhält man mit Gl. (32.2)

$$y = g(x) = -1{,}5(x - 2\,\mathrm{cm}) + 3\,\mathrm{cm}$$

Für $x = 0$ ergibt sich der Schnittpunkt mit der y-Achse $y_0 = g(0) = 6\,\mathrm{cm}$.

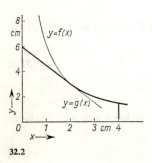

32.2

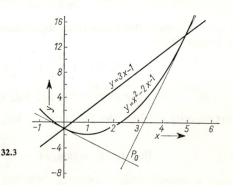

32.3

Beispiel 14. Gegeben sind die Gerade $y = 3x - 1$ und die Parabel $y = x^2 - 2x - 1$. Die Gerade schneidet die Parabel in zwei Punkten. In diesen Punkten sind die Tangenten an die Parabel zu legen (32.3). Wo schneiden sich diese Tangenten?

Zunächst werden die Schnittpunkte der gegebenen Geraden mit der Parabel bestimmt. Hierzu werden beide Ordinaten gleichgesetzt

$$x^2 - 2x - 1 = 3x - 1$$
$$x^2 - 5x = 0$$

Die Schnittpunktabszissen lauten also $x_1 = 0$ und $x_2 = 5$. Durch Einsetzen in die Geradengleichung erhält man die zugehörigen Ordinaten $y_1 = -1$ und $y_2 = 14$. Die Ableitungsfunktion der Parabel ist $f' = 2x - 2$. Die Ableitungen in den Schnittpunkten sind $f'(0) = -2$ und $f'(5) = 8$.

Aus Gl. (32.2) erhält man die beiden Tangentengleichungen

$$y = -2(x - 0) - 1 \quad \text{oder} \quad y = -2x - 1$$

und

$$y = 8(x - 5) + 14 \quad \text{oder} \quad y = 8x - 26$$

Die Schnittpunktabszisse x_0 dieser beiden Tangenten ergibt sich wiederum durch Gleichsetzen der Ordinaten

$$-2x_0 - 1 = 8x_0 - 26$$

Hieraus folgt $x_0 = 2{,}5$ und dann $y_0 = -6$.

Beispiel 15. Gegeben ist eine Parabel mit vertikaler Achse $y = ax^2 + bx + c$. Man beweise folgenden für die darstellende Geometrie wichtigen Satz: Sind $P_1(x_1; y_1)$ und $P_2(x_2; y_2)$ in Bild 33.1 zwei Parabelpunkte, deren Tangenten sich in $P_T(x_T; y_T)$ schneiden, und ist y_G die Ordinate der Geraden $\overline{P_1 P_2}$ an der Abszisse $x = x_T$, so kann man den Parabelpunkt $P_3(x_3; y_3)$ an der Abszisse $x_3 = x_T$ leicht konstruieren, denn es gilt:

1. Es ist $x_T = (x_1 + x_2)/2$. Die Abszisse x_T liegt also in der Mitte zwischen x_1 und x_2.

2. Es gilt $y_G - y_3 = y_3 - y_T$. Die Parabelordinate liegt also in der Mitte zwischen y_G und y_T.

3. Es ist $y'(x_3)$ gleich der Ableitung der Geraden $\overline{P_1 P_2}$.
Die Ableitung der Parabel lautet $y' = 2ax + b$. Damit erhält man als Gleichungen der Parabeltangenten in den Punkten P_1 und P_2

$$\frac{y - y_1}{x - x_1} = 2a x_1 + b$$

oder

$$y = (2a x_1 + b)x - a x_1^2 + c$$

$$\frac{y - y_2}{x - x_2} = 2a x_2 + b$$

oder

$$y = (2a x_2 + b)x - a x_2^2 + c$$

33.1

Hieraus ergeben sich die Schnittpunkt-Koordinaten der Tangenten

$$x_T = \frac{x_1 + x_2}{2} \quad \text{und} \quad y_T = (2a x_1 + b)\frac{x_1 + x_2}{2} - a x_1^2 + c = a x_1 x_2 + \frac{b}{2}(x_1 + x_2) + c$$

Damit ist der erste Teil des Satzes bewiesen. Die Ableitung der Geraden $\overline{P_1 P_2}$ ist

$$\frac{y_2 - y_1}{x_2 - x_1} = \frac{a(x_2^2 - x_1^2) + b(x_2 - x_1)}{x_2 - x_1} = a(x_1 + x_2) + b$$

Dann genügt die Gerade $\overline{P_1 P_2}$ der Gleichung

$$\frac{y - y_1}{x - x_1} = a(x_1 + x_2) + b \quad \text{oder} \quad y = [a(x_1 + x_2) + b]x - a x_1 x_2 + c$$

Für $x = x_T$ wird $y = y_G = (a/2)(x_1^2 + x_2^2) + (b/2)(x_1 + x_2) + c$.

Zum Beweis des zweiten Teils dieses Satzes bildet man die Differenz $y_G - y_3$ und $y_3 - y_T$.

Es ist
$$y_3 = a\left[\frac{x_1 + x_2}{2}\right]^2 + b\,\frac{x_1 + x_2}{2} + c$$

Damit erhält man für beide Differenzen $a(x_1 - x_2)^2/4$. Die Ableitung der Parabel für $x = x_T$ ist $y'(x_T) = 2a(x_1 + x_2)/2 + b = a(x_1 + x_2) + b$. Da dies zugleich die Ableitung der Verbindungsgeraden ist, ist auch der dritte Teil des Satzes bewiesen.

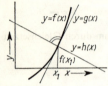

Im folgenden Teil von Abschn. 2.5 werden gleiche Einheitslängen vorausgesetzt.

Definition. Die **Normale** einer Kurve in einem Kurvenpunkt $(x_1, f(x_1))$ ist die in diesem Punkt auf der Tangente errichtete Senkrechte, s. Bild **34.1**.

34.1

Nach dem Orthogonalitätsprinzip (Teil 1) gilt für die Anstiege zweier aufeinander senkrecht stehender Geraden $m_1 = -1/m_2$.

Beide Geraden, die Tangente und die Normale, gehen durch den gleichen Punkt $(x_1, f(x_1))$. Sie stehen in diesem Punkte aufeinander senkrecht. Die Punkt-Richtungs-Form der Tangente lautet nach Gl. (32.1)

$$\frac{y - f(x_1)}{x - x_1} = f'(x_1)$$

dann ist die Punkt-Richtungs-Form der Normale

$$\frac{y - f(x_1)}{x - x_1} = -\frac{1}{f'(x_1)}$$

Hieraus folgt die Gleichung der Normale   **34.2**

$$y = h(x) = -\frac{1}{f'(x_1)}(x - x_1) + f(x_1) \qquad (34.1)$$

Beispiel 16. Man bestimme diejenigen Punkte auf der Kurve $y = 1/x^2$, in denen die Tangente zugleich Normale für dieselbe Kurve in einem anderen Punkte ist (**34.2**).

Es sei (x_1, y_1) der Berührungspunkt der Tangente und (x_2, y_2) der Schnittpunkt der Normale mit der Kurve. Die Ableitung der Funktion $y = 1/x^2$ ist $y' = -2/x^3$. Dann ist die Gleichung der

Tangente
$$y = -\frac{2}{x_1^3}(x - x_1) + \frac{1}{x_1^2}$$

Normale
$$y = \frac{x_2^3}{2}(x - x_2) + \frac{1}{x_2^2}$$

Die Tangente hat den Anstieg $-2/x_1^3$, die Normale den Anstieg $x_2^3/2$. Die Tangente schneidet die y-Achse in $3/x_1^2$, die Normale in $(1/x_2^2) - (x_2^4/2)$. Nach der Aufgabenstellung sollen diese beiden Geraden identisch sein, also zusammenfallen. Daher müssen ihre Anstiege und ihre Abschnitte auf der y-Achse gleich sein. Hieraus erhält man zwei Bestimmungsgleichungen für die beiden Unbekannten x_1 und x_2

$$-\frac{2}{x_1^3} = \frac{x_2^3}{2} \quad \text{und} \quad \frac{3}{x_1^2} = \frac{1}{x_2^2} - \frac{x_2^4}{2}$$

Aus der ersten Gleichung folgt $x_1 x_2 = -\sqrt[3]{4}$ oder $x_1^2 = \dfrac{2\sqrt[3]{2}}{x_2^2}$. Die zweite Gleichung wird mit $2x_2^2\,x_1^2$ multipliziert

$$6x_2^2 = 2x_1^2 - x_1^2\,x_2^6$$

und dann der aus der ersten Gleichung erhaltene Wert für x_1^2 eingesetzt

$$6x_2^2 = 4\frac{\sqrt[3]{2}}{x_2^2} - 2\sqrt[3]{2x_2^4}$$

$$x_2^6 + \frac{3}{\sqrt[3]{2}}x_2^4 - 2 = 0$$

Durch die Substitution $z = x_2^2$ erhält man eine Gleichung dritten Grades

$$z^3 + 2{,}38\,z^2 - 2 = 0$$

die eine positive Wurzel $z = 0{,}793$ hat. Hieraus folgt

$$x_2 = \pm\,0{,}891 \qquad\qquad y_2 = 1{,}260$$

$$x_1 = -\frac{\sqrt[3]{4}}{x_2} = \mp\,1{,}782 \qquad y_1 = 0{,}315$$

2.6. Differential. Differentialquotient

In Bild **35.**1 sind x_1 und x zwei nahe benachbarte Abszissen. Die Ableitung der durch P_1 und P verlaufenden Sekante ist $\Delta y/\Delta x$. Nach Gl. (23.1) und (25.1) ist

$$y_1' = \lim_{\Delta x \to 0}\frac{\Delta y}{\Delta x} = \frac{l_x}{l_y}\tan\alpha_1 = f'(x_1) \qquad (35.1)$$

die Ableitung der Tangente im Punkte P_1 an die Kurve $y = f(x)$. Wählt man wie in Bild **35.**1 als eine unabhängig veränderliche Größe $\mathrm{d}x$, die Abszissendifferenz der Tangentenfunktion $y = g(x)$, so ist $\mathrm{d}y$, die zugehörige Ordinatendifferenz, eine von $\mathrm{d}x$ abhängige Veränderliche. Zur Unterscheidung von den Differenzen der Funktion $y = f(x)$ nennt man die Differenzen $\mathrm{d}x$ und $\mathrm{d}y$ Differentiale. Wegen Gl. (35.1) gilt für die Ableitung

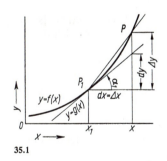

35.1

$$y' = \frac{\mathrm{d}y}{\mathrm{d}x} \qquad (35.2)$$

(gesprochen: $\mathrm{d}y$ durch $\mathrm{d}x$)[1]). Da $\mathrm{d}x$ und $\mathrm{d}y$ Differentiale heißen, nennt man die Ableitung auch Differentialquotient.

Der Differentialquotient ist ein Quotient von Differentialen.

Die Größe $\mathrm{d}y$, die vertikale Kathete im Tangentendreieck, heißt Zuwachs

$$\mathrm{d}y = f'(x)\,\mathrm{d}x = y'\,\mathrm{d}x \qquad (35.3)$$

Der Zuwachs $\mathrm{d}y$ ist eine Funktion von x und von $\mathrm{d}x$, denn beide Größen können frei gewählt werden. Man schreibt daher auch $\mathrm{d}y = h(x, \mathrm{d}x)$, um die Abhängigkeit von zwei

---

[1]) Häufig auch: $\mathrm{d}y$ nach $\mathrm{d}x$.

unabhängigen Veränderlichen auszudrücken. Auf diese Schreibweise wird in Abschn. 8 eingegangen. Obwohl dx und Δx gleich groß sind, gilt

$$\Delta y = dy + F(x, \Delta x)$$

Ist $\Delta x = dx$ klein, so ist auch die Fehlerfunktion $F(x, \Delta x)$ klein: Man begeht nur einen kleinen Fehler, wenn man Δy durch den Zuwachs dy ersetzt. Dies benutzt man in der Fehlerrechnung (Abschn. 12), die im wesentlichen die Zuwachsgleichung (35.3) zur Grundlage hat.

Beispiel 17. Es ist $y = 2x^2 - 6x + 2$. Weiter sei $x_1 = 1$ und d$x = \Delta x = 0,1$. Man bestimme dy und Δy.

Es ist $y' = dy/dx = 4x - 6$, also d$y = (4x - 6)\,dx$. Mit $x_1 = 1$ und d$x = 0,1$ erhält man d$y = -2 \cdot 0,1 = -0,2$. Weiter ist $y(1) = -2$ und $y(x_1 + \Delta x) = y(1,1) = -2,18$. Also ist

$$\Delta y = y(1,1) - y(1) = -2,18 + 2 = -0,18$$

Die Größen dy und Δy unterscheiden sich nur um 0,02, da dx klein gewählt wurde.

Mittelwertsatz der Differentialrechnung. Wenn die Funktion $y = f(x)$ in dem abgeschlossenen Intervall $a \leqq x \leqq b$ stetig und im Inneren des Intervalls überall differenzierbar ist, dann gibt es im Inneren des Intervalls mindestens einen Punkt x_m, für den

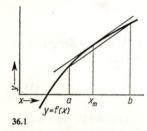

$$f'(x_m) = \frac{f(b) - f(a)}{b - a} \tag{36.1}$$

36.1

Gl. (36.1) besagt, wie Bild **36.1** zeigt, daß es einen inneren Punkt x_m so gibt, daß die Tangente an die Kurve bei der Abszisse x_m parallel zur Sehne über das ganze Intervall ist. Der strenge Beweis soll hier nicht besprochen werden.

Zweite Ableitung

Nach Gl. (25.2) ist $v(t) = \dot{s}(t)$, nach Gl. (25.3) ist $a(t) = \dot{v}(t)$; daher ist $a(t) = [\dot{s}(t)]^{\cdot}$. Differenziert man insgesamt zweimal den Weg s nach der Zeit t, so ergibt sich die Beschleunigung a. Dies schreibt man

$$a(t) = \ddot{s}(t) \tag{36.2}$$

und nennt die Beschleunigung a die zweite Ableitung des Weges s nach der Zeit t, (gesprochen: s zwei Punkt von t).

Dieser am Beispiel der Bewegungslehre gezeigte Sachverhalt gilt allgemein.

Die Ableitung der ersten Ableitung wird die zweite Ableitung genannt. Lautet die Funktionsgleichung $y = f(x)$ und ihre erste Ableitung $y' = f'(x)$, so ist

$$y'' = (y')' = f''(x) \tag{36.3}$$

(gesprochen: y zwei Strich gleich f zwei Strich von x). Drückt man die Ableitungen durch die Differentialquotienten aus, so ist

$$y'' = \frac{dy'}{dx} = \frac{d\,\dfrac{dy}{dx}}{dx} = \frac{d^2 y}{dx^2} \tag{36.4}$$

(gesprochen: d zwei y durch dx Quadrat).

Höhere Ableitungen

Höhere Ableitungen bezeichnet man wie folgt

$$\frac{d^2 y}{dx^2} = \frac{d\,\dfrac{dy}{dx}}{dx} = y'' \qquad \frac{d^3 y}{dx^3} = \frac{d\,\dfrac{d^2 y}{dx^2}}{dx} = y''' \qquad \frac{d^4 y}{dx^4} = \frac{d\,\dfrac{d^3 y}{dx^3}}{dx} = y^{(4)} \text{ usw.}$$

Ableitungen der Funktion $y = f(x)$ bis zur dritten Ordnung werden also durch Striche bei der abhängigen Veränderlichen (bzw. durch Punkte beim Differenzieren nach der Zeit t, z. B. $\ddot{y}$) abgekürzt. Höhere als dritte Ableitungen werden meist durch hochgestellte Ordnungsziffern in runden Klammern bezeichnet.

Höhere Ableitungen treten in der Technik häufig auf, z. B.:

$$m\,\ddot{s}(t) = P(t)$$

Newton-Bewegungsgleichung: Masse mal zweite Ableitung des Weges nach der Zeit gleich wirkende Kraft.

$$q(x) = -\,Q'(x) = -M''(x)$$

Die Belastung ist gleich der ersten negativen Ableitung der Querkraft und gleich der negativen zweiten Ableitung des Biegemoments (Abschn. 5.6.2)

$$y''(x) = -\frac{1}{EI} \cdot M(x)$$

Die zweite Ableitung der Durchbiegung ist proportional dem Biegemoment (Abschn. 5.6.3)

$$y'''(x) = -\frac{1}{EI} \cdot Q(x)$$

Die dritte Ableitung der Durchbiegung ist proportional der Querkraft (Abschn. 5.6.3)

$$y^{(4)} = \frac{1}{EI} \cdot q(x)$$

Die vierte Ableitung der Durchbiegung ist proportional der Belastung (Abschn. 5.6.3) Höhere Ableitungen kommen weiter in den Taylor-Formeln (Abschn. 7) vor.

Beispiel 18. Man bilde die zweite Ableitung der Funktion $y = 3x^2 - 4x + 1$. Zunächst ist die erste Ableitung $y' = 6x - 4$ zu bilden. Dann ist $y'' = (y')' = 6$.

Beispiel 19. Man bilde die zweite Ableitung der Funktion $y = 2\lg(3x)$. Nach Gl. (31.3) ist $y' = 2/(x \cdot \ln 10)$. Dann ist

$$y'' = \frac{2}{\ln 10}\left(\frac{1}{x}\right)' = \frac{2}{\ln 10} \cdot \frac{-1}{x^2} = -\frac{2}{x^2 \cdot \ln 10}$$

Aufgaben zu Abschnitt 2

1. Man differenziere

a) $\quad y = 4x^5 - 7\sqrt[3]{x} + \dfrac{4}{\sqrt[3]{x}} - \sqrt[5]{x}$ \qquad b) $\quad y = 5\log_7(3x^2)$ \qquad c) $\quad y = 3\sin x - 5\cos x$

und bestimme die Ableitung an der Stelle $x_1 = \pi/4$.

2. Wo hat die Funktion $y = 3x^2 - 6x + 2$ einen Anstiegwinkel $\alpha_1 = 125°$, wo ist der Anstieg Null, welchen Anstieg hat die Funktion für $x_3 = -0.5$?

3. Im Punkte $x_1 = 2$ ist an die Kurve $y = x^3$ die Tangente zu legen. Wo schneidet diese Tangente noch einmal die Kurve? Hinweis: Zwei Lösungen der Bestimmungsgleichung dritten Grades sind bekannt.

4. Unter welchem Winkel schneiden sich bei gleichen Einheitslängen die Funktionskurven $y = f_1(x) = x^2 - 4$ und $y = f_2(x) = x^2/2 + 4$?

5. Man bilde die zweite Ableitung der Funktionen

a) $y = 3 \sin x$ b) $y = 2\sqrt[3]{x}$ c) $y = \dfrac{4}{\sqrt[5]{x}}$

6. Ein Kraftfahrzeug fährt mit hoher Geschwindigkeit auf der Autobahn. Nach welcher Zeit und nach welchem Wege kommt es zum Stillstand, wenn es nur mit der Handbremse gebremst wird? Während des Bremsens lautet das Weg-Zeit-Gesetz $s = (40 \text{ m/s}) \, t - (1.5 \text{ m/s}^2) \, t^2$. Wie groß sind Anfangsgeschwindigkeit des Wagens und Bremsbeschleunigung der Handbremse? Wie lautet das Geschwindigkeits-Zeit-Gesetz?

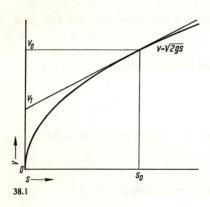

38.1

7. Für einen einseitig eingespannten Träger lautet bei gleichmäßiger Belastung des Trägers die Gleichung für die neutrale Faser (Biegelinie)

$$y = \frac{q \, l^4}{24 \, EI} \left[\left(\frac{x}{l} \right)^4 - 4 \left(\frac{x}{l} \right)^3 + 6 \left(\frac{x}{l} \right)^2 \right]$$

Dabei ist q die Belastung je Längeneinheit, E der Elastizitätsmodul und I das Flächenmoment des Querschnitts. Wie groß sind Durchbiegung f und Anstieg $\tan \alpha$ am Ende $(x = l)$ des Trägers? Aus dem Ergebnis läßt sich eine einfache Vorschrift zum maßstabgerechten Zeichnen des belasteten Trägers folgern.

8. Die Gleichung $v = \sqrt{2 g s}$ gibt die Abhängigkeit der Ausflußgeschwindigkeit v einer Flüssigkeit aus einem Gefäß von der Wasserhöhe s und beim freien Fall die Abhängigkeit der Auftreffgeschwindigkeit v von der Fallhöhe s an. Man zeige (38.1): Die Tangente im Punkte $(s_0; v_0)$ an die Kurve schneidet die v-Achse in der Höhe $v_0/2$.

9. Man verallgemeinere die Tangentenkonstruktion der Aufgabe 8 auf die Potenzfunktion $y = c x^n$.

10. Zur Wasserstandsmessung in einem kugelförmigen Behälter wird die Höhe h des Wasserstandes gemessen. Der Behälterdurchmesser ist $D = 2.75$ m. Wie genau kann man die Wassermenge messen, wenn $h = (0.72 \pm 0.005)$ m bekannt ist? Es ist $V = (\pi/6) \, h^2 \, (3 \, D - 2 \, h)$.

3. Rechenregeln der Differentialrechnung

In Abschn. 2.3 wurden die Grundregeln des Differenzierens entwickelt. Diese Regeln sollen hier erweitert werden.

3.1. Produkt- und Quotientenregel

Produktregel. Von der Funktion $y = f_1(x) \cdot f_2(x)$ sind die ersten Ableitungen von $f_1(x)$ und von $f_2(x)$ bekannt. Wie lautet dann die erste Ableitung von y?

Zunächst bildet man den Differenzenquotienten

$$\frac{y - y_1}{x - x_1} = \frac{f_1(x) f_2(x) - f_1(x_1) f_2(x_1)}{x - x_1}$$

Durch Zwischenschalten von zwei Summanden kann der Differenzenquotient in eine solche Form gebracht werden, daß die Differenzenquotienten von $f_1(x)$ und $f_2(x)$ entstehen, deren Grenzwerte bekannt sind

$$\frac{y - y_1}{x - x_1} = \frac{f_1(x) f_2(x) - f_1(x_1) f_2(x) + f_1(x_1) f_2(x) - f_1(x_1) f_2(x_1)}{x - x_1}$$

$$= \frac{f_1(x) - f_1(x_1)}{x - x_1} f_2(x) + f_1(x_1) \frac{f_2(x) - f_2(x_1)}{x - x_1}$$

Nach den Rechenregeln mit Grenzwerten (Abschn. 1.2) ist

$$(f_1 f_2)' = \lim_{x \to x_1} \frac{y - y_1}{x - x_1} = \lim_{x \to x_1} \left[\frac{f_1(x) - f_1(x_1)}{x - x_1} \cdot f_2(x) + f_1(x_1) \frac{f_2(x) - f_2(x_1)}{x - x_1} \right]$$

$$= \lim_{x \to x_1} \frac{f_1(x) - f_1(x_1)}{x - x_1} \cdot \lim_{x \to x_1} f_2(x) + f_1(x_1) \lim_{x \to x_1} \frac{f_2(x) - f_2(x_1)}{x - x_1}$$

Jetzt kann der Grenzwert $x \to x_1$ gebildet werden. Man erhält die **Produktregel**

$$(f_1 f_2)' = f_1' f_2 + f_1 f_2' \tag{39.1}$$

Beispiel 1. Man differenziere $y = x^2 \sin x$.

Es ist $f_1 = x^2$ und $f_2 = \sin x$, woraus $f_1' = 2x$ und $f_2' = \cos x$ folgt. Daher ist

$$y' = 2x \sin x + x^2 \cos x$$

Nach kurzer Übung ist es nicht mehr notwendig, die Funktionen f_1, f_1' sowie f_2, f_2' gesondert aufzuschreiben.

Beispiel 2. Man differenziere die Funktion $y = 3\sqrt{x}\lg\sqrt{x}$.
Zunächst wird y auf Grund der Logarithmenregeln umgeformt

$$y = \frac{3}{2\ln 10}x^{1/2}\ln x$$

Dann ergibt die Produktregel

$$y' = \frac{3}{2\ln 10}\left[\frac{1}{2}x^{-1/2}\ln x + x^{1/2}\frac{1}{x}\right] = \frac{3(2+\ln x)}{4\sqrt{x}\ln 10}$$

Verallgemeinerung auf drei Faktoren. Besteht y aus einem Produkt von drei Faktoren, $y = f_1 f_2 f_3$, so setzt man zunächst $z = f_1 f_2$. Damit wird $y' = (z f_3)' = z'f_3 + z f_3'$ und $z' = f_1'f_2 + f_1 f_2'$. Setzt man z und z' in die erste Gleichung ein, so erhält man die dreifache Produktregel

$$(f_1 f_2 f_3)' = f_1'f_2 f_3 + f_1 f_2'f_3 + f_1 f_2 f_3' = f_1 f_2 f_3\left(\frac{f_1'}{f_1} + \frac{f_2'}{f_2} + \frac{f_3'}{f_3}\right) \tag{40.1}$$

Diese Regel kann man auch auf mehr als drei Faktoren erweitern.

Beispiel 3. Man differenziere die Funktion

$$y = \frac{5}{\sqrt{x}}\cos x \cdot \sin x$$

Es ist $f_1 = 1/\sqrt{x}$ und $f_1' = -1/(2\sqrt{x^3})$, $f_2 = \cos x$ und $f_2' = -\sin x$ sowie $f_3 = \sin x$ und $f_3' = \cos x$. Damit wird

$$y' = 5\frac{\cos x \cdot \sin x}{\sqrt{x}}\left(\frac{-1/(2\sqrt{x^3})}{1/\sqrt{x}} + \frac{-\sin x}{\cos x} + \frac{\cos x}{\sin x}\right) = y\left(-\frac{1}{2x} - \tan x + \cot x\right)$$

Quotientenregel. Es ist $y = f_1(x)/f_2(x)$. Wieder werden beim Differenzenquotienten zwei Summanden eingefügt

$$\frac{y - y_1}{x - x_1} = \frac{\dfrac{f_1(x)}{f_2(x)} - \dfrac{f_1(x_1)}{f_2(x_1)}}{x - x_1} = \frac{f_1(x)f_2(x_1) - f_1(x_1)f_2(x)}{(x - x_1)\cdot f_2(x)f_2(x_1)}$$

$$= \frac{f_1(x)f_2(x_1) - f_1(x_1)f_2(x_1) - [f_1(x_1)f_2(x) - f_1(x_1)f_2(x_1)]}{(x - x_1)\cdot f_2(x)f_2(x_1)}$$

$$= \frac{f_1(x) - f_1(x_1)}{x - x_1}\cdot\frac{f_2(x_1)}{f_2(x)f_2(x_1)} - \frac{f_1(x_1)}{f_2(x)f_2(x_1)}\cdot\frac{f_2(x) - f_2(x_1)}{x - x_1}$$

Nach den Rechenregeln mit Grenzwerten (Abschn. 1.2) gilt

$$\left(\frac{f_1}{f_2}\right)' = \lim_{x \to x_1}\left[\frac{f_1(x) - f_1(x_1)}{x - x_1}\cdot\frac{f_2(x_1)}{f_2(x)f_2(x_1)} - \frac{f_1(x_1)}{f_2(x)f_2(x_1)}\cdot\frac{f_2(x) - f_2(x_1)}{x - x_1}\right]$$

$$= \lim_{x \to x_1}\frac{f_1(x) - f_1(x_1)}{x - x_1}\cdot\lim_{x \to x_1}\frac{1}{f_2(x)} - \frac{f_1(x_1)}{f_2(x_1)}\cdot\lim_{x \to x_1}\frac{1}{f_2(x)}\cdot\lim_{x \to x_1}\frac{f_2(x) - f_2(x_1)}{x - x_1}$$

Beim Bilden des Grenzwertes $x \to x_1$ erhält man die Quotientenregel

$$\left(\frac{f_1}{f_2}\right)' = \frac{f_1'f_2 - f_1 f_2'}{f_2^2} \tag{40.2}$$

Beispiel 4. Man differenziere $y = (x - 1)/(x^2 + 1)$.

Nach Gl. (40.2) erhält man mit $f_1 = x - 1$ und $f_2 = x^2 + 1$

$$y' = \frac{1 \cdot (x^2 + 1) - (x - 1) \cdot 2x}{(x^2 + 1)^2} = \frac{x^2 + 1 - 2x^2 + 2x}{(x^2 + 1)^2} = \frac{-x^2 + 2x + 1}{(x^2 + 1)^2}$$

Beispiel 5. In welchen Punkten hat die Funktionskurve $y = (1 - x^2)/(1 + x^3)$ horizontale Tangenten?

Es ist zweckmäßig, vor dem Differenzieren zu prüfen, ob Zähler und Nenner dieser Funktion gemeinsame Nullstellen haben. Denn ist dies der Fall, so wird der Bruch gekürzt und dadurch wird das Differenzieren wesentlich einfacher. Haben Zähler und Nenner einer gebrochenen rationalen Funktion eine gemeinsame Nullstelle, so hat die erste Ableitung an dieser Stelle eine gemeinsame doppelte Nullstelle in Zähler und in Nenner. Zähler und Nenner sind dann um zwei Grade größer.

Der Zähler und der Nenner der gegebenen Funktion werden beide für $x = -1$ Null. Daher wird der Bruch durch $x + 1$ ohne Rest gekürzt. Es ist

$$y = \frac{1 - x}{x^2 - x + 1}$$

41.1

Hieraus erhält man

$$y' = \frac{-(x^2 - x + 1) - (1 - x)(2x - 1)}{(x^2 - x + 1)^2} = \frac{x^2 - 2x}{(x^2 - x + 1)^2}$$

Der Zähler wird für $x = 0$ und $x = 2$ Null. Der Nenner verschwindet nicht für diese Werte. Daher hat die Funktion bei diesen Abszissen horizontale Tangenten (41.1).

Differentiation des Tangens und Cotangens. Da $\tan x = (\sin x)/(\cos x)$ ist, setzt man $f_1 = \sin x$ und $f_2 = \cos x$. Damit wird die **erste Ableitung des Tangens**

$$\frac{d \tan x}{dx} = \frac{\cos x \cdot \cos x - \sin x (-\sin x)}{\cos^2 x} = 1 + \tan^2 x = \frac{1}{\cos^2 x} \tag{41.1}$$

Entsprechend erhält man

$$\frac{d \cot x}{dx} = \frac{\sin x (-\sin x) - \cos x \cdot \cos x}{\sin^2 x} = -\frac{1}{\sin^2 x} \tag{41.2}$$

Vom Tangens werden beide Formen der ersten Ableitung benötigt.

3.2. Kettenregel

Herleitung. Bei vielen Differentiationsaufgaben gelangt man zu einer Lösung, wenn man die zu differenzierende Funktion als Funktion einer Funktion auffaßt: $y = f(u)$ mit $u = h(x)$. Dann wird der Differentialquotient bei $u_1 = h(x_1)$

$$\frac{dy}{dx} = \lim_{x \to x_1} \frac{f(u) - f(u_1)}{x - x_1} = \lim_{x \to x_1} \frac{f(u) - f(u_1)}{u - u_1} \cdot \frac{u - u_1}{x - x_1}$$

Mit $x \to x_1$ geht auch $u \to u_1$. Daher kann man den Grenzwert des Produktes in ein Produkt von Grenzwerten verwandeln, wie in Abschn. 1.2 gezeigt wird

$$\frac{dy}{dx} = \lim_{u \to u_1} \frac{f(u) - f(u_1)}{u - u_1} \cdot \lim_{x \to x_1} \frac{h(x) - h(x_1)}{x - x_1}$$

Durch dieses Erweitern des Differenzenquotienten erhält man beim Bilden des Grenzwertes die **Kettenregel**

$$\frac{\mathrm{d}y}{\mathrm{d}x} = \frac{\mathrm{d}y}{\mathrm{d}u}\frac{\mathrm{d}u}{\mathrm{d}x} \tag{42.1}$$

Beispiel 6. Man differenziere $y = \sqrt{x^2 - 1}$.

Mit $u = x^2 - 1$ wird $y = \sqrt{u}$, also $\mathrm{d}y/\mathrm{d}u = 1/(2\sqrt{u})$ und $\mathrm{d}u/\mathrm{d}x = 2x$. Damit erhält man

$$\frac{\mathrm{d}y}{\mathrm{d}x} = \frac{\mathrm{d}y}{\mathrm{d}u}\frac{\mathrm{d}u}{\mathrm{d}x} = \frac{1}{2\sqrt{u}}\,2x = \frac{x}{\sqrt{x^2 - 1}}$$

Beispiel 7. Man differenziere $y = \sin(\omega t + \varphi)$ nach t.

Mit $u = \omega t + \varphi$ wird $y = \sin u$, $\mathrm{d}u/\mathrm{d}t = \omega$ und $\mathrm{d}y/\mathrm{d}u = \cos u$. Hieraus folgt[1])

$$\frac{\mathrm{d}y}{\mathrm{d}t} = \frac{\mathrm{d}y}{\mathrm{d}u} \cdot \frac{\mathrm{d}u}{\mathrm{d}t} = (\cos u)\,\omega = \omega \cos(\omega t + \varphi)$$

Nach kurzer Übung ist es nicht mehr notwendig, explizit die Größe u hinzuschreiben. Der noch Ungeübte achte besonders darauf, daß das letzte Glied $\mathrm{d}u/\mathrm{d}x$ nicht vergessen wird. Beim Benutzen der Kettenregel treten oft Fehler auf, wenn man die Differentiation durch einen Strich, z.B. y', kennzeichnet, da bei der Kettenregel nach verschiedenen Veränderlichen differenziert wird. Die Kennzeichnung der Differentiation durch einen Strich ist nur dann zulässig, wenn eindeutig zu erkennen ist, nach welcher Veränderlichen differenziert wird.

Beispiel 8. Man differenziere die Funktion $y = \ln(x^2 + x + 2)$.

Mit $u = x^2 + x + 2$ wird $y = \ln u$

$$\frac{\mathrm{d}u}{\mathrm{d}x} = 2x + 1 \qquad \text{und} \qquad \frac{\mathrm{d}y}{\mathrm{d}u} = \frac{1}{u}$$

Es folgt

$$\frac{\mathrm{d}y}{\mathrm{d}x} = \frac{\mathrm{d}y}{\mathrm{d}u} \cdot \frac{\mathrm{d}u}{\mathrm{d}x} = \frac{2x + 1}{x^2 + x + 2}$$

Beispiel 9. Man differenziere die Funktion

$$y = \frac{(x^2 - 1)^{3/2}}{(x + 2)^{5/6}}$$

Es ist

$$f_1 = (x^2 - 1)^{3/2} \qquad f_1' = (3/2)(x^2 - 1)^{1/2} \cdot 2x$$

$$f_2 = (x + 2)^{5/6} \qquad f_2' = (5/6)(x + 2)^{-1/6}$$

sowie

$$y' = (f_1' f_2 - f_1 f_2')/f_2^2$$

Setzt man diese Werte ein, so erhält man

$$y' = \frac{\dfrac{3}{2}(x^2 - 1)^{1/2} \cdot 2x \cdot (x + 2)^{5/6} - (x^2 - 1)^{3/2} \cdot \dfrac{5}{6}(x + 2)^{-1/6}}{(x + 2)^{10/6}}$$

Zähler und Nenner werden mit $6(x + 2)^{1/6}$ multipliziert

$$y' = \frac{18x(x^2 - 1)^{1/2}(x + 2) - 5(x^2 - 1)^{3/2}}{6(x + 2)^{11/6}}$$

---

[1]) Siehe auch Beispiel 11, S. 30.

Nun wird $\sqrt{x^2 - 1}$ im Zähler ausgeklammert

$$y' = \sqrt{x^2 - 1}\ \frac{18x(x + 2) - 5(x^2 - 1)}{6(x + 2)^{11/6}} = \sqrt{x^2 - 1}\ \frac{13x^2 + 36x + 5}{6(x + 2)^{11/6}}$$

Beispiel 10. Man differenziere die Funktion $y = x(a\,x + b)^{3/2}$.

In diesem Beispiel ist ein Produkt zu differenzieren, wobei für den zweiten Faktor eine Anwendung der Kettenregel erforderlich ist. Mit $f_1 = x$, $f_1' = 1$, $f_2 = (a\,x + b)^{3/2}$ und $f_2' = (3/2)\,(a\,x + b)^{1/2} \cdot a$ erhält man

$$y' = 1 \cdot (a\,x + b)^{3/2} + x\,\frac{3}{2}\,(a\,x + b)^{1/2} \cdot a = \sqrt{a\,x + b}\ (2{,}5\,a\,x + b)$$

Verallgemeinerung auf mehrere Faktoren. Bei manchen Aufgaben genügt es nicht, nur eine Hilfsfunktion $u = h(x)$ zwischenzuschalten. Hierfür ein Beispiel.

Beispiel 11. Man differenziere $y = \sqrt{a\,\sin^2{(\omega t + \varphi)} - 1}$.

Die Funktion $y = \sqrt{u}$ ist unmittelbar differenzierbar. Dabei ist $u = a\,\sin^2{(\omega t + \varphi)} - 1$ gesetzt. Die Funktion $u = a\,v^2 - 1$ ist wiederum direkt differenzierbar. Daher wird $v = \sin{(\omega t + \varphi)}$ gesetzt. Schließlich ist noch die Substitution $z = \omega t + \varphi$ erforderlich. Es gilt also

$$\frac{dy}{dt} = \frac{dy}{du}\ \frac{du}{dv}\ \frac{dv}{dz}\ \frac{dz}{dt} \tag{43.1}$$

$$\frac{dy}{dt} = \frac{1}{2\sqrt{u}} \cdot 2a\,v\,(\cos z)\,\omega = \frac{a\,\omega\,\sin{(\omega t + \varphi)}\cos{(\omega t + \varphi)}}{\sqrt{a\,\sin^2{(\omega t + \varphi)} - 1}} = \frac{a\,\omega\,\sin{[2(\omega t + \varphi)]}}{2\sqrt{a\,\sin^2{(\omega t + \varphi)} - 1}}$$

Beispiel 12. Man differenziere die Funktion

$$y = \sqrt{\sqrt{x^2 + 1} - \sqrt{x^2 - 1}}$$

Auf die äußere Wurzel ist die Kettenregel anzuwenden, der Radikand ist eine Summe, auf deren Summanden wiederum die Kettenregel anzuwenden ist. Es ist

$$y' = \frac{\dfrac{2x}{2\sqrt{x^2 + 1}} - \dfrac{2x}{2\sqrt{x^2 - 1}}}{2\sqrt{\sqrt{x^2 + 1} - \sqrt{x^2 - 1}}} = -\frac{x}{2}\ \frac{-\sqrt{x^2 - 1} + \sqrt{x^2 + 1}}{\sqrt{x^2 + 1}\,\sqrt{x^2 - 1}\,\sqrt{\sqrt{x^2 + 1} - \sqrt{x^2 - 1}}}$$

$$= -\frac{x}{2}\ \frac{\sqrt{\sqrt{x^2 + 1} - \sqrt{x^2 - 1}}}{\sqrt{x^2 + 1}\,\sqrt{x^2 - 1}} = -\frac{x}{2}\ \sqrt{\frac{\sqrt{x^2 + 1} - \sqrt{x^2 - 1}}{x^4 - 1}}$$

Beispiel 13. Man differenziere die Funktion

$$y = \ln\frac{1 + x}{1 - x}$$

Ist das Argument des Logarithmus ein Produkt oder ein Quotient, so ist es zweckmäßig, vor dem Differenzieren den Logarithmus in eine Summe bzw. Differenz zu zerlegen. In diesem Falle erhält man

$$y = \ln(1 + x) - \ln(1 - x)$$

Man kann es hierdurch vermeiden, nach der Kettenregel noch die Produkt- oder Quotientenregel anzuwenden zu müssen. Für die erste Ableitung erhält man dann

$$y' = \frac{1}{1 + x} - \frac{-1}{1 - x} = \frac{2}{1 - x^2}$$

4*

3.3. Implizit gegebene Funktionen

Um die Ableitung implizit gegebener Funktionen (s. Teil 1) zu erhalten, differenziert man jeden Ausdruck nach x. Tritt ein Ausdruck $h(y)$ auf, so gilt nach der Kettenregel

$$\frac{\mathrm{d}h(y)}{\mathrm{d}x} = \frac{\mathrm{d}h(y)}{\mathrm{d}y}\frac{\mathrm{d}y}{\mathrm{d}x} \tag{44.1}$$

Abschließend wird die erhaltene Gleichung nach $\mathrm{d}y/\mathrm{d}x = y'$ aufgelöst. Im Gegensatz zu den bisher behandelten Fällen ist die erste Ableitung jetzt eine Funktion von x und y. Für die Ellipsengleichung $(x^2/a^2) + (y^2/b^2) = 1$ gilt z.B.

$$\frac{2x}{a^2} + \frac{2y}{b^2}\frac{\mathrm{d}y}{\mathrm{d}x} = 0 \quad \text{oder} \quad \frac{\mathrm{d}y}{\mathrm{d}x} = -\frac{xb^2}{ya^2} = -\frac{xb}{a^2\sqrt{1 - \dfrac{x^2}{a^2}}}$$

Für die Funktionsgleichung $xy - \sin y = 0$ gilt z.B. wegen Gl. (39.1) und (44.1)

$$y + x\frac{\mathrm{d}y}{\mathrm{d}x} - (\cos y)\frac{\mathrm{d}y}{\mathrm{d}x} = 0 \quad \text{oder} \quad \frac{\mathrm{d}y}{\mathrm{d}x} = \frac{y}{-x + \cos y}$$

In Abschn. 8 wird noch eine andere Methode des impliziten Differenzierens entwickelt. Häufig tritt die Aufgabe auf, den Logarithmus einer Funktion zu differenzieren. Es ist dann $y = \ln f(x)$. Setzt man $u = f(x)$ und damit $\mathrm{d}u/\mathrm{d}x = f'(x)$, so wird

$$\frac{\mathrm{d}\ln f(x)}{\mathrm{d}x} = \frac{f'(x)}{f(x)} \tag{44.2}$$

In diesem Zusammenhang wird auf Beispiel 8, S. 42 verwiesen.

Logarithmische Differentiation

Bei manchen Funktionen und besonders in der Fehlerrechnung empfiehlt sich die Methode der logarithmischen Differentiation, die eine Kombination von Gl. (44.1) und (44.2) darstellt. Die Funktionsgleichung $y = f(x)$ wird zunächst logarithmiert und dann implizit abgeleitet

$$\ln y = \ln f(x)$$

$$\frac{y'}{y} = \frac{f'(x)}{f(x)} \tag{44.3}$$

$$y' = y\frac{f'(x)}{f(x)} \tag{44.4}$$

Multipliziert man Gl. (44.3) mit $\mathrm{d}x$, so erhält man mit

$$\frac{\mathrm{d}y}{y} = \frac{f'(x)}{f(x)}\mathrm{d}x \tag{44.5}$$

eine Darstellung für den relativen Fehler einer Größe y.

In Abschn. 2.4 wurde die Ableitung der Potenzfunktion Gl. (28.2) für alle rationalen Exponenten n gezeigt. Mit Hilfe der logarithmischen Differentiation folgt, daß Gl. (28.2) auch für beliebige reelle Exponenten n gilt. Aus $y = x^n$ ergibt sich nämlich

$$\ln y = n \ln x$$

$$\frac{y'}{y} = n \frac{1}{x}$$

$$y' = n y \frac{1}{x} = n x^n \frac{1}{x} = n x^{n-1}$$

Beispiel 14. Man bilde die erste Ableitung der Funktion $y = x^x$ durch logarithmische Differentiation.

Es ist
$$\ln y = \ln x^x = x \ln x$$

$$\frac{y'}{y} = 1 \cdot \ln x + x \cdot \frac{1}{x} = \ln x + 1$$

$$y' = y(1 + \ln x) = x^x(1 + \ln x)$$

Beispiel 15. Man bestimme den relativen Fehler bei der Berechnung der Höhe aus der Fallzeit beim freien Fall.

Es ist
$$s = \frac{1}{2} g t^2$$

$$\ln s = \ln g + 2 \ln t - \ln 2$$

$$\frac{\dot{s}}{s} = 2 \frac{1}{t} \quad \text{oder} \quad \frac{ds}{s} = \frac{2}{t} dt = 2 \frac{dt}{t}$$

Der relative Fehler bei der Höhe ist doppelt so groß wie der relative Fehler bei der Zeitmessung.

3.4. Differenzieren mit Hilfe der aufgelösten Funktion

Rechnerische Herleitung. Eine Funktion $y = f(x)$ soll differenziert werden, deren Differentialquotient nicht bekannt ist, wohl aber der Differentialquotient ihrer Umkehrfunktion $y = g(x)$ (s. Teil 1). Aus $y = f(x)$ folgt die aufgelöste Funktion $x = g(y)$, ihre erste Ableitung ist

$$\frac{dx}{dy} = \frac{dg(y)}{dy}$$

Da ferner
$$\frac{df(x)}{dx} = \frac{dy}{dx} = \frac{1}{\dfrac{dx}{dy}}$$

ist, erhält man die Gleichung für die Differentiation mit der aufgelösten Funktion

$$\frac{df(x)}{dx} = \frac{1}{\dfrac{dg(y)}{dy}} \qquad (45.1)$$

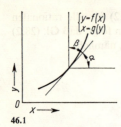

46.1

Man hat also die aufgelöste Funktion nach y zu differenzieren, davon den Kehrwert zu bilden und schließlich wieder anstatt y die Funktion von x einzusetzen.

Geometrische Deutung. Nach Bild **46.1** ist

$$\frac{\mathrm{d}f(x)}{\mathrm{d}x} = \frac{l_x}{l_y} \tan \alpha \quad \text{und} \quad \frac{\mathrm{d}g(y)}{\mathrm{d}y} = \frac{l_y}{l_x} \tan \beta$$

Wegen $\alpha = (\pi/2) - \beta$ ist $\tan \alpha = 1/\tan \beta$, woraus Gl. (45.1) folgt.

Exponentialfunktion (s. Teil 1). Nach Gl. (31.1) ist $(\ln x)' = 1/x$. Hieraus erhält man wegen Gl. (45.1) eine Differentiationsformel für die Umkehrfunktion $y = \mathrm{e}^x$. Aus $y = \mathrm{e}^x$ folgt $x = \ln y$. Daher ist die **erste Ableitung der Exponentialfunktion**

$$\frac{\mathrm{d}\mathrm{e}^x}{\mathrm{d}x} = \frac{1}{\dfrac{\mathrm{d}\ln y}{\mathrm{d}y}} = \frac{1}{\dfrac{1}{y}} = y = \mathrm{e}^x \tag{46.1}$$

Für die **allgemeine Exponentialfunktion** $y = a^x$ schreibt man $y = \mathrm{e}^{x \ln a}$. Hieraus folgt mit Gl. (46.1) und der Kettenregel Gl. (42.1)

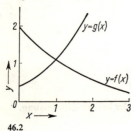

46.2

$$\frac{\mathrm{d}a^x}{\mathrm{d}x} = \frac{\mathrm{d}\,\mathrm{e}^{x \ln a}}{\mathrm{d}x} = \mathrm{e}^{x \ln a} \cdot \ln a = a^x \cdot \ln a \tag{46.2}$$

Beispiel 16. Man differenziere die Funktion $y = \ln (a\,\mathrm{e}^{cx} + b)$. Unter Anwendung von Gl. (44.2) und (46.1) erhält man

$$y' = \frac{a\,c\,\mathrm{e}^{cx}}{a\,\mathrm{e}^{cx} + b} = \frac{c}{1 + \dfrac{b}{a}\,\mathrm{e}^{-cx}}$$

Beispiel 17. Die beiden Kurven $y = f(x) = 2 \cdot 0{,}567^x$ und $y = g(x) = 0{,}3 \cdot 3{,}75^x$ schneiden sich für positive x (**46.2**). Wo liegt der Schnittpunkt, wie groß ist der Schnittwinkel bei gleichen Einheitslängen?

Durch Gleichsetzen der Ordinaten wird $2 \cdot 0{,}567^{x_0} = 0{,}3 \cdot 3{,}75^{x_0}$ oder $\ln 2 + x_0 \ln 0{,}567 = \ln 0{,}3 + x_0 \ln 3{,}75$, also $x_0 = \ln (2/0{,}3)/\ln (3{,}75/0{,}567) = 1{,}0042$, $y_0 = 1{,}131$.

Die Ableitungen lauten $f' = 2 \cdot 0{,}567^x \ln 0{,}567$ und $g' = 0{,}3 \cdot 3{,}75^x \ln 3{,}75$.

Dann ist $\tan \alpha_1 = f'(x_0) = -0{,}642$ und $\tan \alpha_2 = g'(x_0) = 1{,}495$.

Mit $\alpha_1 = -32{,}7°$ und $\alpha_2 = 56{,}2°$ wird der Schnittwinkel $\delta = 88{,}9° = 98{,}8^{\mathrm{g}}$.

Arcusfunktionen (s. Teil 1). Aus $y = \arcsin x$ folgt $x = \sin y$. Dann gilt

$$\frac{\mathrm{d}\arcsin x}{\mathrm{d}x} = \frac{1}{\dfrac{\mathrm{d}\sin y}{\mathrm{d}y}} = \frac{1}{\cos y} = \frac{1}{\sqrt{1 - \sin^2 y}} = \frac{1}{\sqrt{1 - x^2}} \tag{46.3}$$

Da aus $y = \arctan x$ die Gleichung $x = \tan y$ folgt, gilt

$$\frac{\mathrm{d}\arctan x}{\mathrm{d}x} = \frac{1}{\dfrac{\mathrm{d}\tan y}{\mathrm{d}y}} = \frac{1}{1 + \tan^2 y} = \frac{1}{1 + x^2} \tag{46.4}$$

Beispiel 18. Man differenziere die Funktion

$$y = \arcsin \frac{x-a}{a}$$

Mit Hilfe der Differentiationsformel für den Arcussinus Gl. (46.3) und der Kettenregel erhält man

$$y' = \frac{1}{\sqrt{1 - \left(\dfrac{x-a}{a}\right)^2}} \frac{1}{a} = \frac{1}{\sqrt{2ax - x^2}}$$

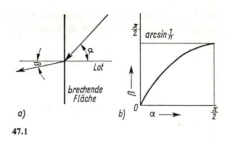

a)

b)

47.1

Beispiel 19. Nach dem Snellius-Brechungsgesetz (**47.1** a) gilt für die Brechzahl $n = \sin\alpha / \sin\beta$ mit $n > 1$. Gesucht ist das Schaubild der Funktion $\beta = f(\alpha) = \arcsin[(1/n)\sin\alpha]$. Es ist $f(0) = 0$ und $f(\pi/2) = \arcsin(1/n) < \pi/2$. Um den Kurvenverlauf zwischen diesen beiden Abszissen besser zu überblicken, bildet man die erste Ableitung von β

$$\frac{\mathrm{d}\beta}{\mathrm{d}\alpha} = \frac{1}{n} \frac{\cos\alpha}{\sqrt{1 - \dfrac{1}{n^2}\sin^2\alpha}} = \frac{\cos\alpha}{\sqrt{n^2 - \sin^2\alpha}}$$

Es ist
$$\frac{\mathrm{d}\beta}{\mathrm{d}\alpha}\bigg|_0 = \frac{1}{n} \quad \text{und} \quad \frac{\mathrm{d}\beta}{\mathrm{d}\alpha}\bigg|_{\pi/2} = 0$$

Der Nenner nimmt monoton zu, der Zähler monoton ab, daher nimmt der Anstieg monoton ab (**47.1** b).

Hyperbolische Funktionen. Nach Teil 1 ist

$$\sinh x = \frac{e^x - e^{-x}}{2} \qquad \cosh x = \frac{e^x + e^{-x}}{2} \qquad \tanh x = \frac{\sinh x}{\cosh x} \qquad \coth x = \frac{\cosh x}{\sinh x}$$

Daraus erhält man folgende Differentiationsformeln

$$\frac{\mathrm{d}\sinh x}{\mathrm{d}x} = \frac{1}{2}\frac{\mathrm{d}(e^x - e^{-x})}{\mathrm{d}x} = \frac{1}{2}(e^x + e^{-x}) = \cosh x \tag{47.1}$$

$$\frac{\mathrm{d}\cosh x}{\mathrm{d}x} = \frac{1}{2}\frac{\mathrm{d}(e^x + e^{-x})}{\mathrm{d}x} = \frac{1}{2}(e^x - e^{-x}) = \sinh x \tag{47.2}$$

Nach der Quotientenregel Gl. (40.2) ergibt sich

$$\frac{\mathrm{d}\tanh x}{\mathrm{d}x} = \frac{\cosh^2 x - \sinh^2 x}{\cosh^2 x} = 1 - \tanh^2 x = \frac{1}{\cosh^2 x} \tag{47.3}$$

$$\frac{\mathrm{d}\coth x}{\mathrm{d}x} = \frac{\sinh^2 x - \cosh^2 x}{\sinh^2 x} = 1 - \coth^2 x = \frac{-1}{\sinh^2 x} \tag{47.4}$$

Beispiel 20. Man differenziere die Funktion $y = \ln\tanh 2x$.
Es ist $y = \ln\sinh 2x - \ln\cosh 2x$. Damit wird

$$y' = \frac{2\cosh 2x}{\sinh 2x} - \frac{2\sinh 2x}{\cosh 2x} = 2\frac{\cosh^2 2x - \sinh^2 2x}{\sinh 2x \cdot \cosh 2x} = \frac{4}{\sinh 4x}$$

Beispiel 21. Beim freien Fall unter Berücksichtigung des Luftwiderstandes gilt

$$s = \frac{v_E^2}{g}\ln\cosh\frac{gt}{v_E} \tag{47.5}$$

Dabei ist g die Fallbeschleunigung und t die Zeit. Wie groß sind Geschwindigkeit und Beschleunigung? Welche Bedeutung hat die Größe v_E?

$$v = \frac{ds}{dt} = \frac{v_E^2}{g}\left(\frac{1}{\cosh\dfrac{g\,t}{v_E}}\sinh\frac{g\,t}{v_E}\right)\frac{g}{v_E} = v_E \tanh\frac{g\,t}{v_E} \qquad (48.1)$$

$$a = \frac{dv}{dt} = v_E \cdot \frac{1}{\cosh^2\dfrac{g\,t}{v_E}} \cdot \frac{g}{v_E} = \frac{g}{\cosh^2\dfrac{g\,t}{v_E}} \qquad (48.2)$$

Die Geschwindigkeit v strebt mit wachsender Zeit t asymptotisch gegen v_E, die sog. stationäre Geschwindigkeit. Die Anfangsbeschleunigung a (0) ist g, die Beschleunigung nimmt ab und strebt gegen Null, je mehr sich der Luftwiderstand der Gewichtskraft des fallenden Körpers nähert.

Areafunktionen (s. Teil 1). Für die ersten Ableitungen ergibt sich

$$\frac{d \operatorname{arsinh} x}{dx} = \frac{1}{\dfrac{d \sinh y}{dy}} = \frac{1}{\cosh y} = \frac{1}{\sqrt{\sinh^2 y + 1}} = \frac{1}{\sqrt{x^2 + 1}} \qquad (48.3)$$

$$\frac{d \operatorname{arcosh} x}{dx} = \frac{1}{\dfrac{d \cosh y}{dy}} = \frac{1}{\sinh y} = \frac{1}{\sqrt{\cosh^2 y - 1}} = \frac{1}{\sqrt{x^2 - 1}} \qquad (48.4)$$

$$\frac{d \operatorname{artanh} x}{dx} = \frac{1}{\dfrac{d \tanh y}{dy}} = \frac{1}{1 - \tanh^2 y} = \frac{1}{1 - x^2} \qquad (48.5)$$

$$\frac{d \operatorname{arcoth} x}{dx} = \frac{1}{\dfrac{d \coth y}{dy}} = \frac{1}{1 - \coth^2 y} = \frac{1}{1 - x^2} \qquad (48.6)$$

Bei den beiden letzten Gleichungen ist zu beachten, daß die Funktion $y = \operatorname{artanh} x$ nur für $|x| < 1$ und $y = \operatorname{arcoth} x$ nur für $|x| > 1$ definiert ist.

Aufgaben zu Abschnitt 3

1. Man differenziere folgende Funktionen

a) $y = \dfrac{1 + \cos x}{1 - \cos x}$

b) $y = \ln \ln x$

c) $y = \ln \tan \dfrac{x}{2}$

d) $y = \ln (x + \sqrt{x^2 + 1})$

e) $y = \dfrac{2}{\sqrt{a}} \ln (\sqrt{a\,x + b} + \sqrt{a\,(x + d)})$

f) $y = \dfrac{(2x - 1)^{3/2}}{(6x - 1)^{5/2}}$

g) $y = \ln (2x + a + 2\sqrt{x^2 + a\,x})$

h) $y = \sqrt{1 - x^2} + x \arcsin x$

i) $y = \ln (x^2 \cdot \sqrt{1 + e^{2x}} \cdot e^{3x})$

j) $y = \dfrac{1}{3} (x^2 - 2x - 24) \sqrt{8x - x^2} - 32 \arcsin \left(1 - \dfrac{x}{4}\right)$

k) $y = \dfrac{x}{2} [\sin (\ln x) - \cos (\ln x)]$

l) $y = \arctan \left[\sqrt{\dfrac{a - b}{a + b}} \tan \dfrac{x}{2}\right]$

2. Wo hat die Kurve $y = (1 - x)/(x^2 - x + 1)$ horizontale Tangenten?

3. Unter welchem Winkel schneidet die Funktionskurve $y = (2x^2 - 1)/(x^2 + 1)$ die Koordinatenachsen ($l_x = l_y$)?

4. Unter welchem Winkel schneiden sich die Funktionskurven $y = f_1(x) = 3 \sin x$ und $y = f_2(x) = \cot x$ bei $l_x = l_y$?

5. Unter welchem Winkel schneiden sich die Funktionskurven $y = f_1(x) = x^x$ und $y = f_2(x)$ $= 3^{1-\sqrt{x}}$ im Punkt mit der Abszisse $x_0 = 1$ bei gleichen Einheitslängen? Hinweis: Man benutze Gl. (44.4).

6. Bei einer harmonischen Bewegung (s. Teil 1) ist $s = A \sin(\omega t + \varphi)$. Wie groß sind die Geschwindigkeit v und die Beschleunigung a?

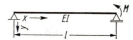

49.1

7. Die Gleichung der Biegelinie eines Einfeldträgers (**49**.1) mit der Länge l, dem Elastizitätsmodul des Materials E, dem Trägheitsmoment I des Trägerquerschnitts, der durch das Moment M am rechten Auflager belastet wird, hat die Funktion $y = -(M/(6EI)) \cdot (3x^2 + l^2)$. Wo hat die Biegelinie $y(x)$ eine horizontale Tangente?

4. Bestimmtes Integral

4.1. Flächenberechnung durch Grenzwertbildung

Viele technische Probleme führen auf das geometrische Problem, den Flächeninhalt unter einer Funktionskurve zu bestimmen. Die Integralrechnung gestattet es in vielen Fällen, diese Aufgabe zu lösen. In anderen Fällen lassen sich mit Hilfe der Integralrechnung numerische Näherungsmethoden zur Flächenberechnung entwickeln (Abschn. 4.5).

Annäherung der Fläche durch eine Rechtecksumme

In diesem Unterabschnitt werden die beiden Veränderlichen x und y als Längen und die Einheitslängen $l_x = l_y$ vorausgesetzt.

Man kann sich bei der Berechnung auf solche Flächen beschränken, die durch die x-Achse, die Ordinaten in zwei Abszissen a und b und eine durch $y = f(x)$ gegebene Kurve begrenzt sind. Den Inhalt der schraffierten Fläche in Bild 50.1 erhält man durch Subtraktion der durch $y = f(x)$ und $y = g(x)$ begrenzten Flächen.

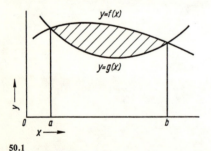

50.1

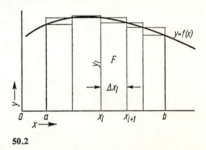

50.2

Der Inhalt F unter der Kurve $y = f(x)$ wird durch eine Summe von Rechtecken angenähert (50.2). Dazu teilt man das Intervall von a bis b in n – nicht notwendig gleiche – Teile und errichtet in jedem Teilpunkt die Ordinate. Es ergibt sich eine Summe größter Rechtecke max F und eine Summe kleinster Rechtecke min F, wobei min $F <F< $ max F ist. In Bild 51.1 sind zwei benachbarte Abszissen x_i und x_{i+1} sowie die dadurch gebildeten größten und kleinsten Rechtecke gezeigt. Wird die Einteilung verfeinert, z.B. eine Zwischenabszisse x_k hinzugenommen, so bilden nur noch die schraffierten Rechtecke die Abweichung zwischen dem größten und dem kleinsten Rechteck. Verfeinert man also die Einteilung des Intervalls von a bis b, vergrößert man also n, so wird max F kleiner und min F größer. Die Verfeinerung der Unterteilung des Intervalls (Feinheitsgrad) soll stets so vorgenommen werden, daß für $n \to \infty$ die Längen aller Teilintervalle gegen Null streben. Bei den meisten in der Technik auftretenden Funktionen streben bei beliebiger Verfeinerung der Unterteilung beide Rechtecksummen max F und min F gegen den gesuchten Flächeninhalt F [4]. Wenn max F und min F gegen F streben, strebt auch jede andere dazwischenliegende Rechtecksumme F_n gegen F. Dann heißen diese Funktionen im gegebenen Bereich integrierbar.

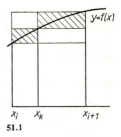

51.1

Bestimmtes Integral

Die Grundlinie im i-ten Rechteck $x_{i+1} - x_i$ wird Δx_i genannt, die Rechteckhöhe y_i. Dann wird die Rechtecksumme

$$F_n = \sum_{i=1}^{n} y_i \, \Delta x_i \qquad \text{und ihr Grenzwert} \qquad F = \lim_{\substack{n \to \infty \\ \Delta x_1 \to 0}} \sum_{i=1}^{n} y_i \, \Delta x_i$$

denn wenn n gegen Unendlich strebt, geht Δx gegen Null.

Definition. Den Grenzwert einer Summe mit beliebig vielen kleinen Summanden nennt man **bestimmtes Integral**

$$\lim_{\substack{n \to \infty \\ \Delta x_1 \to 0}} \sum_{i=1}^{n} y_1 \, \Delta x_1 = \int_a^b y \, dx \qquad (51.1)$$

(gesprochen: Integral von a bis b, $y \, dx$). In diesem Ausdruck heißen y der Integrand, das Intervall von a bis b der Integrationsweg, a sowie b die Integrationsgrenzen und x die Integrationsveränderliche.

Existiert der Grenzwert (51.1) für eine beliebige, aber feste Zerlegung des Intervalls $[a, b]$, deren Feinheitsgrad gegen Null geht, so existiert dieser Grenzwert auch für jede andere Zerlegung, falls nur deren Feinheitsgrad ebenfalls gegen Null geht, und der Grenzwert ist in beiden Fällen der gleiche.

Die hier benutzten Symbole Δx und dx stehen in engem Zusammenhang mit den in Abschn. 2.6 eingeführten Symbolen bei der Ableitung. In Abschn. 5.3 wird auf diesen Zusammenhang eingegangen.

Umrechnen von Flächen in bestimmte Integrale

In diesem Abschnitt war bisher vorausgesetzt, daß die Veränderlichen x und y Längen sind und mit gleichen Einheitslängen aufgetragen werden. Der Grenzwert Gl. (51.1), das bestimmte Integral, ist jedoch für beliebige Größen x und y definiert. Im Schaubild werden diese Größen durch die Strecken ξ und η dargestellt. Der Zusammenhang zwischen den Größen x und y und den sie darstellenden Längen ξ und η wird durch

$$\xi = l_x \, x \qquad \eta = l_y \, y$$

gegeben. Das bestimmte Integral hängt daher mit der dargestellten Fläche F wie folgt zusammen

$$\int_{x_1}^{x_2} y \, dx = \frac{1}{l_x \, l_y} \int_{\xi_1}^{\xi_2} \eta \, d\xi = \frac{F}{l_x \, l_y} \qquad (51.2)$$

Technische Anwendungen für das bestimmte Integral sind Flächen (Abschn. 4.4.1), Volumen (Abschn. 4.4.2), Schwerpunkt (Abschn. 4.4.3), Trägheitsmomente (Abschn. 4.4.4), Bogenlänge und Oberfläche (Abschn. 4.4.5), Guldin-Regeln (Abschn. 4.4.6) oder die Arbeitsgleichung (Abschn. 4.4.7).

Rechenregeln für bestimmte Integrale

Die folgenden Überlegungen werden am Beispiel von Flächen entwickelt. Alle Gleichungen gelten aber für beliebige Größen.

Vorzeichen des bestimmten Integrals. Die im bestimmten Integral auftretenden Größen sind vorzeichenbehaftet. Ist z. B. in

$$\int_a^b y \, dx$$

$b > a$, so sind alle $\Delta x_i > 0$. In diesem Fall spricht man von einem positiven Integrationsweg. Verläuft die Kurve $y = f(x)$ unterhalb der x-Achse, so ist $y < 0$. Somit hat jeder Summand $y_i \Delta x_i$ ein negatives Vorzeichen und die Fläche F ebenfalls. Bei der in Bild **52.**1 gegebenen Integrationsaufgabe ist Δx_i immer positiv, y_i jedoch im ersten Teil des Integrationsintervalls negativ, im zweiten Teil positiv. Das bestimmte Integral entspricht einer Fläche, wobei der unterhalb der x-Achse liegende Teil von dem oberhalb der x-Achse liegenden Teil subtrahiert wird. Das in Bild **52.**2 gezeigte bestimmte Integral hat den Wert Null, wenn $|a| = |b|$ und die Kurve der Funktion $y = f(x)$ punktsymmetrisch ist, da die oberhalb und unterhalb der x-Achse liegenden Flächenstücke sich genau aufheben.

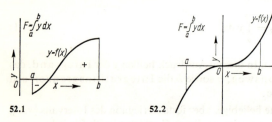

52.1   **52.**2

Umkehrung des Integrationsweges. Beim Integral von a bis b ist die Abszissendifferenz $\Delta x_i = x_{i+1} - x_i$ positiv, beim Integral von b bis a negativ: $x_i - x_{i+1} = -\Delta x_i$. In jedem Summanden in Gl. (51.1) tritt ein Minuszeichen auf, das vor die Summe gezogen werden kann

$$\int_a^b y \, dx = - \int_b^a y \, dx \qquad (52.1)$$

Konstanter Faktor. Jede Ordinate wird mit einem Faktor k multipliziert, daher kann dieser Faktor aus der Summe ausgeklammert werden

$$\int_a^b ky \, dx = k \int_a^b y \, dx \qquad (52.2)$$

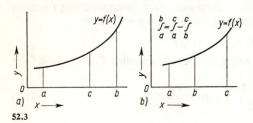

a)
b)
52.3

Zerlegen des Integrationsweges. Aus Bild **52.**3a erkennt man

$$\int_a^b y \, dx = \int_a^c y \, dx + \int_c^b y \, dx \qquad (52.3)$$

Gl. (52.3) gilt nicht nur, wenn $a < c < b$ ist, sondern in Verbindung mit Gl. (52.1) für jede beliebige Anordnung von a, b und c, wie Bild **52.**3b zeigt.

Integration einer Summe. Der Integrand ist $y = f_1(x) + f_2(x)$. Dann besteht in Gl. (51.1) jeder Summand aus einer Summe $[f_1(x_i) + f_2(x_i)] \Delta x_i$. Man kann zunächst alle Summanden mit $f_1(x_i)$ zusammenfassen, sodann die Summanden mit $f_2(x_i)$ und daraufhin für jede dieser beiden Teilsummen den Grenzwert getrennt bilden, wie dies in Abschn. 1.2 gezeigt wird

$$\int_a^b [f_1(x) + f_2(x)] \, dx = \int_a^b f_1(x) \, dx + \int_a^b f_2(x) \, dx \tag{53.1}$$

Beispiel 1. Man berechne das bestimmte Integral

$$I = \int_0^b \frac{h}{b} x \, dx$$

Das Integrationsintervall werde in n gleiche Teile Δx_i geteilt (**53.1**). Dann ist

$$\Delta x_i = \frac{b}{n}, \quad x_i = \frac{i}{n} b \quad \text{und} \quad y_i = f(x_i) = \frac{h}{b} \frac{i}{n} b = \frac{i}{n} h$$

Nach Gl. (51.1) ist

$$I = \lim_{n \to \infty} \sum_{i=1}^n y_i \, \Delta x_i = \lim_{n \to \infty} \sum_{i=1}^n \frac{i}{n} h \frac{b}{n} = h b \lim_{n \to \infty} \frac{1}{n^2} \sum_{i=1}^n i$$

Die Summe $\displaystyle\sum_{i=1}^n i = \frac{n(n+1)}{2}$ ist in Teil 1 als arithmetische Reihe bestimmt. Damit wird

$$I = h b \lim_{n \to \infty} \frac{1}{n^2} \frac{n(n+1)}{2} = \frac{h b}{2} \lim_{n \to \infty} \left(1 + \frac{1}{n}\right) = \frac{h b}{2}$$

der Flächeninhalt eines rechtwinkligen Dreiecks.

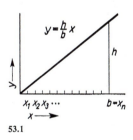

$y = \frac{h}{b} x$ h $x_1 x_2 x_3 \cdots$ $b = x_n$ $x \longrightarrow$

53.1

$y = c x^2$ a b $x \longrightarrow$

53.2

Beispiel 2. Man berechne das bestimmte Integral

$$I = \int_a^b c \, x^2 \, dx$$

Das Intervall von a bis b (**53.2**) wird wiederum in n gleiche Teile geteilt: $\Delta x_i = (b - a)/n$. Die Abszissen x_i haben den Wert $x_i = a + (i/n) (b - a)$. Hierzu berechnet man

$$y_i = c \, x_i^2 = c \, a^2 + 2 a c \frac{i}{n}(b - a) + c \left(\frac{i}{n}\right)^2 (b - a)^2$$

Hieraus erhält man

$$I = \lim_{n \to \infty} \sum_{i=1}^{n} y_i \, \Delta x_i = \left[c \, a^2 \, (b - a) \lim_{n \to \infty} \frac{1}{n} \sum_{i=1}^{n} 1 \right] + \left[2 a \, c \, (b - a)^2 \lim_{n \to \infty} \frac{1}{n^2} \sum_{i=1}^{n} i \right] +$$

$$+ \left[c (b - a)^3 \lim_{n \to \infty} \frac{1}{n^3} \sum_{i=1}^{n} i^2 \right]$$

Es ist (s. Abschn. Summenzeichen in Teil 1)

$$\sum_{i=1}^{n} 1 = n, \quad \sum_{i=1}^{n} i = \frac{n(n + 1)}{2} \quad \text{und} \quad \sum_{i=1}^{n} i^2 = \frac{n(n + 1)(2n + 1)}{6}$$

Setzt man diese Werte in die Gleichung für I ein, so wird

$$I = \lim_{n \to \infty} \left\{ c \, a^2 \, (b - a) + 2 a \, c \, (b - a)^2 \frac{1}{2} \left(1 + \frac{1}{n} \right) + c \, (b - a)^3 \frac{1}{6} \left(1 + \frac{1}{n} \right) \left(2 + \frac{1}{n} \right) \right\}$$

$$= c \, a^2 \, (b - a) + a \, c \, (b - a)^2 + \frac{1}{3} c \, (b - a)^3$$

$$= \frac{c}{3} (b - a) (3 a^2 + 3 a b - 3 a^2 + b^2 - 2 a b + a^2)$$

$$= \frac{c}{3} (b - a) (a^2 + a b + b^2) = \frac{c}{3} (b^3 - a^3) \tag{54.1}$$

Beispiel 3. Man ermittle den Flächeninhalt unter der Kurve $y = (4/\text{cm}) \, x^2$ zwischen den Abszissen $x = 2$ cm und $x = 6$ cm einmal unmittelbar durch Grenzübergang und danach mit Hilfe der Gl. (54.1).

Es ist
$$F = \int_{2 \, \text{cm}}^{6 \, \text{cm}} \frac{4}{\text{cm}} x^2 \, \mathrm{d}x$$

mit $\quad \Delta x_i = \dfrac{4 \, \text{cm}}{n} \quad$ wird $\quad x_i = \left(2 + i \, \dfrac{4}{n} \right) \text{cm} \quad$ und $\quad y_i = \dfrac{4}{\text{cm}} \, 4 \, \text{cm}^2 \left(1 + i \, \dfrac{4}{n} + i^2 \, \dfrac{4}{n^2} \right)$

Damit erhält man für

$$F = \lim_{n \to \infty} \sum_{i=1}^{n} \left[16 \, \text{cm} \left(1 + i \, \frac{4}{n} + i^2 \, \frac{4}{n^2} \right) \frac{4}{n} \, \text{cm} \right]$$

$$= 64 \, \text{cm}^2 \lim_{n \to \infty} \left[\left(\frac{1}{n} \sum_{i=1}^{n} 1 \right) + \left(\frac{4}{n^2} \sum_{i=1}^{n} i \right) + \left(\frac{4}{n^3} \sum_{i=1}^{n} i^2 \right) \right]$$

$$= 64 \, \text{cm}^2 \lim_{n \to \infty} \left[1 + 2 \left(1 + \frac{1}{n} \right) + \frac{2}{3} \left(1 + \frac{1}{n} \right) \left(2 + \frac{1}{n} \right) \right]$$

$$= 64 \, \text{cm}^2 \left(1 + 2 + \frac{4}{3} \right) = 64 \cdot \frac{13}{3} \, \text{cm}^2 = \frac{832}{3} \, \text{cm}^2 = 277{,}3 \, \text{cm}^2$$

Benutzt man dagegen Gl. (54.1), so wird mit $a = 2$ cm, $b = 6$ cm und $c = 4/\text{cm}$

$$F = \frac{1}{3} \frac{4}{\text{cm}} [(6 \, \text{cm})^3 - (2 \, \text{cm})^3]$$

$$= \frac{4}{3 \, \text{cm}} (216 - 8) \, \text{cm}^3 = \frac{4}{3} \cdot 208 \, \text{cm}^2 = \frac{832}{3} \, \text{cm}^2 = 277{,}3 \, \text{cm}^2$$

4.2. Mittelwertsatz

Mittlere Ordinate. Zu einem Flächeninhalt unter einer stetigen Kurve $y = f(x)$ zwischen den Abszissen a und b gibt es immer ein flächengleiches Rechteck (**55.1**). Die zugehörige Ordinate $f(x_m)$ des Rechtecks heißt mittlere Ordinate

$$\int_a^b f(x)\, dx = f(x_m) \cdot (b - a) \tag{55.1}$$

Obgleich ohne Lösung des Integrals die Abszisse x_m und damit die mittlere Ordinate $f(x_m)$ nicht bekannt sind, nützt diese Gleichung in vielen Fällen zur Integralschätzung. Es wird darauf hingewiesen, daß im allgemeinen x_m nicht in der Mitte des Intervalls $[a, b]$ liegt.

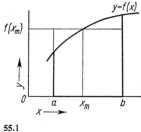

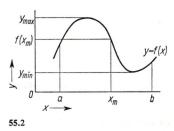

55.1   55.2

Mittelwertsatz. In manchen Fällen benötigt man aber eine schärfere Schätzung des Integrals (Abschn. 7.1). Die stetige Funktion $y = f(x)$ hat im abgeschlossenen Intervall $[a, b]$ eine größte Ordinate max y und eine kleinste Ordinate min y (**55.2**). Es gilt

$$\min y \leqq f(x) \leqq \max y \tag{55.2}$$

Diese Ungleichung wird mit einer positiven Funktion $p(x)$ multipliziert

$$\min y\, p(x) \leqq f(x)\, p(x) \leqq \max y\, p(x) \tag{55.3}$$

Wäre nämlich $p(x)$ für einige Bereiche von x negativ, so würde die Ungleichung (55.3) nicht mehr gelten. Aus dieser Ungleichung folgt

$$\min y \int_a^b p(x)\, dx \leqq \int_a^b f(x) p(x)\, dx \leqq \max y \int_a^b p(x)\, dx \tag{55.4}$$

Daher gibt es eine Zwischenordinate $f(x_m)$, für die der Mittelwertsatz der Integralrechnung

$$\int_a^b f(x)\, p(x)\, dx = f(x_m) \int_a^b p(x)\, dx \tag{55.5}$$

gilt. Für $p(x) \equiv 1$ erhält man Gl. (55.1).

Ist $p(x) < 0$ im gesamten Intervall $a \leqq x \leqq b$, so gilt ebenfalls Gl. (55.5). Denn in den Gl. (55.3) und (55.4) ändern sich wegen der Multiplikation mit einer negativen Größe alle Vorzeichen und Ordnungsrelationen, es bleibt jedoch die Aussage richtig, daß das in der Mitte der Ungleichung stehende Integral zwischen den beiden Begrenzungen liegt.

Beispiel 4. Man bestimme die mittlere Ordinate für die Funktion

$$y = 4\left[\frac{x}{\pi} - \left(\frac{x}{\pi}\right)^2\right]$$

im Intervall zwischen den Nullstellen.

Die gegebene Funktion ist eine Parabel mit den Nullstellen $x_1 = 0$ und $x_2 = \pi$ (**56.1**). Nach Gl. (55.1) ist

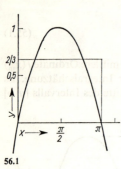

56.1

$$f(x_m) = \frac{1}{b-a}\int\limits_a^b y\,dx = \frac{4}{\pi}\int\limits_0^\pi \left[\frac{x}{\pi} - \left(\frac{x}{\pi}\right)^2\right] dx$$

Beim Benutzen der Gl. (52.2) und (53.1) ergibt sich

$$f(x_m) = \frac{4}{\pi}\left[\frac{1}{\pi}\int\limits_0^\pi x\,dx - \frac{1}{\pi^2}\int\limits_0^\pi x^2\,dx\right]$$

Mit Beispiel 1 und 2, S. 53 erhält man schließlich

$$f(x_m) = \frac{4}{\pi}\left[\frac{1}{\pi}\frac{\pi^2}{2} - \frac{1}{\pi^2}\frac{\pi^3}{3}\right] = \frac{4}{\pi}\cdot\frac{\pi}{6} = \frac{2}{3}$$

4.3. Integration der Potenzfunktion

In den drei Beispielen in Abschn. 4.1 werden die Potenzfunktionen x und x^2 mit Hilfe einer gleichmäßigen Intervallteilung integriert. Für jede weitere Potenz wäre diese Rech-

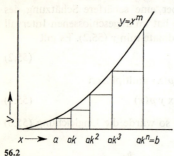

56.2

nung erneut erforderlich und wesentlich schwieriger als in diesen ausgewählten, besonders einfachen Fällen. Daher soll jetzt mit Hilfe einer ungleichmäßigen Intervallteilung die Integration der Potenzfunktion mit beliebigen rationalen Exponenten m mit Ausnahme von $m = -1$ durchgeführt werden. Gesucht ist das Integral der Funktion $y = x^m$ (**56.2**). Für die Integrationsgrenzen wird zunächst $0 < a < b$ vorausgesetzt

$$I = \int\limits_a^b x^m\,dx$$

Rechtecksumme. Durch $k^n = b/a$ wird bei gegebenen Integrationsgrenzen a und b und gegebener Anzahl n der Teilintervalle eine Zahl $k = \sqrt[n]{b/a}$ bestimmt. Die Punkte a, $a\,k$, $a\,k^2$, $a\,k^3$, …, $a\,k^{n-1}$, $a\,k^n = b$ teilen das Intervall von a bis b. Die Länge der Teilintervalle ist $a\,(k-1)$, $a\,k\,(k-1)$, $a\,k^2\,(k-1)$, …, $a\,k^{n-1}\,(k-1)$.

Verfeinert man die Einteilung, wächst also n, so strebt k wegen Gl. (6.1) monoton fallend gegen Eins. Wählt man wie in Bild **56.2** als Rechteckhöhen jeweils die Ordinaten der linken Endpunkte der Teilintervalle, so wird die Rechtecksumme

$$F_n = a^m\cdot a\,(k-1) + (a\,k)^m\,a\,k\,(k-1) + (a\,k^2)^m\,a\,k^2\,(k-1) + \cdots + (a\,k^{n-1})^m\,a\,k^{n-1}\,(k-1)$$
$$= a^{m+1}(k-1)[1 + k^{m+1} + (k^2)^{m+1} + \cdots + (k^{n-1})^{m+1}]$$
$$= a^{m+1}(k-1)[1 + k^{m+1} + (k^{m+1})^2 + \cdots + (k^{m+1})^{n-1}]$$

Grenzwertbildung zum Integral. Die Summe in der eckigen Klammer ist eine geometrische Reihe von n Gliedern mit dem ersten Glied Eins und dem Quotienten k^{m+1} (s. Teil 1). Daher ist

$$F_n = a^{m+1} (k - 1) \frac{(k^{m+1})^n - 1}{k^{m+1} - 1}$$

Wegen $(k^{m+1})^n = (k^n)^{m+1} = (b/a)^{m+1}$ wird

$$F_n = a^{m+1} \cdot \frac{\left[\left(\dfrac{b}{a}\right)^{m+1} - 1\right](k - 1)}{k^{m+1} - 1} = \frac{b^{m+1} - a^{m+1}}{\dfrac{k^{m+1} - 1}{k - 1}}$$

Nach Gl. (14.1) erhält man für alle rationalen $m \neq -1$ den Grenzwert

$$\lim_{k \to 1} \frac{k^{m+1} - 1}{k - 1} = m + 1$$

Daher ist nach den Regeln für Grenzwerte (Abschn. 1.2)

$$\int\limits_a^b x^m\, dx = \lim_{n \to \infty} F_n = \lim_{k \to 1} \frac{b^{m+1} - a^{m+1}}{\dfrac{k^{m+1} - 1}{k - 1}} = \frac{b^{m+1} - a^{m+1}}{\lim\limits_{k \to 1} \dfrac{k^{m+1} - 1}{k - 1}} = \frac{b^{m+1} - a^{m+1}}{m + 1}$$

Allgemeines Integral der Potenz. Der vorstehende Beweis gilt in gleicher Weise, wenn beide Integrationsgrenzen negativ sind: $b < a < 0$, denn auch in diesem Falle ist $k^n = b/a > 0$. Weiter gilt für positive und negative b

$$\int\limits_0^b x^m\, dx = \lim_{a \to 0} \int\limits_a^b x^m\, dx = \lim_{a \to 0} \frac{b^{m+1} - a^{m+1}}{m + 1} = \frac{b^{m+1}}{m + 1} \qquad (57.1)$$

Gilt für die Integrationsgrenzen $a < 0 < b$, so folgt aus Gl. (52.3), (52.1) und (57.1)

$$\int\limits_a^b x^m\, dx = \int\limits_a^0 x^m\, dx + \int\limits_0^b x^m\, dx = -\int\limits_0^a x^m\, dx + \int\limits_0^b x^m\, dx$$

$$= -\frac{a^{m+1}}{m + 1} + \frac{b^{m+1}}{m + 1} = \frac{b^{m+1} - a^{m+1}}{m + 1}$$

Damit ist bewiesen, daß das bestimmte Integral der Potenzfunktion für alle rationalen Exponenten $m \neq -1$ und beliebige reelle Integrationsgrenzen a und b lautet

$$I = \int\limits_a^b x^m\, dx = \frac{b^{m+1} - a^{m+1}}{m + 1} \qquad (57.2)$$

Beispiel 5. Man bestimme $\quad I = \int\limits_{-2}^1 \sqrt[3]{x^5}\, dx$

Es ist $a = -2$, $b = 1$ und $m = 5/3$, also $m + 1 = 8/3$. Damit erhält man mit Gl. (57.2)

$$I = \frac{1^{8/3} - (-2)^{8/3}}{\dfrac{8}{3}} = \frac{3}{8}\left(1 - \sqrt[3]{256}\right) = 0{,}375\,(1 - 6{,}35) = -2{,}01$$

Beispiel 6. Man bestimme

$$I = \int_{1,4}^{4,2} (x^{0,72} - 3x^{1,13} + x^{2,12})\,dx$$

Mit den Rechenregeln Gl. (52.2) und (53.1) erhält man

$$I = \int_{1,4}^{4,2} x^{0,72}\,dx - 3\int_{1,4}^{4,2} x^{1,13}\,dx + \int_{1,4}^{4,2} x^{2,12}\,dx$$

$$= \frac{4{,}2^{1,72} - 1{,}4^{1,72}}{1{,}72} - 3\,\frac{4{,}2^{2,13} - 1{,}4^{2,13}}{2{,}13} + \frac{4{,}2^{3,12} - 1{,}4^{3,12}}{3{,}12}$$

$$= \frac{11{,}80 - 1{,}78}{1{,}72} - \frac{21{,}3 - 2{,}0}{0{,}71} + \frac{88{,}0 - 2{,}9}{3{,}12}$$

$$= \frac{10{,}02}{1{,}72} - \frac{19{,}3}{0{,}71} + \frac{85{,}1}{3{,}12} = 5{,}82 - 27{,}18 + 27{,}28 = 5{,}92$$

Beispiel 7. Welcher Inhalt liegt zwischen den Kurven $y = f_1(x) = x + 1$ cm und $y = f_2(x) = (2/\text{cm})\,(x - 2\text{ cm})^2$?

Zunächst ist es zweckmäßig, die Funktionskurven zu zeichnen (**58.1**). Zur Ermittlung der Integrationsgrenzen sind die Schnittpunkte zwischen $f_1(x)$ und $f_2(x)$ zu bestimmen. Setzt man x aus f_1 in f_2 ein, so wird

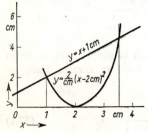

58.1

$$y = \frac{2}{\text{cm}}\,(y - 3\text{ cm})^2 = \frac{2}{\text{cm}}\,y^2 - 12y + 18\text{ cm}$$

$$\frac{2}{\text{cm}}\,y^2 - 13y + 18\text{ cm} = 0$$

$$y^2 - 6{,}5\text{ cm}\cdot y + 9\text{ cm}^2 = 0$$

$$y_{1,2} = \left(3{,}25 \pm \sqrt{1{,}5652}\right)\text{cm} = (3{,}25 \pm 1{,}25)\text{ cm}$$

$$y_1 = 4{,}5\text{ cm} \qquad y_2 = 2\text{ cm}$$

$$x_1 = 3{,}5\text{ cm} \qquad x_2 = 1\text{ cm}$$

Das gesuchte bestimmte Integral kann in einem Arbeitsgang ermittelt werden, indem man für jeden Wert von x von der Ordinate unter der Geraden die Ordinate unter der Parabel subtrahiert. Insbesondere ist es nicht erforderlich, zwei bei $x = 2$ cm unterbrochene Integrale zu bestimmen.

$$F = \int_{1\text{ cm}}^{3,5\text{ cm}} (x + 1\text{ cm})\,dx - \frac{2}{\text{cm}} \int_{1\text{ cm}}^{3,5\text{ cm}} (x^2 - 4\text{ cm}\cdot x + 4\text{ cm}^2)\,dx$$

$$= \int_{1\text{ cm}}^{3,5\text{ cm}} \left[x + 1\text{ cm} - \frac{2}{\text{cm}}x^2 + 8x - 8\text{ cm}\right]dx = \int_{1\text{ cm}}^{3,5\text{ cm}} \left[-\frac{2}{\text{cm}}x^2 + 9x - 7\text{ cm}\right]dx$$

$$= -\frac{2}{\text{cm}}\,\frac{(3{,}5\text{ cm})^3 - (1\text{ cm})^3}{3} + 9\,\frac{(3{,}5\text{ cm})^2 - (1\text{ cm})^2}{2} - 7\text{ cm}\,(3{,}5\text{ cm} - 1\text{ cm})$$

$$= \left[-\frac{2}{3}\cdot 41{,}875 + \frac{9}{2}\cdot 11{,}25 - 7\cdot 2{,}5\right]\text{cm}^2 = 5{,}21\text{ cm}^2$$

Beispiel 8. Man zeige, daß

$$F = \int_a^b [f_1(x) - f_2(x)]\,dx \tag{58.1}$$

unabhängig von den Vorzeichen von f_1 und f_2 den Betrag des Flächeninhalts angibt, wenn nur $f_1(x) > f_2(x)$ im ganzen Intervall gilt (**59.**1 a).

Die Differenz $f_1 - f_2$ gibt die Länge D des aufzusummierenden Streifens an. Es sind folgende drei Fälle zu unterscheiden

1. $\qquad f_1 > f_2 > 0 \rightarrow \quad f_1 - f_2 = D > 0$
2. $\qquad f_1 > 0,\; f_2 < 0 \rightarrow f_1 - f_2 = f_1 + |f_2| = D > 0$
3. $\qquad f_2 < f_1 < 0 \rightarrow f_1 \quad - f_2 = |f_2| - |f_1| = D > 0$

In allen Fällen ist $D = f_1 - f_2$.

Wenn jedoch die Bedingung $f_1 > f_2$ nicht mehr gilt, ist statt Gl. (58.1) zu schreiben

$$F = \int_a^b |f_1(x) - f_2(x)|\, dx \qquad (59.1)$$

Ändert die Differenz $f_1 - f_2$ an der Stelle x_0 **(59.1 b)** das Vorzeichen, so bedeutet Gl. (59.1) für die Auswertung des Integrals

$$F = \int_a^{x_0} [f_1(x) - f_2(x)]\, dx + \int_{x_0}^b [f_2(x) - f_1(x)]\, dx$$

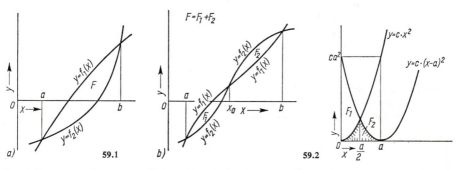

a) 59.1 b) 59.2

Beispiel 9. In welchem Verhältnis teilt die Kurve $y = c\,x^2$ die Fläche unter der Kurve $y = c(x - a)^2$ im Intervall $0 \leqq x \leqq a$?

Die zu teilende Gesamtfläche F **(59.2)** genügt der Gleichung $F = F_1 + F_2$. Gesucht ist das Verhältnis $F_1 : F_2$. Es ist zweckmäßig, F und F_2 mit der Integralrechnung zu bestimmen und daraus F_1 zu errechnen. Bei der Berechnung von F_2 kann man berücksichtigen, daß diese Fläche bezüglich der Achse $x = a/2$ symmetrisch ist. Die Fläche unter der Kurve $y = c(x - a)^2$ und die Fläche unter der Kurve $y = c\,x^2$ sind im Intervall $0 \leqq x \leqq a$ gleich, da sie ebenfalls zu $x = a/2$ symmetrisch sind. Damit ergibt sich

$$F = c \int_0^a (x - a)^2\, dx = c \int_0^a x^2\, dx = c\,\frac{a^3}{3}$$

$$F_2 = 2c \int_0^{a/2} x^2\, dx = 2c \cdot \frac{1}{3}\,\frac{a^3}{8} = \frac{a^3}{12}\,c$$

$$F_1 = F - F_2 = a^3 c \left(\frac{1}{3} - \frac{1}{12} \right) = \frac{a^3}{4}\,c$$

$$\frac{F_1}{F_2} = \frac{\dfrac{a^3 c}{4}}{\dfrac{a^3 c}{12}} = \frac{3}{1}$$

Beispiel 10. In einem Gefäß, in dem der Wasserspiegel stets auf gleicher Höhe gehalten wird, fließt Wasser aus einer Öffnung, die die Form eines Trapezes hat (60.1). Welche Wassermenge fließt je Zeiteinheit aus der Öffnung? Es ist $H = 8$ m, $h = 7$ m, $B = 10$ cm und $b = 5$ cm.

Die Ausflußgeschwindigkeit in der Höhe x ist $v(x) = \sqrt{2gx}$, wobei die x-Achse abwärts gerichtet und am Wasserspiegel beginnend gelegt wird. Aus der Proportion $(b_x - b):(B - b) = (x - h):(H - h)$ erhält man die Breite der Öffnung $b_x = b + (B - b)(x - h)/(H - h)$. Aus einem Streifen von der Höhe Δx ist dann der Flüssigkeitsstrom (Volumen je Zeiteinheit gleich Geschwindigkeit mal Fläche)

$$\Delta \dot{V} = \sqrt{2gx} \left[b + \frac{B - b}{H - h}(x - h) \right] \Delta x$$

Damit ergibt sich für den Flüssigkeitsstrom

$$\dot{V} = \sqrt{2g} \int_h^H \sqrt{x} \left[b + \frac{B - b}{H - h}(x - h) \right] dx$$

$$= \sqrt{2g} \left[\left(b - \frac{B - b}{H - h} h \right) \frac{H^{3/2} - h^{3/2}}{1{,}5} + \frac{B - b}{H - h} \cdot \frac{H^{5/2} - h^{5/2}}{2{,}5} \right]$$

$$= \sqrt{2 \cdot 9{,}81 \text{ m/s}^2} \cdot \left[\frac{2}{3}(5 - 35) \text{ cm} \cdot (8^{1{,}5} - 7^{1{,}5}) \text{ m}^{1{,}5} + \frac{2}{5} \cdot 0{,}05 (8^{2{,}5} - 7^{2{,}5}) \text{ m}^{2{,}5} \right]$$

$$= 913 \text{ l/s}$$

Beispiel 11. Um welche Länge Δl verlängert sich ein herabhängendes Seil von der Länge l, an dessen Ende eine Kraft K wirkt? Der Seilquerschnitt ist F, die Wichte des Seilmaterials γ und der Elastizitätsmodul des Seilmaterials E, s. Bild 60.2 a.

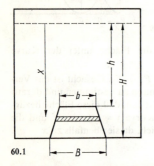

60.1

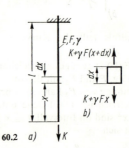

60.2   a)   b)

Die vom Seil zu übertragende Kraft ist über die Seillänge veränderlich, da das Seil nicht gewichtslos ist. Es wird nach Bild **60.2**b ein Seilstückchen der Länge dx betrachtet, an dessen unterer Begrenzungsfläche die Kraft K, vergrößert um die Gewichtskraft des Seils der Länge x, wirkt, nämlich $K + \gamma F x$. Wird die Veränderlichkeit der Schnittkraft über dx vernachlässigt, dann ist die Verlängerung $\Delta(\mathrm{d}x)$ nach dem Hookeschen Gesetz $\varepsilon = \Delta(\mathrm{d}x)/\mathrm{d}x = P/(EF)$

$$\Delta(\mathrm{d}x) = \frac{K + \gamma F x}{EF} \, \mathrm{d}x$$

Durch Integration auf beiden Seiten der Gleichung erhält man die gesuchte Verlängerung

$$\Delta l = \int_0^l \frac{K + \gamma F x}{EF} \, \mathrm{d}x = \frac{Kl + \gamma F l^2/2}{EF} = \frac{l}{EF} \left(K + \frac{\gamma F l}{2} \right)$$

4.4. Anwendungen in der Technik

4.4.1. Flächen

Durch das bestimmte Integral Gl. (51.1)

$$F = \lim_{\substack{n \to \infty \\ \Delta x \to 0}} \sum_{i=1}^{n} y_i \, \Delta x_i = \int_a^b y \, dx \tag{61.1}$$

wird die Fläche bestimmt, die begrenzt wird durch die x-Achse, die Kurve $y = f(x)$ und die Geraden $x = a$ und $x = b$. Ist $a < b$, so haben die Flächenteile oberhalb der x-Achse positives Vorzeichen.

Gl. (61.1) kann allgemeiner in der Form

$$F = \lim_{n \to \infty} \sum_{i=1}^{n} \Delta F_i = \int_F dF \tag{61.2}$$

geschrieben werden. Diese Gleichung besagt: Wird eine Fläche F in die Teilflächen ΔF_i zerlegt und werden alle Teilflächen summiert, so erhält man wieder die ursprüngliche Fläche F, wobei aus der Summation der Teilflächen ΔF_i eine Integration über dF wird, wenn die Zerlegung der Gesamtfläche beliebig fein gemacht wird. Das am Integralzeichen angehängte F bedeutet, daß die Integration über die gesamte Fläche F zu erstrecken ist.

Beispiel 12. Man bestimme die durch die Abszissen a und $b > a$, durch die x-Achse und durch die Kurve $y = x^3 \, \text{cm}^{-2} - x^2 \, \text{cm}^{-1} + 1 \, \text{cm}$ begrenzte Fläche.

Mit $dF = y \, dx$ und Gl. (61.2) wird

$$F = \int_a^b (x^3 \, \text{cm}^{-2} - x^2 \, \text{cm}^{-1} + 1 \, \text{cm}) \, dx = \frac{b^4 - a^4}{4} \, \text{cm}^{-2} - \frac{b^3 - a^3}{3} \, \text{cm}^{-1} + (b - a) \, \text{cm}$$

Beispiel 13. Man ermittle die Fläche zwischen der y-Achse und der Geraden $y = 3x - 3 \, \text{cm}$, begrenzt durch die Ordinaten $+ 2 \, \text{cm}$ und $+ 4 \, \text{cm}$ **(61.1)**.

Es wird ein parallel zur x-Achse liegender Flächenstreifen $dF = x \, dy$ gewählt. Die gegebene Geradengleichung wird nach x aufgelöst

$$x = \frac{y}{3} + 1 \, \text{cm}$$

und eingesetzt

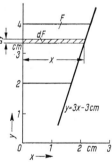

61.1

$$F = \int_{2\,\text{cm}}^{4\,\text{cm}} \left(\frac{y}{3} + 1 \, \text{cm} \right) dy = \frac{(4 \, \text{cm})^2 - (2 \, \text{cm})^2}{6} + 1 \, \text{cm} \, (4 \, \text{cm} - 2 \, \text{cm}) = 4 \, \text{cm}^2$$

Bei Anwendung von Gl. (61.2) wählt man das Flächenelement immer so, daß die Integration möglichst einfach durchzuführen ist.

Häufig stellt eine Fläche unter einer Funktionskurve keine Fläche, sondern eine ganz andere Größe dar, wie die folgenden Beispiele zeigen.

Beispiel 14. Man ermittle die Fläche unter der Geschwindigkeit-Zeit-Kurve (v, t-Diagramm), die durch die Funktion $v(t) = v_0 + a\,t$ gegeben ist (62.1).

Der im Bild dargestellte Flächenstreifen hat den Inhalt $v(t)\,\mathrm{d}t$ und gibt damit den in der Zeit $\mathrm{d}t$ zurückgelegten Weg $\mathrm{d}s$ an. Aus

$$\mathrm{d}s = v(t)\,\mathrm{d}t = (v_0 + at)\,\mathrm{d}t$$

erhält man durch Integration den in der Zeit t_1 bis t_2 zurückgelegten Weg $s = s_2 - s_1$

$$s = \int_{t_1}^{t_2} (v_0 + at)\,\mathrm{d}t = v_0\,(t_2 - t_1) + a\,\frac{t_2^2 - t_1^2}{2}$$

In diesem Beispiel stellt die Fläche unter der Funktionskurve einen Weg dar.

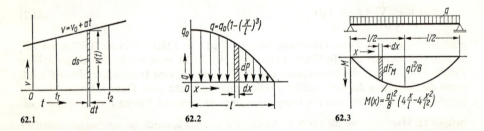

62.1 **62.2** **62.3**

Beispiel 15. Die Resultierende P der nach Bild **62.2** gegebenen Streckenlast ist gesucht.

Auf der Strecke $\mathrm{d}x$ wirkt die Kraft $\mathrm{d}P = q(x)\,\mathrm{d}x = q_0(1 - (x/l)^3)\,\mathrm{d}x$. Durch Integration findet man

$$P = \int_0^l q_0 \left(1 - \left(\frac{x}{l}\right)^3\right) \mathrm{d}x = q_0 \left(l - \frac{l^4}{4\,l^3}\right) = \frac{3}{4}\,q_0\,l$$

Beispiel 16. Das Schnittbiegemoment eines durch eine konstante Streckenlast q belasteten Einfeldträgers (62.3) hat die Funktion $M(x) = q\,l^2/8 \cdot (4x/l - 4x^2/l^2)$. Man ermittle den Inhalt der Momentenfläche.

Der skizzierte Flächenstreifen mit der Breite $\mathrm{d}x$ hat den Inhalt

$$\mathrm{d}F_\mathrm{M} = M(x)\,\mathrm{d}x = \frac{q\,l^2}{8}\left(4\,\frac{x}{l} - 4\,\frac{x^2}{l^2}\right)\mathrm{d}x$$

Durch Integration über die Trägerlänge l findet man die gesuchte Fläche F_M

$$F_\mathrm{M} = \int_0^l \frac{q\,l^2}{8}\cdot 4\left(\frac{x}{l} - \frac{x^2}{l^2}\right)\mathrm{d}x = \frac{q\,l^2}{8}\cdot 4\left(\frac{l^2}{2\,l} - \frac{l^3}{3\,l^2}\right)$$

$$= \frac{q\,l^3}{12} = \frac{2}{3}\cdot\frac{q\,l^2}{8}\,l = \frac{2}{3}\,l\cdot \max M$$

Beispiel 17. In Bild **63.**1 sind der Verlauf der Querkraft und des Moments für einen Freiträger der Länge l, belastet durch eine Dreiecksstreckenlast mit dem Größtwert q_0 an der Einspannstelle, dargestellt. Man vergleiche den Inhalt der Querkraftfläche zwischen den Abszissen x_1 und x_2 mit dem Zuwachs des Moments auf derselben Länge.

Der schraffierte Streifen der Querkraftfläche hat den Inhalt

$$dF_Q = Q(x)\,dx = -q_0 \cdot \frac{x^2}{2l}\,dx$$

Die Querkraftfläche hat auf der Strecke $(x_2 - x_1)$ den Inhalt

$$F_{Q\,1,2} = \int_{x_1}^{x_2} Q(x)\,dx = -\frac{q_0}{2l} \int_{x_1}^{x_2} x^2\,dx = -\frac{q_0}{6l}(x_2^3 - x_1^3)$$

63.1

Der Zuwachs des Moments auf der Strecke von x_1 bis x_2 ist

$$\Delta M = M(x_2) - M(x_1) = -q_0 \frac{x_2^3}{6l} + q_0 \frac{x_1^3}{6l} = -\frac{q_0}{6l}(x_2^3 - x_1^3)$$

Es ist $F_{Q\,1,2} = \Delta M$, d.h. der Inhalt der Querkraftfläche ist gleich dem Momentenzuwachs auf derselben Strecke (s. Abschn. 5.6.2).

4.4.2. Volumen

Entsprechend Gl. (61.2) bestimmt sich das Volumen eines Körpers mit der Gleichung

$$V = \int_V dV$$

(63.1)

Hierin bedeutet dV ein Volumenelement. Das am Integralzeichen angehängte V besagt, daß die Integration über das gesamte Volumen zu erstrecken ist.

Gl. (63.1) läßt sich besonders gut auf Rotationskörper anwenden.

Das Volumen eines zur x-Achse rotationssymmetrischen Körpers, der entsteht, wenn die durch die Abszissen a und $b > a$ und die Kurve $y = f(x)$ bestimmte Fläche sich um die x-Achse dreht (**63.**2), soll bestimmt werden. Der Flächenstreifen $dF = y\,dx$ erzeugt bei der Drehung um die y-Achse einen flachen Zylinder mit dem Volumen $dV = \pi y^2\,dx$. Mit Gl. (63.1) wird das gesuchte Volumen

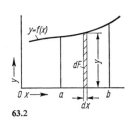

63.2

$$V_x = \pi \int_a^b y^2\,dx$$

(63.2)

Ein zur y-Achse rotationssymmetrischer Körper entsteht, wenn die durch die Ordinaten c und d und die Kurve $y = f(x)$ bestimmte Fläche sich um die y-Achse dreht (**64.**1). Ist $x = g(y)$ die nach x aufgelöste Funktion von $y = f(x)$, so wird, da nach Gl. (35.3) $dy = y'\,dx$ ist, das Volumen

$$V_y = \pi \int_c^d x^2\,dy = \pi \int_a^b x^2\,y'\,dx$$

(63.3)

Im ersten Integral von Gl. (63.3) ist die Integrationsveränderliche y, daher ist $x = g(y)$ für die Integration einzusetzen. Im zweiten Integral ist x die Integrationsveränderliche, hier ist $dy = y'\, dx = f'(x)\, dx$ einzusetzen. Durch solche Substitutionen lassen sich die Integranden oftmals sehr vereinfachen. Allgemein gilt:

Vor einer Lösung ist jedes Integral so zu schreiben, daß je nach der Integrationsveränderlichen (angegeben durch dx oder dy) im gesamten Integranden nur noch x oder y vorkommt. Auch die Grenzen müssen auf diese Veränderliche umgerechnet werden.

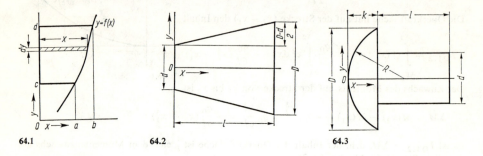

64.1   64.2   64.3

Beispiel 18. Man bestimme das Volumen einer konischen Welle (**64.2**).

Die das Volumen bei Rotation erzeugende Kurve erhält man aus der Punktrichtungsform der Geradengleichung $y = [(D - d)\,x/(2l)] + d/2$. Dann ist

$$V_x = \pi \int_0^l y^2\, dx = \pi \int_0^l \left[\frac{D-d}{2\,l}x + \frac{d}{2}\right]^2 dx = \pi \left[\left(\frac{D-d}{2\,l}\right)^2 \frac{l^3}{3} + d\,\frac{D-d}{2\,l}\,\frac{l^2}{2} + \frac{d^2}{4}\,l\right]$$

$$= \frac{\pi}{12}\,l\,(D^2 + D\,d + d^2)$$

Beispiel 19. Man berechne die Gewichtskraft des in Bild **64.3** dargestellten Halbrundniets (DIN 123). Es ist

$$d = 16\ \text{mm}, \quad D = 28\ \text{mm}, \quad k = 11{,}5\ \text{mm}, \quad l = 80\ \text{mm} \quad \text{und} \quad \gamma = 7{,}85\ \text{kp/dm}^3.$$

Der Nietkopf ist ein Kugelabschnitt. Nach Pythagoras gilt $(R - k)^2 + (D/2)^2 = R^2$. Man löst nach R auf und erhält

$$R = \frac{D^2}{8\,k} + \frac{k}{2} = \frac{(28\ \text{mm})^2}{8 \cdot 11{,}5\ \text{mm}} + \frac{11{,}5}{2}\ \text{mm} = 14{,}27\ \text{mm}$$

$$G = \gamma\,\pi \left[\int_k^{k+l} \left(\frac{d}{2}\right)^2 dx + \int_0^k (2\,R\,x - x^2)\, dx\right] = \gamma\,\pi \left[\frac{d^2}{4}\,l + 2\,R\cdot\frac{k^2}{2} - \frac{k^3}{3}\right]$$

$$= \gamma\,\pi \left[\frac{d^2\,l}{4} + R\,k^2 - \frac{k^3}{3}\right] = 7{,}85\,\frac{\text{kp}}{\text{dm}^3}\,\pi \left(\frac{256}{4}\cdot 80 + 14{,}27\cdot 11{,}5^2 - \frac{11{,}5^3}{3}\right)\ \text{mm}^3$$

$$= 160{,}3\ \text{p}$$

4.4.3. Schwerpunkt

Bedeutung in der Mechanik. Der Schwerpunkt eines Körpers ist derjenige Punkt S $(x_S; y_S; z_S)$, den man unterstützen muß, damit der Körper unter der Wirkung der Schwerkraft in jeder Lage im Gleichgewicht ist.

Geraden durch den Schwerpunkt heißen Schwereachsen und entsprechende Ebenen Schwereebenen. Symmetrieachsen sind Schwereachsen, Symmetrieebenen sind Schwereebenen. Unter Beachtung dieses Sachverhalts läßt sich die Schwerpunktermittlung oft sehr vereinfachen.

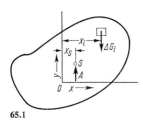

Körperschwerpunkt. Nach Bild **65**.1 wird ein Körper mit der Gewichtskraft G betrachtet, wobei die z-Achse senkrecht auf der (x, y)-Ebene steht. Das Kräftegleichgewicht fordert, daß die Stützkraft A gleich der Gewichtskraft G des Körpers ist

$$A = G = \sum_{i=1}^{n} \Delta G_i \qquad (65.1)$$

65.1

wobei ΔG_i das Gewicht eines Körperteilchens ist.

Das Momentengleichgewicht fordert, daß für jede Drehachse das Moment M der Stützkraft gleich der Summe der Momente aller Körperteilchen bezüglich dieser Achse ist. Auf die z-Achse als Drehachse bezogen gilt deshalb

$$M = \sum_{i=1}^{n} \Delta M_i = x_S\, G = x_S \sum_{i=1}^{n} \Delta G_i = \sum_{i=1}^{n} x_i\, \Delta G_i \qquad (65.2)$$

wobei $\Delta M_i = x_i\, \Delta G_i$ das Moment eines Körperteilchens ist. Die Größe M heißt statisches Moment oder Moment erster Ordnung. Ist die x-Richtung die Kraftrichtung, so fordert das Momentengleichgewicht um die z-Achse entsprechend

$$y_S\, G = y_S \sum_{i=1}^{n} \Delta G_i = \sum_{i=1}^{n} y_i\, \Delta G_i \qquad (65.3)$$

Ebenso muß sein

$$z_S\, G = z_S \sum_{i=1}^{n} \Delta G_i = \sum_{i=1}^{n} z_i\, \Delta G_i \qquad (65.4)$$

Die Schwerpunktkoordinaten eines Körpers bestimmen sich somit durch die Gleichungen

$$x_S = \frac{\sum\limits_{i=1}^{n} x_i\, \Delta G_i}{\sum\limits_{i=1}^{n} \Delta G_i} \qquad y_S = \frac{\sum\limits_{i=1}^{n} y_i\, \Delta G_i}{\sum\limits_{i=1}^{n} \Delta G_i} \qquad z_S = \frac{\sum\limits_{i=1}^{n} z_i\, \Delta G_i}{\sum\limits_{i=1}^{n} \Delta G_i} \qquad (65.5)$$

Die drei Gleichungen sagen in Worten aus:

$$\text{Schwerpunktkoordinate} = \frac{\text{Summe der Einzelmomente der Gewichtskräfte}}{\text{Summe der Gewichtskräfte}}$$

Besitzt der Körper an jeder Stelle gleiche Wichte γ, so gilt für jedes Körperteilchen $\Delta G_i = \gamma \, \Delta V_i$, wobei ΔV_i das Volumen des Körperteilchens ist. Die Gleichungen (65.5) lassen sich dann vereinfachen

$$x_S = \frac{\sum\limits_{i=1}^{n} x_i \, \Delta V_i}{\sum\limits_{i=1}^{n} \Delta V_i} \qquad y_S = \frac{\sum\limits_{i=1}^{n} y_i \, \Delta V_i}{\sum\limits_{i=1}^{n} \Delta V_i} \qquad z_S = \frac{\sum\limits_{i=1}^{n} z_i \, \Delta V_i}{\sum\limits_{i=1}^{n} \Delta V_i} \qquad (66.1)$$

Flächenschwerpunkt. Häufig ist, insbesondere bei Untersuchungen der Festigkeitslehre, der Schwerpunkt einer Querschnittfläche zu bestimmen. Wird ein dünner scheibenförmiger Körper der konstanten Dicke d betrachtet, so ist das Gewicht eines Körperteilchens $\Delta G_i = \gamma \, \Delta V_i = \gamma \, d \, \Delta F_i$, wobei ΔF_i ein Flächenteilchen ist. Die Gleichungen (65.5) lassen sich dann weiter vereinfachen

$$x_S = \frac{\sum\limits_{i=1}^{n} x_i \, \Delta F_i}{\sum\limits_{i=1}^{n} \Delta F_i} \qquad y_S = \frac{\sum\limits_{i=1}^{n} y_i \, \Delta F_i}{\sum\limits_{i=1}^{n} \Delta F_i} \qquad z_S = \frac{\sum\limits_{i=1}^{n} z_i \, \Delta F_i}{\sum\limits_{i=1}^{n} \Delta F_i} \qquad (66.2)$$

In der Regel wird bei der Untersuchung die Fläche in die (x, y)-Ebene gelegt, so daß $z_S = 0$ ist.

Bogenschwerpunkt. Wird ein gerader oder krummer dünner, stabförmiger Körper der konstanten Dicke d und der konstanten Breite b betrachtet, so ist das Gewicht eines Körperteilchens $\Delta G_i = \gamma \, \Delta V_i = \gamma \, d \, b \, \Delta s_i$, wobei Δs_i ein Teilstück der Stablänge ist. Wird diese Beziehung in Gl. (65.5) eingesetzt, so erhält man

$$x_S = \frac{\sum\limits_{i=1}^{n} x_i \, \Delta s_i}{\sum\limits_{i=1}^{n} \Delta s_i} \qquad y_S = \frac{\sum\limits_{i=1}^{n} y_i \, \Delta s_i}{\sum\limits_{i=1}^{n} \Delta s_i} \qquad z_S = \frac{\sum\limits_{i=1}^{n} z_i \, \Delta s_i}{\sum\limits_{i=1}^{n} \Delta s_i} \qquad (66.3)$$

Mit diesen Gleichungen lassen sich die Koordinaten des Schwerpunkts eines Bogenstücks berechnen.

Teilschwerpunktsatz. Nach Bild (66.1) wird eine Fläche F mit dem Schwerpunkt $S\,(x_S; y_S)$ in die zwei Teilflächen F_1 mit dem Schwerpunkt $S_1\,(x_{S1}; y_{S1})$ und F_2 mit dem Schwerpunkt $S_2\,(x_{S2}; y_{S2})$ unterteilt. Dann gilt nach Gl. (66.2) der Teilschwerpunktsatz, da $F = F_1 + F_2$ ist

66.1

$$x_S = \frac{F_1 \, x_{S1} + F_2 \, x_{S2}}{F_1 + F_2} \qquad y_S = \frac{F_1 \, y_{S1} + F_2 \, y_{S2}}{F_1 + F_2} \qquad (66.4)$$

Gl. (66.4) gilt für jedes Koordinatensystem. Wählt man das Koordinatensystem so, daß die beiden Teilschwerpunkte auf der x-Achse liegen, so ist $y_{S1} = y_{S2} = 0$, woraus $y_S = 0$ folgt. Deshalb gilt der

Satz. Teilt man eine Fläche F in die zwei Teile F_1 und F_2, so liegt der Schwerpunkt S von F auf der Verbindung der beiden Teilschwerpunkte S_1 und S_2.

Dieser Satz gilt allgemein für einen Körper, ein Volumen, eine Fläche und ein Linienstück mit konstanter Massenverteilung.

Schwerpunktgleichungen in der Integralform. Es wird eine in der $(x; y)$-Ebene liegende Fläche der Größe F untersucht. In der ersten der drei Gleichungen (66.2) ist $\Delta S_{yi} = x_i \Delta F_i$ das statische Moment des Flächenteilchens ΔF_i im Abstand x_i von der y-Achse. Gl. (66.2) kann somit in der Form

$$x_S = \frac{\sum\limits_{i=1}^{n} x_i \Delta F_i}{\sum\limits_{i=1}^{n} \Delta F_i} = \frac{\sum\limits_{i=1}^{n} \Delta S_{yi}}{\sum\limits_{i=1}^{n} \Delta F_i}$$

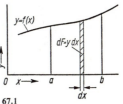

67.1

geschrieben werden. Entsprechend der Definition des bestimmten Integrals kann nach dem Grenzübergang statt des Summenzeichens das Integralzeichen gesetzt werden, wobei für ΔS_{yi} das Differential des statischen Moments einer Fläche eingeführt werden muß. So erhält man die erste der beiden folgenden Gleichungen und entsprechend die zweite

$$x_S = \frac{\int\limits_{F} x \, dF}{\int\limits_{F} dF} = \frac{\int\limits_{F} dS_y}{F} \qquad y_S = \frac{\int\limits_{F} y \, dF}{\int\limits_{F} dF} = \frac{\int\limits_{F} dS_x}{F} \qquad (67.1)$$

Das am Integralzeichen angehängte F bedeutet wieder, daß über die gesamte Fläche F zu integrieren ist. Wie in den folgenden Beispielen gezeigt wird, kommt es bei der Durchrechnung auf eine geschickte Wahl des Flächenelementes dF an, um die Integration möglichst bequem durchführen zu können.

Die Gleichungen (67.1) können auch benutzt werden, um den Schwerpunkt eines Volumens oder eines Linienstücks zu bestimmen. Statt F muß dann V oder s gesetzt werden.

Es wird eine Gleichung zur Berechnung der Koordinaten des Schwerpunkts einer Fläche hergeleitet, die durch die x-Achse, die Geraden $x = a$ und $x = b > a$ und die Funktion $y = f(x)$ (**67.1**) begrenzt wird.

Als Flächenelement dF wird ein zur y-Achse paralleler Flächenstreifen mit der Breite dx und der Höhe y gewählt, dessen Schwerpunkt in der Höhe $y/2$ liegt. Dann ist

$$dS_y = x \cdot dF = x \cdot y \, dx$$

$$dS_x = \frac{y}{2} \cdot dF = \frac{y^2}{2} \, dx$$

Diese Ausdrücke, in Gl. (67.1) eingesetzt, ergeben die gesuchten Koordinaten des Flächenschwerpunkts

$$x_S = \frac{1}{F} \int\limits_{a}^{b} x \, y \, dx \qquad y_S = \frac{1}{2F} \int\limits_{a}^{b} y^2 \, dx \qquad (67.2)$$

Beispiel 20. Man bestimme den Schwerpunkt eines rechtwinkligen Dreiecks (**68.1**).

Die Gleichung der Begrenzungsgeraden ist $y = (b/a)\, x$, weiter ist $F = ab/2$. Aus Gl. (67.2) folgt

$$x_{\mathrm{S}} = \frac{1}{F} \int\limits_0^a x \cdot \frac{b}{a}\, x \, \mathrm{d}x = \frac{2}{ab} \cdot \frac{b}{a} \int\limits_0^a x^2 \, \mathrm{d}x = \frac{2}{a^2} \cdot \frac{a^3}{3} = \frac{2}{3}\, a$$

$$y_{\mathrm{S}} = \frac{1}{2F} \int\limits_0^a \frac{b^2}{a^2} x^2 \, \mathrm{d}x = \frac{1}{ab} \cdot \frac{b^2}{a^2} \cdot \frac{a^3}{3} = \frac{b}{3}$$

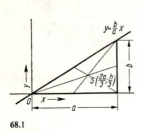
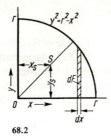
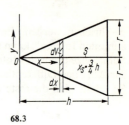

68.1   68.2   68.3

Beispiel 21. Man bestimme den Schwerpunkt einer Viertelkreisfläche (**68.2**).

Die Gleichung des Kreises ist $y^2 = r^2 - x^2$ und das statische Moment des gewählten Flächen-elements $\mathrm{d}F = y\,\mathrm{d}x$ in bezug auf die x-Achse $y/2 \cdot \mathrm{d}F = y^2\,\mathrm{d}x/2$. Man erhält mit Gl. (67.1)

$$y_{\mathrm{S}} = \frac{\displaystyle\int\limits_0^r \frac{y^2}{2}\,\mathrm{d}x}{\displaystyle\int\limits_F \mathrm{d}F} = \frac{\displaystyle\frac{1}{2}\int\limits_0^r (r^2 - x^2)\,\mathrm{d}x}{\displaystyle\frac{\pi r^2}{4}} = \frac{2}{\pi r^2}\left(r^2 r - \frac{r^3}{3}\right) = \frac{4r}{3\pi} = 0{,}4244\, r$$

Das Nennerintegral $\int\limits_F \mathrm{d}F = \int\limits_0^r y \, \mathrm{d}x = \int\limits_0^r \sqrt{r^2 - x^2} \, \mathrm{d}x$ ist mit den bisher entwickelten Methoden noch nicht lösbar. Daher wurde im Nenner ohne besondere Integration als Fläche $\pi r^2/4$ einge-setzt. Bei der gegebenen Symmetrie ist $x_{\mathrm{S}} = y_{\mathrm{S}}$.

Beispiel 22. Man bestimme den Schwerpunkt eines geraden Kreiskegels (**68.3**).

Das Kegelvolumen ist $V = \pi r^2 h/3$. Der Schwerpunkt liegt aus Gründen der Symmetrie auf der Kegelachse, die als x-Achse gewählt wurde. Es ist also $y_{\mathrm{S}} = z_{\mathrm{S}} = 0$. Als Volumenelement wird eine Kreisscheibe der Größe $\mathrm{d}V = \pi y^2\,\mathrm{d}x$ gewählt. Mit $y = (r/h)\, x$ erhält man

$$x_{\mathrm{S}} = \frac{\displaystyle\int\limits_V \mathrm{d}S_y}{\displaystyle\int\limits_V \mathrm{d}V} = \frac{\displaystyle\int\limits_V x\,\mathrm{d}V}{\pi r^2 h/3} = \frac{3}{\pi r^2 h} \int\limits_0^h x \cdot \pi \left(\frac{r\,x}{h}\right)^2 \mathrm{d}x = \frac{3}{h^3} \frac{h^4}{4} = \frac{3}{4}\, h$$

4.4.4. Trägheitsmomente

Bedeutung in der Mechanik. Biegegleichung. Bei der Untersuchung der Drehbewegung eines Körpers um eine Drehachse wird das Massenträgheitsmoment benötigt. Hier werden nur die Trägheitsmomente einer Querschnittfläche und das von diesem hergeleitete Widerstandsmoment und der Trägheitsradius untersucht. Diese Größen sind bei Untersuchungen der Festigkeitslehre erforderlich. Trägheitsmomente werden auch als Momente zweiter Ordnung bezeichnet.

Durch ein angreifendes Moment M wird ein gerades Balkenstück (**69.**1a) verbogen (**69.**1b). Es wird angenommen, daß die vor der Verformung ebenen seitlichen Begrenzungsflächen eben bleiben. Die oberen Randfasern werden gestaucht, die unteren verlängert. Dazwischen liegt eine Faserschicht, deren Länge sich nicht ändert; dies ist die neutrale Schicht (Nullschicht). Die neutrale Schicht schneidet die Querschnittebene in der Nullinie (**69.**1c). Die Nullinie wird als x-Achse und die Symmetrieachse

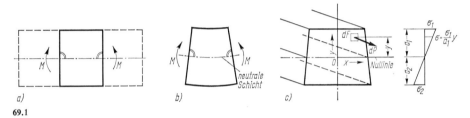

a)   b)   c)

69.1

des symmetrisch angenommenen Querschnitts als y-Achse gewählt. Unter Annahme der Gültigkeit des Hookeschen Gesetzes $\varepsilon = \sigma/E$ sind die Spannungen geradlinig über den Querschnitt verteilt. Auf das Flächenelement dF im Abstand y von der Nullinie wirkt eine Kraft $dP = dF\,\sigma_1\,y/a_1$. Wirkt auf die Querschnittfläche keine Normalkraft ein, so gilt

$$\int_F dP = \int_F \sigma\,dF = \frac{\sigma_1}{a_1} \int_F y\,dF = 0$$

Das letzte Integral ist das auf die x-Achse bezogene statische Moment der Querschnittfläche; es ist Null. Die Nullinie ist demnach Schwereachse. Die Summe aller Momente $dM = -y \cdot dP$ bezogen auf die x-Achse ist gleich dem angreifenden Moment

$$M = -\int_F y\,dP = -\int_F y \cdot \frac{\sigma_1}{a_1}\,y\,dF = -\frac{\sigma_1}{a_1} \int_F y^2\,dF = -\frac{\sigma_1}{a_1} I_x \qquad (69.1)$$

In dieser Gleichung wird das letzte Integral I_x axiales Trägheitsmoment der Querschnittfläche bezüglich der x-Achse genannt. Wenn entsprechende Ausdrücke eingeführt werden, gelten die

Definitionen

Axiales Trägheitsmoment bezüglich der x-Achse $I_x = \int_F y^2\,dF$ (69.2)

Axiales Trägheitsmoment bezüglich der y-Achse $I_y = \int_F x^2\,dF$ (69.3)

Zentrifugalmoment bezüglich der x- und y-Achse $\qquad\qquad I_{xy} = \int\limits_F x\, y\, \mathrm{d}F \qquad (70.1)$

Polares Trägheitsmoment bezüglich des Koordinatenursprungs $\quad I_p = \int\limits_F r^2\, \mathrm{d}F \qquad (70.2)$

Nach Pythagoras ist $r^2 = x^2 + y^2$, daher ist

$$I_p = I_x + I_y \qquad (70.3)$$

Das polare Trägheitsmoment benötigt man bei Torsionsuntersuchungen. Das Zentrifugalmoment wird auch Deviationsmoment genannt und ebenfalls in der Biegelehre benötigt. Während das polare und die axialen Trägheitsmomente nur positive Werte annehmen können, kann das Zentrifugalmoment abhängig von der Lage der Fläche im Koordinatensystem positiv oder negativ sein. Das Zentrifugalmoment ist immer dann Null, wenn wenigstens eine der beiden Bezugsachsen Symmetrieachse ist.

Die Beziehung $\sigma = (\sigma_1/a_1)\, y$ kann mit Gl. (69.1) umgeformt werden zur Biegegleichung

$$\sigma = -\frac{M}{I_x}\, y \qquad (70.4)$$

Die Randdruckspannungen σ_1 und die Randzugspannungen σ_2 werden für $y = a_1$ bzw. $y = -a_2$ erhalten. Es ist

$$\sigma_1 = -\frac{M}{I_x}\, a_1 = -\frac{M}{W_{x1}} \qquad \sigma_2 = +\frac{M}{I_x}\, a_2 = +\frac{M}{W_{x2}} \qquad (70.5)$$

In diesen Ausdrücken sind die **Widerstandsmomente** $W_{x1} = I_x/a_1$ und $W_{x2} = I_x/a_2$ eingeführt worden.

Für die axialen Trägheitsmomente kann geschrieben werden

$$I_x = i_x^2\, F \qquad\qquad I_y = i_y^2\, F \qquad (70.6)$$

Die Größen i_x und i_y nennt man **Trägheitsradien**; es ist zweckmäßig, sie bei Knickuntersuchungen einzuführen.

Beispiel 23. Man bestimme die axialen Trägheitsmomente eines rechteckigen Querschnitts bezüglich der Rechteckseiten (**70.1**).

Wird ein Flächenstreifen $\mathrm{d}F = b\,\mathrm{d}y$ parallel zur x-Achse gewählt, so erhält man mit Gl. (69.2)

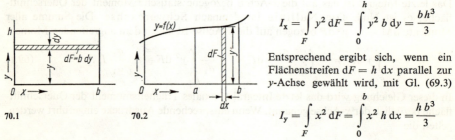

$$I_x = \int\limits_F y^2\, \mathrm{d}F = \int\limits_0^h y^2\, b\, \mathrm{d}y = \frac{b\,h^3}{3}$$

Entsprechend ergibt sich, wenn ein Flächenstreifen $\mathrm{d}F = h\,\mathrm{d}x$ parallel zur y-Achse gewählt wird, mit Gl. (69.3)

70.1　　　　　　**70.2**

$$I_y = \int\limits_F x^2\, \mathrm{d}F = \int\limits_0^b x^2\, h\, \mathrm{d}x = \frac{h\,b^3}{3}$$

Wie im vorstehenden Beispiel gezeigt, ist bei der Anwendung von Gl. (69.2) bis (70.2) darauf zu achten, daß ein Flächenelement gewählt wird, das einen konstanten Abstand von der betreffenden Bezugsachse hat.

Es werden Gleichungen zur Berechnung der Trägheitsmomente einer Fläche, die durch die x-Achse, durch $x = a$ und $x = b > a$ und die Funktion $y = f(x)$ (**70.2**) begrenzt wird, hergeleitet. Es wird ein Flächenelement $dF = y\,dx$ gewählt, dessen Trägheits-moment dI sei. Nach den Ergebnissen des vorstehenden Beispiels ist das auf die x-Achse bezogene Trägheitsmoment des Streifens (Rechteck)

$$dI_x = dx\,y^3/3$$

Da das Flächenelement konstanten Abstand von der y-Achse hat, ist nach Gl. (69.3)

$$dI_y = x^2\,dF = x^2\,y\,dx$$

Da das Flächenelement die Schwerpunktkoordinaten x und $y/2$ hat, ist nach Gl. (70.1) das Differential des Zentrifugalmoments

$$dI_{xy} = x(y/2)\,dF = x\,y^2\,dx/2$$

Durch Integration ergeben sich die gesuchten Flächenträgheitsmomente

$$I_x = \int_F dI_x = \frac{1}{3}\int_a^b y^3\,dx \qquad I_y = \int_F dI_y = \int_a^b x^2\,y\,dx$$

$$I_{xy} = \int_F dI_{xy} = \frac{1}{2}\int_a^b x\,y^2\,dx$$

(71.1)

Diese Gleichungen gelten für Flächenstücke, deren untere Begrenzung die x-Achse ist. Bei anderen unteren Begrenzungen ist die Summe oder Differenz der Trägheitsmomente zweier Flächenstücke zu berechnen.

Beispiel 24. Man berechne das Trägheitsmoment für einen dreieckigen Querschnitt bezüglich der mit der x-Achse zusammenfallenden Seite (**71.1**).

Das gewählte Flächenelement hat die Größe

$$dF = c\,\frac{h-y}{h}\,dy = c\left(1 - \frac{y}{h}\right)dy$$

71.1

Damit wird

$$I_x = \int_F y^2\,dF = \int_0^h c\left(y^2 - \frac{y^3}{h}\right)dy = c\left(\frac{h^3}{3} - \frac{h^3}{4}\right) = \frac{c\,h^3}{12}$$

Beispiel 25. Es ist das polare Trägheitsmoment eines Kreis-querschnitts mit dem Radius R zu bestimmen (**71.2**).

Als Flächenelement wird eine Kreisringfläche der Größe $dF = 2\pi r\,dr$ gewählt, die vom Bezugspunkt den Abstand r hat. Nach Gl. (70.2) wird

$$I_p = \int_0^R r^2\,2\pi r\,dr = 2\pi\,\frac{R^4}{4} = \frac{\pi\,R^4}{2}$$

Es ist $I_x = I_y$, da der Querschnitt symmetrisch ist; nach Gl. (70.3) sind dann die axialen Trägheitsmomente

$$I_x = I_y = I_p/2 = \pi\,R^4/4$$

71.2

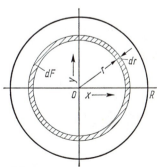

Steiner-Satz. Bei vielen Problemen der Mechanik benötigt man das Trägheitsmoment bezüglich einer Schwereachse. Mit dem Steiner-Satz, auch Verschiebungssatz genannt, kann das Trägheitsmoment bezüglich einer Achse auf eine dazu parallele Achse umgerechnet werden. Nach Bild **72.**1 ist eine Fläche F in einem (x, y)-Koordinatensystem gegeben. Das (u, v)-Koordinatensystem ist ein dazu achsenparalleles System mit dem Ursprung im Flächenschwerpunkt. Aus Gl. (69.2) wird mit $y = y_\mathrm{S} + v$

$$I_\mathrm{x} = \int_F y^2 \, \mathrm{d}F = \int_F (y_\mathrm{S} + v)^2 \, \mathrm{d}F = \int_F y_\mathrm{S}^2 \, \mathrm{d}F + \int_F 2\, y_\mathrm{S}\, v \, \mathrm{d}F + \int_F v^2 \, \mathrm{d}F$$

$$= y_\mathrm{S}^2 \int_F \mathrm{d}F + 2\, y_\mathrm{S} \int_F v \, \mathrm{d}F + \int_F v^2 \, \mathrm{d}F$$

erhalten. Hierin ist $\int_F \mathrm{d}F$ die Fläche F, $\int_F v \, \mathrm{d}F$ das auf die Schwereachse u bezogene statische Moment der Fläche und daher Null sowie $\int_F v^2 \, \mathrm{d}F$ das Trägheitsmoment I_u. Somit ergibt sich der Steiner-Satz

$$I_\mathrm{x} = I_\mathrm{u} + y_\mathrm{S}^2\, F \qquad I_\mathrm{y} = I_\mathrm{v} + x_\mathrm{S}^2\, F \qquad I_\mathrm{xy} = I_\mathrm{uv} + x_\mathrm{S}\, y_\mathrm{S}\, F \qquad (72.1)$$

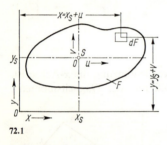

72.1

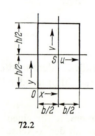

72.2

Die beiden letzten Gleichungen erhält man entsprechend. Es ist zu beachten, daß der Steiner-Satz voraussetzt, daß eine Achse Schwereachse ist. Aus Gl. (72.1) ergibt sich die wichtige Feststellung, daß die axialen Trägheitsmomente, bezogen auf die Schwereachsen (Eigenträgheitsmomente), stets kleiner sind als die auf parallele Achsen bezogenen.

Beispiel 26. Man berechne die Eigenträgheitsmomente eines rechteckigen Querschnitts (**72.2**),

In Beispiel 23, S. 70 wurden $I_\mathrm{x} = b\, h^3/3$ und $I_\mathrm{y} = h\, b^3/3$ ermittelt. Mit dem Schwerpunkt $S(b/2; h/2)$ ergibt sich aus Gl. (72.1)

$$I_\mathrm{u} = I_\mathrm{x} - \left(\frac{h}{2}\right)^2 b\, h = \frac{b\, h^3}{3} - \frac{b\, h^3}{4} = \frac{b\, h^3}{12}$$

$$I_\mathrm{v} = I_\mathrm{y} - \left(\frac{b}{2}\right)^2 b\, h = \frac{h\, b^3}{3} - \frac{h\, b^3}{4} = \frac{h\, b^3}{12}$$

Beispiel 27. Man ermittle das Eigenträgheitsmoment eines dreieckigen Querschnitts bezüglich der zur x-Achse parallelen Schwereachse (**71.1**).

Mit $y_\mathrm{S} = h/3$ und $I_\mathrm{x} = c\, h^3/12$ (s. Beispiel 24, S. 71) wird

$$I_\mathrm{u} = I_\mathrm{x} - \left(\frac{h}{3}\right)^2 \frac{c\, h}{2} = \frac{c\, h^3}{12} - \frac{c\, h^3}{18} = \frac{c\, h^3}{36}$$

Beispiel 28. Man bestimme das Zentrifugalmoment I_xy des nach Bild **72.**2 gegebenen Rechteckquerschnitts. Mit $I_\mathrm{uv} = 0$ und den Schwerpunktskoordinaten $x_\mathrm{S} = b/2$ und $y_\mathrm{S} = h/2$ wird nach Gl. (72.1)

$$I_\mathrm{xy} = \frac{b}{2} \cdot \frac{h}{2}\, b\, h = \frac{b^2\, h^2}{4}$$

Querschnittwerte für polygonal begrenzte Flächen

Häufig kommen im Bauwesen polygonal begrenzte Tragteilquerschnitte vor, für die Fläche, Schwerpunkt und Trägheitsmoment sowie die daraus folgenden Widerstandsmomente bestimmt werden müssen. Nachfolgend werden zur Berechnung dieser Größen Formeln angegeben, die sich für die Auswertung mit einer elektronischen Datenverarbeitungsanlage besonders gut eignen[1]).

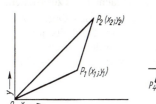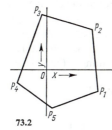

73.1   73.2

Die Fläche des in Bild **73.1** gegebenen Dreiecks mit den Eckpunkten $O\,(0;\,0)$, $P_1\,(x_1;\,y_1)$ und $P_2\,(x_2;\,y_2)$ ist in Teil 1, Abschn. Punkt. Strecke. Fläche als

$$F = \frac{1}{2}(x_1\,y_2 - x_2\,y_1) \qquad (73.1)$$

ermittelt worden; der Schwerpunkt hat die Koordinaten (s. denselben Abschn.)

$$x_S = \frac{1}{3}(x_1 + x_2) \qquad y_S = \frac{1}{3}(y_1 + y_2)$$

Die auf die Koordinatenachsen bezogenen statischen Momente S_x und S_y ergeben damit

$$S_x = \frac{1}{6}(x_1\,y_2 - x_2\,y_1)(y_1 + y_2) \qquad (73.2)$$

$$S_y = \frac{1}{6}(x_1\,y_2 - x_2\,y_1)(x_1 + x_2) \qquad (73.3)$$

Ohne Herleitung werden Gleichungen zur Berechnung der Trägheitsmomente der in Bild **73.1** dargestellten Dreiecksfläche angegeben.

$$I_x = \frac{1}{12}(x_1\,y_2 - x_2\,y_1)(y_1^2 + y_1\,y_2 + y_2^2) \qquad (73.4)$$

$$I_y = \frac{1}{12}(x_1\,y_2 - x_2\,y_1)(x_1^2 + x_1\,x_2 + x_2^2) \qquad (73.5)$$

$$I_{xy} = \frac{1}{24}(x_1\,y_2 - x_2\,y_1)(2\,x_1\,y_1 + x_1\,y_2 + x_2\,y_1 + 2\,x_2\,y_2) \qquad (73.6)$$

Die Fläche eines n-Ecks, z.B. des in Bild **73.2** dargestellten Fünfecks, kann man sich aus einzelnen Dreiecken entsprechend Bild **73.1** zusammengesetzt denken. Die Fläche eines beliebigen Teildreiecks mit den Eckpunkten $O\,(0;\,0)$, $P_i\,(x_i;\,y_i)$ und $P_{i+1}\,(x_{i+1};\,y_{i+1})$ erhält man mit Gl. (73.1) zu $(x_i\,y_{i+1} - x_{i+1}\,y_i)/2$. Die Fläche eines n-Ecks ist dann die Summe aller n Teildreiecke

$$F = \frac{1}{2}\sum_{i=1}^{n}(x_i\,y_{i+1} - x_{i+1}\,y_i) \qquad (73.7)$$

---

[1]) Fleßner, H.: Ein Beitrag zur Ermittlung von Querschnittswerten mit Hilfe elektronischer Rechenanlagen. Der Bauingenieur **37** (1962) 146—149.

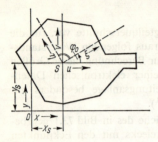

74.1

Bei Anwendung von Gl. (73.7) ist beim letzten Summanden $(x_n\, y_{n+1} - x_{n+1}\, y_n)$ der Index $n + 1$ durch 1 zu ersetzen, da der auf den Punkt P_n folgende Punkt P_1 ist; dies gilt auch für die folgenden Gleichungen (74.1) bis (74.5). Außerdem ist die Fläche bei der Numerierung der Ecken wie in Bild **73.1** bzw. **73.2** im Gegenuhrzeigersinn zu umfahren, um einen positiven Flächenwert zu erhalten.

Da die auf dieselben Achsen bezogenen Querschnittwerte (statische Momente, axiale Trägheitsmomente und Deviationsmomente) addiert werden dürfen, können die Gleichungen (73.2) bis (73.6) verallgemeinert werden.

$$S_x = \frac{1}{6} \sum_{i=1}^n (x_i\, y_{i+1} - x_{i+1}\, y_i)\,(y_i + y_{i+1}) \tag{74.1}$$

$$S_y = \frac{1}{6} \sum_{i=1}^n (x_i\, y_{i+1} - x_{i+1}\, y_i)\,(x_i + x_{i+1}) \tag{74.2}$$

$$I_x = \frac{1}{12} \sum_{i=1}^n (x_i\, y_{i+1} - x_{i+1}\, y_i)\,(y_i^2 + y_i\, y_{i+1} + y_{i+1}^2) \tag{74.3}$$

$$I_y = \frac{1}{12} \sum_{i=1}^n (x_i\, y_{i+1} - x_{i+1}\, y_i)\,(x_i^2 + x_i\, x_{i+1} + x_{i+1}^2) \tag{74.4}$$

$$I_{xy} = \frac{1}{24} \sum_{i=1}^n (x_i\, y_{i+1} - x_{i+1}\, y_i)\,(2 x_i\, y_i + x_i\, y_{i+1} + x_{i+1}\, y_i + 2 x_{i+1}\, y_{i+1}) \tag{74.5}$$

Mit den Gleichungen (73.7) bis (74.5) können die auf das $(x;\, y)$-Koordinatensystem bezogenen Querschnittwerte ermittelt werden. Aus ihnen werden der Schwerpunkt $S\,(x_S;\, y_S)$ und unter Benutzung des Steiner-Satzes die auf die Schwereachsen $(u;\, v)$ bezogenen Querschnittwerte gefunden (**74.1**)

$$x_S = \frac{S_y}{F} \qquad y_S = \frac{S_x}{F} \tag{74.6}$$

$$I_u = I_x - y_S^2\, F \tag{74.7}$$

$$I_v = I_y - x_S^2\, F \tag{74.8}$$

$$I_{uv} = I_{xy} - x_S\, y_S\, F \tag{74.9}$$

Wegen der Vollständigkeit werden ohne Herleitung auch noch die Gleichungen zur Ermittlung der Hauptachsen und Hauptträgheitsmomente angegeben. Das auf die Hauptachsen bezogene Deviationsmoment ist Null und die auf die Hauptachsen bezogenen axialen Trägheitsmomente sind extremal (**74.1**).

Aus

$$\tan 2\,\varphi_0 = \frac{2\, I_{uv}}{I_v - I_u} \tag{74.10}$$

erhält man den Winkel φ_0, und aus

$$I_\xi = \frac{I_u + I_v}{2} + \left[\frac{I_u - I_v}{2} \cos 2\,\varphi_0 - I_{uv} \sin 2\,\varphi_0\right] \tag{74.11}$$

$$I_\eta = \frac{I_u + I_v}{2} - \left[\frac{I_u - I_v}{2} \cos 2\,\varphi_0 - I_{uv} \sin 2\,\varphi_0\right] \tag{74.12}$$

erhält man die auf das Hauptachsensystem $(\xi;\, \eta)$ bezogenen Trägheitsmomente.

Die Anwendung der zusammengestellten Gleichungen wird an einem Beispiel gezeigt.

Beispiel 29. Man bestimme die Querschnittwerte der in Bild **75.1** skizzierten Fläche.

Die Rechnung wird in Tabellenform unter Benutzung einer Tischrechenmaschine durchgeführt. Die Koordinaten des Punktes $P_8 = P_1$ sind zusätzlich in der Tafel aufgenommen. Zur Vereinfachung der Rechnung sind die folgenden Ausdrücke eingeführt

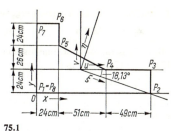

75.1

$$a_i = x_i y_{i+1} - y_i x_{i+1}$$

$$a_{yi} = y_i + y_{i+1}$$

$$a_{xi} = x_i + x_{i+1}$$

$$a_{yyi} = y_i^2 + y_i y_{i+1} + y_{i+1}^2$$

$$a_{xxi} = x_i^2 + x_i x_{i+1} + x_{i+1}^2$$

$$a_{xyi} = 2x_i y_i + x_i y_{i+1} + x_{i+1} y_i + 2x_{i+1} y_{i+1}$$

i	x_i dm	y_i dm	a_i dm^2	a_{yi} dm	a_{xi} dm	a_{yyi} dm^2	a_{xxi} dm^2	a_{xyi} dm^2
1	0,0	0,0	0,00	0,0	12,4	0,00	153,76	0,00
2	12,4	0,0	29,76	2,4	24,8	5,76	461,28	89,28
3	12,4	2,4	11,76	4,8	19,9	17,28	303,01	143,28
4	7,5	2,4	31,74	7,4	9,9	42,76	80,01	103,26
5	2,4	5,0	5,76	12,4	4,8	116,76	17,28	89,28
6	2,4	7,4	17,76	14,8	2,4	164,28	5,76	53,28
7	0,0	7,4	0,00	7,4	0,0	54,76	0,00	0,00
8	0,0	0,0						
			96,78					

i	$a_i \cdot a_{yi}$ dm^3	$a_i \cdot a_{xi}$ dm^3	$a_i \cdot a_{yyi}$ dm^4	$a_i \cdot a_{xxi}$ dm^4	$a_i \cdot a_{xyi}$ dm^4
1	0,000	0,000	0,0000	0,0000	0,00000
2	71,424	738,048	171,4176	13727,6925	2656,97274
3	56,448	234,024	203,2128	3563,3975	1684,97276
4	234,876	314,226	1357,2024	2539,5174	3277,47236
5	71,424	27,648	672,5376	99,5328	514,25278
6	262,848	42,624	2917,6127	102,2976	946,25278
7	0,000	0,000	0,0000	0,0000	0,00000
8					
	697,020	1356,570	5321,9831	20032,4376	9079,92342

$F = 96,78 \text{ dm}^2/2 = 48,39 \text{ dm}^2$ $I_x = 5321,9831 \text{ dm}^4/12 = 443,50 \text{ dm}^4$

$S_x = 697,020 \text{ dm}^3/6 = 116,17 \text{ dm}^3$ $I_y = 20032,4376 \text{ dm}^4/12 = 1669,37 \text{ dm}^4$

$S_y = 1356,57 \text{ dm}^3/6 = 226,09 \text{ dm}^3$ $I_{xy} = 9079,92342 \text{ dm}^4/24 = 378,33 \text{ dm}^4$

Die Schwerpunktkoordinaten ergeben sich mit Gl. (74.6)

$$x_S = 4{,}672 \text{ dm} \qquad\qquad y_S = 2{,}401 \text{ dm}$$

Die auf das (u, v)-Koordinatensystem bezogenen Trägheitsmomente werden mit den Gleichungen (74.7) bis (74.9) bestimmt

$$I_u = 164{,}61 \text{ dm}^4 \qquad I_v = 612{,}97 \text{ dm}^4 \qquad I_{uv} = -164{,}46 \text{ dm}^4$$

Mit den Gleichungen (74.10) bis (74.12) werden die Hauptträgheitsmomente und der Winkel φ_0 ermittelt

$$\varphi_0 = -18{,}13° = -20{,}14^g \qquad I_\xi = 110{,}76 \text{ dm}^4 \qquad I_\eta = 666{,}83 \text{ dm}^4$$

In Bild **76.1** ist ein Hohlquerschnitt dargestellt. Bei solchen mehrfach zusammenhängenden Bereichen muß die Eckpunktbezeichnung, wie im Bild gezeigt, erfolgen. Durch einen gedachten Schnitt, z.B. von P_5 nach P_6 entsteht ein einfach zusammenhängender Bereich. Vorhandene Flächen werden im Gegenuhrzeigersinn und nicht vorhandene im Uhrzeigersinn umfahren.

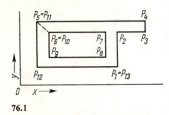

76.1

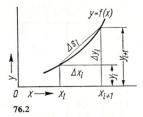

76.2

4.4.5. Bogenlänge. Oberfläche.

Bogenlänge. Die Länge s eines Bogens, beschrieben durch die Funktion $y = f(x)$, wird durch die Länge

$$\sum_{i=1}^{n} \Delta s_i$$

eines Sehnenpolygons angenähert (**76.2**). Die Annäherung ist um so besser, je kleiner die Teilstücke Δs_i sind. Läßt man alle Δs_i gegen Null streben, so wird die Summe zum Integral und gleich der Länge des Bogens. Mit $l_x = l_y$ folgt aus Bild **76.2**

$$(\Delta s_i)^2 = (\Delta x_i)^2 + (\Delta y_i)^2$$

oder

$$\Delta s_i = \sqrt{1 + \left(\frac{\Delta y_i}{\Delta x_i}\right)^2} \, \Delta x_i \tag{76.1}$$

Geht man von den Differenzen zu den Differentialen über, so ergibt sich der **Zuwachs des Bogens** (Differential des Bogens)

$$ds = \sqrt{1 + y'^2} \, dx \tag{76.2}$$

Damit wird die Bogenlänge s zwischen den Abszissen a und b

$$s = \int_a^b \sqrt{1 + y'^2} \, dx \tag{76.3}$$

Die Gleichungen (76.2) und (76.3) lassen sich zur Umformung der Schwerpunktgleichungen (66.3) benutzen. Das Differential des auf die y-Achse bezogenen Moments eines Bogenelementes ds ist $dS_y = x\,ds = x\sqrt{1+y'^2}\,dx$ und bezogen auf die x-Achse $dS_x = y\,ds = y\sqrt{1+y'^2}\,dx$. Hiermit erhält man die **Koordinaten des Bogenschwerpunkts**

$$x_S = \frac{1}{s}\int_a^b x\sqrt{1+y'^2}\,dx \qquad y_S = \frac{1}{s}\int_a^b y\sqrt{1+y'^2}\,dx \qquad (77.1)$$

Oberfläche. Dreht sich die in Bild **76.2** dargestellte Sehne der Kurve $y = f(x)$ der Länge Δs_i um die x-Achse, so wird dadurch der Mantel eines flachen Kegelstumpfes (s. Abschn. Krummflächige Körper in Teil 1) $\Delta M_i = \pi\,\Delta s_i\,(y_i + y_{i+1})$ aufgespannt. Die gesamte Mantelfläche eines rotationssymmetrischen Körpers hat dann näherungsweise die Größe

$$\sum_{i=1}^n \Delta M_i = \sum_{i=1}^n \pi\,\Delta s_i\,(y_i + y_{i+1})$$

Geht man von der Summation der Differenzen zu der Integration über die Differentiale $dM = \pi\,ds\,2y$ über, so erhält man die **Mantelfläche eines zur x-Achse rotationssymmetrischen Körpers** zwischen den Abszissen a und b

$$M = 2\pi\int_a^b y\sqrt{1+y'^2}\,dx \qquad (77.2)$$

Das Differential des statischen Moments eines Mantelflächenelements, bezogen auf die y-Achse, ist $dS_y = x\,dM = x\cdot 2\pi y\,ds = 2\pi x y\sqrt{1+y'^2}\,dx$. Mit dieser Beziehung und Gl. (67.1) ergibt sich der **Schwerpunkt der Mantelfläche eines zur x-Achse symmetrischen Körpers**

$$x_S = \frac{2\pi}{M}\int_a^b x y\sqrt{1+y'^2}\,dx \qquad y_S = z_S = 0 \qquad (77.3)$$

Die Oberfläche eines Körpers ist die Summe aus Mantelfläche und den beiden seitlichen kreisförmigen Deckflächen $\pi f^2(a)$ und $\pi f^2(b)$.

Beispiel 30. Man bestimme den **Schwerpunkt und die Mantelfläche einer Halbkugelschale**.

Die Gleichung der erzeugenden Kurve (Viertelkreis) einer Halbkugel ist die Nullpunktform der Kreisgleichung

$$y = \sqrt{r^2 - x^2}$$

Nach der Kettenregel ist $y' = \dfrac{-x}{\sqrt{r^2-x^2}}$. Weiter gilt $1 + y'^2 = \dfrac{r^2}{r^2-x^2}$. Damit erhält man aus Gl. (77.3)

$$x_S = \frac{2\pi}{M}\int_0^r x\sqrt{r^2-x^2}\,\frac{r}{\sqrt{r^2-x^2}}\,dx = \frac{2\pi r}{2\pi r^2}\int_0^r x\,dx = \frac{1}{r}\frac{r^2}{2} = \frac{r}{2}$$

Die Mantelfläche $M = 2\pi r^2$ erhält man dabei aus Gl. (77.2)

$$M = 2\pi\int_0^r \sqrt{r^2-x^2}\,\frac{r}{\sqrt{r^2-x^2}}\,dx = 2\pi r\int_0^r dx = 2\pi r^2$$

4.4.6. Guldin-Regeln

Das Volumen eines zur x-Achse rotationssymmetrischen Körpers ist nach Gl. (63.2)

$$V_x = \pi \int_a^b y^2 \, dx$$

Die y-Koordinate des Flächenschwerpunkts ist nach Gl. (67.2)

$$y_S = \frac{1}{2F} \int_a^b y^2 \, dx$$

Durch Vergleich dieser beiden Gleichungen erhält man die erste Guldin-Regel

$$V_x = 2\pi \, y_S \, F \tag{78.1}$$

Das Volumen eines Rotationskörpers ist gleich dem Produkt der erzeugenden Fläche mit dem Weg des Schwerpunkts bei der Drehung.

Die Mantelfläche eines zur x-Achse rotationssymmetrischen Körpers ist nach Gl. (77.2)

$$M = 2\pi \int_a^b y \sqrt{1 + y'^2} \, dx$$

Die y-Koordinate des Bogenschwerpunkts ist nach Gl. (77.1)

$$y_S = \frac{1}{s} \int_a^b y \sqrt{1 + y'^2} \, dx$$

Durch Vergleich dieser beiden Gleichungen erhält man die zweite Guldin-Regel

$$M = 2\pi \, y_S \, s \tag{78.2}$$

Die Mantelfläche eines Rotationskörpers ist gleich dem Produkt des erzeugenden Bogens mit dem Weg des Schwerpunkts bei der Drehung.

Die beiden Guldin-Regeln gelten für beliebige erzeugende Flächen und Bogen und auch, wenn der Drehwinkel kleiner als der Vollwinkel 2π ist, also für einen Rotationssektor.

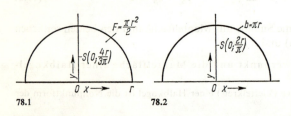

78.1   78.2

Beispiel 31. Das Volumen einer Kugel mit dem Radius r ist zu bestimmen (**78.1**).

Die Schwerpunktkoordinaten des Halbkreises sind $x_S = 0$ und $y_S = 4r/(3\pi)$ (s. Beispiel 21, S. 68 a). Damit wird das gesuchte Volumen

$$V = 2\pi \frac{4r}{3\pi} \cdot \frac{\pi r^2}{2} = \frac{4}{3}\pi r^3$$

Beispiel 32. Der Schwerpunkt eines Halbkreisbogens mit dem Radius r ist zu bestimmen (**78.2**).

Aus Symmetriegründen ist $x_S = 0$. Die Kugeloberfläche beträgt $O = 4\pi r^2$ (s. Abschn. Körperberechnung in Teil 1 und Beispiel 30, S. 77). Nach der zweiten Guldin-Regel ist $O = 4\pi r^2 = M = 2\pi y_S \cdot \pi r$. Daraus folgt

$$y_S = \frac{2}{\pi} r$$

Beispiel 33. Man bestimme das Volumen V und die Dachfläche F_D des in Bild **78.3** im Grund- und Aufriß gegebenen Daches.

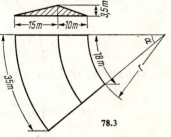

78.3

Der Winkel α und der Radius r ermitteln sich aus den Beziehungen $\alpha\,r = 18$ m und $\alpha(r + 25$ m$)$ $= 35$ m zu $\alpha = 17/25$ und $r = 26{,}47$ m. Mit Gl. (78.1) in der Form $V = \alpha \cdot y_S \cdot F$ wird

$$V = \frac{17}{25} \cdot (26{,}47 + 10 \cdot 2/3)\,\text{m} \cdot \frac{10 \cdot 3{,}5}{2}\,\text{m}^2 + \frac{17}{25} \cdot (26{,}47 + 10 + 15/3) \cdot \frac{15 \cdot 3{,}5}{2}\,\text{m}^2 = 1134\,\text{m}^3$$

Mit Gl. (78.2) in der Form $F_D = \alpha \cdot y_S \cdot s$ wird

$$F_D = \frac{17}{25} \cdot (26{,}47 + 5)\,\text{m} \cdot \sqrt{10^2 + 3{,}5^2}\,\text{m} + \frac{17}{25} \cdot (26{,}47 + 10 + 7{,}5)\,\text{m} \cdot \sqrt{15^2 + 3{,}5^2}\,\text{m} = 687\,\text{m}^2$$

4.4.7. Arbeitsgleichung. Formänderungen

Häufig müssen in der Technik Formänderungen von Tragkonstruktionen (z. B. Ver-schiebungen einzelner Trägerpunkte und Verdrehungen einzelner Trägerquer-schnitte) ermittelt und mit den zulässigen Verformungen verglichen werden. Eine Mög-lichkeit der Ermittlung von Formänderungen einfacher Träger wird hier gezeigt. Da zumeist die Schnittbiegemomente (s. Abschn. 5.6.2) den größten Formänderungs-anteil hervorrufen, wird hier nur deren Einfluß be-rücksichtigt. In diesem Abschnitt wird insbesondere auf die Auswertung der bei der Berechnung von Formänderungen auftretenden Integrale eingegangen.

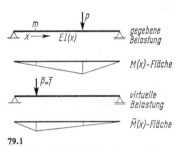

79.1

Arbeitsgleichung. Betrachtet man nach Bild **79.1** den wirklichen Belastungszustand eines Tragwerks und einen virtuellen, d. h. gedachten und möglichen Belastungszustand, so gilt die Arbeitsgleichung: Die Verschiebungsarbeit der äußeren Kräfte ist gleich der Verschiebungsarbeit der inneren Kräfte.

$$\bar{1} \cdot \delta_m = \int \frac{M(x)\,\bar{M}(x)}{E\,I(x)}\,dx \tag{79.1}$$

Hierin sind

$\bar{P} = \bar{1}$ einheitenfrei angenommene virtuelle Last, die an der Stelle und in Richtung der Verschiebung wirkt

δ_m Verschiebung des Trägerpunktes m

$M(x)$ Biegemoment durch die gegebene Belastung

$\bar{M}(x)$ Biegemoment durch die virtuelle Last

E Elastizitätsmodul des Trägermaterials

$I(x)$ Trägheitsmoment des Trägerquerschnitts, zumeist jedoch konstant über die Trägerlänge.

Die Verdrehung φ_m eines Trägerquerschnitts m nach Bild **80.1** wird entsprechend mit der folgenden Gleichung ermittelt

$$\bar{1} \cdot \varphi_m = \int \frac{M(x)\,\bar{M}(x)}{E\,I(x)}\,dx \tag{79.2}$$

Das in Bild **80.1** eingezeichnete Moment $\bar{M} = \bar{1}$ ist das einheitenfrei angenommene virtuelle Moment, das an der Stelle und in Richtung der Verdrehung φ wirkt.

Die virtuelle Lastgröße $\bar{P} = \bar{1}$ bzw. $\bar{M} = \bar{1}$ wird einheitenfrei angenommen, damit sich mit Gl. (79.1) bzw. (79.2) einheitengerecht eine Verschiebung bzw. Verdrehung ergibt. Die Integrale sind über die gesamte Stablänge zu erstrecken. Allerdings muß oft abschnittsweise integriert werden, da nicht über Stellen hinweg integriert werden darf, an denen der Verlauf der Biegemomente oder des Trägheitsmoments einen Sprung oder Knick aufweist.

Man beachte, daß bei den folgenden Beispielen immer der gleiche Rechengang festzustellen ist.

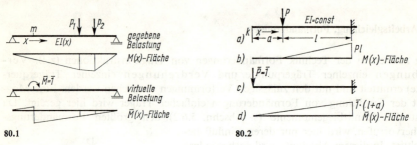

80.1   **80.2**

Beispiel 34. Es ist die vertikale Verschiebung des Punktes k des in Bild **80.2**a dargestellten Freiträgers zu ermitteln.

Es ergeben sich die in Bild **80.2**b und **80.2**c skizzierten Momentenverläufe

$$M(x) = 0 \qquad \text{für} \qquad 0 \leq x \leq a$$
$$M(x) = P(x - a) \qquad \text{für} \qquad a \leq x \leq a + l$$
$$\bar{M}(x) = \bar{1} \cdot x \qquad \text{für} \qquad 0 \leq x \leq a + l$$

Da das Trägheitsmoment über die Trägerlänge konstant ist, wird mit Gl. (79.1)

$$\delta_k = \frac{1}{EI} \left[\int_0^a 0 \cdot \bar{1}\, x \cdot dx + \int_a^{a+l} P(x-a) \cdot \bar{1}\, x \cdot dx \right] = \frac{P}{EI} \left[\int_a^{a+l} x^2\, dx - \int_a^{a+l} a x\, dx \right]$$

$$= \frac{P}{EI} \left[\frac{(a+l)^3 - a^3}{3} - \frac{a((a+l)^2 - a^2)}{2} \right]$$

$$= \frac{P}{EI} \left[\frac{2(a^3 + 3a^2 l + 3a l^2 + l^3 - a^3) - 3(a^3 + 2a^2 l + a l^2 - a^3)}{6} \right]$$

$$= \frac{P}{6 EI} (2l^3 + 3a l^2) = \frac{P}{EI} \left(\frac{l^3}{3} + \frac{l^2 a}{2} \right)$$

Zählt man die x-Koordinate von der Angriffsstelle der Kraft P, so erhält man

$$M(x) = 0 \qquad \text{für} \qquad -a \leq x \leq 0$$
$$M(x) = P x \qquad \text{für} \qquad 0 \leq x \leq l$$
$$\bar{M}(x) = \bar{1} \cdot (x + a) \qquad \text{für} \qquad -a \leq x \leq l$$

$$\delta_k = \frac{1}{EI} \left[\int_{-a}^0 0 \cdot \bar{1}\, (x+a) \cdot dx + \int_0^l P x \cdot \bar{1}\, (x+a) \cdot dx \right] = \frac{P}{EI} \left[\int_0^l x^2\, dx + \int_0^l a x\, dx \right]$$

$$= \frac{P}{EI} \left(\frac{l^3}{3} + \frac{l^2 a}{2} \right)$$

Die Ergebnisse stimmen überein. Man erkennt, daß der Umfang der Rechnung von der Wahl des Koordinatensystems abhängig ist.

Beispiel 35. Die maximale Durchbiegung des nach Bild **81.**1a gegebenen Einfeldträgers ist zu bestimmen.

Aus Symmetriegründen tritt die maximale Durchbiegung in der Trägermitte m auf. Für die in Bild **81.**1b und **81.**1d skizzierten Momentenverläufe gelten die Funktionen

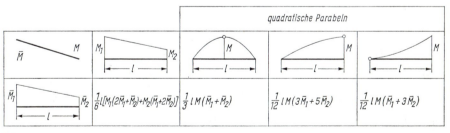

$$M(x) = \frac{q}{2}\,(lx - x^2) \qquad \text{für} \qquad 0 \leqq x \leqq l$$

$$\bar{M}(x) = \bar{1} \cdot \frac{x}{2} \qquad \text{für} \qquad 0 \leqq x \leqq \frac{l}{2}$$

81.1

Mit Gl. (79.1) wird

$$\delta_{\mathrm{m}} = \frac{1}{EI} \cdot 2 \cdot \int_0^{l/2} \frac{q}{2}\,(lx - x^2) \cdot \frac{1}{2}\,x \cdot \mathrm{d}x = \frac{q}{2\,EI} \int_0^{l/2} (l\,x^2 - x^3)\,\mathrm{d}x$$

$$= \frac{q}{2\,EI}\left(l \cdot \frac{l^3}{24} - \frac{l^4}{64}\right) = \frac{5\,q\,l^4}{384\,EI}$$

Ist das Trägheitsmoment, wie in Beispiel 34 und 35, über die Trägerlänge konstant, so können Gl. (79.1) und (79.2) umgeformt werden. Man erhält

$$\delta_{\mathrm{m}} = \frac{1}{EI} \int M(x)\,\bar{M}(x)\,\mathrm{d}x \qquad \varphi_{\mathrm{m}} = \frac{1}{EI} \int M(x)\,\bar{M}(x)\,\mathrm{d}x$$

Wie diese beiden Gleichungen zeigen, müssen immer wieder dieselben Integrale bestimmt und dieselben Momentenflächen überlagert werden. Die Ergebnisse dieser Überlagerungen sind daher in besonderen Tafeln (Integraltafel $\int M\,\bar{M}\,\mathrm{d}s$) zusammengestellt [45], [48]. Einen kleinen Ausschnitt einer solchen Tafel zeigt Bild **81.**2.

		quadratische Parabeln		
$\bar{M}$ ... M	M_1 ... M_2 (l)	M (l)	M (l)	M (l)
$\bar{M}_1$ ... $\bar{M}_2$ (l)	$\frac{1}{6}l[M_1(2\bar{M}_1+\bar{M}_2)+M_2(\bar{M}_1+2\bar{M}_2)]$	$\frac{1}{3}\,l\,M\,(\bar{M}_1+\bar{M}_2)$	$\frac{1}{12}\,l\,M\,(3\bar{M}_1+5\bar{M}_2)$	$\frac{1}{12}\,l\,M\,(\bar{M}_1+3\bar{M}_2)$

81.2

Beispiel 36. Man löse das vorstehende Beispiel unter Benutzung der Integraltafel (**81.**2).

$$EI \cdot \delta_{\mathrm{m}} = \left[\frac{1}{12} \cdot \frac{l}{2} \cdot q\,\frac{l^2}{8}\left(3 \cdot 0 + 5 \cdot \frac{l}{4}\right)\right] \cdot 2 = \frac{5\,q\,l^4}{384}$$

Beispiel 37. Die Verdrehung des Endquerschnittes k eines stählernen Freiträgers IPB 200 mit der Länge $l = 1,50$ m, belastet durch die Einzellast $P = 5,0$ Mp am Trägerende, soll bestimmt werden ($I = 5700\ \mathrm{cm}^4$, $E = 2,1 \cdot 10^6\ \mathrm{kp/cm}^2$).

Die Momentenflächen sind in Bild **82.1** dargestellt. Mit Hilfe der Integraltafel wird

$$\varphi_k = \frac{1}{EI} \cdot \frac{1}{6} \cdot l \cdot [0 \cdot (2 \cdot 1 + 1) + P\,l \cdot (1 + 2 \cdot 1)] = \frac{P\,l^2}{2\,EI}$$

Mit den gegebenen Werten erhält man

$$\varphi_k = \frac{5 \cdot 10^3 \text{ kp} \cdot 1{,}5^2 \cdot 10^4 \text{ cm}^2}{2 \cdot 2{,}1 \cdot 10^6 \text{ kp/cm}^2 \cdot 5{,}7 \cdot 10^3 \text{ cm}^4} = \frac{5 \cdot 1{,}5^2}{2 \cdot 2{,}1 \cdot 5{,}7}\,10^{3+4-6-3} = 0{,}47 \cdot 10^{-2}$$

Das Ergebnis wird in Grad umgerechnet

$$\varphi_k = 0{,}47 \cdot 10^{-2} \cdot 180°/\pi = 0{,}47 \cdot 10^{-2} \cdot 200^g/\pi = 0{,}269° = 0{,}299^g$$

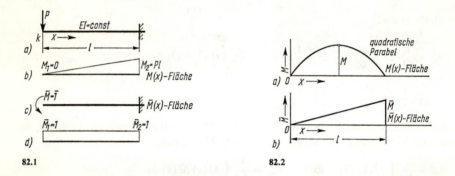

82.1　　　　　　　　　　　　**82.2**

Beispiel 38. Man bestimme das Integral $\int M(x)\,\bar{M}(x)\,dx$ für die in Bild **82.2** skizzierten Flächen (gegeben: M, $\bar{M}$, l).

Die $M(x)$-Kurve ist eine quadratische Parabel und genügt der Gleichung

$$M(x) = a_2\,x^2 + a_1\,x + a_0$$

Drei Parabelpunkte sind bekannt:

Es ist　　$M(x = 0) = 0$　　daraus　　$0 = a_0$

Es ist　　$M(x = l/2) = M$　　daraus　　$M = a_2\,\dfrac{l^2}{4} + a_1\,\dfrac{l}{2} + a_0$

Es ist　　$M(x = l) = 0$　　daraus　　$0 = a_2\,l^2 + a_1\,l + a_0$

Aus den drei Bestimmungsgleichungen erhält man $a_2 = -4M/l^2$, $a_1 = 4M/l$ und $a_0 = 0$.

Die Funktionen $M(x)$ und $\bar{M}(x)$ genügen den Gleichungen

$$M(x) = \frac{4M}{l^2}\,(x\,l - x^2) \qquad\qquad \bar{M}(x) = \frac{\bar{M}}{l}\,x$$

Man erhält

$$\int_0^l M(x)\,\bar{M}(x)\,dx = \frac{4M\,\bar{M}}{l^3} \int_0^l (x^2\,l - x^3)\,dx = \frac{4M\,\bar{M}}{l^3}\left(\frac{l^4}{3} - \frac{l^4}{4}\right) = \frac{1}{3}\,l\,M\,\bar{M}$$

Das Ergebnis läßt sich auch den Tabellen oder Bild **81.2** entnehmen.

4.5. Numerische Integration

In Fällen, in denen sich das Integral als Grenzwert nicht exakt berechnen läßt, gestattet ein von Simpson eingeführtes Verfahren, diesen Grenzwert näherungsweise zu ermitteln. Die Grundidee dieses Verfahrens ist, die gegebene Funktion stückweise durch andere einfachere Funktionen zu ersetzen, deren Integrale man leicht bestimmen kann. Der Arbeitsaufwand hängt dabei vom zulässigen Fehler ab.

Trapez-Regel. Ist nach Bild **83.**1 das Integral

$$I = \int_a^b y \, \mathrm{d}x \tag{83.1}$$

gesucht, so wird das Intervall $[a, b]$ in n gleichbreite Abschnitte von der Länge $h = (b - a)/n$ geteilt und in jedem dieser Teilintervalle die Kurve durch ihre Sehne angenähert. Das Integral im k-ten Teilintervall ist dann

$$I_k \approx \frac{h}{2}(y_k + y_{k+1})$$

Nimmt k die Werte 0 bis n an, so erhält man durch Addition der Teilintegrale die Trapez-Regel

$$I \approx h\left(\frac{1}{2}y_0 + y_1 + y_2 + y_3 + \cdots + y_{n-1} + \frac{1}{2}y_n\right) \tag{83.2}$$

Das Ergebnis nach Gl. (83.2) ist oft nicht sehr genau; daher wird normalerweise die Simpson-Regel angewendet, zumal kaum ein größerer Aufwand entsteht.

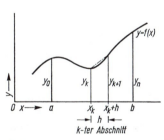

83.1

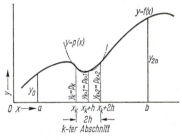

83.2

Simpson-Regel

Das Intervall $[a, b]$ wird in n gleiche Abschnitte von der Länge $2h = (b - a)/n$ geteilt. Bild **83.**2 zeigt eine dadurch bestimmte Teilfläche. Die Kurve $y = f(x)$ wird in jedem dieser Teilintervalle durch eine Parabel $y = p(x) = a_2 x^2 + a_1 x + a_0$ angenähert, die mit den Ordinaten von $y = f(x)$ am Anfang, in der Mitte und am Ende des Intervalls übereinstimmt (s. Teil 1). Wenn man h hinreichend klein wählt, nähern diese Parabeln die Kurve gut an.

Das Integral im k-ten Intervall ist

$$I_k = \int\limits_{x_k}^{x_k+2h} y \, dx$$

Ersetzt man $y = f(x)$ durch die Parabel $p(x)$, so wird

$$I_k \approx \int\limits_{x_k}^{x_k+2h} (a_2 \, x^2 + a_1 \, x + a_0) \, dx$$

$$= a_2 \, \frac{(x_k + 2h)^3 - x_k^3}{3} + a_1 \, \frac{(x_k + 2h)^2 - x_k^2}{2} + a_0 \, [(x_k + 2h) - x_k]$$

$$= \frac{a_2}{3} (6 \, x_k^2 \, h + 12 \, x_k \, h^2 + 8 \, h^3) + \frac{a_1}{2} (4 \, x_k \, h + 4 \, h^2) + 2 \, a_0 \, h$$

$$= \frac{h}{3} (6 \, a_2 \, x_k^2 + 12 \, a_2 \, x_k \, h + 8 \, a_2 \, h^2 + 6 \, a_1 \, x_k + 6 \, a_1 \, h + 6 \, a_0)$$

Den Ausdruck in der Klammer kann man so umformen, daß sich

$$I_k \approx \frac{h}{3} \{[a_2 \, x_k^2 + a_1 \, x_k + a_0] + 4 \, [a_2 \, (x_k + h)^2 + a_1 \, (x_k + h) + a_0] +$$
$$+ [a_2 \, (x_k + 2h)^2 + a_1 \, (x_k + 2h) + a_0]\}$$

ergibt. Wegen $p(x) = a_2 \, x^2 + a_1 \, x + a_0$ ist

$$I_k \approx \frac{h}{3} [p(x_k) + 4 \, p \, (x_k + h) + p \, (x_k + 2h)]$$

In den Punkten mit den Abszissen x_k, $x_k + h$ und $x_k + 2h$ stimmen Parabelordinaten und die durch eine Tafel gegebenen Funktionswerte überein. Daher gilt

$$I_k \approx \frac{h}{3} [f(x_k) + 4 \, f \, (x_k + h) + f(x_k + 2 \, h)]$$

Beim Addieren mehrerer Abschnitte sind die Ordinaten an den Rändern von beiden Abschnitten zu berücksichtigen. Setzt man $f(a + i \, h) = y_i$, so erhält man als Summe aller I_k die Simpson-Regel

$$I \approx \frac{h}{3} [y_0 + 4 y_1 + 2 y_2 + 4 y_3 + \cdots + 2 y_{2n-2} + 4 y_{2n-1} + y_{2n}] \qquad (84.1)$$

Die vorstehende Gleichung zeigt, daß stets eine ungerade Anzahl von Ordinaten gegeben sein muß, damit die Simpson-Regel angewandt werden kann.

Fehlerschätzung [17]. Den Fehler der Annäherung ermittelt man folgendermaßen: Ist I_h die Simpson-Annäherung mit der Schrittweite h nach Gl. (84.1) und I_{2h} die Annäherung bei doppelter Schrittweite, so ist der Fehler in Gl. (84.1) angenähert gleich 1/15 der Differenz $I_h - I_{2h}$. Ein verbessertes Integral erhält man durch

$$I_{\text{verb}} = I_h + \frac{1}{15} (I_h - I_{2h}) \qquad (84.2)$$

Rundungsfehler in der letzten Stelle der gegebenen Funktionswerte werden durch Gl. (84.2) nicht ausgeglichen.

Die Anwendung der Simpson-Regel ist äußerst einfach und höchst genau, wie die folgenden Beispiele zeigen. Es ist jedoch darauf zu achten, daß nicht ohne weiteres über Knick- und Sprungstellen hinwegintegriert werden kann. An solchen Stellen muß dann das Ende bzw. der Anfang eines Teilintervalls liegen. Da bei der Herleitung der Simpson-Regel die Funktion $y = f(x)$ durch ein Polynom 2. Grades angenähert wird, muß die Simpson-Regel ein exaktes Ergebnis bei der Integration über rationale Funktionen bis zum zweiten Grade liefern. Eine genaue Untersuchung zeigt, daß die Simpson-Regel sogar noch eine exakte Integration über eine Funktion dritten Grades gestattet.

Newton-Regel. Ein Nachteil der Simpson-Regel ist die Bedingung, daß eine ungerade Anzahl von Funktionswerten gegeben sein muß. Integriert man auf Grund einer gegebenen Tafel, so läßt sich diese Voraussetzung nicht immer erfüllen. In solchen Fällen nimmt man die Newton-Regel hinzu. Nähert man in

$$I_1 = \int_a^{a+3h} y \, dx$$

die Funktion $y = f(x)$ durch ein **Polynom dritten Grades** an, das an den Abszissen a, $a + h$, $a + 2h$ und $a + 3h$ mit $y = f(x)$ übereinstimmt, so erhält man in gleicher Weise wie bei der Herleitung der Simpson-Regel die **Newton-Drei-Achtel-Regel**

$$I_1 \approx \frac{3}{8} h \left(y_0 + 3y_1 + 3y_2 + y_3\right) \tag{85.1}$$

die für vier Funktionswerte ein Näherungsintegral liefert. Ist die gerade Anzahl der Funktionswerte größer als vier, so schließt man an das Integral I_1 die Simpson-Regel für den Integrationsweg von $a + 3h$ bis b an.

Beispiel 39. Man bestimme numerisch das Integral

$$I = \int_{1\,\text{cm}}^{5\,\text{cm}} y \, dx = \int_{1\,\text{cm}}^{5\,\text{cm}} (x^3 - 2x^2\,\text{cm} + 3x\,\text{cm}^2 + 4\,\text{cm}^3) \, dx$$

Das Integral wird mit $h = 1,0$ cm und $h = 2,0$ cm nach Gl. (84.1) ermittelt. Da der Integrand ein Polynom dritten Grades ist, muß die Schrittweite ohne Einfluß auf das Ergebnis sein.

x cm	$+ x^3$ cm^3	$- 2x^2$ cm cm^3	$+ 3x$ cm cm^3	y cm^3	k	$k \cdot y$ cm^3	k	$k \cdot y$ cm^3
1	1	−2	3	6	1	6	1	6
2	8	−8	6	10	4	40		
3	27	−18	9	22	2	44	4	88
4	64	−32	12	48	4	192		
5	125	−50	15	94	1	94	1	94
						376		188

$$I_{h=1\,\text{cm}} = \frac{1\,\text{cm}}{3} \cdot 376\,\text{cm}^3 = 125,3\,\text{cm}^4$$

$$I_{h=2\,\text{cm}} = \frac{2\,\text{cm}}{3} \cdot 188\,\text{cm}^3 = 125,3\,\text{cm}^4$$

Das Integral ist geschlossen lösbar; man erhält

$$I = \int\limits_{1\,\text{cm}}^{5\,\text{cm}} (x^3 - 2x^2\,\text{cm} + 3x\,\text{cm}^2 + 4\,\text{cm}^3)\,dx = \frac{5^4 - 1^4}{4}\,\text{cm}^4 - \frac{2\,(5^3 - 1^3)}{3}\,\text{cm}^4 +$$

$$+ \frac{3\,(5^2 - 1^2)}{2}\,\text{cm}^4 + 4\,(5 - 1)\,\text{cm}^4 = 125{,}3\,\text{cm}^4$$

Beispiel 40. In der Statistik (Abschn. 11) benötigt man

$$I = \int\limits_0^a e^{-\frac{x^2}{2}}\,dx$$

Dieses Integral kann nicht geschlossen gelöst werden. Man löse es angenähert für $a = 2$. Es wird $h = 0{,}2$ gewählt und mit $h = 0{,}4$ nach Gl. (84.2) eine Verbesserung vorgenommen. Wirkt sich diese Korrektur nur auf die letzte Dezimale aus, so ist die Näherung ausreichend. Im anderen Falle muß die Rechnung mit einer kleineren Schrittweite h wiederholt werden. Beide Rechnungen für $h = 0{,}2$ und $h = 0{,}4$ lassen sich leicht in einer Tafel zusammenstellen.

x	$x^2/2$	$e^{-x^2/2}$	$k_{h=0,2}$	$k \cdot e^{-x^2/2}$	$k_{h=0,4}$	$k \cdot e^{-x^2/2}$
0,0	0,000	1,0000	1	1,0000	1	1,0000
0,2	0,020	0,9802	4	3,9208		
0,4	0,080	0,9231	2	1,8462	4	3,6924
0,6	0,180	0,8353	4	3,3412		
0,8	0,320	0,7261	2	1,4522	1	0,7261
1,0	0,500	0,6065	4	2,4260		
1,2	0,720	0,4868	2	0,9736	3	1,4604
1,4	0,980	0,3753	4	1,5012		
1,6	1,280	0,2780	2	0,5560	3	0,8340
1,8	1,620	0,1979	4	0,7916		
2,0	2,000	0,1353	1	0,1353	1	0,1353
				17,9441		

Nach Gl. (84.1) erhält man I_h, indem man die Summe der fünften Spalte mit $h/3$ multipliziert

$$I_h = \frac{0{,}2}{3} \cdot 17{,}9441 = 1{,}19627$$

Um die Verbesserungsformel Gl. (84.2) anwenden zu können, muß $I_{2\,h}$ gebildet werden. Hierbei erkennt man, daß dies nicht mit der Simpson-Regel allein möglich ist. Es ist entweder an den Anfang oder an das Ende die Newton-Drei-Achtel-Regel Gl. (85.1) anzuschließen. In der vorstehenden Tafel ist dies am Ende geschehen. Es sind zunächst mit $h = 0{,}4$ die ersten drei Posten der letzten Spalte zu addieren und mit $h/3$ zu multiplizieren. Sodann sind überlappend die letzten vier Posten zu addieren und mit $(3/8)\,h$ zu multiplizieren

$$I_{2\,h} = \frac{0{,}4}{3} \cdot 5{,}4185 + \frac{3}{8} \cdot 0{,}4 \cdot 3{,}1558 = 0{,}72248 + 0{,}47340 = 1{,}19588$$

Das Korrekturglied in Gl. (84.2) lautet

$$\frac{1}{15}\,(I_h - I_{2\,h}) = 0{,}00039/15 = 0{,}00003$$

In der vierten Dezimale ergibt sich keine Korrektur mehr. Trotzdem muß man damit rechnen, daß die letzte Dezimale nicht genau ist, da noch Rundungsfehler auftreten. Auf vier Dezimalen genau erhält man $I = I_h = 1,1963$. Eine genauere Rechnung ergibt $I = 1,19629$. Abschließend sei noch darauf hingewiesen, daß $I_{2\,h} = 1,19637$ wird, wenn man den Newton-Anteil an den Anfang nimmt.

Beispiel 41. Für den nach Bild **87**.1 gegebenen Stahlbeton-Freiträger mit rechteckigem Querschnitt (Trägerbreite $b = 30$ cm) ist mit der Arbeitsgleichung (s. Abschn. 4.4.7) die Enddurchbiegung zu bestimmen. Es ist nur das Trägheitsmoment des Betonquerschnitts zu berücksichtigen. Elastizitätsmodul des Betons: $E_b = 210000$ kp/cm².

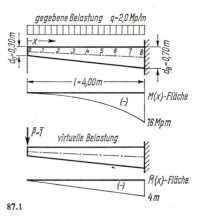

In Bild **87**.1 sind die Momente durch die gegebene Belastung und durch die virtuelle Belastung dargestellt. Die Arbeitsgleichung (79.1) wird mit dem konstanten Faktor EI_c (E-Modul mal Vergleichsträgheitsmoment) multipliziert. Man erhält

$$EI_c \cdot \delta_0 = \int\limits_0^l M(x)\,\bar{M}(x)\,\frac{I_c}{I(x)}\,\mathrm{d}x$$

Ist $d(x)$ die Trägerhöhe und wird $I_8 = b\,d_8^3/12 = I_c$ gesetzt, so ist

$$\frac{I_c}{I(x)} = \frac{b\,d_8^3 \cdot 12}{12 \cdot b\,d^3(x)} = \frac{d_8^3}{d^3(x)} = \left(\frac{0,70\,\mathrm{m}}{d(x)}\right)^3 \qquad 87.1$$

Das Moment durch die gegebene Belastung ist $M(x) = -q\,x^2/2$ und das Moment durch die virtuelle Belastung $\bar{M}(x) = -\bar{1} \cdot x$.

Für die Schrittweiten $h = 0,50$ m, $h = 1,0$ m und $h = 2,0$ m wird die Rechnung in Tafelform durchgeführt.

Pkt.	x	d	$(d_8/d)^3$	M	$\bar{M}$	k	$k\frac{d_8^3}{d^3}M\bar{M}$	k	$k\frac{d_8^3}{d^3}M\bar{M}$	k	$k\frac{d_8^3}{d^3}M\bar{M}$
	m	m		Mp m	m		Mp m²		Mp m²		Mp m²
0	0	0,30		0,0	0,0	1	0	1	0	1	0
1	0,5	0,35	8,000	− 0,25	−0,5	4	4,000				
2	1,0	0,40	5,359	− 1,00	−1,0	2	10,718	4	21,436		
3	1,5	0,45	3,764	− 2,25	−1,5	4	50,814				
4	2,0	0,50	2,744	− 4,00	−2,0	2	43,904	2	43,904	4	87,808
5	2,5	0,55	2,062	− 6,25	−2,5	4	128,880				
6	3,0	0,60	1,588	− 9,00	−3,0	2	85,752	4	171,504		
7	3,5	0,65	1,249	−12,25	−3,5	4	214,200				
8	4,0	0,70	1,000	−16,00	−4,0	1	64,000	1	64,000	1	64,000
							602,268		300,844		151,808

Es wird

$$EI_c \, \delta_{0;h=2\,m} = \frac{2,0\,m}{3} \cdot 151{,}808 \; \text{Mp}\,\text{m}^2 = 101{,}205 \; \text{Mp}\,\text{m}^3$$

$$EI_c \, \delta_{0;h=1\,m} = \frac{1,0\,m}{3} \cdot 300{,}844 \; \text{Mp}\,\text{m}^2 = 100{,}281 \; \text{Mp}\,\text{m}^3$$

$$EI_c \, \delta_{0;h=0,5\,m} = \frac{0,5\,m}{3} \cdot 602{,}268 \; \text{Mp}\,\text{m}^2 = 100{,}378 \; \text{Mp}\,\text{m}^3$$

Mit

$$EI_c = \frac{2,1 \cdot 10^6 \; \text{Mp} \cdot 0{,}3 \cdot 0{,}7^3 \, \text{m}^4}{\text{m}^2 \cdot 12} = 1{,}80075 \cdot 10^4 \; \text{Mp}\,\text{m}^2$$

wird

$$\delta_{0;h=2\,m} = \frac{101{,}205 \; \text{Mp}\,\text{m}^3}{1{,}80075 \cdot 10^4 \; \text{Mp}\,\text{m}^2} = 0{,}00562 \; \text{m} = 0{,}562 \; \text{cm}$$

$$\delta_{0;h=1\,m} = \frac{100{,}281 \; \text{Mp}\,\text{m}^3}{1{,}80075 \cdot 10^4 \; \text{Mp}\,\text{m}^2} = 0{,}00556 \; \text{m} = 0{,}556 \; \text{cm}$$

$$\delta_{0;h=0,5\,m} = \frac{100{,}378 \; \text{Mp}\,\text{m}^3}{1{,}80075 \cdot 10^4 \; \text{Mp}\,\text{m}^2} = 0{,}00557 \; \text{m} = 0{,}557 \; \text{cm}$$

Die Ergebnisse zeigen, daß eine sehr grobe Schritteinteilung genügt, um ein annähernd zutreffendes Ergebnis zu erhalten. Das genaue Ergebnis ist $\delta_0 = 0{,}5575$ cm; wobei jedoch zu beachten ist, daß eine solche Durchbiegung höchstens auf ± 1 mm genau ermittelt zu werden braucht.

Aufgaben zu Abschnitt 4

1. Man berechne das bestimmte Integral

$$I = \int\limits_{-3\,\text{cm}}^{4\,\text{cm}} (3x^2 + 4x \; \text{cm} - 5 \; \text{cm}^2) \, dx$$

2. Welche Fläche befindet sich zwischen der x-Achse und $y = x^3/(12 \; \text{cm}^2) - x^2/\text{cm} + 3x$?

3. Man bestimme die ganze rationale Funktion dritten Grades, von der bekannt ist

$$y(2) = y(3) = 0; \, y'(2) = 1 \qquad \text{und} \qquad \int\limits_2^3 y \, dx = 1$$

Hinweis: Ein Polynom dritten Grades hat vier Koeffizienten, die durch vier Bedingungen bestimmt sind. Man erhält also vier lineare Gleichungen für die vier gesuchten Koeffizienten.

4. Durch die Kurve $y = -ax^2 + 3$ cm und die Koordinatenachsen ist im ersten Quadranten ein Flächenstück gegeben, welches durch die Kurve $y = x^2/\text{cm}$ geteilt wird. Das Flächenstück an der y-Achse sei F_1, das abgetrennte Stück an der x-Achse sei F_2. Wie muß die Größe a gewählt werden, damit $F_1 : F_2 = 1 : m$ mit gegebenem m gilt?

5. Die bei der Verformung von biegesteifen Stäben gespeicherte Formänderungsarbeit ergibt sich aus der Gleichung

$$A_i = \tfrac{1}{2} \int\limits_0^l M^2(x)/(EI(x)) \, dx$$

Dabei ist l die Stablänge, E der Elastizitätsmodul, $I(x)$ das u. U. über die Stablänge veränderliche Trägheitsmoment. Man ermittle die Formänderungsarbeit für den im Bild 89.1 dargestellten Freiträger.

6. Man ermittle die Resultierende R und die Lage der Resultierenden der im Bild 89.2 dargestellten dreieckförmigen Streckenlast.

7. Man ermittle mit dem Teilschwerpunktsatz den Schwerpunkt der in Bild **75.1** dargestellten Querschnittsfläche.

8. Die Parabeln $y = 3x^2/\text{cm}$ und $y = [x^2/(2\,\text{cm})] + 1\,\text{cm}$ bestimmen den Querschnitt einer **Linse (89.3)**. Welches Volumen hat diese Linse? Hinweis: Man benutze den ersten Ausdruck in Gl. (63.3) und bilde die Differenz zweier Volumen.

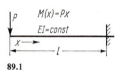

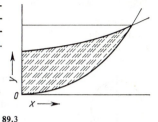

89.1   **89.2**   **89.3**

9. Wo liegen die **Schwerpunkte** der beiden in Bild **89.4**a und b dargestellten parabolischen Querschnitte, die durch die Funktionen $y = c\,x^2$ und $y = \sqrt{2p\,x}$ sowie die Abszissen Null und a bestimmt sind?

10. Für ein Profil nach DIN 1029 berechne man durch Flächenzusammensetzen den Querschnitt und mit dem Teilschwerpunktsatz den **Schwerpunkt (89.5)**. Es sind $a = 50\,\text{mm}$, $b = 40\,\text{mm}$, $s = 5\,\text{mm}$, $r_1 = 4\,\text{mm}$ und $r_2 = 2\,\text{mm}$. Die Kreisbogen gehen tangential in die Geradenstücke über.

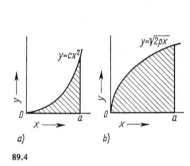

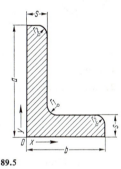

89.4   **89.5**

11. Für den in Bild **89.6** dargestellten Ring aus Winkelstahl ist die **Gewichtskraft** gesucht. Es sind $a = 600\,\text{mm}$, $b = 140\,\text{mm}$ und $d = 15\,\text{mm}$ sowie $\gamma = 7,80\,\text{kp/dm}^3$. Hinweis: Der Ring kann aus zwei Hohlzylindern zusammengesetzt werden.

12. Man bestimme den **Schwerpunkt** des in Beispiel 19, S. 64 untersuchten Halbrundniets.

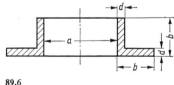

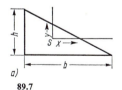

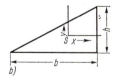

89.6   **89.7**

13. Gegeben ist die Parabel $y = 4\,\text{cm} - x^2/(4\,\text{cm})$. Gesucht ist eine zweite Parabel mit den gleichen Nullstellen und dem Scheitel auf der y-Achse so, daß der Schwerpunkt der Fläche zwischen beiden Parabeln im Scheitel der gesuchten Parabel liegt.

14. Man ermittle die Flächenträgheitsmomente I_x, I_y und I_{xy} der in Bild **89.7**a und b dargestellten Querschnitte.

15. Mit der Arbeitsgleichung ist die Mittendurchbiegung eines Einfeldträgers mit der Spannweite *l*, belastet durch eine in Trägermitte wirkende Einzellast *P*, zu ermitteln.

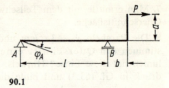

16. Es ist mit der Arbeitsgleichung die Verdrehung des Auflagerquerschnitts *A* des im Bild **90.1** dargestellten Tragwerks zu ermitteln.

90.1

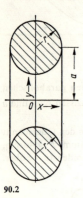

17. Man zeige: Integriert man nach der Simpson-Regel Gl. (84.1) ein Polynom dritten Grades $y = a_0 + a_1 x + a_2 x^2 + a_3 x^3$, so ist das Resultat exakt. Hinweis: Man integriere direkt und mit Gl. (84.1) von Null bis $2h$ und vergleiche die Resultate.

18. Man bestimme mit der Simpson-Regel mit Hilfe eines Tischrechners

$$\int_{\pi/4}^{\pi/2} \frac{\cos x}{x}\, dx$$

mit der Schrittweite $h = \pi/40$ auf fünf Stellen hinter dem Komma. Man verbessere das Ergebnis mit Gl. (84.2).

19. Ist in Gl. (83.1) der Integrand $y = F(x)$ eine Querschnittfunktion, so ist das Integral *I* ein Volumen. Wie lautet die sog. Kepler-Faßregel, die man aus einem derartigen Integral durch die Simpson-Regel erhält, wenn man $n = 1$ setzt?

90.2

20. Man bestimme das Volumen und die Oberfläche eines Kreisringkörpers (Torus) nach Bild **90.2**.

21. Man ermittle mit der Simpson-Regel die Integrale

$$x = \int_0^1 \cos \frac{l^2}{2}\, dl \qquad y = \int_0^1 \sin \frac{l^2}{2}\, dl$$

Dies sind Fresnelsche Integrale, die bei der Berechnung von Klotoiden (s. Abschn. 6.6) auftreten.

5. Unbestimmtes Integral

5.1. Integral mit veränderlicher Grenze

Bisher wurden nur Integrale betrachtet, deren beide Grenzen konstant sind. Solche Integrale werden bestimmte Integrale genannt. Sieht man jetzt die obere Grenze des Integrals als veränderlich an, so ist das Integral eine Funktion seiner oberen Grenze (**91.1** a)

$$\int_a^x f(u)\,\mathrm{d}u = I_1(x) \tag{91.1}$$

Dabei ist es zweckmäßig, die Integrationsveränderliche anders zu benennen, denn diese Größe variiert zwischen der unteren Grenze a und der veränderlichen oberen Grenze x, hat also eine andere Bedeutung als x. Die Funktion $I_1(x)$ heißt ein unbestimmtes Integral. Da die untere Grenze a frei wählbar ist, gibt es beliebig viele unbestimmte Integrale zum Integranden $f(u)$.

Ist z. B. eine Funktion $f(x) = 2\,x^2 + x - 1$ gegeben, so sind

$$I_1(x) = \int_0^x (2\,u^2 + u - 1)\,\mathrm{d}u = \frac{2}{3}\,x^3 + \frac{1}{2}\,x^2 - x$$

und

$$I_2(x) = \int_1^x (2\,u^2 + u - 1)\,\mathrm{d}u = \frac{2}{3}\,x^3 + \frac{1}{2}\,x^2 - x - \frac{1}{6}$$

und

$$I_3(x) = \int_2^x (2\,u^2 + u - 1)\,\mathrm{d}u = \frac{2}{3}\,x^3 + \frac{1}{2}\,x^2 - x - \frac{16}{3}$$

drei unbestimmte Integrale von $f(x)$. Sie unterscheiden sich nur durch eine additive Konstante (**91.1** b).

So sind auch nach Bild **91.1** a

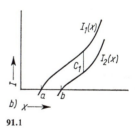

91.1

$$I_1(x) = \int_a^x f(u)\,\mathrm{d}u \qquad \text{und} \qquad I_2(x) = \int_b^x f(u)\,\mathrm{d}u \tag{91.2}$$

zwei unbestimmte Integrale von $f(x)$. Nach dem Summensatz der Integration, Gl. (53.1), gilt

$$\int_a^x f(u)\,\mathrm{d}u = \int_b^x f(u)\,\mathrm{d}u + \int_a^b f(u)\,\mathrm{d}u$$

Mit Gl. (91.2) wird, wenn man das konstante bestimmte Integral $\int\limits_a^b f(u)\,du = C_1$ setzt

$$I_1(x) = I_2(x) + C_1 \tag{92.1}$$

Die unbestimmten Integrale $I_1(x)$ und $I_2(x)$ unterscheiden sich nur durch eine additive Konstante, ein bestimmtes Integral. Diese additive Konstante wird Integrationskonstante genannt. Die Funktionskurven dieser unbestimmten Integrale $I_1(x)$ und $I_2(x)$ von $f(x)$ sind gegeneinander parallel verschobene Kurven (92.1).

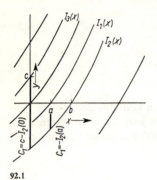

Gl. (92.1) besagt:

Jedes unbestimmte Integral von $f(x)$ erhält man aus einem bekannten unbestimmten Integral von $f(x)$ durch Hinzufügen einer Integrationskonstante.

Die Menge aller Funktionen $I(x)$ wird oft das unbestimmte Integral genannt, und man schreibt entsprechend (Gl. 92.1)

92.1

$$I(x) = \int\limits_k^x f(u)\,du + C \tag{92.2}$$

Schreibweise des unbestimmten Integrals. Wegen der gegenseitigen Abhängigkeit der unteren Grenze und der Integrationskonstanten ist es zweckmäßig, das unbestimmte Integral in einer Form zu schreiben, bei der diese Konstanten nicht explizit auftreten. Man schreibt daher

$$I(x) = \int\limits_k^x f(u)\,du + C \equiv \int f(x)\,dx \tag{92.3}$$

Die Veränderliche im Integranden kennzeichnet bei dieser Schreibweise die veränderliche obere Grenze. Es wird darauf hingewiesen, daß unter $\int f(x)\,dx$ die Menge aller unbestimmten Integrale zu verstehen ist.

Über die in Gl. (92.3) auftretenden und voneinander abhängigen Konstanten, untere Grenze k und additive Konstante C, kann noch verfügt werden. Zumeist wird k gleich Null gesetzt und C so bestimmt, daß die Kurve der Funktion $I(x)$ durch einen vorgegebenen Punkt verläuft. Man spricht von Randbedingung, wenn der Schnittpunkt mit der x-Achse (s. Beispiel 1) und von Anfangsbedingung, wenn der Schnittpunkt mit der y-Achse (s. Beispiel 2) vorgegeben ist.

Beispiel 1. Das Integral über die Funktion $f(x) = 1 + 2x$ soll die x-Achse im Punkt $(a; 0)$ schneiden.

Mit Gl. (92.3) wird

$$I(x) = \int (1 + 2x)\,dx = x + x^2 + C$$

Es gilt $I(a) = a + a^2 + C$. Daraus bestimmt sich wegen $I(a) = 0$ die Konstante $C = -a - a^2$ und somit lautet das gesuchte Integral

$$I(x) = x + x^2 - a - a^2$$

Beispiel 2. Das Integral über die Funktion $f(x) = 1 + 2x$ soll die y-Achse im Punkte $(0; b)$ schneiden.

Mit Gl. (92.3) wird

$$I(x) = \int (1 + 2x)\,dx = x + x^2 + C$$

Es gilt $I'(0) = 0 + 0 + C$. Damit wird wegen $I(0) = b$ die Konstante $C = b$, und das gesuchte Integral lautet

$$I(x) = x + x^2 + b$$

Bestimmtes Integral als Differenz von unbestimmten Integralen. Gesucht ist

$$I = \int\limits_a^b f(x)\,\mathrm{d}x$$

Irgendein unbestimmtes Integral von $f(x)$ ist $I(x)$. Nach Bild **93.**1 ist $I = I(b) - I(a)$. Hierbei ist es gleichgültig, welches unbestimmte Integral gewählt wird, weil sich bei der

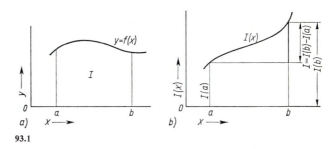

93.1

Differenzbildung der Einfluß der unteren Grenze und ggf. einer Integrationskonstanten aufheben. Die Differenz $I(b) - I(a)$ wird durch folgende Schreibweise gekennzeichnet

$$I = \int\limits_a^b f(x)\,\mathrm{d}x = I(b) - I(a) = I(x)\Big|_a^b \qquad (93.1)$$

In dieser Weise werden künftig alle bestimmten Integrale gelöst.

Beispiel 3. Man integriere $y = 3x^2 + 6x - 1$ im Intervall von Zwei bis Fünf.

Für Potenzfunktionen ist es zweckmäßig, dasjenige unbestimmte Integral zu wählen, dessen untere Grenze Null ist. Dann gilt

$$I(x) = \int\limits_0^x (3u^2 + 6u - 1)\,\mathrm{d}u = x^3 + 3x^2 - x$$

und $\int\limits_2^5 (3x^2 + 6x - 1)\,\mathrm{d}x = (x^3 + 3x^2 - x)\Big|_2^5 = (125 + 75 - 5) - (8 + 12 - 2) = 177$

5.2. Differentiation des unbestimmten Integrals

Der Inhalt des in Bild **94.**1a schraffierten Streifens

$$I(x + \Delta x) - I(x) = \int\limits_x^{x+\Delta x} f(u)\,\mathrm{d}u \qquad (93.2)$$

ist in Bild **94.**1b hervorgehoben. Durch Einführen der mittleren Ordinate $f(x_\mathrm{m})$ aus Gl. (55.1) wird $I(x + \Delta x) - I(x) = f(x_\mathrm{m})\,\Delta x$, wobei x_m zwischen x und $x + \Delta x$ liegt.

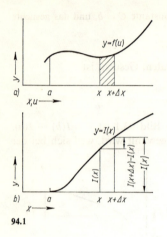

94.1

Hieraus folgt

$$\frac{I(x + \Delta x) - I(x)}{\Delta x} = f(x_m)$$

Die linke Seite ist ein Differenzenquotient, dessen geometrische Deutung Bild **94.**1b gibt. Der Grenzwert, der Differentialquotient, läßt sich bestimmen, da für $\Delta x \to 0$ die Abszisse x_m gegen x strebt. Daher ist

$$\frac{dI(x)}{dx} = f(x) \qquad (94.1)$$

Die erste Ableitung eines unbestimmten Integrals $I(x)$ ist der Integrand $f(x)$.

Definition. Eine Funktion $F(x)$, deren erste Ableitung $f(x)$ ist, heißt **Stammfunktion** von $f(x)$. Sie wird auch **Integralfunktion** genannt.

Beispiele für Stammfunktionen:

Wegen der Beziehung Gl. (25.2) $\dot{s}(t) = v(t)$ ist der Weg als Funktion der Zeit die Stammfunktion der Geschwindigkeit als Funktion der Zeit.

Wegen der Beziehung $M'(x) = Q(x)$ (s. Abschn. 5.6.2) ist die Funktion des Biegemoments die Stammfunktion der Querkraftfunktion.

Genau wie zwei verschiedene unbestimmte Integrale können sich auch zwei Stammfunktionen derselben Funktion $f(x)$ nur durch eine additive Konstante unterscheiden.

Beispiel 4. Man vergleiche die beiden Funktionen

$$F_1(x) = x^2 + 2x - 3 \qquad \text{und} \qquad F_2(x) = x^2 + 2x + 5,31$$

Es gilt $F_1'(x) = F_2'(x) = 2x + 2$. Also sind $F_1(x)$ und $F_2(x)$ Stammfunktionen von $f(x) = 2x + 2$.

Im folgenden Beispiel erkennt man, daß diese Konstante keinesfalls immer deutlich in Erscheinung tritt.

Beispiel 5. Man vergleiche die beiden Funktionen

$$F_1(x) = \sin^2 x \qquad \text{und} \qquad F_2(x) = -\frac{1}{2}\cos 2x$$

Es gilt $F_1'(x) = F_2'(x) = \sin 2x$. Also sind $F_1(x)$ und $F_2(x)$ Stammfunktionen von $f(x) = \sin 2x$. Diese Stammfunktionen können sich daher nur durch eine additive Konstante unterscheiden. Aus den Additionstheoremen (Teil 1) folgt mit $\cos 2\alpha = 1 - 2\sin^2 \alpha$

$$F_1(x) - F_2(x) = \sin^2 x + \frac{1}{2}\cos 2x = \frac{1}{2}$$

Aus Gl. (94.1) ergibt sich, daß sich auch eine Stammfunktion und ein unbestimmtes Integral nur durch eine Konstante unterscheiden können

$$F(x) = I(x) + C \qquad (94.2)$$

Die Menge aller Stammfunktionen und aller unbestimmten Integrale von $f(x)$ sind also identisch.

Aus Gl. (94.1) erhält man

$$dI(x) = f(x)\,dx$$

oder $\qquad \int dI(x) = I(x) = \int f(x)\,dx$

Hieraus folgt, daß das Symbol dx, welches in Abschn. 2.6 für das Differential und unabhängig davon in Abschn. 4.1 für das bestimmte Integral eingeführt wurde, in der Tat die gleiche Bedeutung hat.

Beispiel 6. Gegeben ist die Stammfunktion $F(x) = x^2 + 1$. Man bestimme daraus die erzeugende Funktion $f(x)$ und sodann ein unbestimmtes Integral $I(x)$.

Es ist $F'(x) = f(x) = 2x$. Dann ist ein unbestimmtes Integral

$$I(x) = \int\limits_{a}^{x} 2u\,du = 2 \cdot \frac{u^2}{2}\bigg|_{a}^{x} = x^2 - a^2$$

Die Stammfunktion $F(x)$ und das unbestimmte Integral $I(x)$ unterscheiden sich um die additive Konstante $a^2 + 1$.

5.3. Hauptsatz der Differential- und Integralrechnung

Vergleicht man Gl. (92.3) mit (94.1), so ergibt sich der Hauptsatz der Differential- und Integralrechnung

$$I(x) = \int f(x)\,dx \quad \leftrightarrow \quad \frac{dI(x)}{dx} = f(x) \tag{95.1}$$

Der Doppelpfeil bringt zum Ausdruck, daß aus einer dieser Gleichungen jeweils die andere folgt. Ist eine Funktion $f(x)$ gegeben und wird damit das unbestimmte Integral $I(x)$ gebildet und dieses dann wieder differenziert, so erhält man die Ausgangsfunktion $f(x)$. Wird ein unbestimmtes Integral $I(x)$ differenziert und dann wieder unbestimmt integriert, so erhält man die Ausgangsfunktion $I(x)$ oder ein anderes unbestimmtes Integral, das sich von $I(x)$ nur durch eine additive Konstante unterscheidet.

Differential- und Integralrechnung sind inverse Rechenoperationen.

Dies hat folgende praktische Konsequenzen:

1. Aus jeder Gleichung der Differentialrechnung folgt eine entsprechende Gleichung der Integralrechnung (s. Abschn. 5.4).

2. Die Ordinate von $I(x)$ ist proportional der Fläche unter der Kurve von $f(x)$, gemessen von einer bestimmten Abszisse a. Die Ordinate von $f(x)$ ist in jedem Punkt der Kurve proportional dem Anstieg von $I(x)$ im gleichen Punkt.

3. Bestimmte Integrale werden durch Funktionsdifferenzen von unbestimmten Integralen gelöst.

4. Kurven von Stammfunktionen können dadurch konstruiert werden, daß eine unbestimmte Integralfunktion in ihrer speziellen Bedeutung als Flächenfunktion konstruiert wird. Man spricht dann von graphischer Integration.

Beispiel 7. Nach Gl. (28.2) ist $(x^n)' = n x^{n-1}$. Vergleicht man diese Differentiationsformel mit dem Hauptsatz Gl. (95.1), so ist $I(x) = x^n$ und $f(x) = n x^{n-1}$. Der Hauptsatz liefert aus dieser Differentiationsformel folgende Integrationsformel

$$\int n x^{n-1}\, \mathrm{d}x = x^n \qquad \text{oder} \qquad \int x^{n-1}\, \mathrm{d}x = \frac{x^n}{n} \tag{96.1}$$

Nennt man $m + 1 = n$, so ergibt sich

$$\int x^m\, \mathrm{d}x = \frac{x^{m+1}}{m+1} \tag{96.2}$$

Diese Gleichung entspricht in der Schreibweise des unbestimmten Integrals Gl. (57.2).

5.4. Grundintegrale

Mit dem Hauptsatz können aus allen bisher hergeleiteten Differentiationsformeln Integrationsformeln gewonnen werden, man nennt sie Grundintegrale. So folgt aus den Gleichungen

$$(29.1) \qquad \int \cos x\, \mathrm{d}x = \sin x \tag{96.3}$$

$$(30.1) \qquad \int \sin x\, \mathrm{d}x = -\cos x \tag{96.4}$$

$$(31.1) \qquad \int \frac{\mathrm{d}x}{x} = \ln x \,{}^{1)} \quad \text{für} \quad x > 0 \tag{96.5}$$

$$(46.1) \qquad \int \mathrm{e}^x\, \mathrm{d}x = \mathrm{e}^x \tag{96.6}$$

$$(46.2) \qquad \int a^x\, \mathrm{d}x = \frac{a^x}{\ln a} \tag{96.7}$$

$$(46.3) \qquad \int \frac{\mathrm{d}x}{\sqrt{1 - x^2}} = \arcsin x \quad \text{für} \quad |x| < 1 \tag{96.8}$$

$$(46.4) \qquad \int \frac{\mathrm{d}x}{1 + x^2} = \arctan x \tag{96.9}$$

$$(47.1) \qquad \int \cosh x\, \mathrm{d}x = \sinh x \tag{96.10}$$

$$(47.2) \qquad \int \sinh x\, \mathrm{d}x = \cosh x \tag{96.11}$$

---

[1] Zur Lösung bestimmter Integrale benutzt man zweckmäßig die logarithmische Regel

$$\int_a^b \frac{\mathrm{d}x}{x} = \ln x \Big|_a^b = \ln b - \ln a = \ln \frac{b}{a}$$

Aus Gl. (48.3) ergibt sich unter Berücksichtigung der logarithmischen Darstellung der Areafunktion (Teil 1)

$$\int \frac{dx}{\sqrt{x^2 + 1}} = \text{arsinh } x = \ln\left(x + \sqrt{x^2 + 1}\right) \tag{97.1}$$

Entsprechend erhält man aus Gl. (48.4)

$$\int \frac{dx}{\sqrt{x^2 - 1}} = \text{arcosh } x = \ln\left(x + \sqrt{x^2 - 1}\right) \quad \text{für} \quad |x| > 1 \tag{97.2}$$

Weiter ist wegen Gl. (48.5) und (48.6)

$$\int \frac{dx}{1 - x^2} = \frac{1}{2} \ln\left|\frac{1 + x}{1 - x}\right| = \begin{array}{ll} \text{artanh } x & \text{für} \quad |x| < 1 \\ \text{arcoth } x & \text{für} \quad |x| > 1 \end{array} \tag{97.3}$$

Beispiel 8. Wie groß ist die Fläche, die zwischen den Kurven $y = 0$, $y = 0{,}5$ und $y = \sin x$ liegt? Bei solchen Aufgaben ist es zweckmäßig, sich zunächst die Fragestellung an einem Bild klarzumachen (97.1). Man erkennt, daß die gesuchte Fläche symmetrisch zu $x = \pi/2$ liegt. Die halbe Fläche besteht aus einem Rechteck und dem Integral über die Sinusfunktion von Null bis x_1. Aus $\sin x_1 = 0{,}5$ folgt $x_1 = \pi/6$. Damit erhält man

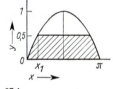

97.1

$$F = 2 \left[\int_0^{\pi/6} \sin x \, dx + \left(\frac{\pi}{2} - \frac{\pi}{6}\right) \cdot 0{,}5 \right]$$

$$= 2 \left(-\cos x\right)\Big|_0^{\pi/6} + \frac{\pi}{3} = 2 \left(-\cos \frac{\pi}{6} + \cos 0\right) + \frac{\pi}{3}$$

$$= 2 - \sqrt{3} + \frac{\pi}{3} = 1{,}315$$

Beispiel 9. Man berechne die mittlere Ordinate der Funktionskurve $y = \sin x$ im Intervall $0 \leq x \leq \pi$.

Nach Gl. (55.1) ist

$$f(x_m) = \frac{1}{b - a} \int_a^b f(x) \, dx = \frac{1}{\pi} \int_0^{\pi} \sin x \, dx = -\frac{1}{\pi} \cos x \Big|_0^{\pi}$$

$$= -\frac{1}{\pi} (\cos \pi - \cos 0) = \frac{2}{\pi} = 0{,}637$$

Beispiel 10. Man bestimme

$$I = \int_{-2}^{1} \frac{dx}{\sqrt{x^2 + 1}}$$

Es ist nach Gl. (97.1)

$$I = \ln\left[x + \sqrt{x^2 + 1}\right]\Big|_{-2}^{1} = \ln \frac{1 + \sqrt{2}}{-2 + \sqrt{5}} = \ln 10{,}23 = 2{,}32$$

Beispiel 11. Man ermittle

$$I = \int_0^{\pi/4} \frac{3}{\cos^2 x}\, dx$$

Nach Gl. (41.1) ist $(\tan x)' = 1/\cos^2 x$. Damit wird

$$I = 3 \tan x \Big|_0^{\pi/4} = 3\,[\tan(\pi/4) - \tan 0] = 3$$

Beispiel 12. Man bestimme

$$I = \int_1^2 \left(e^x - \frac{1}{x}\right) dx$$

Mit Gl. (96.6) und (96.5) wird

$$I = (e^x - \ln x)\Big|_1^2 = e^2 - \ln 2 - (e^1 - \ln 1) = 3{,}9777$$

5.5. Rechenmethoden der Integralrechnung

Nach dem Hauptsatz der Differential- und Integralrechnung Gl. (95.1) gilt $I(x)$ $= \int f(x)\, dx$. Zu jeder stetigen Funktion $f(x)$ gibt es eine Funktion $I(x)$ als unbestimmtes Integral. Es ist aber nicht gesagt, daß diese Funktion aus den bisher betrachteten elementaren Funktionen besteht.

Definition. Ist das unbestimmte Integral durch endlich viele Schritte aus elementaren Funktionen darstellbar, so heißt das Integral **geschlossen lösbar.**

Ist ein Integral nicht geschlossen lösbar, so kann es nur durch Näherungsmethoden bestimmt werden:

durch die numerische Integration   der Integrand muß als Tafel vorliegen (Abschn. 4.5);

durch die graphische Integration   der Integrand muß als Kurve vorliegen; die Integralkurve wird zeichnerisch ermittelt;

durch Reihenentwicklungen   der Integrand wird in eine Reihe entwickelt; die Reihe wird integriert (s. Abschn. 7.3).

In diesem Zusammenhang wird auch auf die unmittelbare Messung des Flächeninhalts mit mechanisch arbeitenden Geräten, z.B. dem Polarplanimeter, hingewiesen. Die Flächenbegrenzung wird mit einem Stift umfahren und die Flächengröße an einem Zählwerk abgelesen.

In diesem Abschnitt werden einige Methoden entwickelt, mit denen man geschlossen lösbare Integrale auf die in Abschn. 5.4 zusammengestellten Grundintegrale zurückführen kann. Es erfordert häufig Erfahrung, um zu erkennen, welche Methode bei einem gegebenen Integral zum Ziele führt. Eine große Anzahl geschlossen lösbarer Integrale sind in Tafeln [45], [64] zusammengestellt.

Nicht selten zieht man auch bei geschlossen lösbaren Integralen eine der genannten Näherungsmethoden den direkten Integrationsmethoden vor, da der Lösungsweg und auch die geschlossene Lösung gelegentlich so umfangreich sind, daß allein schon das spätere Ermitteln von Funktionswerten (Wertetafel) mehr Arbeit erfordert als eine unmittelbar angewandte numerische Integration.

5.5.1. Substitution

Herleiten aus der Kettenregel. Bei der Kettenregel Gl. (42.1)

$$\frac{dy}{dx} = \frac{dy}{du} \cdot \frac{du}{dx}$$

wird eine Funktion $y = f(h[x])$ durch Einführen einer Hilfsveränderlichen $u = h(x)$ für das Differenzieren vereinfacht: $y = f(u) = f(h[x]) = F(x)$. Ist $x = g(u)$ die aufgelöste Funktion von $u = h(x)$, so erhält man nach Gl. (35.3) den **Zuwachs**

$$dx = \frac{dg(u)}{du} du = g'(u)\, du \tag{99.1}$$

Multipliziert man Gl. (99.1) mit $f(u) = F(x)$

$$F(x)\, dx = f(u)\, g'(u)\, du$$

und integriert diese Gleichung, so ergibt sich die **Substitutionsformel**

$$\int F(x)\, dx = \int f(u)\, g'(u)\, du \tag{99.2}$$

Nach Durchführen der Integration ist bei unbestimmten Integralen wieder die Ausgangsveränderliche x einzusetzen. Bei bestimmten Integralen ist es zweckmäßig, auf diese **Rücktransformation** zu verzichten (s. Beispiel 14, S. 99). In jedem Fall sind bei bestimmten Integralen die Grenzen auf Grund der Substitutionsgleichung $u = h(x)$ mit zu substituieren, wenn man nicht zunächst in einer **Nebenrechnung** ein unbestimmtes Integral lösen will. Der Zweck dieser Substitution $u = h(x)$ ist es, aus dem Integranden $F(x)$ einen einfacheren Integranden $f(u)\, g'(u)$ zu erhalten. Für gewisse Typen von Integranden sind erfolgreiche Substitutionen bekannt. Im folgenden wird an einigen charakteristischen Beispielen gezeigt, wie mit dieser Methode unbestimmte und bestimmte Integrale gelöst werden können.

Beispiel 13. Man bestimme $I(t) = \int \sin(\omega t + \varphi)\, dt$.
Mit der Substitution $u = \omega t + \varphi$ folgt $t = h(u) = (u - \varphi)/\omega$ und nach Gl. (99.1) $dt = du/\omega$. Hieraus erhält man nach Gl. (99.2)

$$I(t) = \int \sin u\, \frac{du}{\omega} = \frac{1}{\omega} \int \sin u\, du = -\frac{1}{\omega} \cos u = -\frac{1}{\omega} \cos(\omega t + \varphi)$$

Entsprechend erhält man

$$I(t) = \int \cos(\omega t + \varphi)\, dt = \frac{1}{\omega} \sin(\omega t + \varphi)$$

Beispiel 14. Man berechne das bestimmte Integral

$$K = \int_0^r \frac{x\, dx}{\sqrt{r^2 + x^2}}$$

Die Substitution $u = \sqrt{r^2 + x^2}$ führt zum Ziel. Es ist hier zweckmäßig, vor Bilden des Zuwachses u zu quadrieren, um das Differenzieren der Wurzel zu vermeiden

$$u^2 = r^2 + x^2 \qquad x^2 = u^2 - r^2$$

Die implizite Differentiation (Abschn. 3.3) ergibt $2x\,dx = 2u\,du$. Diese Substitution vereinfacht das Integral, da im Zähler des Integranden wie auch in der Zuwachsgleichung der Ausdruck $x\,dx$ auftritt. Aus der Grenze $x = 0$ wird $u = r$, und aus $x = r$ wird $u = r\sqrt{2}$. Damit erhält man

$$K = \int_0^r \frac{x\,dx}{\sqrt{r^2 + x^2}} = \int_r^{r\sqrt{2}} \frac{u\,du}{u} = \int_r^{r\sqrt{2}} du = u \Big|_r^{r\sqrt{2}} = r\left(\sqrt{2} - 1\right) = 0{,}414\,r$$

Beispiel 15. Man berechne das Integral

$$I(x) = \int \frac{dx}{\sin x}$$

Bei Integralen, die rationale Funktionen von $\sin x$ und $\cos x$ sind, führt die Substitution $u = \tan (x/2)$ zum Ziel. Es ist nach Gl. (46.4)

$$x = h(u) = 2\arctan u \qquad dx = \frac{2\,du}{1 + u^2}$$

Nun wird im Integrand $\sin x$ durch $\tan (x/2) = u$ ausgedrückt. Mit den Gleichungen

$$\sin 2\alpha = 2\sin\alpha\cos\alpha$$

$$\sin\alpha = \frac{\tan\alpha}{\sqrt{1 + \tan^2\alpha}} \qquad \cos\alpha = \frac{1}{\sqrt{1 + \tan^2\alpha}}$$

(s. Abschn. Trigonometrie in Teil 1) erhält man

$$\sin x = 2\sin\frac{x}{2}\cos\frac{x}{2} = 2\,\frac{\tan\dfrac{x}{2}}{\sqrt{1 + \tan^2\dfrac{x}{2}}}\,\frac{1}{\sqrt{1 + \tan^2\dfrac{x}{2}}} = \frac{2u}{1 + u^2}$$

$$I(x) = \int \frac{dx}{\sin x} = \int \frac{2\,du\,(1 + u^2)}{2u\,(1 + u^2)} = \int \frac{du}{u} = \ln|u| = \ln\left|\tan\frac{x}{2}\right| \qquad (100.1)$$

Beispiel 16. Man bestimme $I(x) = \int \cos^5 x\,dx$.

Die im vorstehenden Beispiel genannte Substitution $\tan (x/2) = u$ führt zwar bei rationalen Funktionen von $\sin x$ und $\cos x$ immer zum Ziel, häufig jedoch gelingt es, mit einer anderen Substitution leichter eine Lösung zu finden, wie nachstehend gezeigt wird. Mit $u = \sin x$ sowie $du = \cos x\,dx$ wird

$$I(x) = \int \cos^5 x\,dx = \int \cos^4 x \cdot \cos x\,dx = \int (1 - \sin^2 x)^2 \cos x\,dx$$

$$= \int (1 - u^2)^2\,du = u - \frac{2}{3}u^3 + \frac{1}{5}u^5 = \sin x - \frac{2}{3}\sin^3 x + \frac{1}{5}\sin^5 x$$

Beispiel 17. Die effektive Spannung einer elektrischen Wechselspannung $u = u_\mathrm{m}\sin\omega t$ ist durch

$$U = \sqrt{\frac{1}{T}\int_0^T u^2\,dt}$$

definiert. Hier ist u_m die Scheitelspannung, ω die Kreisfrequenz und $T = 2\pi/\omega$ die Periode des Wechselstromes. Man ermittle U.

Das Integral

$$\int\limits_0^T u^2 \, dt = u_m^2 \int\limits_0^T \sin^2 \omega t \, dt$$

ist zu lösen. Mit $\sin^2 \alpha + \cos^2 \alpha = 1$ und $\cos 2\alpha = \cos^2 \alpha - \sin^2 \alpha$ wird

$$\sin^2 \omega t = (1 - \cos 2\omega t)/2$$

und

$$\int\limits_0^T \sin^2 \omega t \, dt = \frac{1}{2}\left[\int\limits_0^T dt - \int\limits_0^T \cos 2\omega t \, dt\right]$$

Substitution $2\omega t = z$ und $2\omega \, dt = dz$

Grenzen   aus $t = 0$ wird $z = 0$ und   aus $t = T$ wird $z = 2\omega T = 4\pi$

$$\int\limits_0^T \sin^2 \omega t = \frac{T}{2}\left[1 - \frac{1}{4\pi}\int\limits_0^{4\pi} \cos z \, dz\right] = \frac{T}{2}\left[1 - \frac{1}{4\pi}\sin z \Big|_0^{4\pi}\right] = \frac{T}{2}$$

Damit wird

$$U = \sqrt{\frac{1}{T} u_m^2 \frac{T}{2}} = \frac{u_m}{\sqrt{2}} = 0{,}707 \, u_m$$

Logarithmische Integration. Ist der Integrand ein Bruch, bei dem der Zähler die erste Ableitung des Nenners ist, so führt man für den Nenner eine neue Veränderliche u ein. Mit $u = f(x)$ und $du = f'(x) \, dx$ erhält man

$$I(x) = \int \frac{f'(x)}{f(x)} \, dx = \int \frac{du}{u} = \ln u = \ln f(x) \tag{101.1}$$

Gl. (101.1) hat nur Sinn, wenn $f(x)$ positiv ist, da der Logarithmus einer negativen Zahl nicht erklärt ist. Es wird $f(x) \neq 0$ vorausgesetzt, da sonst das Integral keinen Sinn hat. Ist $f(x) < 0$, so ergibt die Substitution $u = -f(x)$ mit $du = -f'(x) \, dx$

$$I(x) = \int \frac{f'(x)}{f(x)} \, dx = \int \frac{-du}{-u} = \int \frac{du}{u} = \ln u = \ln\left[-f(x)\right] \tag{101.2}$$

Faßt man Gl. (101.1) und (101.2) zusammen, so erhält man die Formel für die logarithmische Integration

$$\int \frac{f'(x)}{f(x)} \, dx = \ln |f(x)| \tag{101.3}$$

Wegen der Notwendigkeit, in Gl. (101.3) Absolutstriche zu setzen, wurden diese Absolutstriche auch bereits in Gl. (100.1) verwandt. Wegen Gl. (101.3) gilt z.B.

$$\int \frac{2x - 3}{x^2 - 3x + 5} \, dx = \ln |x^2 - 3x + 5| \quad \text{und} \quad \int \cot x \, dx = \ln |\sin x|$$

Beispiel 18. Man bestimme $I(x) = \int \tan x \, dx$.

Durch Erweitern mit (-1) erreicht man, daß der Zähler die erste Ableitung des Nenners wird

$$\int \tan x \, dx = \int \frac{\sin x}{\cos x} \, dx = -\int \frac{-\sin x}{\cos x} \, dx = -\ln |\cos x|$$

Trigonometrische und hyperbolische Substitutionen. Integrale, in denen Quadratwurzeln der Form

$$\sqrt{a^2 - x^2} \qquad \sqrt{a^2 + x^2} \qquad \sqrt{x^2 - a^2} \tag{102.1}$$

auftreten, werden durch die Substitutionen

$$x = a \sin u \qquad x = a \sinh u \qquad x = a \cosh u$$

vereinfacht. Allgemeine quadratische Funktionen im Radikanden bringt man durch eine quadratische Ergänzung (Abschn. Quadratische Funktionen in Teil 1) auf eine der Formen in Gl. (102.1).

Beispiel 19. Man berechne das Integral $I(x) = \int \sqrt{2x - x^2 + 5}\, dx$. Die quadratische Funktion im Integranden wird durch eine quadratische Ergänzung auf eine Normalform Gl. (102.1) gebracht

$$\sqrt{2x - x^2 + 5} = \sqrt{-(x-1)^2 + 6}$$

Die Substitution $x - 1 = \sqrt{6} \sin u$ ergibt mit $dx = \sqrt{6} \cos u\, du$

$$I(x) = \int \sqrt{-6 \sin^2 u + 6}\, \sqrt{6} \cos u\, du = 6 \int \cos^2 u\, du$$

Nach Abschn. Additionstheoreme in Teil 1 ist $\cos^2 u = (1 + \cos 2u)/2$. Damit wird

$$I(x) = 3 \int (1 + \cos 2u)\, du = 3u + 3 \int \cos 2u\, du$$

Das verbleibende Integral vereinfacht man durch die Substitution $2u = v$, also $du = dv/2$

$$I(x) = 3u + 1{,}5 \int \cos v\, dv = 3u + 1{,}5 \sin v = 3u + 1{,}5 \sin 2u = 3u + 3 \sin u \cos u$$

$$= 3 \arcsin \frac{x-1}{\sqrt{6}} + 3 \frac{x-1}{\sqrt{6}} \sqrt{1 - \frac{(x-1)^2}{6}} = 3 \arcsin \frac{x-1}{\sqrt{6}} + \frac{x-1}{2} \sqrt{2x - x^2 + 5}$$

Beispiel 20. Man bestimme

$$K = \int\limits_0^1 \frac{x\, dx}{\sqrt{x^2 + x + 1}}$$

Es ist $x^2 + x + 1 = (x + 1/2)^2 + 3/4$. Daher setzt man $x + (1/2) = \sqrt{3/4} \sinh u$, also $x = \sqrt{3/4} \sinh u - (1/2)$, $dx = \sqrt{3/4} \cosh u\, du$ und $\sqrt{(x + 1/2)^2 + 3/4} = \sqrt{3/4} \sqrt{\sinh^2 u + 1}$ $= \sqrt{3/4} \cosh u$. Die neuen Grenzen erhält man aus $u = \text{arsinh}\, \{2\,[x + (1/2)]/\sqrt{3}\}$; sie lauten $\text{arsinh}\,(1/\sqrt{3}) = 0{,}549$ und $\text{arsinh}\,\sqrt{3} = 1{,}317$. Damit wird

$$K = \int\limits_{0,549}^{1,317} \frac{\left[\dfrac{\sqrt{3}}{2} \sinh u - \dfrac{1}{2}\right] \dfrac{\sqrt{3}}{2} \cosh u}{\dfrac{\sqrt{3}}{2} \cosh u}\, du$$

$$= \frac{1}{2} \int\limits_{0,549}^{1,317} \left(\sqrt{3} \sinh u - 1\right) du = \left[\frac{\sqrt{3}}{2} \cosh u - \frac{u}{2}\right]_{0,549}^{1,317}$$

$$= 0{,}866\,(2{,}000 - 1{,}155) - 0{,}5\,(1{,}317 - 0{,}549) = 0{,}348$$

Beispiel 21. Man bestimme den Flächeninhalt F eines **Hyperbelsektors** (103.1).

Für die schraffierte Fläche F in Bild **103.1** gilt

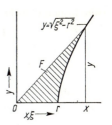

$$F = \frac{x}{2}\sqrt{x^2 - r^2} - \int_r^x \sqrt{\xi^2 - r^2}\, \mathrm{d}\xi \equiv \frac{x}{2}\sqrt{x^2 - r^2} - F_1$$

Man setzt als Integrationsveränderliche $\xi = h(u) = r\cosh u$ und $\mathrm{d}\xi = r\sinh u\,\mathrm{d}u$. Die Grenzen sind durch die neue Veränderliche u auszudrücken. Aus $\xi = r$ folgt $u = 0$ und aus $\xi = x$ folgt $u = \operatorname{arcosh}(x/r)$.
Dann ist

103.1

$$F_1 = \int_0^{\operatorname{arcosh}\frac{x}{r}} \sqrt{r^2\cosh^2 u - r^2}\cdot r\sinh u\,\mathrm{d}u = r^2\int_0^{\operatorname{arcosh}\frac{x}{r}}\sinh^2 u\,\mathrm{d}u$$

Nach Abschn. Hyperbelfunktionen in Teil 1 gilt $\sinh^2 u = (\cosh 2u - 1)/2$. Damit wird

$$F_1 = \frac{r^2}{2}\int_0^{\operatorname{arcosh}\frac{x}{r}}(\cosh 2u - 1)\,\mathrm{d}u = \frac{r^2}{2}\left[\int_0^{2\operatorname{arcosh}\frac{x}{r}}\cosh v\,\frac{\mathrm{d}v}{2} - \operatorname{arcosh}\frac{x}{r}\right]$$

$$= \frac{r^2}{4}\left[\sinh v\,\Big|_0^{2\operatorname{arcosh}\frac{x}{r}} - 2\operatorname{arcosh}\frac{x}{r}\right] = \frac{r^2}{4}\left[2\sinh u\cosh u\,\Big|_0^{\operatorname{arcosh}\frac{x}{r}} - 2\operatorname{arcosh}\frac{x}{r}\right]$$

Man drückt $\sinh u$ durch $\cosh u$ aus und erhält

$$F_1 = \frac{r^2}{4}\left[2\sqrt{\frac{x^2}{r^2} - 1}\cdot\frac{x}{r} - 2\operatorname{arcosh}\frac{x}{r}\right]$$

Damit gilt für den Hyperbelsektor

$$F = \frac{x}{2}\sqrt{x^2 - r^2} - \frac{x}{2}\sqrt{x^2 - r^2} + \frac{r^2}{2}\operatorname{arcosh}\frac{x}{r} = \frac{r^2}{2}\operatorname{arcosh}\frac{x}{r}$$

D a h e r heißen die Umkehrfunktionen der hyperbolischen Funktionen Area-Funktionen, denn Area bedeutet Fläche (Abschn. Areafunktionen in Teil 1).

Beispiel 22. Das axiale Flächenträgheitsmoment eines kreisförmigen Querschnitts erhält man mit der Kreisgleichung $y = \sqrt{r^2 - x^2}$ nach Gl. (71.1)

$$I_x = \frac{1}{3}\int_a^b y^3\,\mathrm{d}x = \frac{4}{3}\int_0^r (r^2 - x^2)^{3/2}\,\mathrm{d}x$$

Mit $x = r\sin u$ und $\mathrm{d}x = r\cos u\,\mathrm{d}u$ ergibt sich

$$I_x = \frac{4}{3}r^4\int_0^{\pi/2}\cos^4 u\,\mathrm{d}u$$

Durch die trigonometrische Umformung

$$\cos^4\alpha = \frac{1}{8}(3 + 4\cos 2\alpha + \cos 4\alpha)$$

wird hieraus (Abschn. Additionstheoreme in Teil 1)

$$I_x = \frac{4}{3} r^4 \left[\frac{3}{8} \int\limits_0^{\pi/2} du + \frac{1}{2} \int\limits_0^{\pi/2} \cos 2u\, du + \frac{1}{8} \int\limits_0^{\pi/2} \cos 4u\, du \right]$$

Man substituiert

$$\int\limits_0^{\pi/2} \cos 2u\, du = \frac{1}{2} \int\limits_0^{\pi} \cos v\, dv \quad \text{und} \quad \int\limits_0^{\pi/2} \cos 4u\, du = \frac{1}{4} \int\limits_0^{2\pi} \cos w\, dw$$

Diese beiden Integrale werden Null. Daher ist

$$I_x = \frac{4}{3} r^4 \frac{3}{8} \frac{\pi}{2} = \frac{\pi}{4} r^4$$

Gebrochene rationale Integranden. Integrale von der Form

$$I(x) = \int \frac{a x + b}{A x^2 + B x + C}\, dx \tag{104.1}$$

lassen sich immer durch eine logarithmische Integration so umformen, daß das verbleibende Integral nach einer durch eine quadratische Ergänzung vorbereiteten Substitution ein Grundintegral (Abschn. 5.4) wird, wie das folgende Beispiel zeigt. Ist der Zähler von höherem als vom ersten Grade, so kann man durch Dividieren eine ganze rationale Funktion abspalten. Der verbleibende Bruch hat die Form von Gl. (104.1). Ist der Nenner von höherem als vom zweiten Grade, so kann man durch eine Zerlegung, Partialbruchzerlegung genannt, das Integral auf eine Summe von Integralen zurückführen, die entsprechend Gl. (104.1) lösbar sind. Auf die Partialbruchzerlegung kann in diesem Buche nicht eingegangen werden. Darstellungen über Partialbruchzerlegung findet man z. B. in [4].

Beispiel 23. Man berechne das Integral

$$I(x) = \int \frac{x\, dx}{x^2 - 4x + 1}$$

Zunächst wird der Zähler so umgeformt, daß ein Teil des Zählers gleich der ersten Ableitung des Nenners wird

$$I(x) = \int \frac{x\, dx}{x^2 - 4x + 1} = \frac{1}{2} \int \frac{(2x - 4) + 4}{x^2 - 4x + 1}\, dx = \frac{1}{2} \ln |x^2 - 4x + 1| + 2 \int \frac{dx}{x^2 - 4x + 1}$$

Das verbleibende Integral $I_1(x)$ wird durch quadratische Ergänzung und Substitution auf eines der Grundintegrale (Abschn. 5.4)

$$\int \frac{dx}{1 + x^2} = \arctan x \qquad \int \frac{dx}{1 - x^2} = \frac{1}{2} \ln \left| \frac{1 + x}{1 - x} \right|$$

zurückgeführt. Daher erhält man

$$I_1(x) = 2 \int \frac{dx}{x^2 - 4x + 1} = 2 \int \frac{dx}{(x - 2)^2 - 3} = -2 \int \frac{dx}{3 - (x - 2)^2}$$

Mit $x - 2 = \sqrt{3}\, u$ ist wegen $\mathrm{d}x = \sqrt{3}\, \mathrm{d}u$

$$I_1(x) = -2 \int \frac{\sqrt{3}\, \mathrm{d}u}{3 - 3u^2} = -\frac{2\sqrt{3}}{3} \int \frac{\mathrm{d}u}{1 - u^2} = -\frac{1}{\sqrt{3}} \ln \left| \frac{1 + u}{1 - u} \right| = -\frac{1}{\sqrt{3}} \ln \left| \frac{\sqrt{3} + x - 2}{\sqrt{3} - x + 2} \right|$$

Damit ergibt sich schließlich für das Integral $I(x)$

$$I(x) = \frac{1}{2} \ln \left| x^2 - 4x + 1 \right| - \frac{1}{\sqrt{3}} \ln \left| \frac{\sqrt{3} - 2 + x}{\sqrt{3} + 2 - x} \right|$$

5.5.2. Produktintegration

Nach Gl. (39.1) lautet die Produktregel

$$(f_1 f_2)' = f_1' f_2 + f_1 f_2' \tag{105.1}$$

Integriert man die Produktregel in der Umordnung $f_1 f_2' = (f_1 f_2)' - f_1' f_2$ in den Grenzen von a bis b, so erhält man die Gleichung der **Produktintegration**

$$\int_a^b f_1 f_2'\, \mathrm{d}x = f_1 f_2 \Big|_a^b - \int_a^b f_1' f_2\, \mathrm{d}x \tag{105.2}$$

Wenn der Integrand $f_1' f_2$ eine einfachere Form hat als der Integrand $f_1 f_2'$, wendet man diese Methode an. Allerdings muß zur Funktion $f_2'(x)$ das unbestimmte Integral $f_2(x) = \int f_2'(x)\, \mathrm{d}x$ bekannt sein.

Beispiel 24. Man bestimme das Integral $I(x) = \int x\, \mathrm{e}^{ax}\, \mathrm{d}x$.

Es empfiehlt sich, folgendes Schema zu verwenden

$$f_1 = x \qquad f_2' = \mathrm{e}^{ax} \qquad\qquad f_1' = 1 \qquad f_2 = \frac{1}{a}\, \mathrm{e}^{ax}$$

Als f_1 wählt man die Größe, die durch Differenzieren einfacher wird

$$I(x) = \frac{x}{a}\, \mathrm{e}^{ax} - \frac{1}{a} \int \mathrm{e}^{ax}\, \mathrm{d}x = \frac{x}{a}\, \mathrm{e}^{ax} - \frac{1}{a^2}\, \mathrm{e}^{ax} = \frac{\mathrm{e}^{ax}}{a^2}\, (a\, x - 1)$$

Beispiel 25. Man ermittle das Integral $I(x) = \int x \sin x\, \mathrm{d}x$.

Man setzt

$$f_1 = x \qquad f_2' = \sin x$$
$$f_1' = 1 \qquad f_2 = -\cos x$$

Damit wird

$$I(x) = -x \cos x + \int 1 \cdot \cos x\, \mathrm{d}x = -x \cos x + \sin x$$

Beispiel 26. Man bestimme das Integral $I(x) = \int \arctan x\, \mathrm{d}x$.

Um die Produktintegration anwenden zu können, denkt man sich einen Faktor Eins im Integranden hinzu. Da die erste Ableitung des Arcustangens relativ einfach ist, setzt man

$$f_1 = \arctan x \qquad f_2' = 1$$
$$f_1' = \frac{1}{1 + x^2} \qquad f_2 = x$$

Dann ergibt sich aus Gl. (105.2)

$$I(x) = x \arctan x - \int \frac{x \, dx}{1 + x^2} = x \arctan x - \frac{1}{2} \ln | 1 + x^2 |$$

Beispiel 27. Man berechne das Integral $I(x) = \int x^2 \, e^x \, dx$.
Nach zweifacher Produktintegration verschwindet die Potenz von x.

erster Schritt

$$f_1 = x^2 \qquad f_2' = e^x$$

$$f_1' = 2x \qquad f_2 = e^x$$

zweiter Schritt

$$f_1 = x \qquad f_2' = e^x$$

$$f_1' = 1 \qquad f_2 = e^x$$

$$I(x) = x^2 \, e^x - 2 \int x \, e^x \, dx = x^2 \, e^x - 2(x \, e^x - \int e^x \, dx) = e^x (x^2 - 2x + 2)$$

Beispiel 28. Man bestimme das Integral $I(t) = \int e^{-\delta t} \cos \omega t \, dt$.
Auch hier führt ein zweimaliges Anwenden von Gl. (105.2) zum Ziel.

erster Schritt

$$f_1 = \cos \omega t \qquad \dot{f}_2 = e^{-\delta t}$$

$$\dot{f}_1 = -\omega \sin \omega t \qquad f_2 = -\frac{1}{\delta} e^{-\delta t}$$

zweiter Schritt

$$f_1 = \sin \omega t \qquad \dot{f}_2 = e^{-\delta t}$$

$$\dot{f}_1 = \omega \cos \omega t \qquad f_2 = -\frac{1}{\delta} e^{-\delta t}$$

$$I(t) = -\frac{1}{\delta} e^{-\delta t} \cos \omega t - \frac{\omega}{\delta} \int e^{-\delta t} \sin \omega t \, dt$$

$$= -\frac{1}{\delta} e^{-\delta t} \cos \omega t + \frac{\omega}{\delta^2} e^{-\delta t} \sin \omega t - \frac{\omega^2}{\delta^2} \int e^{-\delta t} \cos \omega t \, dt$$

$$= \frac{1}{\delta^2} e^{-\delta t} (\omega \sin \omega t - \delta \cos \omega t) - \frac{\omega^2}{\delta^2} I(t)$$

$$\left(1 + \frac{\omega^2}{\delta^2} \right) I(t) = \frac{1}{\delta^2} e^{-\delta t} (\omega \sin \omega t - \delta \cos \omega t)$$

$$I(t) = \frac{1}{\omega^2 + \delta^2} e^{-\delta t} (\omega \sin \omega t - \delta \cos \omega t)$$

5.6. Anwendungen in der Technik

5.6.1. Barometrische Höhenmessung

Der Luftdruck nimmt mit der Höhe ab, jedoch nicht linear wie der Wasserdruck. Die unteren Luftschichten werden durch das Gewicht der darüber befindlichen Luft zusammengedrückt. Die Dichte der Luft ϱ ist somit nicht mit der Höhe gleichbleibend; sie ist am Erdboden am größten.

Es soll ein Zusammenhang zwischen der Höhendifferenz $\Delta h = h_2 - h_1$ und der Differenz der Luftdrücke in diesen Höhen hergeleitet werden. Dazu wird nach Bild **107.1** eine dünne Luftschicht der Dicke dh einer vertikalen Luftsäule mit der Grundfläche F betrachtet. Auf die Luftschicht wirkt von unten nach oben die Kraft $F p$ und von oben nach unten die Kraft $F(p + \mathrm{d}p) = Fp + F\,\mathrm{d}p$, wobei der Zuwachs des Luftdrucks $\mathrm{d}p$ selbst negativ ist, da ja der Luftdruck mit zunehmender Höhe abnimmt. Die Gewichtskraft der Luftschicht ist $\gamma\,F\,\mathrm{d}h = g\,\varrho\,F\,\mathrm{d}h$ ($\gamma =$ Wichte, $g =$ Fallbeschleunigung, $\varrho =$ Dichte). Das Gleichgewicht der Kräfte in vertikaler Richtung fordert $Fp - (Fp + F\,\mathrm{d}p) - g\,\varrho\,F\,\mathrm{d}h = 0$. Daraus wird

$$\mathrm{d}p = -\,g\,\varrho\,\mathrm{d}h \tag{107.1}$$

Die Abhängigkeit der Luftdichte ϱ von der Lufttemperatur ϑ_C (Celsiusgrad) und vom Luftdruck p läßt sich aus dem Gesetz von Boyle-Gay-Lussac herleiten. Wird eine bestimmte Luftmasse M betrachtet, so ist bei einer Änderung des Druckes p, der absoluten Temperatur T und des Volumens V der Quotient pV/T stets konstant. Kennzeichnet der Index 0 den bei $0\,°\mathrm{C}$ angenommenen Anfangszustand einer bestimmten Luftmasse, so gilt demnach

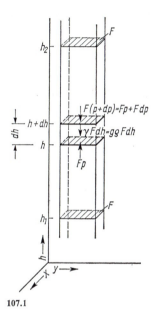

107.1

$$\frac{p_0\,V_0}{T_0} = \frac{p\,V}{T}$$

Mit $V = M/\varrho$ bzw. $V_0 = M/\varrho_0$ und $T_0 = 273\ \mathrm{K}$ und $T = 273\ \mathrm{K} + \vartheta_\mathrm{C}$ erhält man

$$\frac{p_0\,M}{\varrho_0\,273\ \mathrm{K}} = \frac{p\,M}{\varrho\,(273\ \mathrm{K} + \vartheta_\mathrm{C})}$$

und daraus

$$\frac{\varrho}{\varrho_0} = \frac{p}{p_0} \cdot \frac{1}{1 + \beta\,\vartheta_\mathrm{C}} \tag{107.2}$$

wobei $\beta = (1/273)\ \mathrm{K}^{-1}$ die Raumausdehnungszahl der Luft ist.

Mit Gl. (107.2) wird Gl. (107.1) umgeformt, man erhält

$$\frac{\mathrm{d}p}{\mathrm{d}h} = -\,\frac{\varrho_0}{p_0} \cdot \frac{g}{1 + \beta\,\vartheta_\mathrm{C}} \cdot p \tag{107.3}$$

In Gl. (107.3) tritt neben der gesuchten Funktion $p = f(h)$ noch ihre Ableitung $\mathrm{d}p/\mathrm{d}h$ auf. Eine solche Gleichung nennt man Differentialgleichung. Diese Differentialgleichung wird gelöst, indem die abhängige und unabhängige Veränderliche je auf eine Seite der Gleichung gebracht werden, und die Gleichung anschließend integriert wird. Das beschriebene Lösungsverfahren nennt man die Methode der Trennung der Variablen. Diese Lösungsmethode, die auf Integrationen führt, ist nicht immer anwendbar. Andere Lösungsmethoden für Differentialgleichungen werden in Abschn. 9 behandelt. Gl. (107.3) wird umgeformt

$$\frac{\mathrm{d}p}{p} = -\,\frac{\varrho_0}{p_0} \cdot \frac{g}{1 + \beta\,\vartheta_\mathrm{C}} \cdot \mathrm{d}h$$

Werden die Fallbeschleunigung g und die Temperatur ϑ_C als konstant angenommen, so erhält man durch beidseitige Integration

$$\int \frac{\mathrm{d}p}{p} = -\,\frac{\varrho_0\,g}{p_0\,(1 + \beta\,\vartheta_\mathrm{C})} \int \mathrm{d}h$$

Es wird berücksichtigt, daß zum Ort der Höhe h_1 der Luftdruck p_1 und zum Ort der Höhe h_2 der Luftdruck p_2 gehört. Damit werden aus den unbestimmten Integralen bestimmte Integrale erhalten

$$\int_{p_1}^{p_2} \frac{dp}{p} = -\frac{\varrho_0\, g}{p_0\,(1 + \beta\, \vartheta_C)} \int_{h_1}^{h_2} dh$$

$$\ln p_1 - \ln p_2 = \frac{\varrho_0\, g}{p_0\,(1 + \beta\, \vartheta_C)}\,(h_2 - h_1)$$

Mit $\ln p_1 - \ln p_2 = \ln(p_1/p_2) = 2{,}3026\lg(p_1/p_2)$ folgt die Grundgleichung der barometrischen Höhenbestimmung

$$\Delta h = h_2 - h_1 = \frac{2{,}3026\, p_0}{\varrho_0} \cdot \frac{1 + \beta\, \vartheta_C}{g} \lg \frac{p_1}{p_2} \tag{108.1}$$

Mit der Luftwichte am Boden $\varrho_0\, g = \gamma_0 = 1{,}293\ \text{kp/m}^3$ und dem Bodendruck $p_0 = 10330\ \text{kp/m}^2$ wird

$$\Delta h = 18396\ \text{m} \cdot (1 + \beta\, \vartheta_C) \lg \frac{p_1}{p_2} \tag{108.2}$$

In dieser Gleichung kann als Temperatur ϑ_C der Mittelwert der an den beiden Meßorten gemessenen Temperaturen ϑ_{C1} und ϑ_{C2} eingesetzt werden.

Beispiel 29. Man ermittle den Höhenunterschied Δh zwischen den Stationen 1 und 2, wenn folgende Meßwerte vorliegen:

Station 1	$\vartheta_{C1} = 10\ °\text{C}$	$p_1 = 702{,}8\ \text{Torr}$
Station 2	$\vartheta_{C2} = 17{,}3\ °\text{C}$	$p_2 = 662{,}3\ \text{Torr}$

Ohne Berücksichtigung der Temperatur ergibt sich mit Gl. (108.2)

$$\Delta h = 18396\ \text{m} \cdot \lg\left(\frac{702{,}8}{662{,}3}\right) = 474{,}2\ \text{m}$$

Bei Berücksichtigung der Temperatur ist

$$\vartheta_C = \frac{(10 + 17{,}3)\ °\text{C}}{2} = 13{,}65\ °\text{C}$$

$$\Delta h = 474{,}2\ \text{m} \cdot \left(1 + \frac{13{,}65}{273}\right) = 474{,}2\ \text{m} \cdot 1{,}05 = 497{,}9\ \text{m}$$

Gl. (108.1) bzw. (108.2) gelten nur unter den Voraussetzungen, daß der Luftdruck an beiden Meßorten gleichzeitig gemessen wird und die Temperatur zwischen den beiden Meßorten sich linear mit der Höhe ändert; beides ist meistens nicht erfüllt. Weitere mögliche Fehlerquellen sind die durch Wärmeeinstrahlung, Bodenfeuchtigkeit, Windstaudruck usw. bedingten rein örtlichen Luftdruckschwankungen. Bei Durchführung genauester Messungen und unter Berücksichtigung der Luftfeuchtigkeit und der mit der Höhe abnehmenden und der von der geographischen Breite abhängigen Fallbeschleunigung kann eine Höhendifferenz von 100 m auf etwa 0,5 m und eine von 1000 m auf etwa 3,7 m genau ermittelt werden.

5.6.2. Zusammenhang: Belastung – Querkraft – Biegemoment

Belastung – Querkraft. Es wird ein Balken mit einer beliebigen lotrechten Belastung $q = q(x)$ betrachtet (**109.**1 a). Denkt man sich ein Balkenstück der Länge dx, dessen linke Begrenzungsfläche durch den Abstand x vom linken Auflager festgelegt ist, herausgeschnitten (**109.**1 b), so können nach dem Schnittprinzip die Schnittgrößen (hier Querkräfte und Biegemomente) in den Schnittflächen angegeben werden. Ist die Querkraft in der linken Schnittfläche $Q(x)$, so ist die Querkraft in der rechten Schnittfläche $Q(x + dx) = Q(x) + dQ(x)$, die sich von $Q(x)$ durch den Zuwachs $dQ(x)$ unterscheidet. Entsprechend der Querkraft sind in den Schnittflächen die Schnittbiegemomente $M(x)$ und $M(x + dx)$ und die Querkräfte $Q(x)$ und $Q(x + dx)$ in Bild **109.**1 b mit dem im Bauwesen üblichen Wirkungssinn eingezeichnet. Das herausgeschnitten gedachte Balkenelement ist im Gleichgewicht, da das Gesamtsystem im Gleichgewicht ist und alle Schnittkräfte angebracht sind (Normalkräfte treten nicht auf). Die Belastung kann auf der kleinen Länge als konstant angesehen werden.

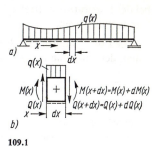

109.1

Das Gleichgewicht der Vertikalkräfte fordert

$$Q(x) - [Q(x) + dQ(x)] - q(x)\, dx = 0$$

Hieraus folgt

$$dQ(x) = - q(x)\, dx \qquad (109.1)$$

$$q(x) = - \frac{dQ(x)}{dx} \qquad (109.2)$$

Wird Gl. (109.1) auf beiden Seiten integriert, so erhält man

$$Q(x) = - \int q(x)\, dx \qquad (109.3)$$

Gl. (109.2) und (109.3) besagen:

Die Belastung ist die negative erste Ableitung der Querkraft. Die Querkraft ist das Integral über die negative Belastung.

Querkraft – Biegemoment. Das Gleichgewicht der Momente um den Mittelpunkt des Balkenelements liefert die Beziehung

$$M(x) - [M(x) + dM(x)] + Q(x)\, \frac{dx}{2} + [Q(x) + dQ(x)]\, \frac{dx}{2} = 0$$

Hieraus erhält man

$$M(x) - M(x) - dM(x) + Q(x)\, dx + dQ(x)\, \frac{dx}{2} = 0$$

Da die Zuwachsgrößen $dM(x)$, $dQ(x)$ und dx kleine Größen sind, kann der letzte Summand als von höherer Ordnung klein vernachlässigt werden. Man erhält nach kurzer Umformung

$$dM(x) = Q(x)\, dx$$

$$Q(x) = \frac{dM(x)}{dx} \qquad (109.4)$$

$$M(x) = \int Q(x)\, dx \qquad (109.5)$$

Gl. (109.4) und (109.5) besagen:

Die Querkraft ist die erste Ableitung des Biegemoments. Das Biegemoment ist das Integral über die Querkraft.

Gl. (109.2) und (109.4) sind wieder Differentialgleichungen, die durch Trennung der Variablen und anschließendes Integrieren gelöst werden können.

Bei der Anwendung der hergeleiteten Gleichungen muß beachtet werden, daß über Stellen, an denen sich die Belastung sprunghaft ändert, nicht hinwegintegriert werden darf. Die bei der Integration auftretenden additiven Konstanten bestimmen sich aus den gegebenen Randbedingungen.

Aus den Beziehungen Gl. (109.3) und (109.5) läßt sich der folgende Zusammenhang herleiten, den auch die Ergebnisse der Beispiele zeigen

	Querkraft	Biegemoment
Im unbelasteten Bereich	konstant	linear
Unter der Angriffsstelle einer Einzellast	Sprung	Knick
Im Bereich konstanter Streckenlasten	linear	Parabel 2. Grades

Beispiel 30. Man bestimme für den nach Bild **110.**1 gegebenen Einfeldbalken der Länge l, belastet durch eine dreieckförmig verteilte Belastung, die Querkräfte und Momente als Funktionen von x.

Die Auflagerkräfte ergeben sich aus der Gleichgewichtsbedingung $\sum M = 0$, angesetzt um die Auflagerpunkte A und B.

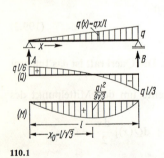

110.1

$$\sum M_A = 0 = -B \cdot l + q \cdot \frac{l}{2} \cdot \frac{2l}{3} \qquad B = \frac{q\,l}{3}$$

$$\sum M_B = 0 = +A \cdot l - q \cdot \frac{l}{2} \cdot \frac{l}{3} \qquad A = \frac{q\,l}{6}$$

Die Belastungsgröße $q(x)$ ergibt sich aus dem Verhältnis **(110.1)**

$$q(x) : q = x : l \qquad\qquad q(x) = q\,\frac{x}{l}$$

Diese Beziehung wird in Gl. (109.3) eingesetzt und anschließend integriert

$$Q(x) = -\int q(x)\,\mathrm{d}x = -\int q\,\frac{x}{l}\,\mathrm{d}x = -q\,\frac{x^2}{2l} + c_1$$

Die Integrationskonstante c_1 bestimmt sich aus der Bedingung, daß die Querkraft am linken Auflager gleich der Auflagerkraft A ist

$$Q(x = 0) = +c_1 = A = \frac{q\,l}{6}$$

Damit wird die Querkraft

$$Q(x) = \frac{q\,l}{6} - \frac{q\,x^2}{2l} = q\left(\frac{l}{6} - \frac{x^2}{2l}\right) \tag{110.1}$$

Zur Kontrolle wird aus dieser Gleichung die Querkraft am Auflager B, d.h. bei $x = l$, ermittelt

$$Q(x = l) = q \left(\frac{l}{6} - \frac{l}{2} \right) = - \frac{q\,l}{3}$$

Gl. (110.1) wird in Gl. (109.5) eingesetzt und dann integriert

$$M(x) = \int Q(x)\,\mathrm{d}x = \int q \left(\frac{l}{6} - \frac{x^2}{2l} \right) \mathrm{d}x = q \left(\frac{lx}{6} - \frac{x^3}{6l} \right) + c_2$$

Die Integrationskonstante c_2 bestimmt sich aus der Bedingung, daß das Biegemoment am linken Auflager verschwindet, da dort eine gelenkige Lagerung vorhanden ist.

$$M(x = 0) = + c_2 = 0$$

Der Ausdruck für das Biegemoment lautet somit

$$M(x) = \frac{q}{6} \left(lx - \frac{x^3}{l} \right)$$

Für $x = l$, d.h. am rechten Auflager, wird das Biegemoment Null.

Das Moment ist an der Stelle extremal, an der die Momentenfläche eine horizontale Tangente hat. Für diese Stelle gilt

$$\frac{\mathrm{d}\,M(x)}{\mathrm{d}x} = Q(x) = 0$$

An der Querkraftnullstelle ist also das Moment extremal. Damit wird

$$Q(x = x_0) = 0 = q \left(\frac{l}{6} - \frac{x_0^2}{2l} \right) \qquad\qquad x_0 = \frac{l}{\sqrt{3}}$$

$$M(x = x_0) = \max M = q \left(\frac{l^2}{6\sqrt{3}} - \frac{l^2}{6l \cdot 3\sqrt{3}} \right) = q\,\frac{l^2}{9\sqrt{3}} = \frac{q\,l^2}{15{,}6}$$

Die Querkraft- und Momentenflächen sind in Bild **110**.1 dargestellt.

Beispiel 31. Man ermittle die Schnittkräfte für den in Bild **111**.1 dargestellten Einfeldträger, der durch eine Einzellast P und eine konstante Gleichlast $q = 8P/(3\,l)$ belastet ist. Die Gleichgewichtsbedingungen liefern die Auflagerkräfte

$$\sum M_{\mathrm{A}} = 0 = P \cdot \frac{l}{4} + \frac{8P}{3l} \cdot \frac{3l}{4} \cdot \frac{5l}{8} - B \cdot l \qquad\qquad B = \frac{3P}{2}$$

$$\sum M_{\mathrm{B}} = 0 = A \cdot l - P \cdot \frac{3l}{4} - \frac{8P}{3l} \cdot \frac{3l}{4} \cdot \frac{3l}{8} \qquad\qquad A = \frac{3P}{2}$$

Es werden zwei Bereiche unterschieden, für die jeweils Gl. (109.3) und (109.5) anzusetzen sind.

Bereich $0 \leq x \leq \dfrac{l}{4}$

Mit $\quad q(x) = 0 \quad$ wird $\quad Q(x) = - \int 0 \cdot \mathrm{d}x = c_1$

Aus $\quad Q(x = 0) = c_1 = A = 3P/2 \quad$ folgt $\quad c_1 = 3P/2;$

somit ist

$$Q(x) = \frac{3P}{2}$$

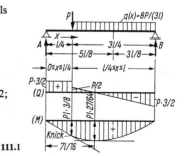

111.1

Hiermit wird

$$M(x) = \int \frac{3P}{2}\, \mathrm{d}x = \frac{3P}{2} x + c_2$$

Aus $M(x = 0) = 0$ (gelenkige Lagerung) folgt $c_2 = 0$; somit ist

$$M(x) = \frac{3P}{2} x$$

Bereich $\dfrac{l}{4} \leqq x \leqq l$

Mit $q(x) = \dfrac{8P}{3l}$ wird $Q(x) = -\int \dfrac{8P}{3l}\, \mathrm{d}x = -\dfrac{8P}{3l} x + c_3$

Rechts der Angriffsstelle von P ist $Q = (3P/2) - P = P/2$

Damit wird

$$Q\left(x = \frac{l}{4}\right) = -\frac{8P}{3l} \cdot \frac{l}{4} + c_3 = \frac{P}{2}$$

Daraus folgt $c_3 = 7P/6$; somit ist

$$Q(x) = P\left(\frac{7}{6} - \frac{8}{3l} x\right)$$

Hiermit wird

$$M(x) = \int \left(\frac{7P}{6} - \frac{8P}{3l} x\right) \mathrm{d}x = \frac{7P}{6} x - \frac{8P}{3l} \cdot \frac{x^2}{2} + c_4$$

Da $M(x = l/4) = 3P/2 \cdot l/4 = 3Pl/8$ ist, folgt

$$\frac{7P}{6} \cdot \frac{l}{4} - \frac{8P}{3l} \cdot \frac{l^2}{32} + c_4 = \frac{3Pl}{8}$$

Daraus wird $c_4 = Pl/6$ und schließlich

$$M(x) = P\left(\frac{l}{6} + \frac{7}{6} x - \frac{4}{3l} x^2\right)$$

In Bild **111.1** ist der Verlauf der Querkräfte und Momente skizziert. Von besonderem Interesse ist das Maximalmoment, das an der Querkraftnullstelle auftritt.
Es ist $Q = 0$, wenn $7/6 - 8 x_0/(3l) = 0$ ist. Daraus erhält man $x_0 = 7 \cdot l/16$. An dieser Stelle wirkt

$$\max M = Pl\left(\frac{1}{6} + \frac{7}{6} \cdot \frac{7}{16} - \frac{4 \cdot 7^2}{3 \cdot 16^2}\right) = \frac{27}{64} Pl$$

Die Querkraft- und Momentenflächen sind in Bild **111.1** dargestellt.

5.6.3. Biegelinie

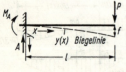

Die Gleichung der Biegelinie $y(x)$ eines auf Biegung beanspruchten Balkens (**112.1**) läßt sich mit der Differentialgleichung der Biegelinie (elastische Linie) ermitteln. Die Herleitung ist in Abschn. 6.4 zu finden

112.1

$$\frac{\mathrm{d}^2 y}{\mathrm{d}x^2} = \frac{\mathrm{d}y'}{\mathrm{d}x} = y'' = -\frac{M(x)}{E\, I(x)} \tag{112.1}$$

Hierin ist $y(x)$ die Funktion der Biegelinie, $M(x)$ das durch die Belastung hervorgerufene Biegemoment (s. Abschn. 5.6.2), $I(x)$ das u. U. längs der Stabachse veränderliche, auf die Nullinie bezogene Trägheitsmoment des Stabquerschnitts (s. Abschn. 4.4.4) und E der Elastizitätsmodul. In der Elastizitätslehre ist es üblich, das (x, y)-Koordinatensystem, wie in Bild **112**.1 dargestellt, einzuführen, d. h. die Ordinatenachse nach unten positiv zu zählen. Nach Gl. (112.1) ist das Moment $M(x)$ proportional der zweiten Ableitung der Durchbiegung $y(x)$ nach der längs der Stabachse verlaufenden unabhängigen Veränderlichen x. Daher ergibt sich die Biegelinie $y(x)$ durch zweimaliges Integrieren von Gl. (112.1).

Nach Umformen von Gl. (112.1) kann integriert werden

$$\mathrm{d}y' = -\frac{M(x)}{EI(x)}\,\mathrm{d}x = -\frac{1}{E}\cdot\frac{M(x)}{I(x)}\,\mathrm{d}x$$

$$y' = -\frac{1}{E}\left[\int \frac{M(x)}{I(x)}\,\mathrm{d}x + c_1\right] \tag{113.1}$$

Gleiche Einheitslängen vorausgesetzt, ist $y' = \tan\varphi$ der Anstieg der Biegelinie. Da der Winkel φ klein ist, kann $y' = \tan\varphi \approx \varphi$ gesetzt werden. Die Ableitung y' wird der **Neigungswinkel der Biegelinie** genannt.

Nach Umformung kann Gl. (113.1) wiederum integriert werden

$$\mathrm{d}y = -\frac{1}{E}\left[\int \frac{M(x)}{I(x)}\,\mathrm{d}x + c_1\right]\mathrm{d}x$$

$$y = -\frac{1}{E}\left\{\int \left[\int \frac{M(x)}{I(x)}\,\mathrm{d}x + c_1\right]\mathrm{d}x + c_2\right\} \tag{113.2}$$

Es ist zu beachten, daß über Stellen, an denen der Ausdruck $M(x)/I(x)$ einen Sprung oder Knick aufweist, nicht hinwegintegriert werden kann. Die bei den Integrationen auftretenden Integrationskonstanten müssen aus den Randbedingungen bestimmt werden (s. folgende Beispiele). Häufig ist das Trägheitsmoment $I(x)$ über die Stablänge konstant, in diesen Fällen vereinfacht sich Gl. (112.1)

$$y'' = -\frac{M(x)}{EI} \tag{113.3}$$

Entsprechend vereinfachen sich die daraus folgenden Gleichungen.

Zwischen Belastung und Biegelinie läßt sich ein Zusammenhang herleiten. Nach Differentiation von Gl. (113.3) erhält man unter Berücksichtigung von Gl. (109.4)

$$y''' = -\frac{Q(x)}{EI} \tag{113.4}$$

Nach erneuter Differentiation unter Berücksichtigung von Gl. (109.2) wird

$$y^{(4)} = \frac{q(x)}{EI} \tag{113.5}$$

Aus dieser Gleichung läßt sich durch viermalige Integration die Biegelinie ermitteln, wenn die Belastung gegeben ist; jedoch müssen dann vier Integrationskonstanten bestimmt werden.

An einigen Beispielen soll die Anwendung der Differentialgleichung der Biegelinie erläutert werden, wobei insbesondere die Bestimmung der Integrationskonstanten aus den Randbedingungen gezeigt wird.

Beispiel 32. Man ermittle für den in Bild **114**.1 gegebenen Einfeldträger der Länge l, belastet durch eine Dreieckslast, die Gleichung der Biegelinie. Gesucht sind auch die Größe und der Ort der Maximaldurchbiegung (s. Beispiel 30, S. 110).

Mit der Auflagerkraft $A = q\,l/6$ wird das Biegemoment

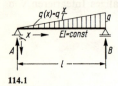

114.1

$$M(x) = \frac{ql}{6}x - \frac{qx}{l} \cdot \frac{x}{2} \cdot \frac{x}{3} = \frac{q}{6}\left(lx - \frac{x^3}{l}\right)$$

Dieser Ausdruck wird in Gl. (113.3) eingesetzt. Es wird

$$y'' = -\frac{q}{6EI}\left(lx - \frac{x^3}{l}\right)$$

Durch Integration erhält man

$$y' = -\frac{q}{6EI}\left(\frac{lx^2}{2} - \frac{x^4}{4l} + c_1\right) \quad \text{und} \quad y = -\frac{q}{6EI}\left(\frac{lx^3}{6} - \frac{x^5}{20\,l} + c_1 x + c_2\right)$$

Die Randbedingungen lauten: Die Durchbiegungen an den Auflagern sind Null.

Aus $y(x = 0) = 0$ folgt $c_2 = 0$.

Aus $y(x = l) = 0$ folgt $(l^4/6) - (l^4/20) + c_1 l = 0$ und daraus $c_1 = -7l^3/60$.

Damit wird die Gleichung der Biegelinie

$$y = -\frac{q}{6EI}\left(\frac{lx^3}{6} - \frac{x^5}{20\,l} - \frac{7\,l^3}{60}x\right)$$

Mit $\xi = x/l$ erhält man nach Umformung

$$y = \frac{q\,l^4}{360\,EI}(7\xi - 10\xi^3 + 3\xi^5)$$

An der Stelle der größten Durchbiegung muß die Biegelinie eine horizontale Tangente haben, d. h. dort muß die erste Ableitung Null sein. Die Gleichung der Biegelinie wird differenziert. Man erhält

$$y' = -\frac{q}{6EI}\left(\frac{lx^2}{2} - \frac{x^4}{4l} - \frac{7\,l^3}{60}\right) = \frac{q\,l^3}{360\,EI}(15\xi^4 - 30\xi^2 + 7)$$

Aus $y' = 0$ folgt $15\xi_0^4 - 30\xi_0^2 + 7 = 0$

Die Gleichung 4. Grades läßt sich auf eine Gleichung 2. Grades zurückführen. Setzt man $\xi_0^2 = u$, so wird

$$u^2 - 2u + \frac{7}{15} = 0; \quad u_{1,2} = +1 \pm \sqrt{1 - \frac{7}{15}} = +1 \pm 0{,}731; \quad u_1 = +1{,}731; \quad u_2 = +0{,}269$$

Mit $\xi_0^2 = u$ ergibt sich dann die eine brauchbare Lösung $\xi_0 = \sqrt{0{,}269} = 0{,}519$, da $\xi_0 = \sqrt{1{,}731}$ nicht im Balkenbereich $0 \le \xi \le 1$ liegt. Diesen Wert in die Gleichung der Biegelinie eingesetzt, liefert

$$y(x_0 = 0{,}519\,l) = \max y = f = 0{,}00652\frac{q\,l^4}{EI}$$

Das Ergebnis zeigt, daß die Größtdurchbiegung etwa in Trägermitte auftritt.

Beispiel 33. Man ermittle für den in Bild **115**.1 dargestellten Freiträger die Verschiebung des Punktes 1, wenn die Last P im Punkt 2 angreift (1. Lastfall), und außerdem die Verschiebung des Punktes 2, wenn die Last P im Punkt 1 angreift (2. Lastfall).

Unter y_{ik} wird die Durchbiegung am Ort i durch die Last am Ort k verstanden, es sind also y_{12} und y_{21} gesucht.

Im 1. Lastfall ist das Schnittmoment $M(x) = -P(l - x)$. Damit wird

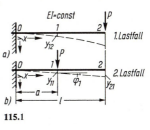

115.1

$$y'' = +\frac{P}{EI}(l - x)$$

$$y' = +\frac{P}{EI}\left(lx - \frac{x^2}{2} + c_1\right)$$

$$y = +\frac{P}{EI}\left(\frac{lx^2}{2} - \frac{x^3}{6} + c_1 x + c_2\right)$$

Aus den Randbedingungen $y(x = 0) = 0$ und $y'(x = 0) = 0$ folgt $c_1 = c_2 = 0$.

Damit wird $y = \frac{P}{EI}\left(\frac{lx^2}{2} - \frac{x^3}{6}\right)$

und die gesuchte Durchbiegung

$$y_{12} = \frac{P}{EI}\left(\frac{la^2}{2} - \frac{a^3}{6}\right)$$

Für den 2. Lastfall ergibt sich im Bereich $0 \leq x \leq a$ ganz entsprechend die Gleichung der Biegelinie

$$y = \frac{P}{EI}\left(\frac{ax^2}{2} - \frac{x^3}{6}\right)$$

Im Bereich $a \leq x \leq l$ wirkt kein Biegemoment; daher verbiegt sich der Träger in diesem Bereich nicht. Der Neigungswinkel der Biegelinie bei $x = a$ ist

$$\tan \varphi_1 = y'(x = a) = \frac{P}{EI}\left(a \cdot a - \frac{a^2}{2}\right) = \frac{P a^2}{2 EI}$$

Da $y_{21} = y(x = a) + y'(x = a) \cdot (l - a)$ ist, wird

$$y_{21} = \frac{P}{EI}\left(\frac{a^3}{2} - \frac{a^3}{6}\right) + \frac{P a^2}{2 EI}(l - a) = \frac{P}{EI}\left(\frac{la^2}{2} - \frac{a^3}{6}\right)$$

115.2

Die Ergebnisse zeigen, daß $y_{12} = y_{21}$ ist.

Was hier an einem speziellen Fall nachgewiesen wurde, gilt allgemein.

Satz von Maxwell. $\mathbf{y_{ik} = y_{ki}}$

Die Verschiebung am Ort *i*, hervorgerufen durch die am Ort *k* angreifende Last, ist gleich der Verschiebung am Ort *k*, hervorgerufen durch die am Ort *i* angreifende (gleich große) Last.

Beispiel 34. Man ermittle für das in Bild **115**.2 dargestellte System die Gleichung der Biegelinie.

Mit $\alpha = a/l$ und $\beta = b/l$ erhält man für die Auflagerkräfte $A = \beta P$ und $B = \alpha P = (1 - \beta) P$ und für die Momente, da zwei Bereiche (links von P und rechts von P) unterschieden werden müssen

$$M(x) = \beta Px \quad \text{für} \quad 0 \leq x \leq a \qquad\qquad M(\bar{x}) = \alpha P\bar{x} \quad \text{für} \quad 0 \leq \bar{x} \leq b$$

Damit lauten die beiden Differentialgleichungen der Biegelinie

$$y''(x) = -\frac{\beta P}{EI} x = \frac{\beta P}{EI}(-x) \qquad y''(\bar{x}) = -\frac{\alpha P}{EI} \bar{x} = \frac{\beta P}{EI}\left(-\frac{\alpha}{\beta}\bar{x}\right)$$

Durch Integration wird erhalten

$$y'(x) = \frac{\beta P}{EI}\left(-\frac{x^2}{2} + c_1\right) \qquad y'(\bar{x}) = \frac{\beta P}{EI}\left(-\frac{\alpha}{\beta}\cdot\frac{\bar{x}^2}{2} + \bar{c}_1\right)$$

$$y(x) = \frac{\beta P}{EI}\left(-\frac{x^3}{6} + c_1 x + c_2\right) \qquad y(\bar{x}) = \frac{\beta P}{EI}\left(-\frac{\alpha}{\beta}\cdot\frac{\bar{x}^3}{6} + \bar{c}_1 \bar{x} + \bar{c}_2\right)$$

Aus $y(x = 0) = 0$ folgt $c_2 = 0$ und aus $y(\bar{x} = 0) = 0$ folgt $\bar{c}_2 = 0$. Unter der Lastangriffsstelle hat die Biegelinie keinen Sprung oder Knick; daher gilt

$$y(x = a) = y(\bar{x} = b) \qquad -\frac{a^3}{6} + c_1 a = -\frac{\alpha}{\beta}\cdot\frac{b^3}{6} + \bar{c}_1 b$$

$$y'(x = a) = -y'(\bar{x} = b) \qquad -\frac{a^2}{2} + c_1 = -\left(-\frac{\alpha}{\beta}\cdot\frac{b^2}{2} + \bar{c}_1\right)$$

Das Minuszeichen bei der letzten Bedingung muß mit Rücksicht auf die gewählten Koordinatenrichtungen eingeführt werden.

Aus den beiden Bestimmungsgleichungen für c_1 und $\bar{c}_1$ erhält man

$$c_1 = \frac{l^2}{6}(1 - \beta^2)$$

Damit wird für die Durchbiegung im linken Trägerbereich (links der Kraft), wenn $x/l = \xi$ gesetzt wird

$$y(\xi) = \frac{Pl^3}{6 EI}\cdot\beta\,\xi(1 - \beta^2 - \xi^2)$$

erhalten. An der Stelle der größten Durchbiegung ist die Tangente an die Biegelinie horizontal. Aus $y'(\xi_0) = 0$ folgt

$$1 - \beta^2 - 3\,\xi_0^2 = 0 \quad \text{und} \quad \xi_0 = \sqrt{\frac{1 - \beta^2}{3}}$$

Ist $\beta = 1/2$, d.h. wirkt die Kraft in Trägermitte, so ist $\xi_0 = 1/2$, d.h. die größte Durchbiegung tritt in Trägermitte auf; sie ist dann $y(\xi = 1/2) = f = Pl^3/(48\,EI)$. Wirkt die Kraft nahe am Auflager B, so ist $\beta \approx 0$. Für $\beta = 0$ wird $\xi_0 = 0{,}577$ (auch $\approx 0{,}5$); daraus folgt, daß unabhängig von dem Angriffsort der Last die größte Durchbiegung etwa in Trägermitte auftritt. Mit $\xi_0 \approx 1/2$ wird somit die Größtdurchbiegung f für eine in der rechten Trägerhälfte wirkenden Kraft P

$$f \approx \frac{Pl^3}{12 EI}\beta(0{,}75 - \beta^2)$$

Diese Formel ist besonders günstig, wenn mehrere Kräfte wirken. Ist die Durchbiegung für eine in der linken Trägerhälfte wirkenden Kraft zu bestimmen, so ist in den angegebenen Formeln β durch α und ξ durch $\bar{\xi} = \bar{x}/l$ zu ersetzen.

Beispiel 35. Man ermittle für den in Bild 117.1a dargestellten Träger die Auflagerkraft B. Es ist zu berücksichtigen, daß mit den Bezeichnungen des Bildes 117.1b

$$y_{B1} = \frac{P}{EI}\left(l\frac{a^2}{2} - \frac{a^3}{6}\right) \tag{116.1}$$

gilt (s. Beispiel 33, S. 115).

Da zur Bestimmung der insgesamt vier Auflagerreaktionen nur drei Gleichgewichtsbedingungen zur Verfügung stehen, ist das System (**117.**1 a) einfach statisch unbestimmt. Daher muß zur Ermittlung von B eine Formänderungsaussage gemacht werden, z. B. in der Form $y_B = 0$, d. h. die Verschiebung des Punktes B durch die gegebene Gleichlast und die Kraft B ist Null (**117.**1 a). Mit Gl. (116.1) erhält man die Verschiebung des Punktes B durch die Kraft B (mit $a = l$ und $P = -B$)

$$y_{BB} = -\frac{B}{EI}\left(l\frac{l^2}{2} - \frac{l^3}{6}\right) = -\frac{Bl^3}{3\,EI}$$

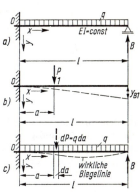

Die Verschiebung des Punktes B durch $\mathrm{d}P = q\,\mathrm{d}a$ (s. Bild **117.**1 c) ist mit Gl. (116.1)

$$\mathrm{d}y_{Ba} = \frac{q\,\mathrm{d}a}{EI}\left(l\frac{a^2}{2} - \frac{a^3}{6}\right)$$

Durch Integration über a in den Grenzen von $a = 0$ bis $a = l$ wird die Verschiebung des Punktes B durch die Gleichlast q

$$y_{Bq} = \frac{q}{EI}\int_0^l \left(l\frac{a^2}{2} - \frac{a^3}{6}\right)\mathrm{d}a = \frac{ql^4}{8\,EI}$$

Mit der Formänderungsaussage $y_B = y_{BB} + y_{Bq} = 0$ wird

$$-\frac{Bl^3}{3\,EI} + \frac{ql^4}{8\,EI} = 0 \qquad\qquad \textbf{117.}1$$

und daraus $B = 3\,ql/8$.

Beispiel 36. Nach Bild **117.**2a ist ein biegesteifer Stab der Länge l gegeben, der durch die konstante Streckenlast q belastet ist. Am linken Stabende i sind die Zustandsgrößen y_i, φ_i, M_i und Q_i bekannt. Man ermittle die Zustandsgrößen am rechten Stabende k. Der verformte Stab ist in Bild **117.**2 b dargestellt.

Aus den Gleichgewichtsbedingungen ergeben sich für die Querkraft Q_k und für das Moment M_k die Beziehungen

$$Q_k = Q_i - l\,q \qquad\qquad (117.1)$$

$$M_k = M_i + l\,Q_i - \frac{l^2}{2}q \qquad\qquad (117.2)$$

117.2

Gl. (117.1) und (117.2) können auch mit Gl. (109.3) und (109.5) hergeleitet werden.

Mit der Differentialgleichung der Biegelinie Gl. (113.3) wird, da das Biegemoment $M(x) = M_i + Q_i\,x - q\dfrac{x^2}{2}$ ist

$$y''(x) = -\frac{1}{EI}\left(M_i + Q_i\,x - q\frac{x^2}{2}\right)$$

Durch Integration erhält man

$$y'(x) = -\frac{1}{EI}\left(M_i\,x + Q_i\frac{x^2}{2} - q\frac{x^3}{6}\right) + c_1$$

$$y(x) = -\frac{1}{EI}\left(M_i\frac{x^2}{2} + Q_i\frac{x^3}{6} - q\frac{x^4}{24}\right) + c_1\,x + c_2$$

Es ist $y' = \tan \varphi \approx \varphi$. Die Randbedingungen lauten $y'(0) = \varphi_i$ und $y(0) = y_i$; damit wird $c_1 = \varphi_i$ und $c_2 = y_i$. Mit $y'(l) = \varphi_k$ und $y(l) = y_k$ erhält man dann, wenn die Gleichungen (117.1) und (117.2) noch einmal angewandt werden,

$$y_k = 1 \cdot y_i + l \cdot \varphi_i - \frac{l^2}{2EI} \cdot M_i - \frac{l^3}{6EI} \cdot Q_i + \frac{ql^4}{24EI}$$

$$\varphi_k = \qquad 1 \cdot \varphi_i - \frac{l}{EI} \cdot M_i - \frac{l^2}{2EI} \cdot Q_i + \frac{ql^3}{6EI}$$

$$M_k = \qquad\qquad 1 \cdot M_i + l \cdot Q_i - \frac{ql^2}{2}$$

$$Q_k = \qquad\qquad\qquad 1 \cdot Q_i - ql$$

$$1 = \qquad\qquad\qquad\qquad 1$$

(118.1)

Bei den vorstehenden Gleichungen ist als fünfte Gleichung die Identität $1 \equiv 1$ hinzugefügt worden. Die vier Zustandsgrößen y, φ, M, Q und die '1' können zum (erweiterten) Zustandsvektor v zusammengefaßt werden, ebenso die in Gl. (118.1) auftretenden Faktoren der Zustandsgrößen zur (erweiterten) Übertragungsmatrix M

$$v_i = \begin{pmatrix} y_i \\ \varphi_i \\ M_i \\ Q_i \\ 1 \end{pmatrix} \quad v_k = \begin{pmatrix} y_k \\ \varphi_k \\ M_k \\ Q_k \\ 1 \end{pmatrix} \quad M = \begin{pmatrix} 1 & l & -\dfrac{l^2}{2EI} & -\dfrac{l^3}{6EI} & \dfrac{ql^4}{24EI} \\ 0 & 1 & -\dfrac{l}{EI} & -\dfrac{l^2}{2EI} & \dfrac{ql^3}{6EI} \\ 0 & 0 & 1 & l & -\dfrac{ql^2}{2} \\ 0 & 0 & 0 & 1 & -ql \\ 0 & 0 & 0 & 0 & 1 \end{pmatrix}$$

Gl. (118.1) kann dann in Form der einen Matrizengleichung

$$v_k = M\, v_i$$

(118.2)

geschrieben werden. Zur Anwendung von Gl. (118.2) wird auf Abschn. Matrizen, Anwendung in der Technik, in Teil 1 verwiesen. Dort sind jedoch aus Gründen der Zweckmäßigkeit abweichende Indizes benutzt.

Beispiel 37. Man ermittle die Biegelinie des in Bild **118.**1 dargestellten Freiträgers mit über der Stablänge veränderlichem Trägheitsmoment.

Das Biegemoment ist $M(x) = -Px$ und das Trägheitsmoment $I(x) = b\, d^3(x)/12$ mit $d(x) = d_0 + (d_E - d_0)\, x/l$. Mit $\tan \alpha = (d_E - d_0)/l$ wird $d(x) = d_0 + x \tan \alpha$ und $I(x) = b(d_0 + x \tan \alpha)^3/12$ erhalten. Mit Gl. (112.1) wird dann

118.1

$$y'' = -\frac{M(x)}{EI(x)} = \frac{12P}{Eb} \frac{x}{(d_0 + x \tan \alpha)^3}$$

(118.3)

Gl. (118.3) wird integriert, wobei $\tan \alpha \neq 0$ vorausgesetzt werden muß

$$y' = \frac{12P}{Eb} \int \frac{x}{(d_0 + x \tan \alpha)^3}\, dx$$

Substitution $u = d_0 + x \tan \alpha \qquad \mathrm{d}u = \mathrm{d}x \tan \alpha$

$$x = \frac{u - d_0}{\tan \alpha} \qquad\qquad \mathrm{d}x = \frac{\mathrm{d}u}{\tan \alpha}$$

$$y' = \frac{12\,P}{Eb} \int \frac{u - d_0}{u^3 \tan^2 \alpha}\,\mathrm{d}u = \frac{12\,P}{Eb \tan^2 \alpha} \left[\int \frac{\mathrm{d}u}{u^2} - d_0 \int \frac{\mathrm{d}u}{u^3} \right]$$

$$= \frac{12\,P}{Eb \tan^2 \alpha} \left[-\frac{1}{d_0 + x \tan \alpha} + \frac{d_0}{2(d_0 + x \tan \alpha)^2} + c_1 \right]$$

Die Konstante c_1 ergibt sich aus der Randbiegung $y'(l) = 0$

$$c_1 = +\frac{1}{d_0 + l \tan \alpha} - \frac{d_0}{2\,(d_0 + l \tan \alpha)^2} = \frac{1}{d_E} - \frac{d_0}{2\,d_E^2}$$

Damit erhält man die Neigung der Biegelinie

$$y' = \frac{12\,P}{Eb \tan^2 \alpha} \left[\frac{d_0}{2(d_0 + x \tan \alpha)^2} - \frac{1}{d_0 + x \tan \alpha} - \frac{d_0}{2\,d_E^2} + \frac{1}{d_E} \right] \qquad (119.1)$$

Gl. (119.1) wird wiederum integriert, wobei $\tan \alpha \neq 0$ vorausgesetzt werden muß. Mit der erneuten Substitution $u = d_0 + x \tan \alpha$ wird

$$y = \frac{12\,P}{Eb \tan^2 \alpha} \left[\frac{d_0}{2} \int \frac{\mathrm{d}u}{u^2 \tan \alpha} - \int \frac{\mathrm{d}u}{u \tan \alpha} - \frac{d_0}{2\,d_E^2} \int \mathrm{d}x + \frac{1}{d_E} \int \mathrm{d}x \right]$$

$$= \frac{12\,P}{Eb \tan^2 \alpha} \left[-\frac{d_0}{2 \tan \alpha\,(d_0 + x \tan \alpha)} - \frac{\ln(d_0 + x \tan \alpha)}{\tan \alpha} - \right.$$

$$\left. - \frac{d_0}{2\,d_E^2} x + \frac{1}{d_E} x + c_2 \right]$$

Die Konstante c_2 ergibt sich aus der Randbedingung $y(l) = 0$

$$c_2 = \frac{d_0}{2\,d_E \tan \alpha} + \frac{\ln d_E}{\tan \alpha} + \frac{d_0\,l}{2\,d_E^2} - \frac{l}{d_E}$$

$$= \frac{\ln d_E}{\tan \alpha} + \frac{1}{2 \tan \alpha} \left(\frac{d_0}{d_E} + \frac{d_0(d_E - d_0)}{d_E^2} - \frac{2(d_E - d_0)}{d_E} \right)$$

$$= \frac{\ln d_E}{\tan \alpha} + \frac{d_0^2 - 2(d_E - d_0)^2}{2\,d_E^2 \tan \alpha}$$

Damit ergibt sich die gesuchte Gleichung der Biegelinie

$$y = \frac{12\,P}{Eb \tan^2 \alpha} \left[-\frac{d_0}{2 \tan \alpha\,(d_0 + x \tan \alpha)} - \frac{\ln(d_0 + x \tan \alpha)}{\tan \alpha} + \right.$$

$$\left. + \frac{2\,d_E - d_0}{2\,d_E^2} x + \frac{\ln d_E}{\tan \alpha} + \frac{d_0^2 - 2(d_E - d_0)^2}{2\,d_E^2 \tan \alpha} \right]$$

$$= \frac{12\,P}{Eb \tan^2 \alpha} \left[\frac{1}{\tan \alpha} \ln \frac{d_E}{d_0 + x \tan \alpha} - \frac{d_0}{2 \tan \alpha\,(d_0 + x \tan \alpha)} + \right.$$

$$\left. + \frac{2\,d_E - d_0}{2\,d_E^2} x + \frac{d_0^2 - 2(d_E - d_0)^2}{2\,d_E^2 \tan \alpha} \right] \qquad (119.2)$$

Die Verschiebung des Freiträgerendes (Größtdurchbiegung f) wird mit $x = 0$

$$y(0) = f = \frac{12\,P}{Eb \tan^2 \alpha} \left[\frac{1}{\tan \alpha} \ln \frac{d_E}{d_0} - \frac{1}{2 \tan \alpha} + \frac{d_0^2 - 2(d_E - d_0)^2}{2\,d_E^2 \tan \alpha} \right]$$

5.6.4. Seilreibung

Auf einen auf einer festen Unterlage liegenden Körper mit der Gewichtskraft G (**120.**1 a)
übt die Unterlage nach dem Wechselwirkungsgesetz (Aktio gleich Reaktio)
eine der Gewichtskraft gleich große, aber entgegengesetzt gerichtete Kraft $N = G$ aus.
Eine nach Bild **120.**1 b wirkende Kraft P verschiebt den Körper nur dann, wenn sie einen
bestimmten Wert hat. Aus Gründen des Gleichgewichts muß von der Unterlage auf den
Körper eine der Kraft P entgegenwirkende Kraft, die Reibungskraft R, ausgeübt
werden, die eine bestimmte Größe max R nicht überschreiten kann.

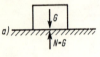
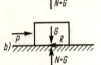

120.1

Durch Versuch kann festgestellt werden, daß die maximal mögliche Reibungskraft direkt proportional der von der Unterlage
auf den Körper wirkenden Kraft N ist; es gilt das Coulombsche
Reibungsgesetz

$$\max R = \mu N \tag{120.1}$$

Der Proportionalitätsfaktor μ ist der Reibungsbeiwert (Reibungskoeffizient), der insbesondere von der Oberflächenbeschaffenheit der Gleitflächen abhängt.

Ein vollkommen biegsames Seil ist nach Bild **120.**2a um eine feststehende Welle gelegt.
Es wird untersucht, wie groß die Kraft Z_2 werden kann, ohne daß Gleiten eintritt, wenn
die Kraft Z_1, der Reibungswert μ zwischen Seil und Welle und der Umschlingungswinkel
α gegeben sind.

Betrachtet man nach Bild **120.**2b ein Seilteilstückchen über dem Winkel $d\varphi$, so werden
nach dem Schnittprinzip die Schnittkräfte angebracht. In den Schnittflächen wirken

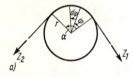

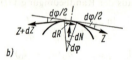
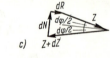

120.2

die Kräfte Z und $Z + dZ$, die den Winkel $d\varphi$ miteinander bilden. Von der Welle werden
auf das Seilstückchen die Normalkraft dN und die Reibungskraft $dR = \mu\, dN$ ausgeübt.
Die Gleichgewichtsbedingungen lauten

$$-Z \sin(d\varphi/2) - (Z + dZ) \sin(d\varphi/2) + dN = 0 \qquad (2Z + dZ)\sin(d\varphi/2) = dN$$

$$Z \cos(d\varphi/2) - (Z + dZ) \cos(d\varphi/2) + dR = 0 \qquad dZ \cos(d\varphi/2) = dR$$

Da $d\varphi$ genügend klein ist, kann man $\cos(d\varphi/2) \approx 1$ und $\sin(d\varphi/2) \approx d\varphi/2$ setzen. Da
ferner dZ gegen $2Z$ vernachlässigt werden kann, vereinfachen sich die Gleichgewichtsbedingungen zu $Z\, d\varphi = dN$ und $dZ = \mu\, dN$. Aus diesen beiden Gleichungen ergibt
sich die Differentialgleichung der Seilreibung

$$\frac{dZ}{d\varphi} = \mu Z \tag{120.2}$$

Gl. (120.2) kann auch aus den geometrischen Beziehungen des zum herausgeschnittenen
Seilstückchen gehörenden Kraftecks (**120.**1c) hergeleitet werden. Da der Winkel $d\varphi$ sehr

klein ist, kann $dN = Z \, d\varphi$ und $dZ = dR = \mu \, dN$ abgelesen werden. Aus diesen beiden Gleichungen folgt nach Umformung ebenfalls Gl. (120.2).

Gl. (120.2) wird umgestellt

$$\frac{dZ}{Z} = \mu \, d\varphi$$

und anschließend auf beiden Seiten integriert

$$\int \frac{dZ}{Z} = \int \mu \, d\varphi$$

Die Grenzen der unbestimmten Integrale werden so gewählt, daß die Integrationskonstante Null wird. Zum Umschlingungswinkel $\varphi = 0$ gehört Z_1 und zu $\varphi = \alpha$ gehört Z_2.

$$\int_{Z_1}^{Z_2} \frac{dZ}{Z} = \mu \int_0^\alpha d\varphi$$

Hieraus wird

$$\ln \frac{Z_2}{Z_1} = \mu \, \alpha \qquad \frac{Z_2}{Z_1} = e^{\mu\alpha} \qquad Z_2 = Z_1 \, e^{\mu\alpha} \qquad (121.1)$$

Die gesamte Reibungskraft ist gleich der Differenz der Seilkräfte Z_2 und Z_1

$$R = Z_2 - Z_1 = Z_1 \, (e^{\mu\alpha} - 1) \qquad\qquad (121.2)$$

Sie nimmt exponentiell mit dem Umschlingungswinkel zu und ist unabhängig von dem Wellendurchmesser.

Ist ein Treibriemen über eine kreisrunde Welle mit dem Radius r gelegt (120.2a), so kann auf die Welle ein Antriebsmoment gleich Reibungskraft mal Radius übertragen werden

$$M = R \, r = Z_1 \, r \, (e^{\mu\alpha} - 1) \qquad\qquad (121.3)$$

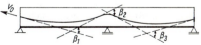

In den angegebenen Formeln wird der Umschlingungswinkel α im Bogenmaß eingesetzt.

Beispiel 38 (121.1). Um eine Welle ist ein Seil gelegt, welches einen Körper mit der Gewichtskraft G trägt. Wie groß muß die haltende Kraft Z sein, damit der Körper nicht herabsinkt ($\mu = 0{,}2$)?

Mit Gl. (121.1) erhält man mit

121.1

$$Z = \frac{G}{e^{\mu\pi}} = G \, e^{-0{,}2\pi} = G \cdot 0{,}534$$

Beispiel 39. Bei Spannbetonbauteilen muß untersucht werden, wie sich die Vorspannkraft V entlang des Spanngliedes ändert. Der in Bild **121.2** dargestellte Zweifeldträger wird vom linken Trägerende aus vorgespannt, während das Spannglied am rechten Trägerende fest verankert ist.

Die Spannkraft am rechten Trägerende ist nach Gl. (121.1)

$$V = V_0 \, e^{-\mu\beta}$$

121.2

Hierin ist β der Umlenkwinkel, der sich aus dem planmäßigen Anteil (121.2) $\beta_1 + \beta_2 + \beta_3$ und dem ungewollten Anteil $l \, \Delta\beta$ zusammensetzt. l ist die Spanngliedlänge und $\Delta\beta$ der auf die Längeneinheit durch den Durchhang des Spanngliedes und den Verlegeungenauigkeiten herrührende Umlenkwinkel. Es ist also $\beta = \Sigma \, \beta_i + l \, \Delta\beta$.

5.6.5. Schiefer Wurf

Die Bahnkurve eines mit der Geschwindigkeit v_0 schief nach oben geworfenen Körpers soll ermittelt werden. Nach dem Gesetz der Überlagerung von Bewegungen in Kraftfeldern (hier Schwerkraftfeld) kann die Bewegung für zwei aufeinander senkrecht stehende Richtungen unabhängig voneinander untersucht und dann überlagert werden. Hierdurch gestalten sich die Berechnungen meist einfacher.

Wählt man das Koordinatensystem so, daß die Schwerkraft in Richtung der negativen y-Achse wirkt, so gelten die Beschleunigungsgesetze

$$a_x(t) = 0 \qquad\qquad a_y(t) = -g \tag{122.1}$$

Hierin sind $a_x(t)$ und $a_y(t)$ die Beschleunigungen in x- bzw. y-Richtung und $g = 9{,}80665 \text{ m/s}^2$ die Fallbeschleunigung. Aus der Beziehung $\dot{v}(t) = a(t)$ ergibt der Hauptsatz Gl. (95.1) das unbestimmte Integral $v(t) = \int a(t) \, \mathrm{d}t$. Entsprechend folgt aus der Beziehung $\dot{s}(t) = v(t)$ das unbestimmte Integral $s(t) = \int v(t) \, \mathrm{d}t$.

Aus den Beschleunigungs-Gesetzen Gl. (122.1) erhält man durch Integration die Geschwindigkeit-Zeit-Gesetze

$$v_x(t) = v_{x0} \qquad\qquad v_y(t) = -g \, t + v_{y0} \tag{122.2}$$

und die Weg-Zeit-Gesetze

$$s_x(t) = v_{x0} \, t + s_{x0} \qquad s_y(t) = -\frac{g}{2} \, t^2 + v_{y0} \, t + s_{y0} \tag{122.3}$$

Die Größen v_{x0}, v_{y0}, s_{x0} und s_{y0} sind die vier Integrationskonstanten, die durch die Anfangsbedingungen bestimmt werden.

Beispiel 40. Beim schiefen Wurf (122.1) wird die Anfangslage im Koordinatenursprung gewählt. Die Komponenten der Anfangsgeschwindigkeit sind v_{x0} und v_{y0}. Man bestimme das Geschwindigkeits-Zeit- und das Weg-Zeit-Gesetz, die Wurfhöhe, die Wurfweite sowie die Bahnkurve.

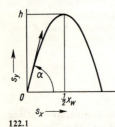

122.1

Gl. (122.3) ergibt mit den geforderten Anfangsbedingungen $s_{x0} = s_{y0} = 0$

$$s_x(t) = v_{x0} \, t \qquad\qquad s_y(t) = -\frac{g}{2} \, t^2 + v_{y0} \, t \tag{122.4}$$

Die Wurfhöhe h wird zu dem Zeitpunkt t_h erreicht, für den $v_y(t_h) = -g \, t_h + v_{y0} = 0$ gilt. Daher ist $t_h = v_{y0}/g$. Dann wird die Wurfhöhe $h = s_y(t_h) = v_{y0}^2/(2g)$. Der Zeitpunkt t_W, zu dem der Körper wieder die Höhe Null erreicht, ergibt sich aus $s_y(t_W) = 0$. Da der Wurf zum Zeitpunkt $t = 0$ beginnt, kann diese Lösung ausgeschlossen werden, man erhält $t_W = 2 v_{y0}/g$. Hieraus folgt die Wurfweite $x_W = s_x(t_W) = 2 v_{x0} \, v_{y0}/g$. Löst man Gl. (122.3) für s_x nach t auf und setzt diese in die Gleichung für s_y ein, so ergibt sich die schon in Beispiel 8, S. 28 untersuchte Wurfparabel

$$s_y = -\frac{g}{2 v_{x0}^2} \, s_x^2 + \frac{v_{y0}}{v_{x0}} \, s_x$$

Aufgaben zu Abschnitt 5

1. Es ist $y' = 18x^3 - 12x^2 + 3x - 6$. Gesucht ist dasjenige y, für das $y(-1) = -17$ gilt.

2. Es ist

$$I(x) = \int_{-\pi}^{x} (1 + \cos u)\, du$$

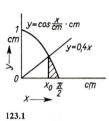

123.1

Man zeichne die Kurven $f(u)$ und $I(x)$ und berechne $I(\pi)$.

3. Man bestimme

a) $\displaystyle I = \int_{2}^{5} \frac{dx}{1 - x^2}$ b) $\displaystyle I = \int_{-0,61}^{0,21} \frac{dx}{1 + x^2}$

4. Wie groß ist die in Bild **123.**1 schraffierte Fläche?

5. Man leite aus der Differentiationsformel Gl. (41.1) zwei Integrationsformeln her.

6. Man leite aus der Differentiationsformel in Beispiel 7, S. 42 eine Integrationsformel her.

7. Man bestimme den Flächeninhalt unter einem Sinusbogen $y = \left(\sin \dfrac{x}{\text{cm}}\right)$ cm.

8. Man ermittle die Verlängerung Δl eines kreisrunden sich konisch verjüngenden Stahlstabes (Elastizitätsmodul $E = 2,1 \cdot 10^6$ kp/cm^2), der durch eine Kraft $P = 10$ Mp auf Zug beansprucht wird. Durchmesser der Endquerschnitte $D = 2R = 36$ mm und $d = 2r = 26$ mm, Länge des Stahlstabes $l = 8$ m.

9. Man berechne folgende Integrale:

a) $\displaystyle I = \int_{0}^{2} e^{-0,4x}\, dx$ b) $\displaystyle I(x) = \int \sqrt{r^2 - x^2}\, dx$ c) $\displaystyle I(x) = \int \sqrt{x^2 - 1}\, dx$

d) $\displaystyle I = \int_{0}^{1} x^2 \sqrt{1 - x^2}\, dx$ e) $\displaystyle I(x) = \int \frac{dx}{\sqrt{x^2 - 4x + 5}}$

f) $\displaystyle I(x) = \int \frac{x^2\, dx}{\sqrt{x + 2 - x^2}}$

Hinweis: Man substituiere zunächst $x = u + (1/2)$ und dann $u = (3/2) \sin v$.

g) $\displaystyle I(x) = \int \frac{dx}{\cos x}$ Hinweis: Beispiel 15, S. 100.

h) $\displaystyle I(x) = \int \frac{x\, dx}{x^2 - 7x + 3}$ i) $I(x) = \int \sin^4 x\, dx$ j) $\displaystyle I = \int_{\pi/4}^{\pi/2} \sin^3 x\, dx$

k) $I(x) = \int \ln x\, dx$ Hinweis: Produktintegration mit Faktor Eins.

l) $I(x) = \int x \arctan x\, dx$ Hinweis: Man differenziere den Arcustangens.

m) $\displaystyle I = \int_{0}^{\pi/2} x^3 \cos 2x\, dx$

10. Man berechne den Flächeninhalt der Ellipse

$$\frac{x^2}{a^2} + \frac{y^2}{b^2} = 1$$

11. Man bestimme die effektive Spannung für die in Bild **124.**1 gezeigte pulsierende Gleichspannung (s. Beispiel 17, S. 100).

9*

12. Die Parabel $y^2 = 6x$ rotiert um die x-Achse. Man bestimme die Oberfläche und deren Schwerpunkt des entstandenen Rotationsparaboloids im Bereich $0 \leqq x \leqq 12$. Hinweis: Man substituiere $u = \sqrt{9 + 6x}$ oder $v = 9 + 6x$.

13. Man bestimme den Schwerpunkt S und das axiale Trägheitsmoment bezüglich der x-Achse des Flächenstücks unter dem Sinusbogen $y = a \sin (x/a)$, Bild **124.**2.

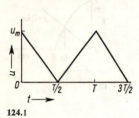

124.1

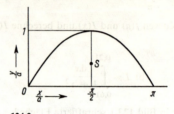

124.2

14. Man bestimme die Bogenlänge der Kettenlinie $y = a \cosh (x/a)$ zwischen $x = 0$ und $x = x_0$. Die Gleichung der Kettenlinie wird häufig durch die Parabelgleichung

$$y = a \left(1 + \frac{x^2}{2a^2}\right)$$

angenähert (Beispiel 3, S. 163). Wie groß ist die Bogenlänge dieser Parabel? Wie groß ist der relative Fehler bei $x_0 = a$?

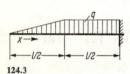

124.3

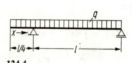

124.4

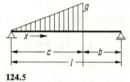

124.5

15. Wie groß ist die Fläche F unter der Kurve $y = a e^{-\delta t} \sin (\omega t + \varphi)$ zwischen den Abszissen $t = -\varphi/\omega$ und $t = (-\varphi + \pi)/\omega$?

16. Man ermittle den Verlauf der Querkraft und des Moments für den nach Bild **124.**3 gegebenen Freiträger.

17. Man ermittle den Verlauf der Querkraft und des Moments für den nach Bild **124.**4 gegebenen Einfeldträger mit einseitigem Kragarm. Man gebe die Querkraftnullstelle und das Maximalmoment an.

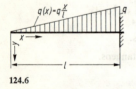

124.6

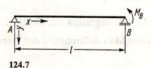

124.7

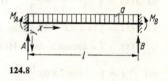

124.8

18. Man ermittle den Verlauf der Querkraft und des Moments für den nach Bild **124.**5 gegebenen Einfeldträger und gebe die Querkraftnullstelle und das Maximalmoment an.

19. Für den in Bild **124.**6 dargestellten Freiträger bestimme man die Gleichung der Biegelinie, die größte Durchbiegung f und die Neigung am Freiträgerende.

20. Man ermittle die Gleichung der Biegelinie und die Auflagerdrehwinkel für den in Bild **124.**7 dargestellten Einfeldträger mit einem an der Stütze B angreifenden Biegemoment M_B.

21. Für den in Bild **124.**8 gegebenen beidseits eingespannten Einfeldträger ist die Gleichung der Biegelinie zu
ermitteln. Wie groß sind die Auflagerreaktionen? Wie
groß ist das Maximalmoment? Wo ist das Moment Null?

22. Ein Elektromotor überträgt mit einem Treibriemen
auf eine Welle ein Moment $M = 15$ kpm (**125.**1). Man
berechne für die angegebenen Maße (in Millimeter) und
die Reibungszahl $\mu = 0,3$ die Spannkräfte Z_1 und Z_2 des
Riemens. Hinweis: Der kleinere Umschlingungswinkel ist
maßgebend.

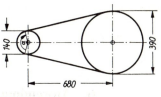

125.1

23. Wie weit bewegt sich ein **Körper** im **Schwerkraftfeld** bei den Anfangsbedingungen
$v_{x0} = 1,5$ m/s, $v_{y0} = 0$, $s_{x0} = 0$ und $s_{y0} = 10$ m, ehe er die Höhe Null erreicht, wenn ein
Rückenwind eine zusätzliche Beschleunigungskomponente $a_x = 0,2$ m/s^2 verursacht?

6. Anwendungen der Differential- und Integralrechnung

6.1. Iteration. Newton-Verfahren

Iteration

Ein Iterationsverfahren (lateinisch: iterum = zum zweiten Male) ist ein Wiederholungsverfahren. Aus einer Näherungslösung einer Gleichung oder eines Gleichungssystems wird durch wiederholte Anwendung der gleichen Rechenoperation eine Folge von Näherungswerten gewonnen, die unter bestimmten Voraussetzungen gegen die Lösung konvergiert. Ein Iterationsverfahren hat den Vorteil, daß kleine Schätzungs- und Rundungsfehler den Rechengang kaum stören und sich nur in einer Verzögerung der Konvergenz bemerkbar machen.

Iterationsverfahren sind z. B. das in Abschn. Potenzen und Wurzeln in Teil 1 angegebene Verfahren zur Berechnung einer Quadratwurzel und die in Abschn. Lineare Funktionen in Teil 1 beschriebene Regula falsi. In der Baustatik werden die Iterationsverfahren von Cross und Kani häufig zur Untersuchung statisch unbestimmter Systeme benutzt.

Iterationsgleichungen sind Rechenvorschriften der Form

$$x_{n+1} = \varphi(x_n) \tag{126.1}$$

mit denen aus einer Näherung x_n eine neue Näherung x_{n+1} berechnet wird.

Konvergenz. Die Anwendung der Gl. (126.1) ist nur dann sinnvoll, wenn die Folge der x_n einen Grenzwert hat, also konvergiert. Das bedeutet, daß der Fehler der $(n+1)$-ten Näherung kleiner als der Fehler der n-ten Näherung sein muß.

Ist x_0 der (unbekannte) Grenzwert, so lautet die Konvergenzbedingung

$$|x_{n+1} - x_0| \leqq q \cdot |x_n - x_0| \tag{126.2}$$

mit konstantem $q < 1$. Nur durch diese Konstante wird sichergestellt, daß sich nicht

$$\lim_{n \to \infty} |x_{n+1} - x_0| = \lim_{n \to \infty} |x_n - x_0| \neq 0$$

ergibt, was aus $|x_{n+1} - x_0| < |x_n - x_0|$ folgen kann. Für den Grenzwert gilt $x_0 = \varphi(x_0)$ exakt, da er die Lösung der gegebenen Gleichung darstellt. Dieser Ausdruck wird auf der linken Seite von Gl. (126.2) eingesetzt. Der Ausdruck x_{n+1} wird nach Gl. (126.1) ersetzt. Dann ist

$$|\varphi(x_n) - \varphi(x_0)| \leqq q\,|x_n - x_0|$$

und

$$\frac{|\varphi(x_n) - \varphi(x_0)|}{|x_n - x_0|} = \left|\frac{\varphi(x_n) - \varphi(x_0)}{x_n - x_0}\right| \leqq q < 1$$

Nach dem Mittelwertsatz der Differentialrechnung Gl. (36.1)

$$f'(x_m) = \frac{f(b) - f(a)}{b - a}$$

ist dieser Differenzenquotient gleich der Ableitung der Funktion $\varphi(x)$ an einer zwischen x_n und x_0 gelegenen Stelle x_m.

Das Konvergenzkriterium für ein Iterationsverfahren lautet also[1])

$$|\varphi'(x_m)| \leqq q < 1 \qquad (127.1)$$

Wenn eine Gleichung auf verschiedene Arten nach x aufgelöst werden kann, so ist zu prüfen, für welche der möglichen Iterationsgleichungen die Konvergenzbedingung Gl. (127.1) erfüllt ist.

Beispiel 1. Man gebe die kleinste positive Lösung der Gleichung $x = \tan x$ an.

Diese Gleichung hat schon die Form der Gl. (126.1)

$$x_{n+1} = \tan x_n = \varphi(x_n)$$

Die Lösung liegt in der Nähe von $x = 4,5$. Man entnimmt die erste Näherung einer Zeichnung wie in Abschn. Goniometrische Gleichungen in Teil 1. Die Konvergenzbedingung Gl. (127.1) erfordert

$$|\varphi'(x_m)| = |1 + \tan^2 x_m| < 1$$

Diese Bedingung ist für keinen Wert x_m zu erfüllen. Das Verfahren konvergiert sicher nicht. Löst man aber die gegebene Gleichung nach dem x der rechten Seite auf, so entsteht aus

$$x = \tan x$$

$$\arctan x = x$$

und anstatt

$$x_{n+1} = \tan x_n$$

erhält man

$$x_{n+1} = \arctan x_n = \varphi(x_n)$$

Hier ist die Ableitung

$$\varphi'(x) = \frac{1}{1 + x^2}$$

für jeden Wert x oder $x_m \neq 0$ kleiner als 1. Das Iterationsverfahren konvergiert:

n	Anfangswert $x_1 = 4,5$		Anfangswert $x_1 = 4$		Anfangswert $x_1 = 3$	
	x_n	$\arctan x_n$ [2])	x_n	$\arctan x_n$	x_n	$\arctan x_n$
1	4,5	4,494	4	4,467	3	4,391
2	4,494	4,493	4,467	4,492	4,391	4,488
3	4,493	4,493	4,492	4,493	4,488	4,493
4			4,493	4,493	4,493	4,493

Man sieht, daß selbst bei relativ schlechtem Anfangswert das Iterationsverfahren schnell konvergiert, wenn nur die Konvergenzbedingung gut erfüllt ist, also q wesentlich kleiner als Eins gewählt werden kann.

---

[1]) Falls für alle x_m die Bedingung $|\varphi'(x_m)| < 1$, aber für $n \to \infty$ $|\varphi'(x_m)| \to 1$ gilt, liegt keine Konvergenz vor.

[2]) Hier muß mit der Funktion $y = \arctan x + \pi$ gerechnet werden.

Newton-Verfahren

Das Newton-Verfahren dient der Verbesserung eines Näherungswertes für die Nullstelle einer gegebenen Funktion $y = f(x)$. Es hat Ähnlichkeit mit der Regula falsi, bei der zwei Punkte der Funktionskurve gegeben sind; der Schnittpunkt der durch diese beiden Punkte gelegten Sekante mit der x-Achse ist ein Näherungswert für die Nullstelle der Funktion.

Hier ist ein Punkt $(x_1; y_1)$ der Funktionskurve und die Ableitung y_1' der Kurve in diesem Punkt gegeben. Der Schnittpunkt der in dem Punkt $(x_1; y_1)$ an die Funktionskurve gelegten Tangente mit der x-Achse ist eine Näherung für die Nullstelle (**128.1**).

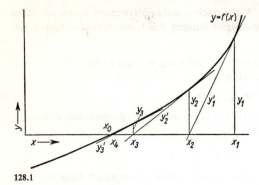

128.1

Aus diesem Bild liest man die Beziehung

$$\frac{y_1}{x_1 - x_2} = y_1' \qquad (128.1)$$

ab. Man löst diese Gleichung nach x_2 auf und erhält unter der Voraussetzung $y_1' \neq 0$

$$x_2 = x_1 - \frac{y_1}{y_1'} \qquad (128.2)$$

Ist nun $y_1 = 0$, so ist $x_1 = x_2$ und x_1 ist die gesuchte Nullstelle. Ist dagegen $y_1 \neq 0$, so berechnet man für x_2 die Werte y_2 und y_2' aus der Funktionsgleichung und findet eine neue Näherung

$$x_3 = x_2 - \frac{y_2}{y_2'}$$

So ergibt sich eine Folge von Näherungswerten, die unter gewissen Voraussetzungen gegen die Lösung x_0 konvergiert. Die allgemeine Gleichung für die Näherungsfolge lautet

$$x_{n+1} = x_n - \frac{y_n}{y_n'} \qquad (128.3)$$

Konvergenz. Falls x_2 eine Verbesserung des Näherungswertes x_1 darstellt, wie man oft an einem Schaubild erkennt, konvergiert das Verfahren bei wiederholter (iterativer) Anwendung rasch. Rechnet man von Anfang an mit der gewünschten Dezimalenzahl des Endergebnisses, dann verdoppelt sich etwa bei jedem Schritt die Anzahl der gültigen Dezimalen. Ist jedoch $f(x_1)$ im Vergleich mit $f'(x_1)$ nicht klein, so liegt der Punkt $(x_1; y_1)$ in der Nähe eines Extremwertes, und x_2 kann weiter von der Nullstelle entfernt sein als x_1 (**128.2**). Dann ist als erster Wert für die Iteration ein anderer günstigerer Kurvenpunkt zu suchen.

Beim Newton-Verfahren ist nach Gl. (128.3) und (126.1)

$$\varphi(x) = x - \frac{y}{y'}$$

und die Ableitung

$$\varphi'(x) = 1 - \frac{y'^2 - y\,y''}{y'^2} = \frac{y\,y''}{y'^2}$$

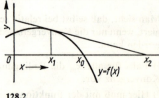

128.2

Das Konvergenzkriterium für das Newton-Verfahren lautet also

$$\left|\frac{y\,y''}{y'^2}\right| \leqq q < 1 \tag{129.1}$$

Das Verfahren konvergiert sicher dann, wenn y sehr klein ist, man also schon sehr dicht an die Nullstelle herangekommen ist, oder wenn y'' sehr klein, die Kurve also nur schwach gekrümmt ist oder wenn y' nicht zu klein ist, der gesuchte Wert also nicht in der Nähe eines Extremwertes liegt.

Beispiel 2. Die Konvergenz des Newton-Verfahrens ist für die in Beispiel 1, S. 127 genannte Aufgabe $\tan x = x$ oder $y = \tan x - x = 0$ zu untersuchen.

Es gilt

$$y' = 1 + \tan^2 x - 1 = \tan^2 x$$

$$y'' = 2 \tan x \,(1 + \tan^2 x)$$

und

$$\frac{y\,y''}{y'^2} = \frac{2(\tan x - x)\,(1 + \tan^2 x)}{\tan^3 x}$$

Setzt man den Näherungswert $x_1 = 4{,}5$ mit $\tan x_1 = 4{,}64$ in y' und y'' ein, so ergibt sich

$$\frac{y\,y''}{y'^2} \approx 0{,}45\,(\tan x - x)$$

und nur wenn bei der ersten Näherung schon $\tan x - x < 2{,}2$ ist, konvergiert das Verfahren. Diese Bedingung ist bei einem Anfangswert $x_1 = 4{,}5$ erfüllt. Dagegen ist für $x = 4$ und $\tan 4 = 1{,}16$ der Ausdruck

$$\left|\frac{y\,y''}{y'^2}\right| = 8{,}5 > 1$$

und $x = 4$ ist deshalb als Anfangswert nicht geeignet. Das Newton-Verfahren ist also für die Berechnung der Nullstellen der Funktion $y = \tan x - x$ nur sehr schlecht brauchbar.

Horner-Schema. Die Newton-Näherung ist besonders günstig in Verbindung mit dem Horner-Schema, falls $f(x)$ ein Polynom ist. In Teil 1, in Abschn. Funktionen höheren Grades, ist am Beispiel eines Polynoms dritten Grades

$$y = f(x) = a_3\,x^3 + a_2\,x^2 + a_1\,x + a_0$$

das Schema entwickelt worden. Zur Anwendung in Gl. (128.3) benötigt man zusätzlich die erste Ableitung $y' = f'(x) = 3\,a_3\,x^2 + 2\,a_2\,x + a_1$. Erweitert man das Schema um zwei Zeilen, so ergibt sich

$$
\begin{array}{llll}
& a_3 \quad a_2 & a_1 & a_0 \\
x = x_1 & \underline{\quad a_3\,x_1} & \underline{a_3\,x_1^2 + a_2\,x_1} & \underline{a_3\,x_1^3 + a_2\,x_1^2 + a_1\,x_1} \\
& a_3 \quad a_3\,x_1 + a_2 & a_3\,x_1^2 + a_2\,x_1 + a_1 & a_3\,x_1^3 + a_2\,x_1^2 + a_1\,x_1 + a_0 = f(x_1) \\
x = x_1 & \underline{\quad a_3\,x_1} & \underline{2\,a_3\,x_1^2 + a_2\,x_1} & \\
& a_3 \quad 2\,a_3\,x_1 + a_2 & 3\,a_3\,x_1^2 + 2\,a_2\,x_1 + a_1 = f'(x_1) &
\end{array}
$$

Diese Methode gilt für Polynome beliebigen Grades.

Hinweise. Zum Berechnen der Funktionswerte $f(x_1)$ und $f'(x_1)$ kommt man daher mit einem erweiterten Schema aus. Außer Additionen sind nur Multiplikationen mit einem Faktor x_1 erforderlich. Sowohl für das Rechnen mit dem Rechenschieber (eine Zungeneinstellung) wie auch mit Rechenmaschinen (Bilden einer Produktsumme, Abschn. 10) bietet diese Methode große Vorteile. Die Konvergenz dieses Newton-Verfahrens ist ungleich besser als die der linearen Interpolation (Regula falsi), wenn der Anfangswert x_1 genügend nahe an der Nullstelle liegt.

Beispiel 3. Bei der Untersuchung eines technischen Problems tritt die Bestimmungsgleichung

$$x^3 - x^2 - x + 0{,}04 = 0 \qquad (130.1)$$

auf. Gesucht ist die kleinste positive Nullstelle auf fünf Dezimalen genau, um drei sichere Dezimalen zu erhalten.

Durch Zeichnen der Funktion $y = x^3 - x^2 - x + 0{,}04$ ergeben sich die Näherungswerte

$$x_1 = 1{,}53 \qquad x_2 = 0{,}04 \qquad x_3 = -0{,}63$$

Die kleinste positive Nullstelle ist x_2. Mit dem Horner-Schema erhält man

1	-1	-1	$+0{,}04$
	$+0{,}04$	$-0{,}0384$	$-0{,}041536$
1	$-0{,}96$	$-1{,}0384$	$-0{,}001536$
	$+0{,}04$	$-0{,}0368$	
1	$-0{,}92$	$-1{,}0752$	

Die Newton-Formel liefert auf fünf Dezimalen

$$x = 0{,}04 - \frac{-0{,}001536}{-1{,}0752} = 0{,}04 - 0{,}001429 = 0{,}03857$$

Ein zweiter Ansatz mit dem Horner-Schema

1	-1	-1	$+0{,}04$
	$+0{,}03857$	$-0{,}03708$	$-0{,}0400002$
1	$-0{,}96143$	$-1{,}03708$	$-0{,}0000002$

ergibt keine Verbesserung. Die Rechnung kann an dieser Stelle abgebrochen werden, da $f'(0{,}03857)$ die Größenordnung Eins hat, so daß in der Newton-Formel nur noch eine Verbesserung der Größenordnung $2 \cdot 10^{-7}$ auftritt, die auf die fünfte Dezimale keinen Einfluß mehr hat. Aus dem letzten Horner-Schema erhält man eine quadratische Gleichung für die beiden anderen Nullstellen.

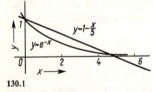

130.1

Beispiel 4. Bei der Untersuchung der Wärmestrahlung tritt die Gleichung

$$e^{-x} = 1 - \frac{x}{5}$$

auf. Gesucht ist die positive Nullstelle auf drei Dezimalen genau.

Nach Bild 130.1 ergeben sich zwei Nullstellen $x = 0$ (interessiert nicht) und $x_1 \approx 5$. Es ist $y = e^{-x} - 1 + x/5$. Dann gilt $y' = -e^{-x} + 1/5$. Nach Newton wird

$$x_2 = 5 - \frac{e^{-5}}{0{,}2 - e^{-5}} = 5 - 0{,}0349 = 4{,}9651$$

und

$$x_3 = 4{,}9651 - \frac{e^{-4{,}9651} - 0{,}0070}{0{,}2 - e^{-4{,}9651}} = 4{,}9651 - 0{,}0000 = 4{,}965$$

Bereits die zweite Näherung x_2 ist auf drei Dezimalen genau.

6.2. Extremwerte. Wendepunkte

Geometrische Deutung der Ableitungen

Allgemeines Verhalten der Kurve (131.1). Ist für die Abszisse $x = x_1$ die Ordinate $y_1 = f(x_1)$ positiv, so liegt der Kurvenpunkt oberhalb der x-Achse. Ist die erste Ableitung $y_1' = f'(x_1)$ positiv, so ist der Anstieg der Kurve in diesem Punkte positiv. Für wachsende x[1]) nehmen daher die Ordinaten zu; y wächst. Ist y' an der Stelle x_2 negativ, so nimmt y in der Umgebung des Punktes $(x_2; y_2)$ ab.

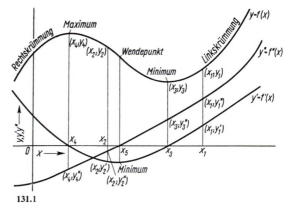

131.1

| $y' > 0$ | y wächst |
| $y' < 0$ | y nimmt ab |

Die zweite Ableitung ist die erste Ableitung der ersten Ableitung. Ist y'' an der Stelle x_1 positiv, so nimmt der Anstieg in der Umgebung des Punktes $(x_1; y_1)$ zu. Die Kurve hat daher Linkskrümmung. Ist y'' an einer Stelle x_2 negativ, so nimmt y' in der Umgebung des Punktes $(x_2; y_2)$ ab. Die Kurve $y = f(x)$ hat Rechtskrümmung.

| $y'' > 0$ | y' wächst | die Kurve y hat Linkskrümmung |
| $y'' < 0$ | y' nimmt ab | die Kurve y hat Rechtskrümmung |

Extremwerte. Ist $y' = 0$, so hat die Kurve im Punkte $(x_3; y_3)$ bzw. $(x_4; y_4)$ eine horizontale Tangente. Für $x = x_3$ ist $y'' > 0$, die Kurve hat in der Umgebung des Punktes $(x_3; y_3)$ Linkskrümmung. Ein solcher Kurvenpunkt heißt ein relatives Minimum, meist kurz Minimum genannt. Alle benachbarten Kurvenpunkte haben größere Ordinaten (Abschn. Charakteristische Eigenschaften der Funktionen in Teil 1). Für $x = x_4$ ist $y' = 0$ und zugleich $y'' < 0$. Die Kurve hat in der Umgebung des Punktes $(x_4; y_4)$ mit horizontaler Tangente Rechtskrümmung. Dieser Punkt heißt ein relatives Maximum, kurz Maximum genannt.

$$y' = 0 \qquad \begin{matrix} y'' > 0 & \textbf{Minimum} \\ y'' < 0 & \textbf{Maximum} \end{matrix}$$

Sucht man bei einem technischen Problem ein relatives Minimum (Maximum), so werden zunächst die Kurvenpunkte bestimmt, für die $y' = 0$ ist. Sodann kann man am Vorzeichen der zweiten Ableitung der in Frage kommenden Punkte ablesen, ob ein Minimum oder ein Maximum vorliegt. Gelegentlich kann man auf das Berechnen der zweiten Ableitung verzichten, wenn das technische Problem seinem Inhalt nach eine eindeutige Entscheidung zuläßt, ob ein Minimum oder ein Maximum vorliegt.

---

[1]) In diesem Abschnitt gelten alle Aussagen im Sinne wachsender Werte der unabhängigen Veränderlichen x.

Randextremwerte. Durch Nullsetzen der ersten Ableitung erhält man alle relativen Extremwerte der Funktion. Bei technischen Problemen interessiert oft das absolute Extremum (Abschn. Charakteristische Eigenschaften der Funktionen in Teil 1). Andererseits hat $y = f(x)$ bei technischen Problemen meist nur für ein endliches Intervall $x_1 \leqq x \leqq x_2$ Bedeutung. So interessiert die Gleichung der Biegelinie eines Balkens nur für $0 \leqq x \leqq l$. Die Differentialrechnung ermittelt nur die relativen Extremwerte, bei denen $y' = 0$ ist. In Bild **132**.1 befindet sich aber das absolute Extremum der Durchbiegung bei $x = l$ am Rande, ohne daß in diesem Punkte eine horizontale Tangente auftritt. Ist nach dem absoluten Extremum in einer technischen Aufgabe gefragt, so wird daher außer $y' = 0$ noch der Wert der Ordinaten in den Randpunkten untersucht und mit den relativen Extremwerten verglichen.

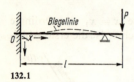

132.1

Wendepunkte. Ändert sich das Vorzeichen der zweiten Ableitung, so geht die Kurve von Rechts- in Linkskrümmung oder von Links- in Rechtskrümmung über. Einen solchen Kurvenpunkt, in Bild **131**.1 der Punkt $(x_5; y_5)$, nennt man einen Wendepunkt. In einem Wendepunkt schneidet die Tangente die Kurve. Diese Vorzeichenänderung von y'' tritt normalerweise auf, wenn $y'' = 0$ wird. Ist y'' ein Bruch, dessen Nenner Null wird und dabei das Vorzeichen ändert, so erhält man ebenfalls einen Wendepunkt. Zwar wächst dann y'' über alle Grenzen, ändert aber das Vorzeichen, wie im folgenden Beispiel gezeigt wird.

Ändert y'' das Vorzeichen, so hat die Kurve $y = f(x)$ einen Wendepunkt.

Beispiel 5. Hat die Funktionskurve $y = x^{1/3}$ im Nullpunkt einen Wendepunkt?

Es ist
$$y' = \frac{1}{3} \frac{1}{x^{2/3}}$$

und
$$y'' = -\frac{2}{9} \frac{1}{x^{5/3}}$$

Für $x = 0$ ist y'' nicht erklärt, da diese Größe über alle Grenzen wächst. Trotzdem ändert sich für $x = 0$ das Vorzeichen der zweiten Ableitung, so daß man einen Wendepunkt erhält, wie Bild **132**.2 zeigt.

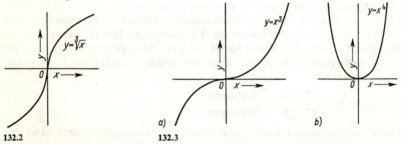

132.2   132.3   a)   b)

$y' = y'' = 0.$ Ist für eine Abszisse x zugleich y' und y'' gleich Null, so kann man unmittelbar keine Aussagen über das Verhalten der Kurve in der Umgebung dieser Stelle machen. Der fragliche Kurvenpunkt hat eine horizontale Tangente. Ändert y'' an dieser Stelle das Vorzeichen (**132**.3a), so spricht man von einem Sattelpunkt (horizontale Wendetangente). Ändert y'' an dieser Stelle nicht das Vorzeichen (**132**.3b), so bleibt das Krümmungsverhalten der Kurve unverändert. Es ergibt sich ein Extremwert.

Beispiel 6. Hat $y = x^4 + x$ im Koordinaten-Ursprung einen Wendepunkt?

Es ist $y' = 4x^3 + 1$ und $y'' = 12x^2 \geqq 0$ für alle Werte von x. Für $x = 0$ wird $y'' = 0$, ändert aber nicht das Vorzeichen. Da y' im Nullpunkt nicht Null wird, hat die Kurve auch keine horizontale Tangente. Bild **133.1** zeigt die Funktionskurve.

Beispiel 7. Das Biegemoment des in Bild **133.2** dargestellten Trägers genügt der Funktionsgleichung

$$M(x) = -\frac{q\,l^2}{60}\left(2 - 9\frac{x}{l} + 10\frac{x^3}{l^3}\right)$$

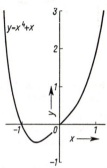

133.1

Man ermittle die maßgebenden Biegemomente.

Die Einspannmomente werden für $x = 0$ und $x = l$ erhalten

$$M_A = M(x = 0) = -\frac{q\,l^2}{30}$$

$$M_B = M(x = l) = -\frac{q\,l^2}{60}(2 - 9 + 10) = -\frac{q\,l^2}{20}$$

Es wird untersucht, ob im Bereich $0 \leqq x \leqq l$ das Biegemoment extremal wird.

$$M'(x) = -\frac{q\,l^2}{60}\left(-9\frac{1}{l} + 30\frac{x^2}{l^3}\right)$$

Aus $M' = 0$ erhält man $\quad -\frac{9}{l} + \frac{30}{l^3}x_0^2 = 0$

$$x_0 = \pm l\sqrt{\frac{3}{10}} = \pm\,0{,}548\,l$$

133.2

Nur die positive Lösung ist sinnvoll; man erhält max $M = M(x_0 = 0{,}548\,l) = q\,l^2/46{,}6$. Der Randextremwert M_B ist also maßgebend für die Bemessung des Trägers.

Beispiel 8. Aus einem rechteckigen Blech mit den Seitenlängen a und b ist nach Herausschneiden der Ecken ein Kasten mit möglichst großem Volumen zu knicken (**133.3**).

Es ist $\quad V = (b - 2x)(a - 2x)\,x = a\,b\,x - 2(a+b)\,x^2 + 4x^3$

$$\frac{dV}{dx} = a\,b - 4(a+b)\,x + 12x^2$$

$$\frac{d^2V}{dx^2} = -4(a+b) + 24x$$

Aus $V' = 0$ erhält man $\quad x_0^2 - \frac{a+b}{3}x_0 + \frac{a\,b}{12} = 0$

$$x_0 = \frac{a+b}{6} \pm \frac{1}{6}\sqrt{(a-b)^2 + a\,b}$$

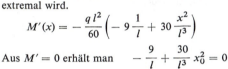

133.3

In diesem Falle ist es schwer zu erkennen, welcher Wert von x_0 das gesuchte Maximum liefert. Setzt man beide Werte in V'' ein, so ergibt sich

$$V''(x_0) = \pm\,4\sqrt{(a-b)^2 + a\,b}$$

Das obere Vorzeichen gehört also zu einem Minimum, das untere zu einem Maximum. Es ist also

$$x_{\text{max}} = \frac{1}{6}\left(a + b - \sqrt{(a-b)^2 + a\,b}\right)$$

und damit

$$\max V = \frac{1}{54}\left(a + b - \sqrt{(a-b)^2 + a\,b}\right)\left(2b - a + \sqrt{(a-b)^2 + a\,b}\right)\left(2a - b + \sqrt{(a-b)^2 + ab}\right)$$

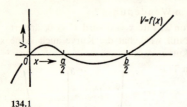

134.1

In diesem Falle ist es einfacher, die Funktion $V = f(x)$ in Bild **134**.1 zu zeichnen, um zu erkennen, daß das Extremum mit der kleineren Abszisse das Maximum liefert. Im Spezialfall $a = b$ wird $x_{max} = a/6$ und $\max V = (4/27)\,a^3$. Diesen Spezialfall kann man auch heranziehen, um aus

$$x_0 = \frac{a}{3} \pm \frac{a}{6}$$

abzulesen, welches Vorzeichen das Maximum ergibt.

Beispiel 9. Aus drei Bohlen der Breite a ist eine R i n n e mit möglichst großem Fassungsvermögen zu bilden (**134**.2).

Der Querschnitt F der Rinne ist $F = a\,h + h\,a\sin\alpha$. Die Funktion $F(h, \alpha)$ soll hier zu einem Extremum gebracht werden. Es scheint sich um eine Funktion von zwei unabhängigen Veränderlichen zu handeln. Funktionen dieser Form werden in Abschn. 8 besprochen. In diesem Beispiel jedoch sind die beiden Veränderlichen h und α nicht voneinander unabhängig. Es gilt zwischen ihnen die Gleichung $h = a\cos\alpha$. Also ist F nur eine Funktion von e i n e r unabhängigen Veränderlichen. Extremwertaufgaben dieser Art treten häufig auf. Entweder ist die Höhe h durch den Winkel α auszudrücken, dann ist $F = f(\alpha)$, oder es ist $\sin\alpha$ durch die Höhe h auszudrücken, dann ist $F = g(h)$. Beide Wege führen zum Ziel. Es soll hier der Weg über den Winkel α benutzt werden. Mit $h = a\cos\alpha$ wird

$$F = a^2\cos\alpha + a^2\sin\alpha\cos\alpha$$

eine Funktion der Veränderlichen α. Wenn die erste Ableitung dieser Funktion Null wird, und zugleich die zweite Ableitung für diesen Wert von α negativ ist, so liegt ein Maximum vor. Es ist

$$\frac{\mathrm{d}F}{\mathrm{d}\alpha} = a^2\,(-\sin\alpha + \cos^2\alpha - \sin^2\alpha) = a^2\,(-\sin\alpha + 1 - 2\sin^2\alpha)$$

$$\frac{\mathrm{d}^2F}{\mathrm{d}\alpha^2} = a^2\,(-\cos\alpha - 4\sin\alpha\cos\alpha)$$

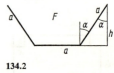

134.2

Setzt man $u = \sin\alpha$ und $\mathrm{d}F/\mathrm{d}\alpha = 0$, so wird

$$-u + 1 - 2u^2 = 0 \qquad \text{oder} \qquad u = -\frac{1}{4} \pm \frac{3}{4}$$

also $\qquad u_1 = 0{,}5 \qquad u_2 = -1$

Da $u = \sin\alpha$ gesetzt wurde, erhält man aus $u_1 = 0{,}5$ die beiden Lösungen $\alpha_1 = 30°$ und $\alpha_2 = 150°$; $u_2 = -1$ ergibt $\alpha_3 = 270°$. Meist geht man so vor, daß man aus der technischen Fragestellung heraus alle bis auf eine Lösung ausschließen kann. Man kann auch bilden

$$F''(\alpha_1) = -1{,}5\sqrt{3} \qquad F''(\alpha_2) = +1{,}5\sqrt{3} \qquad F''(\alpha_3) = 0$$

Bei beiden Überlegungen erhält man

$$\alpha_{max} = 30°$$

Hieraus folgt $h_{max} = a\cos\alpha_{max} = \dfrac{a}{2}\sqrt{3}\quad$ und $\quad\max F = \dfrac{3}{4}\sqrt{3}\,a^2$

Beispiel 10. Der kreisförmige Querschnitt der Spule eines T r a n s f o r m a t o r s soll durch den kreuzförmigen Querschnitt eines aus Blechen geschichteten Eisenkerns möglichst ausgefüllt werden (**135**.1): Maximaler Füllfaktor.

Die beiden Veränderlichen x und y hängen wegen $x^2 + y^2 = r^2$ voneinander ab. Der kreuzförmige Querschnitt ist $F = 4xy + 2 \cdot 2y(x - y)$. Es ist zweckmäßig, den Winkel α als unabhängige Veränderliche einzuführen. Dann gilt mit $x = r \cos \alpha$ und $y = r \sin \alpha$

$$F = 4r^2 (\sin 2\alpha - \sin^2 \alpha)$$

$$\frac{dF}{d\alpha} = 4r^2 (2 \cos 2\alpha - \sin 2\alpha)$$

Aus $dF/d\alpha = 0$ folgt $\tan 2\alpha = 2$, woraus sich $\alpha = 31,7°$, $x = 0,851\,r$ und $y = 0,526\,r$ ergibt; für diesen Wert ist $F = 2,47\,r^2$, das entspricht 78,7 % der Kreisfläche. Hier kann man auf die zweite Ableitung verzichten, da es technisch anschaulich klar ist, daß $\alpha = 31,7°$ ein Maximum ergibt.

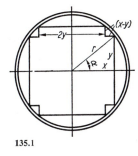

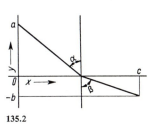

135.1   135.2

Beispiel 11. Ein Körper soll sich in kürzester Zeit vom Punkt $(0; a)$ zum Punkte $(c; -b)$ bewegen (135.2), wobei für $y > 0$ seine Geschwindigkeit v_1, für $y < 0$ seine Geschwindigkeit v_2 ist (Bewegung in verschiedenen Medien). Die Gesamtzeit für diese Bewegung ist

$$t = \frac{\sqrt{a^2 + x^2}}{v_1} + \frac{\sqrt{b^2 + (c - x)^2}}{v_2}$$

Für diese Funktion $t(x)$ ist das Minimum gesucht.

$$\frac{dt}{dx} = \frac{1}{v_1} \frac{2x}{2 \sqrt{a^2 + x^2}} + \frac{1}{v_2} \frac{-2(c - x)}{2 \sqrt{b^2 + (c - x)^2}} = \frac{\sin \alpha}{v_1} - \frac{\sin \beta}{v_2}$$

Für $dt/dx = 0$ ergibt sich das **Brechungsgesetz der Optik** $v_1/v_2 = \sin \alpha/\sin \beta$. Das Brechungsgesetz ergibt tatsächlich das Minimum, denn die zweite Ableitung ist immer positiv

$$\frac{d^2 t}{dx^2} = \frac{a^2}{v_1 (a^2 + x^2)^{3/2}} + \frac{b^2}{v_2 [b^2 + (c - x)^2]^{3/2}} > 0$$

6.3. Kurvendiskussion

Der Sinn einer Kurvendiskussion ist es, mit möglichst wenig Arbeitsaufwand den wesentlichen Verlauf einer Funktionskurve zu erkennen. Daher ist es unfruchtbar, wahllos eine große Anzahl von Kurvenpunkten zu berechnen; dabei können insbesondere Unstetigkeitsstellen übersehen und die Lage von Extremwerten wie auch Nullstellen falsch eingeschätzt werden. Es kommt vielmehr darauf an, die charakteristischen Eigenschaften der Kurve zu erkennen. Ein wesentliches Mittel, mit wenig Rechenaufwand auszukommen, ist der Grundsatz, jedes Resultat sogleich in das Schaubild einzutragen. Oft kann man bereits aus den vorliegenden Ergebnissen die nächste Frage beantworten.

Wesentlich für das Zeichnen eines Schaubilds, das der Ingenieur fast immer fordert, sind die in Abschn. Charakteristische Merkmale der Funktionen in Teil 1 entwickelten Eigenschaften der Funktion. Es ist zweckmäßig, die Fragen in folgender Reihenfolge zu behandeln.

Wertebereich. Für welchen Wertebereich der unabhängigen Veränderlichen liegt ein technisches Interesse vor? Wo ist die Funktion erklärt?

Ist die unabhängige Veränderliche eine Länge, eine Frequenz oder die Zeit, so interessieren keine negativen Werte. Tritt die unabhängige Veränderliche z. B. unter einer Quadratwurzel auf, so sind nur solche Werte der unabhängigen Veränderlichen möglich, bei denen der Radikand nicht negativ wird.

Symmetrie. Bei geraden oder ungeraden Funktionen (Abschn. Funktionen höheren Grades in Teil 1) genügt es, die Funktion für positive Werte der unabhängigen Veränderlichen zu diskutieren.

Nullstellen. Es sind die Schnittpunkte der Funktion mit der x-Achse zu bestimmen. Erkennt man die Nullstellen nicht unmittelbar, so benutzt man bei Polynomen das Horner-Schema (Abschn. Funktionen höheren Grades in Teil 1) und gegebenenfalls das Newton-Verfahren (Abschn. 6.1). Ist die Funktion ein Bruch, so ergibt sich nur dann eine Nullstelle, wenn der Zähler Null wird und der Nenner nicht an der gleichen Abszisse Null wird.

Werden Zähler und Nenner für den gleichen Wert $x = x_0$ Null, so haben rationale Funktionen einen gemeinsamen Faktor $x - x_0$, durch den der Bruch gekürzt wird (Abschn. Funktionen höheren Grades in Teil 1).

Unstetigkeitsstellen. Für endliche Werte von x wird die Ordinate beliebig groß, wenn der Nenner eines Bruches Null und der Zähler nicht Null ist. Man erhält vertikale Asymptoten. Werden Zähler und Nenner für den gleichen Wert x Null, so ist, wie im vorstehenden Abschnitt gesagt, vorzugehen.

Verhalten für große Beträge von x. Es ist das Verhalten der Funktion $y = f(x)$ für $x \to \pm \infty$ zu untersuchen. Man bestimmt Grenzwerte nach den in Abschn. 1.3 entwickelten Methoden. Falls die betrachtete Folge von Funktionswerten divergent ist, bestimmt man eine Asymptote, gegen die die Kurve strebt (Abschn. Gebrochene rationale Funktionen in Teil 1).

Extremwerte. Falls die vorstehenden Untersuchungen noch keinen ausreichenden Überblick über den Verlauf der Funktionskurve gegeben haben, bildet man die erste Ableitung. An den Nullstellen der ersten Ableitung (horizontale Tangenten) können Extremwerte liegen. Ob man jeweils ein Maximum oder ein Minimum erhält, kann aus den bereits vorliegenden Ergebnissen entschieden werden. Hat die erste Ableitung eine Unendlichkeitsstelle, so ist die Tangente vertikal.

Wendepunkte. Für die Lage der Wendepunkte interessiert man sich zum genaueren Zeichnen der Kurve. Dazu ist die zweite Ableitung der Funktion zu bilden und zu untersuchen, wo sie das Vorzeichen ändert. Das kann bei Nullstellen oder Unstetigkeitsstellen der zweiten Ableitung geschehen (Abschn. 6.2).

Beispiel 12. Man diskutiere die gebrochene rationale Funktion

$$y = \frac{x^4 - 7x^3 + 9x^2 + 27x - 54}{x^3 - 4x^2 + x + 6}$$

(136.1)

Diese Funktion ist für alle Werte von x erklärt. Sie hat keine erkennbare Symmetrie. Zum Bestimmen der Nullstellen wird der Zähler gleich Null gesetzt und zunächst mit dem Horner-Schema ein Überblick über die Lage der Nullstellen verschafft, indem man etwa für $x = 0, \pm 1, \pm 2, \pm 5$ die zugehörigen Ordinaten berechnet. Vorzeichenwechsel der Ordinaten bedeuten, daß zwischen den zugehörigen Abszissen mindestens eine Nullstelle liegt. Ist eine Nullstelle $x = x_0$ gefunden, so wird zugleich durch das Horner-Schema der Faktor $x - x_0$ abgespalten, wie im Abschn. Funktionen höheren Grades in Teil 1 gezeigt wird. Für den Zähler liefert das Schema

	1	-7	$+9$	$+27$	-54
$x = 3$		$+3$	-12	-9	$+54$
	1	-4	-3	$+18$	0
$x = 3$		$+3$	-3	-18	
	1	-1	-6	0	
$x = 3$		$+3$	$+6$		
	1	$+2$	0		

die Faktorzerlegung $(x - 3)^3\,(x + 2)$. Es ist zu prüfen, ob der Nenner für $x = 3$ und für $x = -2$ von Null verschieden ist. Dazu zerlegt man den Nenner für die später erforderliche Untersuchung der Unstetigkeitsstellen ebenfalls in Faktoren

	1	-4	$+1$	$+6$
$x = 3$		$+3$	-3	-6
	1	-1	-2	0
$x = 2$		$+2$	$+2$	
	1	$+1$	0	

Damit wird Gl. (136.1) in die Produktform

$$y = \frac{(x - 3)^3\,(x + 2)}{(x - 3)\,(x - 2)\,(x + 1)} = \frac{(x - 3)^2\,(x + 2)}{(x - 2)\,(x + 1)} \tag{137.1}$$

gebracht und der gemeinsame Faktor gekürzt. Durch das Kürzen ist die betrachtete Funktion zugleich einfacher geworden

$$y = \frac{x^3 - 4x^2 - 3x + 18}{x^2 - x - 2} \tag{137.2}$$

Sie hat nach Gl. (137.1) für $x = 3$ und $x = -2$ Nullstellen; für $x = 3$ ergibt sich eine zweifache Nullstelle: y ändert an dieser Stelle nicht das Vorzeichen, so daß die Kurve nur die x-Achse berührt.

Unendlichkeitsstellen erhält man nach Gl. (137.1) für $x = 2$ und $x = -1$. Hier ergeben sich vertikale Asymptoten. Dem Ungeübten macht es häufig Schwierigkeiten zu entscheiden, ob an der Unendlichkeitsstelle die Funktion gegen den positiven oder negativen Strahl der vertikalen Asymptote strebt. Häufig kann man diese Frage schon aus der Lage der Nullstellen entscheiden. Sonst ist es zweckmäßig, überschläglich je einen Funktionswert unmittelbar links und rechts der vertikalen Asomptote zu berechnen.

Der Zählergrad Drei ist um Eins größer als der Nennergrad Zwei, daher wächst die Funktion y für $x \to \pm \infty$ unbeschränkt (Abschn. 1.2). Eine Asymptote, die das Verhalten im Unendlichen kennzeichnet, erhält man durch Dividieren der Gl. (137.2)

$$y = x - 3 + \frac{-4x + 12}{x^2 - x - 2} \tag{137.3}$$

Für $|x| \to \infty$ strebt der Bruch gegen Null, die Gerade $y = x - 3$ ist Asymptote. Für große positive x ist der Bruch negativ, für negative x großen Betrages positiv. Daher strebt die Kurve für positive x von unten, für negative x von oben gegen die Asymptote. Für $x = 0$ ist $y = -9$. Will man den Kurvenverlauf noch genauer festlegen, so bildet man aus Gl. (137.2) die erste Ableitung, aus der der Faktor $(x - 3)$ ausgeklammert werden kann, da die Nullstelle $x = 3$ für y' bereits bekannt ist, weil die Kurve an dieser Stelle die x-Achse berührt

$$y' = \frac{(x-3)(x^3 + x^2 + 4x - 8)}{(x-2)^2 (x+1)^2}$$

Durch Berechnen einer Wertetafel findet man, daß die kubische Gleichung nur eine Nullstelle etwa bei 1,2 hat. Das Newton-Verfahren liefert $x = 1{,}203$, woraus $y(1{,}203) = -5{,}89$ folgt. Auf die zweite Ableitung kann man verzichten. Bild **138**.1 zeigt das Ergebnis dieser Diskussion.

Beispiel 13. Man diskutiere die algebraische Funktion

$$y = \frac{+\sqrt{x^2 + x - 6}}{4 - x} \tag{138.1}$$

Diese Funktion ist nicht für alle Werte der unabhängigen Veränderlichen erklärt, da eine Quadratwurzel auftritt. Bild **138**.2 zeigt die parabolische Radikanden-Funktion $z = x^2 + x - 6$. Im Bereich $-3 < x < 2$ ist z negativ, daher ist y in diesem Bereich nicht erklärt. Die Funktion hat keine erkennbare Symmetrie. An den Nullstellen des Zählers $x = 2$ und $x = -3$ wird der Nenner nicht Null. Für $x = 4$ ergibt sich eine vertikale Asymptote. Das Verhalten für große x erkennt man besonders deutlich, wenn man in Gl. (138.1) Zähler und Nenner durch x teilt (Abschn. 1.2)

138.1

$$y = \frac{+\sqrt{1 + \dfrac{1}{x} - \dfrac{6}{x^2}}}{\dfrac{4}{x} - 1} \tag{138.2}$$

Für $x \to +\infty$ wird $y = -1$ eine horizontale Asymptote. Um den Grenzwert für $x \to -\infty$ zu untersuchen, setzt man $x = -u$, so daß $u \to +\infty$ zu betrachten ist. Gl. (138.1) ergibt

$$y = \frac{+\sqrt{u^2 - u - 6}}{4 + u} \qquad \text{also} \qquad \lim_{u \to +\infty} y = +1$$

Bei algebraischen Funktionen ist es allgemein empfehlenswert, durch die Substitution $x = -u$ die Grenzwertbetrachtung auf positive Werte der unabhängigen Veränderlichen zu beschränken. Die erste Ableitung von Gl. (138.1) lautet

138.2

$$y' = \frac{9x - 8}{+2(4-x)^2 \sqrt{x^2 + x - 6}}$$

Der Zähler von y' wird nur für $x = 8/9$, also außerhalb des Definitionsbereichs der Funktion, Null, also hat die Funktion keinen Extremwert. Für $x = 4$, für $x = 2$ und $x = -3$ wird der Nenner Null. Für diese drei Abszissen erhält man vertikale Tangenten. Bild **139**.1 zeigt die Funktionskurve.

Beispiel 14. Man diskutiere die Funktion eines Einschwingvorgangs

$$y = (16x^2 - 24x + 5)\, e^{-x} \qquad\qquad (139.1)$$

für $x \geqq 0$. Hierbei ist $x = t/t_0$ eine normierte (bezogene) Zeit (Abschn. Funktionsgleichung in Teil 1) und y der Schwingungsausschlag.

Nullstellen der Funktion y ergeben sich aus der Bestimmungsgleichung $16x^2 - 24x + 5 = 0$ mit den Lösungen $x_1 = 0{,}25$ und $x_2 = 1{,}25$. Um das Verhalten für $x \to \infty$ zu erkennen, schreibt man Gl. (139.1) in der Form

$$y = \frac{16x^2 - 24x + 5}{e^x}$$

Die Exponentialfunktion wächst stärker als jede Potenz von x

$$\lim_{x \to \infty} \frac{16x^2 - 24x + 5}{e^x} = 0$$

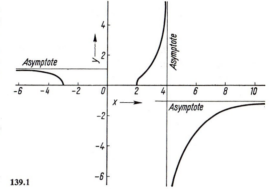

139.1

Die positive x-Achse ist Asymptote. Da für große x der Faktor $(16x^2 - 24x + 5)$ positiv ist, wird die Asymptote von oben angenähert. Die erste und zweite Ableitung von Gl. (139.1) lauten

$$y' = -(16x^2 - 56x + 29)\, e^{-x} \qquad y'' = (16x^2 - 88x + 85)\, e^{-x}$$

Die erste Ableitung wird für $x_3 = 0{,}632$ und $x_4 = 2{,}87$ Null, die zweite Ableitung für $x_5 = 1{,}25$ und $x_6 = 4{,}25$. Ein Wendepunkt fällt mit einer Nullstelle zusammen. Die Wertetafel und Bild 139.2 zeigen das Diskussionsergebnis.

x	y	y'	y''
0	+ 5	− 29	+ 85
0,25	0	− 12,46	+ 49,8
0,632	− 2,01	0	+ 19,02
1,25	0	+ 4,58	0
2,87	+ 3,85	0	− 2,03
4,25	+ 2,74	− 1,141	0
∞	0	0	0

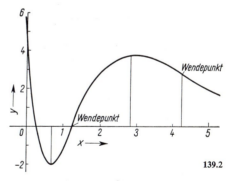

139.2

Beispiel 15. Man diskutiere die in der Statistik (Abschn. 11) benötigte Funktion der Gauß-Verteilung in normierter Schreibweise

$$\varphi(u) = \frac{1}{\sqrt{2\pi}}\, e^{-\frac{u^2}{2}}$$

Man erhält die Ableitungen

$$\varphi'(u) = -\frac{u}{\sqrt{2\pi}}\, e^{-\frac{u^2}{2}} \qquad \varphi''(u) = -\frac{1}{\sqrt{2\pi}}\, (1 - u^2)\, e^{-\frac{u^2}{2}}$$

Die erste Ableitung wird für $u = 0$, die zweite Ableitung für $u = \pm\, 1$ Null. Bei diesen Werten ändert die zweite Ableitung ihr Vorzeichen. Für $u = 0$ hat die Kurve ein Maximum, da $\varphi''(0) < 0$ ist. Mit $\varphi(0) = 0{,}399$, $\varphi(\pm\, 1) = 0{,}242$ und $\varphi'(\pm\, 1) = \mp\, 0{,}242$ erhält man Bild **140.1**.

6.4. Krümmung. Krümmungsradius. Krümmungskreis

Wird nach Bild **140.2** eine Kurve im Sinne wachsender x-Werte von P_1 nach P durchlaufen, so ist sie um so stärker gekrümmt, je größer die Winkeldifferenz $\Delta\alpha = \alpha - \alpha_1$ bei konstanter Bogenlänge Δs oder je kleiner die Bogenlänge Δs bei konstanter Winkeldifferenz $\Delta\alpha$ ist. Der Quotient $\Delta\alpha / \Delta s$ wird als **mittlere Krümmung** des Kurvenstücks Δs bezeichnet.

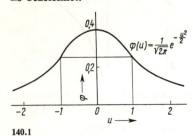

140.1

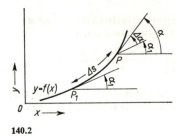

140.2

Definition. Die **Krümmung** $\varkappa$ einer Kurve in einem Punkt ist der Zuwachs des Anstiegswinkels, bezogen auf das entsprechende Bogenstück

$$\varkappa = \lim_{\Delta s \to 0} \frac{\Delta\alpha}{\Delta s} = \frac{d\alpha}{ds} \tag{140.1}$$

Es wird nun eine Gleichung hergeleitet, mit der die Krümmung einer Kurve in einem Punkt berechnet werden kann. Nach der Kettenregel Gl. (42.1) kann

$$\frac{d\alpha}{ds} = \frac{d\alpha}{dx}\frac{dx}{ds} = \frac{d\alpha}{dy'}\frac{dy'}{dx}\frac{dx}{ds} = y'' \frac{d\alpha}{dy'}\frac{dx}{ds}$$

geschrieben werden. Unter Voraussetzung gleicher Einheitslängen $l_x = l_y$ gilt $y' = \tan\alpha$ bzw. $\alpha = \arctan y'$. Mit Gl. (46.4) erhält man

$$\frac{d\alpha}{dy'} = \frac{1}{1 + y'^2}$$

Ferner ist nach Gl. (76.2) der Zuwachs des Bogens $ds = \sqrt{1 + y'^2}\,dx$; daraus erhält man dx/ds. Die Krümmung $\varkappa$ wird somit

$$\varkappa = y'' \cdot \frac{1}{1 + y'^2} \cdot \frac{1}{\sqrt{1 + y'^2}} = \frac{y''}{(1 + y'^2)^{3/2}} \tag{140.2}$$

Der Nenner der Gl. (140.2) ist laut Vereinbarung stets positiv, so daß die Krümmung $\varkappa$ das gleiche Vorzeichen wie die zweite Ableitung hat; es gilt

$$\varkappa > 0 \quad \text{Linkskrümmung}$$
$$\varkappa = 0 \quad \text{Möglichkeit eines Wendepunktes}$$
$$\varkappa < 0 \quad \text{Rechtskrümmung}$$

Beispiel 16. Wie groß ist die Krümmung eines Halbkreises mit der Gleichung $y = + \sqrt{r^2 - x^2}$?

Es gilt $\qquad y' = \dfrac{-x}{\sqrt{r^2 - x^2}} \quad$ und $\quad y'' = -\dfrac{\sqrt{r^2 - x^2} - x \dfrac{-x}{\sqrt{r^2 - x^2}}}{r^2 - x^2} = -\dfrac{r^2}{(r^2 - x^2)^{3/2}}$

Damit erhält man aus Gl. (140.2) als Krümmung eines Kreises

$$\varkappa = \frac{-\dfrac{r^2}{(r^2 - x^2)^{3/2}}}{\left[1 + \dfrac{x^2}{r^2 - x^2}\right]^{3/2}} = -\frac{1}{r}$$

Sie ist dem Betrage nach gleich dem Kehrwert des Kreisradius. Die Funktion $y = + \sqrt{r^2 - x^2}$ beschreibt den oberen Halbkreis. Die Krümmung $\varkappa$ ist negativ (Rechtskrümmung). Setzt man $y = - \sqrt{r^2 - x^2}$ (unterer Halbkreis), so wird $\varkappa = + 1/r$ positiv (Linkskrümmung).

Beispiel 17. Wie groß ist die Krümmung der Geraden $y = mx + n$?
Es gilt $y' = m$ und $y'' = 0$. Mit Gl. (140.2) erhält man

$$\varkappa = \frac{0}{1} = 0$$

Die Krümmung einer Geraden ist also Null.

Krümmungsradius. Krümmungskreis

Außer der Geraden hat nur der Kreis eine konstante Krümmung. Durch jeden Punkt P einer beliebigen Kurve kann ein Kreis so gezeichnet werden, daß sich die Kurve und der Kreis in P berühren und die Krümmung der beiden Kurven in P übereinstimmen. Dieser Kreis heißt Krümmungskreis und der Kreisradius Krümmungsradius ϱ. Wegen der Ergebnisse der beiden vorherigen Beispiele definiert man

Der Kehrwert der Krümmung $\varkappa$ heißt Krümmungsradius ϱ

$$\varrho = \frac{1}{\varkappa} = \frac{(1 + y'^2)^{3/2}}{y''} \tag{141.1}$$

Entsprechend der Krümmung kann auch der Krümmungsradius positiv oder negativ sein.

Außer beim Kreis und der Geraden ist die Krümmung von Punkt zu Punkt einer Kurve verschieden; sie nimmt insbesondere größte und kleinste Werte an. Die Punkte einer Kurve, in denen die Krümmung einen Extremwert hat, heißen Scheitel der Kurve. Zumeist kann man die Scheitel einer Kurve unmittelbar erkennen. Sollen die Kurvenscheitel berechnet werden, so ist aus der gegebenen Kurvenfunktion $y = f(x)$ mit Gl. (140.2) die Krümmungsfunktion zu ermitteln und diese auf Extremwerte zu untersuchen.

Definition. Errichtet man im Punkte P einer Kurve die Normale und trägt auf ihr von P nach der inneren (konkaven) Seite der Kurve den Krümmungsradius ϱ ab, erhält man den **Krümmungsmittelpunkt** M. Der Kreis um M mit ϱ ist der **Krümmungskreis** des Punktes P.

Es soll der Mittelpunkt des Krümmungskreises im Punkt $P(x; y)$ der Funktion $y = f(x)$ ermittelt werden. Man liest aus Bild **142.1** ab

$$x_M = x - \varrho \cdot \sin \alpha$$
$$y_M = y + \varrho \cdot \cos \alpha$$

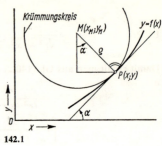

Mit Gl. (141.1) und den Beziehungen (s. Abschn. Trigonometrie in Teil 1)

$$\sin \alpha = \frac{\tan \alpha}{\sqrt{1 + \tan^2 \alpha}} = \frac{y'}{\sqrt{1 + y'^2}}$$

und $\quad \cos \alpha = \dfrac{1}{\sqrt{1 + \tan^2 \alpha}} = \dfrac{1}{\sqrt{1 + y'^2}}$

142.1

erhält man $\quad x_M = x - \dfrac{(1 + y'^2)^{3/2}}{y''} \cdot \dfrac{y'}{(1 + y'^2)^{1/2}} = x - y' \dfrac{1 + y'^2}{y''}$

$$y_M = y + \frac{(1 + y'^2)^{3/2}}{y''} \cdot \frac{1}{(1 + {}^2y')^{1/2}} = y + \frac{1 + y'^2}{y''}$$

$$(142.1)$$

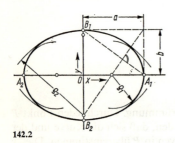

142.2

Beispiel 18. Man bestimme die Krümmungskreise in den Scheitelpunkten der Ellipse (Scheitelkrümmungskreise) (**142.2**)

$$\frac{x^2}{a^2} + \frac{y^2}{b^2} = 1$$

Die explizite Ellipsengleichung lautet, wenn nur die positive Wurzel berücksichtigt, d.h. nur die obere Ellipsenhälfte betrachtet wird

$$y = \frac{b}{a} \sqrt{a^2 - x^2}$$

und die Ableitungen

$$y' = - \frac{b x}{a \sqrt{a^2 - x^2}} \qquad y'' = - \frac{a b}{(a^2 - x^2)^{3/2}}$$

damit erhält man

$$\varrho = \frac{\left(1 + \dfrac{b^2 x^2}{a^2 (a^2 - x^2)} \right)^{3/2}}{- \dfrac{a b}{(a^2 - x^2)^{3/2}}} = - \frac{(a^2 - x^2)^{3/2} (a^2 (a^2 - x^2) + b^2 x^2)^{3/2}}{a b a^3 (a^2 - x^2)^{3/2}}$$

$$\varrho = - \frac{(a^4 - a^2 x^2 + b^2 x^2)^{3/2}}{a^4 b}$$

Für die Hauptscheitel $A_1 (+ a; 0)$ und $A_2 (- a; 0)$ erhält man

$$\varrho_1 = - \frac{(b^2 a^2)^{3/2}}{a^4 b} = - \frac{b^2}{a}$$

und für den Nebenscheitel $B_1 (0; + b)$ entsprechend

$$\varrho_2 = - \frac{a^2}{b}$$

Die Krümmungsradien sind negativ, da die obere Ellipsenhälfte, die eine negative Krümmung aufweist, betrachtet wurde.

Die Konstruktion der Krümmungskreismittelpunkte ist in Bild **142.**2 dargestellt. Man erkennt, daß die Krümmungskreise die Ellipse weitgehend annähern und nur noch ein kurzes Kurvenstück einzuhängen ist.

Der Krümmungskreis ist identisch mit dem Schmiegkreis, was hier jedoch nicht bewiesen werden soll. Der Schmiegkreis ist in folgender Weise definiert: Der Kreis durch drei Punkte einer Kurve, die beliebig dicht beieinander liegen, heißt der Schmiegkreis des mittleren Punktes P.

Herleitung der Differentialgleichung der elastischen Linie

Die ursprünglich gerade Stabachse eines Trägers verformt sich unter der Einwirkung quer zur Stabachse wirkender Lasten. Die Gleichung der Biegelinie $y = f(x)$ beschreibt die verformte Stabachse (**143.**1). (In der Elastizitätslehre zählt man üblicherweise die y-Koordinate positiv nach unten). Die Verformung wird durch die Schnittkräfte hervorgerufen: Biegemoment und Querkraft. Der Einfluß der Querkraft auf die Durchbiegung kann bei schlanken Trägern (Trägerlänge l groß gegen Trägerhöhe h) gegenüber dem Einfluß aus dem Biegemoment vernachlässigt werden. Wird wie üblich angenommen, daß die aus dem Biegemoment herrührenden Spannungen linear über die Trägerhöhe verteilt sind, so bleiben nach dem Hookeschen Gesetz $\varepsilon = \sigma/E$ (ε Dehnung, σ Spannung, E Elastizitätsmodul) die Querschnittsflächen eben. Zwei vor der Verformung parallele Balkenquerschnitte mit dem Abstand $\mathrm{d}x$ stellen sich durch den Angriff des Momentes $M(x)$, wie in Bild **143.**2 dargestellt, gegeneinander schief, und es entsteht auf der Länge $\mathrm{d}x$ näherungsweise eine kreisförmig gekrümmte Balkenachse mit dem Krümmungsradius ϱ.

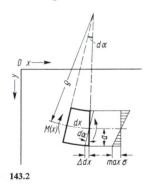

143.1

143.2

Ist der Abstand der unteren Faser von der neutralen Faser a, so ist die Dehnung ε der unteren Faser nach der Biegegleichung (70.4) max $\sigma = M(x)a/I(x)$ und dem Hookeschen Gesetz $\varepsilon = \sigma/E$

$$\varepsilon = \frac{\Delta\mathrm{d}x}{\mathrm{d}x} = \frac{\max \sigma}{E} = \frac{M(x)a}{E\,I(x)} \qquad (143.1)$$

Mit $I(x)$ ist das axiale Trägheitsmoment des Querschnitts an der Stelle x bezeichnet (s. Abschn. 4.4.4).

Dem Bild **143.**2 kann die Beziehung

$$\frac{\Delta\mathrm{d}x}{\mathrm{d}x} = \frac{a}{\varrho}$$

entnommen werden. Hieraus ergibt sich mit Gl. (143.1) die Krümmung der Biegelinie $y(x)$

$$\frac{1}{\varrho} = \frac{M(x)}{E\,I(x)} \qquad (143.2)$$

Zur Umformung wird Gl. (141.1) benutzt. Da die Durchbiegungen y klein sind, kann in der Gl. (140.2) der Summand y'^2 gegen Eins vernachlässigt werden. Bei dem nach

Bild **143**.2 eingeführten Koordinatensystem muß in Gl. (141.1) ein Minuszeichen gesetzt werden. Man erhält so die Differentialgleichung der Biegelinie (elastische Linie)

$$y'' = - \frac{M(x)}{E\,I(x)}$$

(144.1)

Beispiel 19. Für den gegebenen Freiträger (**144**.1) der Länge l und der konstanten Biegesteifigkeit EI, belastet durch das Moment M, sind die Krümmung und die Biegelinie zu ermitteln.

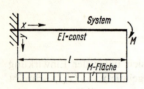

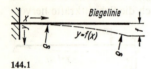

144.1

Das Biegemoment ist über die Trägerlänge konstant. Aus Gl. (143.2) folgt, daß dann die Krümmung über die Trägerlänge ebenfalls konstant ist. Es wird

$$\frac{1}{\varrho} = \frac{M}{EI} \qquad \varrho = \frac{EI}{M}$$

Der Träger ist eingespannt; die Biegelinie hat am Auflager eine horizontale Tangente. Die Biegelinie ist daher ein Kreis mit dem Radius ϱ und dem Mittelpunkt $M(0; \varrho)$.

$$x^2 + (y - \varrho)^2 = \varrho^2$$

Aus dieser Gleichung wird die Durchbiegung $y(x)$ ermittelt

$$y = \varrho - \sqrt{\varrho^2 - x^2} = \varrho - \varrho\sqrt{1 - \frac{x^2}{\varrho^2}}$$

Für $x/\varrho \ll 1$ kann nach der Näherungsformel (s. Abschn. Binomischer Satz in Teil 1) $(1 + \varepsilon)^{1/m} \approx 1 + \varepsilon/m$ geschrieben werden

$$y = \varrho - \varrho\left(1 - \frac{1}{2} \cdot \frac{x^2}{\varrho^2}\right) = \frac{x^2}{2\varrho} = \frac{1}{\varrho} \cdot \frac{x^2}{2} = \frac{M}{2EI}\,x^2$$

Die Durchbiegung am Trägerende wird

$$y(l) = f = \frac{M\,l^2}{2EI}$$

Die Anwendung der Differentialgleichung der Biegelinie ist ausführlich in Abschn. 5.6.3 gezeigt.

6.5. Polarkoordinaten

Im Abschnitt Polarkoordinaten in Teil 1 wurde gezeigt, daß sich Funktionen in Polarkoordinaten darstellen lassen. Hier wird das Differenzieren und Integrieren der in Polarkoordinaten gegebenen Funktion $r = f(\varphi)$ behandelt.

Differenzieren in Polarkoordinaten. Die erste Ableitung

$$\lim_{\Delta\varphi \to 0} \frac{\Delta r}{\Delta \varphi} = \frac{dr}{d\varphi} = r'(\varphi) = r'$$

(144.2)

hat eine andere geometrische Bedeutung als die entsprechende Ableitung $y'(x)$, obwohl sie formal nach den gleichen Regeln berechnet wird. In Bild **145**.1 sind P_1 und P zwei Punkte der Kurve $r = f(\varphi)$, die bei $\Delta\varphi \to 0$ in einen Punkt übergehen. $\bar{\psi}$ ist der Winkel zwischen dem Ortsvektor nach P und der Sekante $\overline{P_1 P}$. Bei $P \to P_1$ geht $\bar{\psi}$ in den Winkel ψ zwischen dem Ortsvektor nach P_1 und der Tangente über: $\psi = \lim\limits_{\Delta\varphi \to 0} \bar{\psi}$. Aus Bild **145**.1 entnimmt man

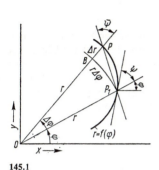

$$\tan \bar{\psi} \approx \frac{\overline{BP_1}}{\overline{BP}} = \frac{r\,\Delta\varphi}{\Delta r} = \frac{r}{\Delta r/\Delta\varphi}$$

Damit ergibt sich für den **Winkel zwischen Ortsvektor und Tangente**

$$\tan \psi = \frac{r(\varphi)}{r'(\varphi)} \qquad (145.1)$$

Der Anstiegswinkel α der Tangente gegen die x-Achse ist $\alpha = \varphi + \psi$, der Anstieg ist bei gleichen Einheitslängen $l_x = l_y$ gleich der Ableitung y'

145.1

$$\tan \alpha = y' = \tan (\varphi + \psi) = \frac{\tan \varphi + \tan \psi}{1 - \tan \varphi \tan \psi}$$

Mit Gl. (145.1) und der Beziehung $\tan \varphi = \sin \varphi / \cos \varphi$ erhält man den **Anstieg der Tangente**

$$y' = \frac{r' \tan \varphi + r}{r' - r \tan \varphi} = \frac{r' \sin \varphi + r \cos \varphi}{r' \cos \varphi - r \sin \varphi} \qquad (145.2)$$

Diese Gleichung liefert mit der Unbekannten φ die Bestimmungsgleichungen für die Lage der senkrechten und waagerechten Kurventangenten, die bei Kurvendiskussionen ermittelt werden. Bei waagerechten Tangenten ist $y' = 0$, man setzt also den Zähler von Gl. (145.2) gleich Null, bei senkrechten Tangenten setzt man den Nenner von Gl. (145.2) gleich Null. Werden für bestimmte Werte von φ sowohl Zähler als auch Nenner gleich Null, so erhält man einen unbestimmten Ausdruck, der nach Abschn. 7.4 zu untersuchen ist.

Beispiel 20. Die Funktionskurve der **logarithmischen Spirale**, die der Gleichung

$$r = c \, e^{n\varphi}$$

genügt, ist zu diskutieren.

Die erste Ableitung ist $r' = n \, c \, e^{n\varphi} = n \, r$. Der Winkel zwischen Ortsvektor und Tangente ist nach Gl. (145.1) $\tan \psi = 1/n = \text{const.}$ — Von dieser Eigenschaft der Kurve wird bei vielen technischen Anwendungen Gebrauch gemacht. So haben die bei Standsicherheitsuntersuchungen angenommenen Gleitflächen im Baugrund oft die Form von logarithmischen Spiralen.

Waagerechte Tangenten $\quad n \, r \sin \varphi + r \cos \varphi = 0 \qquad \tan \varphi = -1/n$
Senkrechte Tangenten $\quad n \, r \cos \varphi - r \sin \varphi = 0 \qquad \tan \varphi = n$

Bild **146**.1 zeigt die Kurve $r = e^{0,5\varphi}$ für $0° < \varphi < 330°$; der Winkel $\psi = 63,4°$ ist konstant;

waagerechte Tangenten liegen bei $\qquad \varphi = 116,6° \quad$ und $\quad \varphi = 296,6°$
senkrechte Tangenten liegen bei $\qquad \varphi = 26,6° \quad$ und $\quad \varphi = 206,6°$

Integrieren in Polarkoordinaten. Für die Fläche F zwischen zwei Ortsvektoren und der Funktionskurve erhält man aus Bild **145**.1 das Flächenelement ΔF aus dem Dreieck

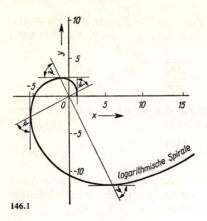

146.1

OP_1P. Seine Grundlinie ist $r + \Delta r$, seine Höhe kann gleich dem Bogen $r\,\Delta\varphi$ gesetzt werden. Damit wird

$$\Delta F \approx \frac{1}{2}(r + \Delta r)\, r\,\Delta\varphi$$

Beim Ausmultiplizieren der Klammer ist das Produkt $r\,\Delta r\,\Delta\varphi$ vernachlässigbar klein gegen die anderen Größen. Durch Summieren der einzelnen Flächenelemente und $\Delta\varphi \to 0$ erhält man die Fläche zwischen zwei Ortsvektoren und der Kurve

$$F = \frac{1}{2}\int_{\varphi_1}^{\varphi_2} r^2\,\mathrm{d}\varphi \qquad (146.1)$$

Für die Bogenlänge erhält man aus dem annähernd rechtwinkligen Dreieck P_1BP in Bild **145.**1 das Bogenelement

$$\Delta s \approx \sqrt{(r\,\Delta\varphi)^2 + \Delta r^2} = \sqrt{r^2 + \left(\frac{\Delta r}{\Delta\varphi}\right)^2}\,\Delta\varphi \qquad (146.2)$$

Durch Summation und $\Delta\varphi \to 0$ erhält man die Bogenlänge in Polarkoordinaten

$$s = \int_{\varphi_1}^{\varphi_2} \sqrt{r^2 + r'^2}\,\mathrm{d}\varphi \qquad (146.3)$$

Beispiel 21. Man berechne Fläche F und Bogenlänge s der logarithmischen Spirale im ersten Quadranten.

$$r = c\,\mathrm{e}^{n\varphi} \qquad r^2 = c^2\,\mathrm{e}^{2n\varphi}$$

$$F = \frac{c^2}{2}\int_0^{\pi/2} \mathrm{e}^{2n\varphi}\,\mathrm{d}\varphi = \frac{c^2}{4n}\,\mathrm{e}^{2n\varphi}\Big|_0^{\pi/2} = \frac{c^2}{4n}(\mathrm{e}^{n\pi} - 1)$$

$$r' = n\,c\,\mathrm{e}^{n\varphi} \qquad r'^2 = (n\,c)^2\,\mathrm{e}^{2n\varphi} = (n\,r)^2 \qquad \sqrt{r^2 + r'^2} = r\sqrt{1 + n^2}$$

$$s = c\sqrt{1 + n^2}\int_{\varphi_1}^{\varphi_2} \mathrm{e}^{n\varphi}\,\mathrm{d}\varphi = \frac{c}{n}\sqrt{1 + n^2}\,\mathrm{e}^{n\varphi}\Big|_{\varphi_1}^{\varphi_2} = (r_2 - r_1)\sqrt{1 + \frac{1}{n^2}}$$

Die Bogenlänge ist also proportional der Differenz der Beträge der beiden Ortsvektoren. Im ersten Quadranten erhält man

$$s = \frac{c}{n}\sqrt{1 + n^2}\left(\mathrm{e}^{n\frac{\pi}{2}} - 1\right)$$

Es wird noch die **Krümmung** $\varkappa$ einer in **Polarkoordinaten** gegebenen Funktion $r = f(\varphi)$ ermittelt. Nach der Kettenregel ist

$$\frac{\mathrm{d}\alpha}{\mathrm{d}s} = \frac{\mathrm{d}\alpha}{\mathrm{d}\varphi}\,\frac{\mathrm{d}\varphi}{\mathrm{d}s}$$

Nach Bild **145.**1 ist $\alpha = \varphi + \psi$ und damit $d\alpha/d\varphi = 1 + (d\psi/d\varphi)$, nach Gl. (145.1) ist $\psi = \arctan(r/r')$. Mit der Ketten- und Quotientenregel erhält man

$$\frac{d\psi}{d\varphi} = \frac{1}{1 + (r/r')^2}\,\frac{r'^2 - r\,r''}{r'^2} = \frac{r'^2 - r\,r''}{r^2 + r'^2}$$

und $$1 + \frac{d\psi}{d\varphi} = \frac{r^2 + 2r'^2 - r\,r''}{r^2 + r'^2}$$

Nach Gl. (146.2) ist $\dfrac{d\varphi}{ds} = 1/\sqrt{r^2 + r'^2}$, damit wird

$$\varkappa = \frac{r^2 + 2r'^2 - r\,r''}{r^2 + r'^2} \cdot \frac{1}{\sqrt{r^2 + r'^2}} = \frac{r^2 + 2r'^2 - r\,r''}{[r^2 + r'^2]^{3/2}} \tag{147.1}$$

Laut Vereinbarung ist in Gl. (147.1) der Nenner stets positiv.

6.6. Parameterdarstellung

Parameterdarstellung von Funktionen

Die Funktionsgleichung $y = f(x)$ bzw. $F(x; y) = 0$ stellt den Zusammenhang zwischen den Größen x und y dar. In der Technik sind die Größen x und y wiederum häufig von einer weiteren Größe, dem Parameter, abhängig. Um diese Abhängigkeit zu erfassen, wählt man die Parameterdarstellung der Funktionsgleichung $y = f(x)$

$$x = u(\lambda) \qquad\qquad y = v(\lambda) \tag{147.2}$$

Die Größe λ ist eine **variable Hilfsgröße**, der Parameter (Vergleichsmaß, das Wort stammt aus dem Griechischen). Die Parameterdarstellung einer Funktion ist oft wesentlich einfacher als die Darstellung in rechtwinkligen Koordinaten oder Polarkoordinaten.

Definition. Wird der Zusammenhang zwischen zwei Größen x und y durch **zwei** Funktionsgleichungen ausgedrückt, in denen sowohl x als auch y explizit als Funktionen der gleichen unabhängigen Variablen λ dargestellt werden, so geschieht dies durch die **Parameterform** Gl. (147.2).

Ebenso wie x und y kann auch der Parameter λ eine physikalische oder technische Bedeutung haben. Häufig ist λ eine Zeit oder ein Winkel; dann wird der Parameter auch mit den Formelzeichen t bzw. φ benannt.

Beispiel 22. Horizontaler Wurf. Aus dem Satz über die unabhängige Überlagerung zweier Bewegungen ergibt sich unmittelbar die Parameterform der Bewegungsgleichung

$$x = v_0\,t \qquad\qquad y = -\,g\,t^2/2$$

v_0 horizontale Geschwindigkeit; g Fallbeschleunigung; t Zeit.

Es ist oft möglich, den Parameter aus beiden Gleichungen zu eliminieren und dadurch wieder eine Funktionsgleichung $y = f(x)$ zu erhalten. So kann man in diesem Beispiel die erste Gleichung nach t auflösen und t dann in die zweite einsetzen. Man erhält so die bekannte Gleichung einer nach unten geöffneten Parabel

$$y = -\frac{g}{2v_0^2} \cdot x^2$$

Es bestehen enge Zusammenhänge zwischen der Parameterform und den Polarkoordinaten. Setzt man in den Gleichungen

$$x = r \cos \varphi \qquad\qquad y = r \sin \varphi$$

(s. Abschn. Polarkoordinaten in Teil 1) für r die in Polarkoordinaten gegebene Funktionsgleichung $r = f(\varphi)$ ein, so erhält man den **Zusammenhang zwischen Polarkoordinaten und Parameterform**

$$x = f(\varphi) \cos \varphi = u(\varphi) \qquad y = f(\varphi) \sin \varphi = v(\varphi) \qquad (148.1)$$

Beispiel 23. Man forme die Gleichung $r = 2 \sin \varphi$ mit Gl. (148.1) in Parameterform und in rechtwinklige Koordinaten um.

Polarkoordinaten $\qquad\qquad r = 2 \sin \varphi$

Parameterform $\qquad\qquad x = 2 \sin \varphi \cos \varphi = \sin 2\varphi$

$$y = 2 \sin \varphi \sin \varphi = 2 \sin^2 \varphi$$

Mit der Umformung $2 \sin^2 \varphi = 1 - \cos 2\varphi$ erhält man

$$x = \sin 2\varphi \qquad\qquad 1 - y = \cos 2\varphi$$

Durch Quadrieren und Addieren dieser beiden Gleichungen wird der Parameter eliminiert, da $\sin^2 2\varphi + \cos^2 2\varphi = 1$ ist, und man erhält in rechtwinkligen Koordinaten

$$x^2 + (y - 1)^2 = 1$$

Allen drei Darstellungen entspricht als Funktionskurve der gleiche Kreis.

Differenzieren in der Parameterform. Für das Differenzieren nach dem Parameter wird symbolisch

$$\frac{dx}{d\lambda} = \dot{u}(\lambda) = \dot{x} \qquad\qquad \frac{dy}{d\lambda} = \dot{v}(\lambda) = \dot{y} \qquad (148.2)$$

geschrieben. Den Zusammenhang zwischen diesen Ableitungen und dem Anstieg der Tangente y' gibt die **Parameterregel**

$$y' = \frac{dy}{dx} = \frac{dy/d\lambda}{dx/d\lambda} = \frac{\dot{v}(\lambda)}{\dot{u}(\lambda)} = \frac{\dot{y}}{\dot{x}} \qquad (148.3)$$

Mit dieser Gleichung wird der Anstieg der Tangente als Funktion des Parameters dargestellt. Insbesondere ergeben sich hieraus mit der Unbekannten λ die Bestimmungsgleichungen für die Lage der senkrechten und waagerechten Kurventangenten. Bei waagerechten Tangenten ist $y' = 0$ (man setzt $\dot{y} = 0$). Bei senkrechten Tangenten setzt man $\dot{x} = 0$. Werden für bestimmte Werte von λ sowohl $\dot{x}$ als auch $\dot{y}$ gleich Null, so liegt ein unbestimmter Ausdruck vor, der nach Abschn. 7.4 zu untersuchen ist. Um die Abszissenwerte zu erhalten, bei denen die senkrechten oder waagerechten Tangenten auftreten, sind die gefundenen λ-Werte in die Gleichung $x = u(\lambda)$ einzusetzen.

Beispiel 24. Die Funktionskurve mit der Gleichung

$$x = r(\varphi - \sin \varphi) \qquad\qquad y = r(1 - \cos \varphi) \qquad (148.4)$$

heißt **Zykloide**. Der Parameter φ ist ein Winkel, dessen Bedeutung in Bild **149**.1 erläutert wird. Es ist eine Kurvendiskussion durchzuführen.

Die Nullstellen der Kurve liegen bei $y = 0 = r(1 - \cos \varphi)$. Daraus erhält man

$$\varphi = 0, 2\pi, 4\pi, \ldots, 2n\pi$$

Diese Werte ergeben, eingesetzt in $u(\varphi)$, die Abszissen $x_0 = 0, 2r\pi, 4r\pi, \ldots, 2nr\pi$. Die ersten Ableitungen lauten

$$\dot{x} = r(1 - \cos\varphi) \qquad\qquad \dot{y} = r\sin\varphi$$

$$\dot{y} = 0 \text{ hat die Lösungen} \qquad \varphi = 0, \pi, 2\pi, 3\pi, \ldots, n\pi$$

$$\dot{x} = 0 \text{ hat die Lösungen} \qquad \varphi = 0, 2\pi, 4\pi, \ldots, 2n\pi$$

An den Stellen $\varphi = (2n + 1)\pi$ ist nur $\dot{y} = 0$, dort befinden sich also waagerechte Tangenten. Die Abszissen hierfür sind $x_\mathrm{H} = (2n + 1)r\pi$, die Ordinaten $y_\mathrm{H} = 2r$. An den Stellen $\varphi = 2n\pi$ sind sowohl $\dot{y} = 0$ als auch $\dot{x} = 0$. In Beispiel 12, S. 171 ist gezeigt, daß ein Grenzwert $\sin\varphi/(1 - \cos\varphi)$ für diese Werte von φ nicht existiert, y' wächst unbeschränkt. Da außerdem an diesen Stellen ein Vorzeichenwechsel von y' auftritt, hat die Kurve dort Spitzen mit senkrechten Tangenten. Für diese Werte von φ ist auch $y = 0$, daher fallen die Spitzen mit den Nullstellen zusammen (149.1).

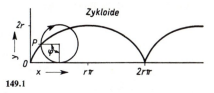

149.1

Die zweite Ableitung y'' erhält man durch Anwendung der Kettenregel und der Quotientenregel auf Gl. (148.3)

$$y'' = \frac{\mathrm{d}y'}{\mathrm{d}x} = \frac{\mathrm{d}y'}{\mathrm{d}\lambda}\frac{\mathrm{d}\lambda}{\mathrm{d}x} \qquad \frac{\mathrm{d}y'}{\mathrm{d}\lambda} = \frac{\mathrm{d}}{\mathrm{d}\lambda}\left(\frac{\dot{y}}{\dot{x}}\right) = \frac{\dot{x}\ddot{y} - \dot{y}\ddot{x}}{\dot{x}^2} \qquad \frac{\mathrm{d}\lambda}{\mathrm{d}x} = \frac{1}{\mathrm{d}x/\mathrm{d}\lambda} = \frac{1}{\dot{x}}$$

und es ergibt sich

$$y'' = \frac{\dot{x}\ddot{y} - \dot{y}\ddot{x}}{\dot{x}^3} \tag{149.1}$$

Integrieren in der Parameterform. Sämtliche Formeln der Integralrechnung können von rechtwinkligen Koordinaten in die Parameterform umgeschrieben werden, wie die folgenden beiden Beispiele zeigen.

Beim unbestimmten Integral $I(x) = \int f(x)\,\mathrm{d}x = \int y\,\mathrm{d}x$ setzt man $y = v(\lambda)$ und $\mathrm{d}x = \dot{u}(\lambda)\,\mathrm{d}\lambda$ und erhält so das unbestimmte Integral in Parameterform

$$I(\lambda) = \int v(\lambda)\,\dot{u}(\lambda)\,\mathrm{d}\lambda = \int y\,\dot{x}\,\mathrm{d}\lambda \tag{149.2}$$

Der Integrand ist also eine Funktion der Integrationsvariablen λ. Beim bestimmten Integral hat man entsprechend auch die Grenzen in Werten von λ einzusetzen. Falls sie in Werten von x gegeben sind, benutzt man $x = u(\lambda)$ zur Umrechnung.

Die Bogenlänge s einer Kurve ist nach Gl. (76.3)

$$s = \int\limits_{x_1}^{x_2} \sqrt{1 + y'^2}\,\mathrm{d}x$$

Setzt man $y' = \dot{y}/\dot{x}$ und $\mathrm{d}x = \dot{x}\,\mathrm{d}\lambda$, so erhält man die Bogenlänge in der Parameterform

$$s = \int\limits_{\lambda_1}^{\lambda_2} \sqrt{\dot{x}^2 + \dot{y}^2}\,\mathrm{d}\lambda \tag{149.3}$$

Beispiel 25. Man berechne Flächeninhalt und Bogenlänge eines Zykloidenbogens zwischen zwei Nullstellen.

Aus Beispiel 24, S. 148 erhält man die beiden ersten Nullstellen $\varphi_1 = 0$, $\varphi_2 = 2\pi$. Für die Fläche F benötigt man nach Gl. (149.2) $y = r(1 - \cos\varphi)$ sowie $\dot{x} = r(1 - \cos\varphi)$ und erhält

$$F = \int_0^{2\pi} r^2 (1 - \cos\varphi)^2 \, d\varphi = r^2 \int_0^{2\pi} (1 - 2\cos\varphi + \cos^2\varphi) \, d\varphi$$

$$= r^2 \left(\varphi - 2\sin\varphi + \frac{1}{4}\sin 2\varphi + \frac{\varphi}{2} \right)\Big|_0^{2\pi} = 3 r^2 \pi$$

Für die Bogenlänge benötigt man nach Gl. (149.3) $\dot{x}^2 = r^2(1 - \cos\varphi)^2$ sowie $\dot{y}^2 = r^2 \sin^2\varphi$, außerdem $\dot{x}^2 + \dot{y}^2 = r^2(1 - 2\cos\varphi + \cos^2\varphi + \sin^2\varphi) = 2r^2(1 - \cos\varphi)$. Mit $1 - \cos\varphi = 2\sin^2(\varphi/2)$ wird die Bogenlänge

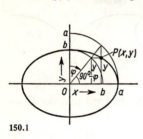

150.1

$$s = 2r \int_0^{2\pi} \sin\frac{\varphi}{2} \, d\varphi = 2r \left(-2\cos\frac{\varphi}{2} \right)\Big|_0^{2\pi} = 8r$$

Es wird noch die **Krümmung** $\varkappa$ einer in **Parameterdarstellung** gegebenen Funktion ermittelt. Durch Einsetzen von Gl. (148.3) und Gl. (149.1) in Gl. (140.2) erhält man

$$\varkappa = \frac{1}{\varrho} = \frac{(\dot{x}\ddot{y} - \dot{y}\ddot{x})/\dot{x}^3}{[1 + (\dot{y}/\dot{x})^2]^{3/2}} = \frac{\dot{x}\ddot{y} - \dot{y}\ddot{x}}{[\dot{x}^2 + \dot{y}^2]^{3/2}} \qquad (150.1)$$

Laut Vereinbarung ist hierin der Nenner stets positiv.

Beispiel 26. Man berechne die **Scheitelkrümmung einer Ellipse** (**150.1**).
Aus Bild **150.1** entnimmt man

$$\sin(90° - \varphi) = \cos\varphi = y/b \qquad \cos(90° - \varphi) = \sin\varphi = x/a$$

Daraus ergeben sich die Parametergleichungen und Ableitungen

$$x = a\sin\varphi \qquad\qquad y = b\cos\varphi$$
$$\dot{x} = a\cos\varphi \qquad\qquad \dot{y} = -b\sin\varphi$$
$$\ddot{x} = -a\sin\varphi \qquad\qquad \ddot{y} = -b\cos\varphi$$

Mit Gl. (150.1) erhält man

$$\varkappa = \frac{-ab\cos^2\varphi - ab\sin^2\varphi}{[a^2\cos^2\varphi + b^2\sin^2\varphi]^{3/2}} = -\frac{ab}{[a^2\cos^2\varphi + b^2\sin^2\varphi]^{3/2}} \qquad (150.2)$$

Obwohl die Scheitel unmittelbar zu erkennen sind, werden sie berechnet

$$\frac{d\varkappa}{d\varphi} = +\frac{3}{2} ab \frac{-2a^2\cos\varphi\sin\varphi + 2b^2\sin\varphi\cos\varphi}{[a^2\cos^2\varphi + b^2\sin^2\varphi]^{5/2}} = 0$$

Der Nenner dieses Bruches sowie a und b sind nicht Null, deshalb erhält man mit der Umformung $2\cos\varphi\sin\varphi = \sin 2\varphi$ die Gleichung $\sin 2\varphi = 0$ mit den hier interessierenden Lösungen $\varphi = 0°$, $90°$, $180°$, $270°$. Setzt man die beiden ersten Lösungen in die Gl. (150.2) ein, erhält man $\varkappa_1 = -b/a^2$ und $\varkappa_2 = -a/b^2$. Setzt man die Lösungen in die Funktionsgleichungen ein, erhält man die Koordinaten der Scheitel S_1 $(0; b)$ und S_2 $(a; 0)$.

Die Klotoide. In diesem Abschnitt werden die im Straßenbau üblichen Bezeichnungen benutzt, z.B. das Formelzeichen R für den Krümmungsradius ϱ und das Formelzeichen L für die Bogenlänge s.

Die Trassen von Verkehrswegen bestehen zumeist aus Geraden und kreisförmigen Bögen, die bei kleinem Radius der Kreisbogenstücke durch Zwischenschaltung von Übergangsbögen verbunden werden. Die Gerade hat die Krümmung $1/R = 0$ und der Kreis eine konstante Krümmung $1/R$. Trägt man die Krümmung über die Bogenlänge L auf, so erhält man das Krümmungsbild. In Bild 151.1a ist das Krümmungsbild (Krümmung gleich Funktion der Länge) für ein Straßenstück, bestehend aus Geraden und Kreisen, dargestellt.

Es gilt:

$$\frac{1}{R} > 0 \quad \text{Linkskrümmung}$$

$$\frac{1}{R} < 0 \quad \text{Rechtskrümmung}$$

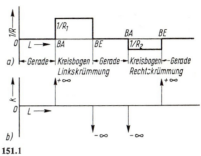

151.1

Beim Befahren der Straße muß der Kraftfahrer an der Übergangsstelle Gerade – Kreis (BA Bogenanfang) das Lenkrad plötzlich, d.h. ohne Zeitaufwand, einschlagen, die Kreiskurve mit konstant eingeschlagenem Lenkrad durchfahren und an der Übergangsstelle Kreis – Gerade (BE Bogenende) das Lenkrad plötzlich wieder zurückdrehen. An den Übergangsstellen ändert sich die Beschleunigung a in Querrichtung (Zentripetalbeschleunigung) und macht sich als Querruck bemerkbar. Die zeitliche Änderung der Beschleunigung a nennt man Q u e r r u c k k

$$k = \frac{\mathrm{d}a}{\mathrm{d}t}$$

An den Übergangsstellen BA und BE tritt ein unendlich großer Querruck (Seitenstoß) auf, da an diesen Stellen die Querbeschleunigung sprunghaft von Null auf einen endlichen Wert ansteigt (151.1b). Die Größe des Querrucks kann als Maß für die Bequemlichkeit beim Durchfahren einer Kurve angesehen werden. Dieser theoretisch unendlich große Querruck ist unabhängig von der Geschwindigkeit und dem Radius des kreisförmigen Bogenstückes.

Um nun die Linienführung eines Verkehrsweges gefälliger zu gestalten und um das Befahren bequemer zu machen, fügt man zwischen Ende des Geradenstückes und Anfang des Kreisbogenstückes einen Übergangsbogen ein, z.B. in Form eines Klotoidenbogenstückes.

Definition. Die **Klotoide** (Cornusche Spirale oder Spinnlinie) ist eine Kurve, deren Länge L proportional der jeweiligen Krümmung $1/R$ ist.

Damit ergibt sich die G l e i c h u n g d e r K l o t o i d e

$$\frac{1}{R} = C\,L = \frac{1}{A^2}\,L \quad R\,L = A^2 \qquad (151.1)$$

Die Größe $C = 1/A^2$ ist der Proportionalitätsfaktor, A wird Klotoidenparameter genannt. Bild **152.1**a zeigt das Krümmungsbild für ein Straßenstück, bestehend aus Geraden und Kreis mit Übergangsbögen in Form von Klotoiden. Auf der Länge der Übergangsbögen ist der Querruck k konstant (**152.1**b), da sich die Krümmung linear ändert. Wird ein Klotoidenbogenstück mit konstanter Geschwindigkeit durchfahren, so muß der Lenkradeinschlag stetig zunehmen. Aus $R\,L = A^2$ erkennt man, daß A ein linearer Parameter (Vergrößerungsfaktor; hier: k o n s t a n t e Hilfsgröße) ist. Durch die Größe A

ist eine Klotoide genauso eindeutig beschrieben wie ein Kreis durch die Angabe des Radius. Alle Klotoiden sind einander ähnlich, sie unterscheiden sich nur durch den

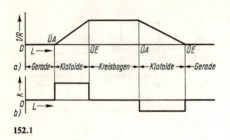

Parameter A. Wird Gl. (151.1) durch A^2 dividiert, so erhält man mit $R/A = r$ und $L/A = 1$ die Gleichung der Einheitsklotoide (natürliche Gleichung)

$$r\,l = 1 \qquad (152.1)$$

Aus den Werten der Einheitsklotoide (Kleinbuchstaben) erhält man die Größen einer beliebigen Klotoide (Großbuchstaben) durch Multiplikation mit dem Faktor A. Wegen der Ähnlichkeit bleiben die Winkel erhalten.

152.1

Aus der Gl. (152.1) ist zu erkennen, daß das Produkt aus Krümmungsradius r und Bogenlänge l für die Klotoide konstant ist. Bild **152**.2 zeigt die Einheitsklotoide.

Die Klotoide ist punktsymmetrisch oder zentrischsymmetrisch in bezug auf den Wendepunkt, d.h. sie kommt bei einer Drehung um 180° um das Symmetriezentrum mit sich selbst zur Deckung. Die x-Achse ist Wendetangente und der Koordinatenursprung Wendepunkt. In der Praxis ist die „natürliche Gleichung" der Einheitsklotoide nicht zu

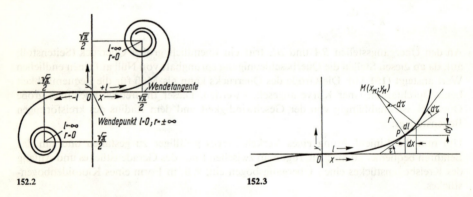

152.2   152.3

gebrauchen, deshalb wird hier die Gleichung der Klotoide in Parameterform hergeleitet. Hat die Klotoide (**152**.3) im Punkt P die Krümmung $1/r$ und den Tangentenwinkel τ und wird auf der Länge $\mathrm{d}l$ die Klotoide durch den Krümmungskreis ersetzt, so kann dem Bild **152**.3 die Beziehung

$$\mathrm{d}l = r\,\mathrm{d}\tau$$

entnommen werden. Mit Gl. (152.1) wird

$$l\,\mathrm{d}l = \mathrm{d}\tau$$

Durch Integration erhält man

$$\tau = \frac{l^2}{2} \qquad (152.2)$$

Aus Gl. (152.1) und Gl. (152.2) ergeben sich für die Einheitsklotoide und entsprechend für die Klotoide mit dem Parameter A die folgenden Beziehungen.

Einheitsklotoide: $l\,r\,=\,1$ \qquad\qquad Klotoide: $L\,R\,=\,A^2$

$$\tau = \frac{l^2}{2} = \frac{l}{2\,r} = \frac{1}{2\,r^2} \qquad\qquad \tau = \frac{L^2}{2\,A^2} = \frac{L}{2\,R} = \frac{A^2}{2\,R^2}$$

$$1 = l\,r = \frac{l^2}{2\,\tau} = 2\,\tau\,r^2 \qquad\qquad A^2 = L\,R = \frac{L^2}{2\,\tau} = 2\,\tau\,R^2$$

$$l = \frac{1}{r} = 2\,\tau\,r = \sqrt{2\,\tau} \qquad\qquad L = \frac{A^2}{R} = 2\,\tau\,R = A\sqrt{2\,\tau}$$

$$r = \frac{1}{l} = \frac{l}{2\,\tau} = \frac{1}{\sqrt{2\,\tau}} \qquad\qquad R = \frac{A^2}{L} = \frac{L}{2\,\tau} = \frac{A}{\sqrt{2\,\tau}}$$

(153.1)

Dem Bild **152.3** kann weiter entnommen werden

$$\mathrm{d}x = \cos \tau\, \mathrm{d}l \qquad\qquad \mathrm{d}y = \sin \tau\, \mathrm{d}l \qquad\qquad (153.2)$$

Aus Gl. (152.2) folgt

$$l = \sqrt{2}\,\sqrt{\tau} \qquad \frac{\mathrm{d}l}{\mathrm{d}\tau} = \frac{1}{\sqrt{2}\,\sqrt{\tau}} \qquad \mathrm{d}l = \frac{\mathrm{d}\tau}{\sqrt{2}\,\sqrt{\tau}}$$

Gl. (153.2) können umgeformt werden; man erhält

$$\mathrm{d}x = \cos \frac{l^2}{2}\, \mathrm{d}l = \frac{1}{\sqrt{2}}\,\frac{\cos \tau}{\sqrt{\tau}}\, \mathrm{d}\tau \qquad \mathrm{d}y = \sin \frac{l^2}{2}\, \mathrm{d}l = \frac{1}{\sqrt{2}}\,\frac{\sin \tau}{\sqrt{\tau}}\, \mathrm{d}\tau$$

Aus diesen Gleichungen erhält man durch Integration die Parameterdarstellung der Klotoide. Da für $l = 0$ bzw. $\tau = 0$ die Abszisse und die Ordinate ebenfalls Null sind, gilt

$$x = \int\limits_0^l \cos \frac{l^2}{2}\, \mathrm{d}l = \frac{1}{\sqrt{2}} \int\limits_0^\tau \frac{\cos \tau}{\sqrt{\tau}}\, \mathrm{d}\tau$$

(153.3)

$$y = \int\limits_0^l \sin \frac{l^2}{2}\, \mathrm{d}l = \frac{1}{\sqrt{2}} \int\limits_0^\tau \frac{\cos \tau}{\sqrt{\tau}}\, \mathrm{d}\tau$$

Dies sind die **Fresnelschen Integrale**; sie sind nicht geschlossen lösbar. Die Integrale werden durch Reihenentwicklung gelöst. Nach Gl. (161.2) und (163.1) ist

$$\cos \frac{l^2}{2} = 1 - \frac{l^4}{2^2 \cdot 2!} + \frac{l^8}{2^4 \cdot 4!} - \frac{l^{12}}{2^6 \cdot 6!} + - \cdots$$

$$\sin \frac{l^2}{2} = \frac{l^2}{2} - \frac{l^6}{2^3 \cdot 3!} + \frac{l^{10}}{2^5 \cdot 5!} - \frac{l^{14}}{2^7 \cdot 7!} + - \cdots$$

Eingesetzt in Gl. (153.3) und integriert erhält man

$$x = l - \frac{l^5}{5 \cdot 2^2 \cdot 2!} + \frac{l^9}{9 \cdot 2^4 \cdot 4!} - \frac{l^{13}}{13 \cdot 2^6 \cdot 6!} + - \cdots$$

$$y = \frac{l^3}{3 \cdot 2} - \frac{l^7}{7 \cdot 2^3 \cdot 3!} + \frac{l^{11}}{11 \cdot 2^5 \cdot 5!} - \frac{l^{15}}{15 \cdot 2^7 \cdot 7!} + - \cdots$$

(154.1)

Gl. (153.3) bzw. Gl. (154.1) sind die Parameterdarstellungen der Einheitsklotoide; die Bogenlänge l ist der Parameter. Die angegebenen Reihen zur Berechnung der x- und y-Werte der Klotoide konvergieren bei den im Straßenbau üblichen Längen (etwa $0 < |l| < 2,200$) sehr schnell, wie die folgende Zusammenstellung zeigt

Für $l = 2,0$ wird			Für $l = 1,0$ wird		
Glied Nr.	x_i	y_i	Glied Nr.	x_i	y_i
1	2,0000000	1,3333333	1	1,0000000	0,1666667
2	−0,8000000	−0,3809524	2	−0,0250000	−0,0029762
3	0,1481481	0,0484848	3	0,0002894	0,0000237
4	−0,0136752	−0,0033862	4	−0,0000017	−0,0000001
5	0,0007470	0,0001485	5	0,0000000	0,0000000
6	−0,0000269	−0,0000045			
7	0,0000007	0,0000001		0,9752877	0,1637141
8	−0,0000000	−0,0000000			
	1,3351937	0,9976236			

Alle bei Trassierungsaufgaben interessierenden Klotoidenmaße können Tafeln[1]) entnommen werden.

Beispiel 27. Man führe in die Gl. (154.1) als Parameter den Steigungswinkel τ ein.

Mit der Beziehung $l = \sqrt{2\tau}$ ergibt sich

$$x = (2\tau)^{1/2} - \frac{(2\tau)^{5/2}}{5 \cdot 2^2 \cdot 2!} + \frac{(2\tau)^{9/2}}{9 \cdot 2^4 \cdot 4!} - \frac{(2\tau)^{13/2}}{13 \cdot 2^6 \cdot 6!} + - \cdots$$

$$= \sqrt{2\tau} \left(1 - \frac{\tau^2}{10} + \frac{\tau^4}{216} - \frac{\tau^6}{9360} + - \cdots \right)$$

$$y = \frac{(2\tau)^{3/2}}{3 \cdot 2} - \frac{(2\tau)^{7/2}}{7 \cdot 2^3 \cdot 3!} + \frac{(2\tau)^{11/2}}{11 \cdot 2^5 \cdot 5!} - \frac{(2\tau)^{15/2}}{15 \cdot 2^7 \cdot 7!} + - \cdots$$

$$= \sqrt{2\tau} \left(\frac{\tau}{3} - \frac{\tau^3}{42} + \frac{\tau^5}{1320} + \frac{\tau^7}{75600} + - \cdots \right)$$

Dies ist die Parameterdarstellung der Einheitsklotoide mit dem Richtungswinkel τ als Parameter.

[1]) Kaspar, H.; Schürba, W.; Lorenz, H.: Die Klotoide als Trassierungselement. 4. Aufl. Bonn 1965.

Es werden noch die Lösungen der Gl. (154.1) in Summen-Schreibweise angegeben.

$$x = \sum_{n=1}^{\infty} (-1)^{n+1} \cdot \frac{l^{4n-3}}{(4n-3)\cdot(2n-2)!\, 2^{2n-2}}$$

$$= \sqrt{2\,\tau} \sum_{n=1}^{\infty} (-1)^{n+1} \frac{\tau^{2n-2}}{(4n-3)\cdot(2n-2)!}$$

$$y = \sum_{n=1}^{\infty} (-1)^{n+1} \frac{l^{4n-1}}{(4n-1)\cdot(2n-1)!\, 2^{2n-1}}$$

$$= \sqrt{2\,\tau} \sum_{n=1}^{\infty} (-1)^{n+1} \frac{\tau^{2n-1}}{(4n-1)\cdot(2n-1)!}$$

Aufgaben zu Abschnitt 6

1. Man bestimme nach dem Verfahren von Horner-Newton mit Hilfe eines Tischrechners die Nullstellen des Polynoms

$$y = x^4 + 2,2\,x^3 - 6,7\,x^2 - 1,6\,x + 0,7$$

auf vier Dezimalen.

2. Man ermittle nach dem Verfahren von Newton die Wurzeln der Bestimmungsgleichung

$$2\sin x + 2x^2 - 1 = 0$$

mit Tafeln und Tischrechner auf fünf Dezimalen.

3. Wo liegt die kleinste positive Wurzel der Bestimmungsgleichung

$$e^{-2x} = \sin \frac{x}{2}$$

Gesucht ist diese Wurzel auf fünf Dezimalen.

4. Wie tief taucht eine Holzkugel mit der Dichte $\varrho = 0,7$ g/cm^3 und dem Durchmesser $D = 30$ cm in Wasser ein? Man berechne die Eintauchtiefe nach dem Verfahren von Newton auf vier Stellen genau. Die Gleichung für den Kugelabschnitt lautet

$$V = \frac{\pi}{3}\, h^2\,(1,5\,D - h)$$

5. In Abschn. 5.6.5 wird die Wurfweite beim schiefen Wurf bestimmt: $x_{\mathrm{W}} = (2/g)\, v_{x0}\, v_{y0}$. Für welchen Abwurfwinkel α ergibt sich die größte Wurfweite? Hinweis: Es ist $v_{y0}/v_{x0} = \tan \alpha$.

6. Aus zwei Stämmen mit kreisförmigem Querschnitt sind je ein Balken mit rechteckigem Querschnitt auszuschneiden. Der eine Balken soll ein maximales Widerstandsmoment $W = b\,h^2/6$, der andere Balken ein maximales Trägheitsmoment $I = b\,h^3/12$ erhalten. Wie groß sind jeweils die Breite b und die Höhe h zu wählen?

7. Sind die axialen Trägheitsmomente I_x und I_y und das Deviationsmoment I_{xy} der im Bild **155.**1 dargestellten Fläche bekannt, so ermittelt sich das Trägheitsmoment I_ξ aus der Gleichung

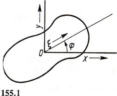

155.1

$$I_\xi = \frac{I_x + I_y}{2} + \frac{I_x - I_y}{2} \cos 2\varphi - I_{xy} \sin 2\varphi$$

wobei φ der Winkel zwischen der x- und der ξ-Achse ist. Für welchen Winkel φ wird das Trägheitsmoment I_ξ extremal?

8. In eine Kreisfläche mit dem Durchmesser d ist eine Rechteckfläche b/h mit maximaler Größe zu zeichnen.

9. Entlang einer Mauer ist mit einem Zaun der Länge l eine möglichst große Fläche zu begrenzen (156.1).

10. In einem Tunnel mit ellipsenförmigem Querschnitt (Halbachsen: a, b) soll ein rechteckiges Lichtraumprofil 15 m · 4,80 m vorhanden sein. Wie groß müssen die Ellipsenachsen gewählt werden, damit der ungenutzte Querschnitt minimal wird?

11. Wo muß bei dem in Bild **156.2** dargestellten Träger die Kraft P wirken, damit
a) das Stützmoment $M_B = - P a b (l + a)/(2 l^2)$
b) das Feldmoment $M_F = P a b^2 (3 a + 2 b)/(2 l^3)$
extremal wird?

12. Das Biegemoment und die Durchbiegung genügen bei dem in Bild **156.3** dargestellten Träger den Funktionsgleichungen

$$M(x) = \frac{q l^2}{8} \left(3 \frac{x}{l} - 4 \frac{x^2}{l^2} \right) \qquad y(x) = \frac{q l^4}{48 E I} \left(\frac{x}{l} - 3 \frac{x^3}{l^3} + 2 \frac{x^4}{l^4} \right)$$

Man ermittle die Extremwerte des Biegemoments und der Durchbiegung.

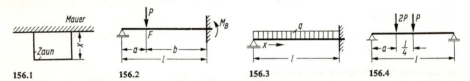

| 156.1 | 156.2 | 156.3 | 156.4 |

13. Wo muß bei dem durch eine Lastgruppe belasteten Einfeldträger (**156.4**) die linke Kraft angreifen, damit das Feldmoment maximal wird?

Hinweis: Das Größtmoment tritt unter der linken Kraft auf.

14. Man diskutiere die Funktion $y = x^4 - 8x + 16$.

15. Man diskutiere folgende Funktionen

a) $y = \dfrac{x^2 - 3x + 4}{2x - 3}$ b) $y = \dfrac{x^3 + 2x^2 - 5x - 6}{x^3 + 6x^2 - 32}$ c) $y = \dfrac{2x\sqrt{x^2 - 4x + 3}}{x^2 + x - 20}$

d) $y = \dfrac{\sqrt[3]{x^3 + 2x^2 - x - 2}}{\sqrt{x + 2}}$ e) $y = 3 e^{-3x}(x^2 - 3x + 2)$ für $x \geqq 0$

16. Bestimme den Krümmungsradius im Scheitel der Parabel $y^2 = 2 p x$.

17. Bestimme den Krümmungsradius im Punkt $P_1 (5 \text{ m}; y_1)$ der kubischen Funktion $y = 0,01 \dfrac{1}{\text{m}^2} x^3$.

18. Bestimme den Krümmungskreis der Kurve $y = \cos x$ in den Punkten $P_1 (0; 1)$, $P_2 (\pi/2; 0)$ und $P_2 (\pi; -1)$.

19. Ein Träger IPE 360 wird als Einfeldträger eingebaut und bei einer Spannweite von 6,0 m durch eine mittige Einzellast von 8,0 Mp belastet. Wie groß ist der Krümmungsradius der Biegelinie in Trägermitte (Trägereigengewicht vernachlässigen)?

20. Man schreibe die folgenden Gleichungen in den anderen Koordinaten, stelle in beiden Systemen eine Wertetafel auf und zeichne die Funktionskurven

a) $r = \sqrt{\cos 2\varphi}$. Hinweis: Man benutze die Umformung $\cos 2\varphi = \cos^2 \varphi - \sin^2 \varphi$;
b) $y = - 3x + 4$.

21. Die Gleichung $r = p/(1 - \varepsilon \cos \varphi)$ ist die Polarform eines Kegelschnittes mit dem Koordinatenursprung in einem Brennpunkt (s. Abschn. Kegelschnitte in Teil 1). Man stelle für die verschiedenen Kegelschnitte die entsprechenden Gleichungen in rechtwinkligen Koordinaten auf. Hinweise: Die konstante Größe p heißt in der Analytischen Geometrie der Parameter, hat aber nichts mit der Parameterdarstellung in Abschn. 6.6 zu tun. Die Größe ε heißt die numerische Exzentrizität.

Für die Parabel ist $\qquad\qquad\qquad \varepsilon = 1$

für die Ellipse ist $\qquad\qquad\quad\; \varepsilon = e/a \qquad e^2 = a^2 - b^2 \qquad p = b^2/a$

für die Hyperbel ist $\qquad\qquad\; \varepsilon = e/a \qquad e^2 = a^2 + b^2 \qquad p = b^2/a$

22. Man diskutiere den Verlauf folgender Kurven in Polarkoordinaten (Nullstellen, senkrechte und waagerechte Tangenten) und berechne die Fläche und Bogenlänge im ersten Quadranten

a) A r c h i m e d i s c h e   S p i r a l e $\qquad r = c\,\varphi \qquad\qquad$ für $\qquad\qquad c = 2$ cm

b) K a r d i o i d e $\qquad\qquad\qquad r = a(1 - \cos \varphi) \qquad$ für $\qquad\qquad a = 2$ cm

23. Welche Kurve ist durch folgende Gleichung in Parameterform bestimmt

$$x = r \cos \varphi \qquad y = r \sin \varphi$$

24. Die Gleichung des schiefen Wurfes lautet in Parameterform $x = v_0\, t \cos \alpha; \; y = v_0\, t \sin \alpha - (1/2)\, g\, t^2$. Man untersuche den Kurvenverlauf und berechne die Wurfweite und Wurfhöhe. Der Parameter t ist die Zeit.

25. Eine Kurvengleichung lautet in Parameterform mit dem Parameter φ

$$x = a \cos \varphi \qquad y = b \sin \varphi$$

Man diskutiere die Kurve.

26. Wie groß ist der Tangentenwinkel τ an der Kennstelle einer Klotoide? Kennstelle ist die Stelle, an der $R = L = A$ ist.

7. Taylor-Reihen

Zur numerischen Behandlung von nichtrationalen Funktionen ist es oft zweckmäßig, diese durch ganze rationale Funktionen zu ersetzen, da sich die letzteren leichter berechnen, differenzieren und integrieren lassen. Man schreibt

$$f(x) = a_0 + a_1 x + a_2 x^2 + \cdots + a_n x^n + R_{n+1}(x) = g(x) + R_{n+1}(x) \quad (158.1)$$

Dabei ist $f(x)$ eine gegebene Funktion, z.B. $f(x) = \sin x$. Die ganze rationale Funktion $g(x)$ heißt die Ersatzfunktion, der letzte Summand $R_{n+1}(x)$ heißt das Restglied, der Unterschied zwischen der gegebenen Funktion $f(x)$ und ihrer Ersatzfunktion $g(x)$. Das Restglied ist ebenfalls von x abhängig. Wenn es möglich ist, das Restglied durch Berücksichtigung genügend vieler Glieder der Ersatzfunktion beliebig klein zu machen, kann die Funktion mit beliebiger Genauigkeit durch die Ersatzfunktion angenähert werden. Dieser Sachverhalt wird oft dadurch ausgedrückt, daß man die Ersatzfunktion als unendliche Potenzreihe (Abschn. 1.5.2) schreibt und das Restglied wegläßt.

Im folgenden wird untersucht, wie aus einer gegebenen Funktion $f(x)$ die Koeffizienten $a_0, a_1, \ldots, a_n$ der Ersatzfunktion $g(x)$ berechnet und die Größe des Restgliedes geschätzt werden können.

Zur Lösung dieser Aufgabe gibt es verschiedene Verfahren, die sich durch die Art der geforderten Übereinstimmung zwischen der Ausgangsfunktion und der Ersatzfunktion unterscheiden. Sind von $f(x)$ eine Anzahl von Wertepaaren durch eine Funktionstafel gegeben, und fordert man, daß die Ersatzfunktion an diesen Stellen mit $f(x)$ übereinstimmt – geometrisch bedeutet dies, daß die Kurve der Ersatzfunktion genau durch die vorgegebenen Punkte von $f(x)$ hindurchgeht –, so kommt man zur Theorie der Interpolationspolynome. Stellt die gegebene Wertetafel von $f(x)$ eine Meßreihe dar, deren Werte mit gewissen Meßfehlern behaftet sind, so berechnet man die Ersatzfunktion derart, daß ihre Kurve nicht genau durch die Meßpunkte verläuft, sondern einen glatten ausgeglichenen Verlauf zeigt. Dieser Ansatz führt zur Ausgleichsrechnung. Der dritte Weg, der hier weiter verfolgt wird, geht von der Voraussetzung aus, daß von $f(x)$ an einer Stelle x_0 der Funktionswert $f(x_0)$ sowie eine Anzahl Ableitungen zahlenmäßig berechenbar sind und mit denen der Ersatzfunktion übereinstimmen.

7.1. Taylor-Formel

Unter der Voraussetzung, daß an der Stelle x_0 der Funktionswert $f(x_0)$ und sämtliche Ableitungen bekannt sind, soll der Funktionswert $f(x)$ an der variablen Stelle x berechnet werden. Dabei kann x größer oder kleiner als x_0 sein. Nach dem Hauptsatz der Differential- und Integralrechnung (Abschn. 5.3) gilt

$$K(x) = \int_{x_0}^{x} f'(\xi)\, \mathrm{d}\xi = f(x) - f(x_0) \tag{159.1}$$

Diese Gleichung wird nach der Funktion $f(x)$ aufgelöst und das Integral $K(x)$ auf der linken Seite mittels Produktintegration (Abschn. 5.5.2) in eine Reihe entwickelt

$$f(x) = f(x_0) + K(x)$$

$$K(x) = \int_{x_0}^{x} f'(\xi)\, \mathrm{d}\xi = \int_{x_0}^{x} f'(\xi)\,(x - \xi)^0\, \mathrm{d}\xi \tag{159.2}$$

Das Einfügen des Faktors $(x - \xi)^0 = 1$ im Integranden von $K(x)$ ist ein Kunstgriff, der bei der Produktintegration gelegentlich vorgenommen wird. Hiermit erhält man

$$f_1 = f'(\xi) \qquad \frac{\mathrm{d}f_2}{\mathrm{d}\xi} = (x - \xi)^0$$

$$\frac{\mathrm{d}f_1}{\mathrm{d}\xi} = f''(\xi) \qquad f_2 = -(x - \xi)$$

$$K(x) = -f'(\xi)\,(x - \xi)\Big|_{x_0}^{x} + \int_{x_0}^{x} f''(\xi)\,(x - \xi)\, \mathrm{d}\xi$$

Beim ersten Summanden werden die Grenzen eingesetzt, beim zweiten wird wiederum Produktintegration durchgeführt

$$f_1 = f''(\xi) \qquad \frac{\mathrm{d}f_2}{\mathrm{d}\xi} = (x - \xi)$$

$$\frac{\mathrm{d}f_1}{\mathrm{d}\xi} = f'''(\xi) \qquad f_2 = -\frac{1}{2}(x - \xi)^2$$

$$K(x) = f'(x_0)\,(x - x_0) - \frac{1}{2} f''(\xi)\,(x - \xi)^2 \Big|_{x_0}^{x} + \frac{1}{2} \int_{x_0}^{x} f'''(\xi)\,(x - \xi)^2\, \mathrm{d}\xi$$

Durch ständiges Wiederholen dieses Verfahrens erhält man die Taylor-Formel mit

$$f(x) = f(x_0) + f'(x_0)(x - x_0) + \frac{f''(x_0)}{2!}(x - x_0)^2 +$$

$$+ \frac{f'''(x_0)}{3!}(x - x_0)^3 + \cdots + \frac{f^{(n)}(x_0)}{n!}(x - x_0)^n + R_{n+1}(x)$$

$$R_{n+1}(x) = \frac{1}{n!} \int_{x_0}^{x} f^{(n+1)}(\xi)\,(x - \xi)^n\, \mathrm{d}\xi \tag{159.3}$$

Der erste Teil dieser Gleichung ist ein Polynom in $(x - x_0)$, dessen Koeffizienten aus den Ableitungen der gegebenen Funktion $f(x)$ berechenbar sind. Die Güte der Annäherung zwischen der Ersatzfunktion und der Ausgangsfunktion wird durch das Restglied $R_{n+1}(x)$ angegeben. Sein Wert kann im allgemeinen nicht streng berechnet, sondern nur geschätzt werden. Hierzu wird es mit Hilfe des Mittelwertsatzes der Integralrechnung (Abschn. 4.2)

$$\int_{a}^{b} h(\xi)\, p(\xi)\, \mathrm{d}\xi = h(x_m) \int_{a}^{b} p(\xi)\, \mathrm{d}\xi \tag{159.4}$$

umgeformt. Setzt man

$$h(\xi) = f^{(n+1)}(\xi) \qquad p(\xi) = (x - \xi)^n$$

so ist das Integral auf der rechten Seite von Gl. (159.4) lösbar, und man erhält als Restglied

$$R_{n+1}(x) = \frac{f^{(n+1)}(x_m)}{n!} \int\limits_{x_0}^{x} (x - \xi)^n \, d\xi = \frac{f^{(n+1)}(x_m)}{(n+1)!} (x - x_0)^{n+1} \qquad (160.1)$$

Die Größe x_m ist eine unbekannte Abszisse zwischen x_0 und x. Um R zu schätzen, setzt man oft einfach $x_m = x_0$ und $x_m = x$ und erhält dadurch in vielen Fällen den größten und den kleinsten Wert von R. Für $x_m = x_0$ hat das Restglied ferner die anschauliche Bedeutung des ersten weggelassenen Gliedes der Reihe.

Ein häufig vorkommender Spezialfall ist $x_0 = 0$. Dann vereinfacht sich Gl. (159.3) zur MacLaurin-Formel

$$\left.\begin{aligned} f(x) &= f(0) + f'(0)\, x + \frac{f''(0)}{2!}\, x^2 + \frac{f'''(0)}{3!}\, x^3 + \cdots + \\ &\quad + \frac{f^{(n)}(0)}{n!}\, x^n + R_{n+1}(x) \\ \text{mit} \quad R_{n+1}(x) &= \frac{f^{(n+1)}(x_m)}{(n+1)!}\, x^{n+1} \end{aligned}\right\} \qquad (160.2)$$

Konvergenz. Wenn das Restglied innerhalb eines gewissen Wertebereiches von x mit wachsendem n nach Null strebt, d.h. die Bedingung

$$\lim_{n \to \infty} R_{n+1}(x) = 0 \quad \text{für} \quad x_1 \leqq x \leqq x_2 \qquad (160.3)$$

erfüllt ist, werden die rechten Seiten von Gl. (159.3) und (160.2) unendliche Reihen (Taylor-Reihen), die innerhalb dieses Wertebereiches von x gleichmäßig konvergieren[1]). Es gibt Reihen, die für alle Werte von x konvergieren, andere konvergieren nur in einem beschränkten Bereich, z.B. für $|x| < 1$.

Dieser Konvergenzbereich kann mit Gl. (160.3) oft nur schwer erkannt werden. Man verwendet deshalb häufig das in Gl. (19.1) behandelte Quotientenkriterium für die Glieder der Taylor-Reihe

$$\left| \frac{a_n}{a_{n-1}} \right| \leqq q < 1 \qquad (160.4)$$

Gl. (160.4) muß innerhalb des Konvergenzbereiches für jeden Wert von x und für fast alle n gelten[1]), d.h. innerhalb des Konvergenzbereiches ist q unabhängig von x und von n.

In Anwendung von Satz 8, S. 20 gilt:

Ist eine Taylor-Reihe in einem abgeschlossenen Intervall absolut und gleichmäßig konvergent, so dürfen die gleichen Rechenoperationen wie mit endlichen Reihen vorgenommen werden.

Man darf bei absolut und gleichmäßig konvergenten Taylor-Reihen innerhalb ihres Konvergenzbereiches gliedweise mit einem Faktor multiplizieren, zwei Reihen dürfen

---

[1]) s. S. 19 und S. 20.

gliedweise addiert werden. Es dürfen ebenfalls Grenzprozesse vertauscht werden, d. h. diese Reihen dürfen gliedweise integriert oder differenziert werden.

Für die in der Praxis benutzten Reihen ist es wichtig, daß sie schnell konvergieren. Damit ist gemeint, daß schon nach wenigen Gliedern das Restglied vernachlässigbar klein gegenüber der vorstehenden Summe wird. Dies ist meistens der Fall, wenn x dicht bei x_0 liegt.

Numerische Berechnung der Reihen. Auch hierzu kann der Quotient zweier aufeinanderfolgender Glieder verwendet werden. Man schreibt

$$q(i) = \frac{a_i}{a_{i-1}} \quad \text{dann ist} \quad a_i = q(i)\, a_{i-1} \quad \text{mit} \quad i = 1, 2, \ldots, n \qquad (161.1)$$

Damit kann das folgende Glied a_i aus dem bekannten vorhergehenden a_{i-1} und dem Quotienten $q(i)$ berechnet werden. In den folgenden Beispielen ist gezeigt, wie diese Quotienten für die einzelnen Werte von i leichter berechnet werden können als die Glieder der Reihe selbst. Im Gegensatz zum konstanten Quotienten q beim Konvergenzkriterium (Gl. (160.4)) wird $q(i)$ für einen festen Wert von x, nämlich der gegebenen Abszisse, für die der Funktionswert $g(x)$ gesucht ist, berechnet.

7.2. Spezielle Reihen

7.2.1. Sinus- und Cosinusreihe

Da bei der Sinusfunktion der Funktionswert und sämtliche Ableitungen für $x_0 = 0$ berechenbar sind, kann Gl. (160.2) benutzt werden. Man erhält

$$
\begin{aligned}
f(x) &= \sin x & f(0) &= 0 \\
f'(x) &= \cos x & f'(0) &= 1 \\
f''(x) &= -\sin x & f''(0) &= 0 \\
f'''(x) &= -\cos x & f'''(0) &= -1 \\
f^{(4)}(x) &= \sin x & f^{(4)}(0) &= 0 \\
&\quad \cdots & &\quad \cdots
\end{aligned}
$$

Damit wird die S i n u s r e i h e

$$\sin x = x - \frac{x^3}{3!} + \frac{x^5}{5!} - \frac{x^7}{7!} + \cdots + R_{n+1}(x) \qquad (161.2)$$

mit $\quad R_{n+1}(x) = \pm \dfrac{x^{2n+1}}{(2n+1)!} \cos x_m$

Alle geradzahligen Ableitungen werden gleich Null, daher ist das Restglied stets ein Cosinusglied mit einem ungeradzahligen Exponenten. Da die Cosinuswerte für alle x_m zwischen ± 1 liegen, erhält man für das Restglied

$$|R_{n+1}(x)| \leqq \frac{|x^{2n+1}|}{(2n+1)!} \qquad (161.3)$$

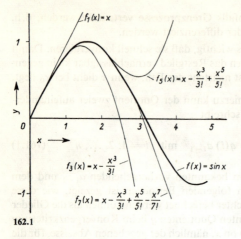

$f_1(x) = x$

1

$f_5(x) = x - \dfrac{x^3}{3!} + \dfrac{x^5}{5!}$

0 1 2 3 4 5

$x \longrightarrow$

$f_3(x) = x - \dfrac{x^3}{3!}$

$f(x) = \sin x$

-1

$f_7(x) = x - \dfrac{x^3}{3!} + \dfrac{x^5}{5!} - \dfrac{x^7}{7!}$

162.1

Der Betrag des Restgliedes kann also nie größer werden als der Betrag des ersten weggelassenen Gliedes der Reihe. Diese Aussage gilt für alle konvergenten alternierenden Reihen, was hier nicht bewiesen werden kann.

Bild 162.1 zeigt die Sinuskurve sowie die Ersatzfunktionen, die sich aus den ersten Gliedern der rechten Seite von Gl. (161.2) zusammensetzen. Die Kurven der Ersatzfunktionen schmiegen sich der Sinuskurve um so besser an, je mehr Glieder hinzugenommen werden. Ist x wesentlich kleiner als Eins, z.B. $x = 0,0175 \triangleq 1°$, so wird bereits das Glied $- x^3/(3!)$ so klein, daß es meist vernachlässigt werden kann. Dann erhält man die aus der Trigonometrie bekannte Näherungsformel $\sin x \approx x$ für kleine x.

Zur Untersuchung des Konvergenzbereiches erhält man aus Gl. (160.4)

$$\left| \frac{- x^{2n+1} (2n-1)!}{(2n+1)! \, x^{2n-1}} \right| = \left| \frac{- x^2}{2n(2n+1)} \right| \leqq q < 1 \tag{162.1}$$

Für alle $n > |x|$ wird diese Ungleichung mit $q = 1/4$ erfüllt. Die Sinus-Reihe konvergiert also für jeden endlichen Wert von x.

Beispiel 1. Mit der Sinus-Reihe ist $\sin 45° = \sin 50^g$ auf 5 Stellen hinter dem Komma zu berechnen.

$$x = \frac{45° \cdot \pi}{180°} = 0,785398$$

Aus Gl. (161.2) erhält man $q(i) = - x^2/(2i(2i+1))$.

Mit $a_0 = x$ ergibt sich

$$a_1 = a_0 \, q(1) = x \, \frac{- x^2}{2 \cdot 3} = - \frac{x^3}{3!} \qquad a_2 = a_1 \, q(2) = - \frac{x^3}{3!} \cdot \frac{- x^2}{4 \cdot 5} = \frac{x^5}{5!} \quad \text{usw.}$$

Daraus erhält man mit $x^2 = 0,616850$ folgendes Rechenschema

i	$- q(i)$	a_i
0	—	$+ 0,785398$
1	$0,616850/6$	$- 0,080745$
2	$0,616850/20$	$+ 0,002490$
3	$0,616850/42$	$- 0,000037$
4	$0,616850/72$	$+ 0,000000$
	Summe:	$+ 0,707106$
	$\sin 45° = \sin 50^g =$	$0,70711$

Beispiel 2. Bis zu welchem Wert von x darf in den Fehlergrenzen des Rechenschiebers die Näherungsformel $\sin x \approx x$ benutzt werden?

Hier ist das Restglied durch die Fehlergrenzen der Rechenschieberablesung gegeben. Sie liegen im linken Teil des Rechenschiebers bei etwa $\pm 2 \cdot 10^{-4}$. Im Gegensatz zu Gl. (161.3) darf jetzt das erste weggelassene Glied nicht größer werden als das Restglied. Daraus erhält man folgende Ungleichung zur Bestimmung von x

$$\frac{x^3}{3!} \leqq 2 \cdot 10^{-4} \quad \text{mit der Lösung} \quad x \leqq 0{,}1063 = 6{,}09° = 6{,}77^g$$

In entsprechender Weise wird die Cosinusfunktion in eine Reihe entwickelt

$$f(x) = \cos x \qquad\qquad f(0) = 1$$
$$f'(x) = -\sin x \qquad\qquad f'(0) = 0$$
$$f''(x) = -\cos x \qquad\qquad f''(0) = -1$$
$$f'''(x) = \sin x \qquad\qquad f'''(0) = 0$$
$$f^{(4)}(x) = \cos x \qquad\qquad f^{(4)}(0) = 1$$
$$\cdots \qquad\qquad\qquad \cdots$$

Dies ergibt nach Gl. (160.2) die Cosinusreihe

$$\cos x = 1 - \frac{x^2}{2!} + \frac{x^4}{4!} - \frac{x^6}{6!} + \cdots + R_{n+1}(x) \tag{163.1}$$

$$|R_{n+1}(x)| \leqq \frac{x^{2n}}{(2n)!}$$

Hier werden alle ungeradzahligen Ableitungen gleich Null. Der Faktor $f^{(2n)}(x_m)$ $= \pm \cos x_m$ im Restglied ist der gleiche wie bei der Sinusreihe, so daß sich die obige vereinfachte Form des Restgliedes ergibt. Mit Gl. (160.4) sieht man, daß diese Reihe ebenfalls für alle endlichen Werte von x konvergiert.

Beispiel 3. Die Gleichung eines zwischen zwei Trägern aufgehängten Seiles, die Kettenlinie (Aufgabe 14, S. 124) lautet

$$y = a \cosh \frac{x}{a}$$

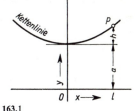

163.1

Die Größe a ist aus der gegebenen halben Spannweite l und dem Durchgang h zu berechnen (**163.1**), s. auch Beispiel 11, S. 169. Da die Koordinaten von $P(l; a + h)$ die obige Gleichung erfüllen müssen, erhält man

$$a + h = a \cosh \frac{l}{a} \tag{163.2}$$

Dies ist eine transzendente Bestimmungsgleichung für a. Bei gegebenen Zahlenwerten von l und h kann sie z. B. mit dem Newton-Näherungsverfahren (Abschn. 6.1) gelöst werden. Eine allgemeine Näherungslösung erhält man durch eine Reihenentwicklung der rechten Seite der Gl. (163.2). Nach Gl. (160.2) ist

$$\cosh z = 1 + \frac{z^2}{2!} + \frac{z^4}{4!} + \frac{z^6}{6!} + \cdots + \frac{z^{2n}}{(2n)!} \cosh z_m$$

Setzt man $z = l/a$ und bricht diese Reihe nach dem zweiten Glied ab, so erhält man aus Gl. (163.2)

$$1 + \frac{h}{l} z = 1 + \frac{z^2}{2} \quad \text{und daraus} \quad z = \frac{2h}{l} = \frac{l}{a} \qquad a = \frac{l^2}{2h}$$

Das Abbrechen der Reihe nach dem zweiten Glied ist nur zulässig, wenn $z \ll 1$. Dies ist aber der Fall, wenn $h \ll l$. Setzt man diesen Wert für a in die Ausgangsgleichung ein, so erhält man

$$y = \frac{l^2}{2h} \cosh \frac{2h}{l^2} x$$

Auch diese Gleichung wird oft näherungsweise durch den Anfang der Reihe dargestellt und ergibt

$$y = \frac{l^2}{2h} + \frac{h}{l^2} x^2 = a \left(1 + \frac{x^2}{2a^2}\right)$$

Dies ist die Gleichung einer nach oben geöffneten Parabel mit dem Scheitel in der Höhe $l^2/2h$. Der Punkt $P(l; a + h)$ erfüllt diese Gleichung ebenfalls. Das maximale Restglied für $x_m = l$ beträgt

$$R = \frac{1}{3} h \left(\frac{h}{l}\right)^2 \cosh \frac{2h}{l}$$

7.2.2. Reihe für die Exponentialfunktion

Auch hier kann Gl. (160.2) benutzt werden. Da alle Ableitungen von $y = e^x$ gleich der Funktion sind und $e^0 = 1$ ist, erhält man als Reihe für die Exponentialfunktion

$$e^x = 1 + x + \frac{x^2}{2!} + \frac{x^3}{3!} + \frac{x^4}{4!} + \cdots + \frac{x^{n+1}}{(n+1)!} e^{x_m} \tag{164.1}$$

Für den Konvergenzbereich ergibt sich aus Gl. (160.4)

$$\left|\frac{x^n (n-1)!}{n! \, x^{n-1}}\right| = \left|\frac{x}{n}\right| \leqq q \tag{164.2}$$

Die Reihe konvergiert also für alle endlichen Werte von x.

Beispiel 4. Man berechne die Zahl e auf fünf Stellen hinter dem Komma.

Die Zahl e erhält man als Spezialfall der obigen Reihe für $x = 1$. Das Restglied ist wegen Gl. (164.1) kleiner als das e-fache des ersten weggelassenen Gliedes. Hierfür wird näherungsweise das dreifache des ersten weggelassenen Gliedes gesetzt.

Aus Gl. (161.1) und (164.2) ergibt sich folgendes Rechenschema

i	$q(i)$	a_i
0	—	1,000 000 0
1	1	1,000 000 0
2	1/2	0,500 000 0
3	1/3	0,166 666 7
4	1/4	0,041 666 7
5	1/5	0,008 333 3
6	1/6	0,001 388 9
7	1/7	0,000 198 4
8	1/8	0,000 024 8
9	1/9	0,000 002 8
	Summe	2,718 281 6

Hier zeigt sich besonders deutlich der Vorteil der Gleichung (161.1). Ohne Rechenmaschine kann der Wert einer Reihe oft mühelos im Kopf berechnet werden. Das Glied a_{10} ist etwa $3 \cdot 10^{-7}$, damit wird der Rest kleiner als $1 \cdot 10^{-6}$ und e ist auf 5 Stellen genau. Exakt ist e $= 2,7182818\ldots$

7.2.3. Binomische Reihe

Eine Reihenentwicklung der Funktion $y = (1 + x)^m$ heißt Binomische Reihe. Die Entwicklung an der Stelle $x_0 = 0$ ergibt

$$f(x) = (1 + x)^m \qquad\qquad f(0) = 1$$
$$f'(x) = m(1 + x)^{m-1} \qquad\qquad f'(0) = m$$
$$f''(x) = m(m - 1)(1 + x)^{m-2} \qquad\qquad f''(0) = m(m - 1)$$
$$f'''(x) = m(m - 1)(m - 2)(1 + x)^{m-3} \qquad\qquad f'''(0) = m(m - 1)(m - 2)$$
$$\ldots \qquad\qquad\qquad \ldots$$

$$f^{(n+1)}(x) = m(m - 1)(m - 2)\ldots(m - n)(1 + x)^{m-(n+1)}$$

Nach Gl. (160.2) sind die Ableitungen durch die entsprechenden Fakultäten zu dividieren. Dadurch entstehen die folgenden Brüche. Sie heißen Binomialkoeffizienten

$$\frac{m}{1!} = \binom{m}{1} \qquad \frac{m(m-1)}{2!} = \binom{m}{2} \qquad \frac{m(m-1)(m-2)}{3!} = \binom{m}{3}$$

$$\frac{m(m-1)(m-2)\ldots(m-(n-2))(m-(n-1))}{n!} = \binom{m}{n}$$

$$\frac{m(m-1)(m-2)\ldots(m-(n-1))(m-n)}{(n+1)!} = \binom{m}{n+1}$$

In Abschn. Potenzen und Wurzeln in Teil 1 ist die abgekürzte Schreibweise der rechten Seiten dieser Gleichungen für ganze positive Werte von m erläutert. Diese Schreibweise soll nun aber laut Definition für alle Werte von m gelten. Für numerische Rechnungen kann man sich merken, daß beim Binomialkoeffizienten $\binom{m}{n}$ im Zähler und Nenner je n Faktoren stehen.

Beispiel 5. $\quad \binom{-2}{3} = \frac{(-2)(-3)(-4)}{1 \cdot 2 \cdot 3} = -4 \quad \binom{0,5}{2} = \frac{(0,5)(-0,5)}{1 \cdot 2} = -0,125 = -\frac{1}{8}$

$$\binom{1,5}{2} = \frac{1,5 \cdot 0,5}{1 \cdot 2} = 0,375 \qquad \binom{-1,5}{2} = \frac{(-1,5)(-2,5)}{1 \cdot 2} = 1,875$$

Mit diesen Binomialkoeffizienten lautet die Binomische Reihe

$$(1 + x)^m = 1 + m\,x + \binom{m}{2} x^2 + \binom{m}{3} x^3 + \cdots + R_{n+1}(x) \qquad (165.1)$$

mit $\quad R_{n+1}(x) = \binom{m}{n+1} x^{n+1} (1 + x_m)^{m-(n+1)}$

Bei dem in Teil 1 behandelten Spezialfall, daß m ganz und positiv ist, werden alle Koeffizienten nach dem Glied $m = n$ zu Null, und es entstehen endliche Reihen. Ist der Exponent nicht ganz und positiv, so erhält man unendliche Reihen. Für den Konvergenzbereich ergibt sich nach Gl. (160.4)

$$\left| \frac{m\,(m-1)\,(m-2)\cdots(m-(n-2))\,(m-(n-1))}{m\,(m-1)\,(m-2)\cdots(m-(n-2))} \frac{(n-1)!}{n!} \frac{x^n}{x^{n-1}} \right|$$

$$= \left| \frac{m-n+1}{n} x \right| \leqq q < 1 \tag{166.1}$$

Für große n wird $(m-n+1)/n$ sich im Betrage nur wenig von Eins unterscheiden.

Die Binomische Reihe konvergiert also nur, wenn $|x| < 1$. Für kleine Werte von $m\,x$ kann die Reihe häufig bereits nach dem zweiten Gliede abgebrochen werden, es entsteht die oft benutzte Näherungsformel

$$(1+x)^{m} \approx 1 + m\,x \qquad \text{für} \qquad |m\,x| \ll 1 \tag{166.2}$$

die in Abschn. Potenzen und Wurzeln in Teil 1 bereits auf elementarem Wege hergeleitet wurde.

Beispiel 6. Man berechne mit der Binomischen Reihe $\sqrt{1{,}2}$ auf 5 Stellen hinter dem Komma.

In diesem Spezialfall ist $m = 1/2$ und $x = 1/5$. Zur Berechnung von $q(i)$ nach Gl. (161.1) kann der Ausdruck in Gl. (166.1) benutzt werden. Mit $q(i) = \dfrac{3/2 - i}{i} \cdot \dfrac{1}{5} = -\dfrac{2i-3}{10i}$ erhält man folgendes Rechenschema

i	$q(i)$	a_i
0	—	+ 1,000 000
1	+ 1/10	+ 0,100 000
2	− 1/20	− 0,005 000
3	− 1/10	+ 0,000 500
4	− 1/ 8	− 0,000 062
5	− 7/50	+ 0,000 009
6	− 3/20	− 0,000 001
7	− 11/70	+ 0,000 000
	Summe	1,095 446

Da dies eine alternierende Reihe ist, ist der Rest kleiner als das erste weggelassene Glied. Fünf Stellen hinter dem Komma sind damit sicher.

Beispiel 7. Für welche Werte von x kann die Näherungsformel Gl. (166.2) innerhalb der Fehlergrenzen des Rechenschiebers zum Ziehen von Quadratwurzeln benutzt werden?

Für das Restglied in Gl. (165.1) erhält man mit $m = 0{,}5$; $n + 1 = 2$ und einer Fehlergrenze von $\pm 2 \cdot 10^{-4}$

$$R_2(x) = \binom{0{,}5}{2} x^2 (1 + x_m)^{0{,}5 - 2} = \left| -\frac{x^2}{8(1 + x_m)^{1{,}5}} \right| \leqq 2 \cdot 10^{-4}$$

Wenn $x > 0$, ist der ungünstigste Fall $x_m = 0$, da dann der Nenner der vorstehenden Gleichung am kleinsten ist. Man erhält dann $x^2 \leqq 16 \cdot 10^{-4}$ und $x \leqq 0{,}0400$. Ist $x < 0$, so ist der ungünstigste Fall $x_m = x$. Zur Auflösung nach x wird die Restgliedgleichung quadriert und gibt geordnet

$$10^8 \, x^4 - 256 x^3 - 768 x^2 - 768 x - 256 = 0$$

mit der hier interessierenden Lösung $x = -0{,}0394$. Die Näherungsformel $\sqrt{1+x} \approx 1 + x/2$ kann also für $0{,}96 < x < 1{,}04$ innerhalb der Fehlerschranken von $\pm 2 \cdot 10^{-4}$ angewandt werden.

Beispiel 8. In Bild **167.**1 a ist ein gekrümmter Stab der Länge s dargestellt, z. B. ein durchhängender Meßstab (Meßband), ein durchgebogener Träger oder ein ausweichender Knickstab. Die Stabachse ist durch die Funktion $y = f(x)$ festgelegt. Man ermittle einen Näherungsausdruck zur Berechnung der Verschiebung u, um welche sich das Stabende in x-Richtung bewegt.

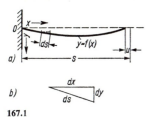

a)

b)

167.1

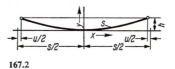

167.2

In Bild **161.**1 b ist ein Stabelement der Länge ds dargestellt. Mit du wird die Differenz zwischen Schräglänge ds und Horizontalprojektion dx bezeichnet. Man erhält

$$du = ds - dx = \sqrt{dx^2 + dy^2} - dx = dx \left(\sqrt{1 + \left(\frac{dy}{dx}\right)^2} - 1 \right)$$
$$= dx \left[(1 + y'^2)^{1/2} - 1 \right]$$

Da y' klein ist, kann unter Benutzung von Gl. (166.2)

$$du \approx dx \left[1 + \frac{y'^2}{2} - 1 \right] = \frac{y'^2}{2} \, dx$$

geschrieben werden. Die Gesamtverschiebung u ergibt sich dann durch Integration über die Stablänge s zu

$$u = \int_0^s \frac{y'^2}{2} \, dx \tag{167.1}$$

Beispiel 9. Die Differenz u zwischen der Meßbandlänge s und der Sehnenlänge (zu messende Länge) ist zu bestimmen. Die Form des durchhängenden Meßbandes ist durch die Funktion

$$y = \frac{h}{(s/2)^2} x^2 \quad \text{(Parabel) gegeben} \quad (167.2)$$

$$y' = \frac{4h}{s^2} \cdot 2x \qquad\qquad y'^2 = \frac{64 h^2}{s^4} x^2$$

Mit Gl. (167.1) wird

$$\frac{u}{2} = \int_0^{s/2} \frac{32 h^2}{s^4} x^2 \, dx = \frac{32 h^2}{s^4} \cdot \frac{x^3}{3} \bigg|_0^{s/2} = \frac{4h^2}{3s}$$

Somit ist[1)] $\qquad u = \dfrac{8 h^2}{3 s}$

[1)] Volquardts, H.; Matthews, K.: Vermessungskunde. Teil 2. 11. Aufl. Stuttgart 1967.

7.2.4. Logarithmische Reihen

Auf Grund des Konvergenzsatzes 8, S. 20 können absolut und gleichmäßig konvergente Reihen wie endliche Reihen behandelt werden. Differenziert man z.B. die Sinusreihe Gl. (161.2), so erhält man die Cosinusreihe Gl. (163.1), die Reihe der Exponentialfunktion Gl. (164.1) bleibt nach einer Differentiation erhalten.

Die Funktion $y = \ln x$ kann nicht an der Stelle $x_0 = 0$ in eine Reihe entwickelt werden, da hier der Funktionswert und die Ableitungen nicht existieren. Es ist daher zweckmäßig, stattdessen die Funktion $y = \ln (1 + x)$ an der Stelle $x_0 = 0$ zu entwickeln. Man erhält

$$f(x) = \ln (1 + x) \qquad\qquad f(0) = 0$$

$$f'(x) = \frac{1}{1 + x} \qquad\qquad f'(0) = 1$$

$$f''(x) = -\frac{1}{(1 + x)^2} \qquad\qquad f''(0) = -1$$

$$f'''(x) = \frac{2}{(1 + x)^3} \qquad\qquad f'''(0) = 2$$

$$\cdots \qquad\qquad\qquad \cdots$$

$$f^{(n+1)}(x) = \pm \frac{n!}{(1 + x)^{n+1}}$$

Damit ergibt Gl. (160.2)

$$\ln (1 + x) = x - \frac{x^2}{2} + \frac{x^3}{3} - \frac{x^4}{4} + \cdots \pm \frac{x^{n+1}}{n + 1} \frac{1}{(1 + x_m)^{n+1}} \tag{168.1}$$

Die Reihe konvergiert nur für $-1 < x \leqq +1$. Theoretisch könnte man also gerade noch $\ln 2$ berechnen, für eine praktische Anwendung konvergiert diese Reihe aber zu langsam.

Um eine schneller konvergierende Reihe zur Berechnung der Logarithmen beliebiger Zahlen zu erhalten, formt man die Reihe Gl. (168.1) um. In Gl. (168.1) wird $+ x$ durch $- x$ ersetzt

$$\ln (1 - x) = - x - \frac{x^2}{2} - \frac{x^3}{3} - \frac{x^4}{4} - \cdots - \frac{x^{n+1}}{n + 1} \frac{1}{(1 - x_m)^{n+1}} \tag{168.2}$$

Die ersten Glieder der Polynome von Gl. (168.1) und (168.2) ergeben die Näherungsformel

$$\ln (1 \pm x) = \pm x \qquad \text{wenn} \qquad |x| \ll 1$$

Werden die Gl. (168.1) und (168.2) voneinander subtrahiert, so erhält man

$$\ln (1 + x) - \ln (1 - x) = \ln \frac{1 + x}{1 - x} = 2 \left(x + \frac{x^3}{3} + \frac{x^5}{5} + \cdots \right) \tag{168.3}$$

Diese Reihe konvergiert für $|x| < 1$. Setzt man jetzt aber

$$\frac{1 + x}{1 - x} = \frac{1 + z}{z} \qquad \text{so wird} \qquad x = \frac{1}{2z + 1}$$

Mit dieser neuen Variablen wird die linke Seite von Gl. (168.3)

$$\ln \frac{1+x}{1-x} = \ln \frac{1+z}{z} = \ln(1+z) - \ln z$$

Bringt man den zweiten Summanden der rechten Seite der vorstehenden Gleichung auf die rechte Seite von Gl. (168.3) und setzt $x = 1/(2z+1)$, so erhält man

$$\ln(z+1) = \ln z + 2 \left[\frac{1}{2z+1} + \frac{1}{3(2z+1)^3} + \frac{1}{5(2z+1)^5} + \cdots \right] \qquad (169.1)$$

Die Reihe konvergiert umso schneller, je größer z ist.

7.2.5. Reihe für die Arcustangensfunktion

Setzt man in der Binomischen Reihe Gl. (165.1) $m = -1$ und anstatt x den Wert x^2 ein, so erhält man

$$\frac{1}{1+x^2} = 1 - x^2 + x^4 - x^6 + \cdots$$

Diese Reihe konvergiert nach Gl. (160.4) für $|x| < 1$. Innerhalb des Konvergenzbereiches darf integriert werden. Man erhält

$$\int \frac{1}{1+x^2} \, dx = \arctan x = x - \frac{x^3}{3} + \frac{x^5}{5} - \frac{x^7}{7} + \cdots \qquad (169.2)$$

Diese Reihe konvergiert nach Gl. (160.4) für $|x| \leq 1$.

Beispiel 10. Gl. (169.2) kann zur Berechnung von π benutzt werden. Setzt man $x = 1$, so erhält man $\arctan 1 = \pi/4$. Die dafür entstehende Reihe ist unter dem Namen Leibniz-Reihe bekannt. Sie hat den Nachteil, daß sie nur sehr langsam konvergiert. Besser setzt man $x = 1/\sqrt{3}$, dann erhält man $\arctan\left(1/\sqrt{3}\right) = \pi/6$. Nach Umordnen und Auflösen nach π ergibt sich

$$\pi = 2\sqrt{3} \left(1 - \frac{1}{3 \cdot 3} + \frac{1}{5 \cdot 3^2} - \frac{1}{7 \cdot 3^3} + \cdots \right)$$

Beispiel 11. Die Bogenlänge s eines Kreises ist durch eine Potenzreihe des Verhältnisses h/l der Pfeilhöhe h und der halben Sehne l darzustellen.

Nach Bild 169.1 ist $s = \alpha \cdot r$. Die Winkel $\beta = 180° - \alpha$ und $\beta/2 = 90° - \alpha/2$ sind Mittelpunkts- und Umfangswinkel über der gleichen Sehne. Damit erhält man den eingezeichneten Winkel $\alpha/2$ und $\tan(\alpha/2) = h/l$. Deshalb ist $\alpha = 2 \arctan(h/l)$. Nach Pythagoras ist

$$r^2 = l^2 + (r-h)^2 \quad \text{und daraus} \quad r = \frac{l}{2}\left(\frac{l}{h} + \frac{h}{l} \right)$$

Damit wird $s = l\left(\frac{l}{h} + \frac{h}{l} \right) \arctan\left(\frac{h}{l} \right)$

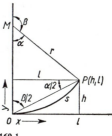

169.1

Entwickelt man den Arcustangens nach Gl. (169.2) in eine Reihe und multipliziert die Klammern aus, so erhält man

$$s = l\left[1 + \frac{2}{3}\left(\frac{h}{l}\right)^2 - \frac{2}{15}\left(\frac{h}{l}\right)^4 + \frac{2}{35}\left(\frac{h}{l}\right)^6 - \cdots \right]$$

Diese Reihe konvergiert für $h/l < 1$. Für flache Bögen ($h \ll l$) wird diese Reihe oft nach dem zweiten Glied abgebrochen. Ohne Beweis sei vermerkt, daß die dann entstehende Näherungsformel nicht nur für Kreisbögen, sondern auch für flache **Parabelbögen** (Aufgabe 5, S. 172) und die Bogenlänge der **Kettenlinie** (Aufgabe 14, S. 124) gilt.

7.3. Integrieren durch Reihenentwicklung

Im vorigen Abschnitt wurde gezeigt, wie durch Integrieren neue Reihen entwickelt werden können. Entsprechend können gewisse Integrale durch eine Reihenentwicklung des Integranden und Integration dieser Reihe gelöst werden, wenn sich die Integranden in absolut und gleichmäßig konvergente Potenzreihen entwickeln lassen. Das folgende Integral tritt in der Statistik (Abschn. 11) auf. Der Integrand wird mit Gl. (164.1) entwickelt, indem für $x = -v^2/2$ gesetzt wird

$$\int_0^u e^{-v^2/2}\,dv \approx \int_0^u \left(1 - \frac{v^2}{2} + \frac{v^4}{2^2\,2!} - \frac{v^6}{2^3\,3!} + \cdots + (-1)^n \frac{v^{2n}}{2^n\,n!}\right) dv$$

$$= u - \frac{u^3}{3 \cdot 2} + \frac{u^5}{5 \cdot 2^2 \cdot 2!} - \frac{u^7}{7 \cdot 2^3 \cdot 3!} + \cdots + (-1)^n \frac{u^{2n+1}}{(2n+1)\,2^n\,n!}$$

Nach Gl. (160.4) konvergiert diese Reihe für alle endlichen Werte von u. Der Rest ist kleiner als das erste weggelassene Glied, da die Reihe alterniert.

Ein weiteres Beispiel für das Integrieren durch Reihenentwicklung ist die Lösung der Fresnelschen Integrale auf S. 153.

7.4. Unbestimmte Ausdrücke

Setzt man in gewissen Funktionsgleichungen $y = F(x)$ für x den festen Wert x_0, so kann $F(x_0)$ eine der folgenden Formen sog. unbestimmter Ausdrücke annehmen

$$\frac{0}{0} \qquad \frac{\infty}{\infty} \qquad 0 \cdot \infty \qquad 1^{\infty} \qquad 0^0 \qquad \infty^0 \qquad \infty - \infty$$

Diese Ausdrücke sind nicht als Rechenoperationen mit Zahlen, sondern als Grenzwerte eines Bruches, Produktes, einer Differenz oder einer Potenz zweier Funktionen zu behandeln, die einzeln für den gleichen Abszissenwert $x = x_0$ gleich Null werden oder unbeschränkt wachsen. Je nach Art der betrachteten Funktionen können die obigen unbestimmten Ausdrücke unterschiedliche Grenzwerte haben oder divergieren.

Es wird $F(x) = f(x)/g(x)$ mit $f(x_0) = 0$ und $g(x_0) = 0$ untersucht. Beide Funktionen werden nach Gl. (159.3) in eine Taylor-Reihe entwickelt

$$F(x) = \frac{f(x)}{g(x)} = \frac{f(x_0) + f'(x_0)(x - x_0) + \dfrac{f''(x_0)}{2!}(x - x_0)^2 + \cdots}{g(x_0) + g'(x_0)(x - x_0) + \dfrac{g''(x_0)}{2!}(x - x_0)^2 + \cdots} \qquad (170.1)$$

Da $f(x_0) = g(x_0) = 0$ gilt, fällt der erste Summand im Zähler und Nenner weg. Nun kann in jedem Glied ein Faktor $(x - x_0)$ gekürzt werden. Vollzieht man nun den Grenzübergang $x \to x_0$, so werden alle Summanden im Zähler und Nenner bis auf den jeweils ersten gleich Null, und man erhält die Regel von de l'Hospital

$$\lim_{x \to x_0} \frac{f(x)}{g(x)} = \lim_{x \to x_0} \frac{f'(x)}{g'(x)} \tag{171.1}$$

Falls auch $f'(x_0) = g'(x_0) = 0$ wird, verschwindet in Gl. (170.1) auch der zweite Summand, man kann durch $(x - x_0)^2$ kürzen und erhält als Grenzwert den Quotienten der zweiten Ableitungen an der Stelle x_0.

Beispiel 12. Bei der Kurvendiskussion der Zykloide (Beispiel 24, S. 148) erhält man den unbestimmten Ausdruck

$$h = \lim_{\varphi \to 0} \frac{\sin \varphi}{1 - \cos \varphi}$$

$$f(\varphi) = \sin \varphi \qquad\qquad g(\varphi) = 1 - \cos \varphi$$

$$f'(\varphi) = \cos \varphi \qquad\qquad g'(\varphi) = \sin \varphi$$

Mit Gl. (171.1) wird

$$h = \lim_{\varphi \to 0} \frac{f'(\varphi)}{g'(\varphi)} = \lim_{\varphi \to 0} \frac{\cos \varphi}{\sin \varphi} = \lim_{\varphi \to 0} \cot \varphi \to \infty$$

Es ist also kein Grenzwert vorhanden.

Die Regel von l'Hospital Gl. (171.1) darf auch angewandt werden, wenn x_0 über alle Grenzen wächst; ferner wenn $f(x_0)$ und $g(x_0)$ über alle Grenzen wachsen, d.h. wenn der unbestimmte Ausdruck ∞/∞ auftritt.

Beispiel 13. Man berechne $\lim\limits_{x \to \infty} \dfrac{3x^3 + 2x}{e^{2x}}$.

Durch mehrfache Anwendung von Gl. (171.1) erhält man

$$\lim_{x \to \infty} \frac{3x^3 + 2x}{e^{2x}} = \lim_{x \to \infty} \frac{9x^2 + 2}{2e^{2x}} = \lim_{x \to \infty} \frac{18x}{4e^{2x}} = \lim_{x \to \infty} \frac{18}{8e^{2x}} = 0$$

Unbestimmte Ausdrücke, die nicht die Form $0/0$ oder ∞/∞ haben, können stets durch geeignete Umformungen auf einen dieser beiden Ausdrücke zurückgeführt werden.

Beispiel 14. Man berechne $\lim\limits_{x \to 0} \dfrac{\ln x}{\cot x}$.

Hier handelt es sich um einen unbestimmten Ausdruck von der Form ∞/∞.

$$f(x) = \ln x \qquad f'(x) = 1/x \qquad\quad \frac{f'(x)}{g'(x)} = -\frac{\sin^2 x}{x}$$
$$g(x) = \cot x \qquad g'(x) = -1/\sin^2 x$$

Setzt man im letzten Ausdruck $x = 0$, so erhält man den unbestimmten Ausdruck $0/0$. Das Verfahren kann wiederholt werden, indem nochmals differenziert wird. Hier kommt man jedoch schneller mit folgender Umformung zum Ziel

$$\lim_{x \to 0} \left(-\frac{\sin^2 x}{x} \right) = \lim_{x \to 0} \frac{\sin x}{x} \cdot \lim_{x \to 0} (-\sin x) = 0$$

In Abschn. 1.2 ist gezeigt, daß der Grenzwert eines Produktes gleich dem Produkt der beiden Grenzwerte ist. Ferner wird in Abschn. 1.4 hergeleitet, daß $\lim_{x \to 0} ((\sin x)/x) = 1$ ist. Das Ergebnis Null bedeutet, daß die Cotangensfunktion im Nenner schneller wächst als die logarithmische Funktion im Zähler. Dies kann auch durch eine Zahlenrechnung nachgeprüft werden.

Beispiel 15. Man berechne $\lim_{x \to 0} (x \cdot \ln x)$.

Folgende Umformung führt auf den Ausdruck ∞/∞, für den Gl. (171.1) anwendbar ist

$$x \ln x = \frac{\ln x}{1/x} \qquad \begin{aligned} f(x) &= \ln x & f'(x) &= 1/x \\ g(x) &= 1/x & g'(x) &= -1/x^2 \end{aligned}$$

$$\frac{f'(x)}{g'(x)} = -x \qquad \frac{f'(0)}{g'(0)} = 0$$

Beispiel 16. Man berechne $\lim_{x \to 0} x^x$.

Die Umformung $x^x = e^{x \ln x}$ führt auf die Berechnung eines unbestimmten Ausdruckes mit Produktform im Exponenten. Der Exponent wurde im vorstehenden Beispiel berechnet. Daher gilt

$$\lim_{x \to 0} x^x = e^0 = 1$$

Aufgaben zu Abschnitt 7

1. Man entwickle die nachstehenden Funktionen in Potenzreihen und bestimme die Restglieder

a) $y = \sinh x$ b) $y = \dfrac{1 + x}{1 - x}$ c) $y = \dfrac{1}{x}$ an der Stelle $x_0 = 1$

2. Man entwickle $y = 1/\sqrt{1 - x^2}$ mit der **Binomischen Reihe**. Durch Integrieren erhält man die Reihe für arcsin x. Man berechne π aus arcsin (1/2).

3. Man entwickle $y = 1/(1 + x)$ mit der **Binomischen Reihe**. Durch Integrieren erhält man die Reihe für $\ln (1 + x)$.

4. Bei der Spiegelablesung einer Meßgröße mit Skala und Fernrohr soll nach Bild **172**.1 der Drehwinkel φ des Spiegels nach Potenzen von x/l entwickelt werden.

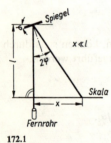

5. Eine nach oben geöffnete Parabel mit dem Scheitel im Koordinatenursprung geht durch den Punkt $P(l; h)$, wobei $h \ll l$ ist. Man entwickle die Bogenlänge zwischen $x = 0$ und $x = l$ in eine Potenzreihe nach Potenzen von (h/l). Hinweis: Der Integrand in der Formel für die Bogenlänge ist in eine Potenzreihe zu entwickeln und dann zu integrieren.

6. Man löse durch Reihenentwicklung die Integrale

172.1

a) $\displaystyle\int_0^x \frac{\sin \xi}{\xi}\, d\xi$ b) $\displaystyle\int_0^x \sqrt{1 + \xi^3}\, d\xi$ c) $\displaystyle\int_{1/(2\pi)}^{1/\pi} \sin \left(\frac{1}{x}\right) dx$

7. Man berechne die unbestimmten Ausdrücke

a) $\displaystyle\lim_{x \to 5} \frac{3 - \sqrt{14 - x}}{x^2 - 25}$ b) $\displaystyle\lim_{x \to \pi} \frac{\sin 4x}{\sin 2x}$ c) $\displaystyle\lim_{x \to \infty} \sqrt[x]{x}$ Hinweis: s. Beispiel 16, S. 172.

8. Funktionen von mehreren Veränderlichen

8.1. Technische und geometrische Bedeutung

Bei vielen physikalischen und technischen Gesetzen ist eine Größe nicht nur von einer, sondern von mehreren anderen Größen abhängig. So ist die Tragfähigkeit einer unbewehrten Betonstütze abhängig von dem (frei veränderlichen) Querschnitt und von der (frei veränderlichen) Betongüte. Wird die Betonstütze bewehrt, so hängt die Tragfähigkeit außerdem noch von dem Bewehrungsverhältnis und von der Stahlgüte ab. Der Höhenunterschied zwischen zwei Orten ist (s. Gl. (108.1) Grundgleichung der barometrischen Höhenmessung) abhängig von der Luftdruckdifferenz an den beiden Orten und von der Lufttemperatur (s. Beispiel 29, S. 108). Bei einem idealen Gas stehen die drei Zustandsgrößen Druck, Volumen und Temperatur stets in einem festen Verhältnis. Zwei von ihnen kann man frei wählen, die dritte ist dadurch bestimmt. Mathematisch handelt es sich hier um Funktionen von mehreren Variablen. Ist ein funktionaler Zusammenhang durch eine Funktionsgleichung darstellbar, so kann dies in verschiedenen Formen geschehen, z.B.

explizite Form	$z = f(x, y, \ldots)$	(173.1)
implizite Form	$F(x, y, z, \ldots) = 0$	(173.2)
Parameterform	$x = u(\lambda) \qquad y = v(\lambda) \qquad z = w(\lambda) \ldots$	(173.3)

Geometrisch können nur Funktionen bis zu drei Variablen anschaulich dargestellt werden. Deshalb beschränken sich die folgenden Ausführungen auf diesen Fall. Es wird aber betont, daß die hierfür hergeleiteten Regeln und Gesetze auch auf Funktionen mit einer beliebigen Anzahl von Variablen angewendet werden können.

Bei einem Zusammenhang zwischen drei Größen sind zwei von ihnen unabhängig veränderlich, sie werden im folgenden mit x und y bezeichnet. Die dritte Größe liegt bei vorgegebenen Werten der beiden anderen Größen auf Grund der Funktionsgleichung fest, sie wird mit z bezeichnet und heißt die abhängige Variable. Um diesen Sachverhalt

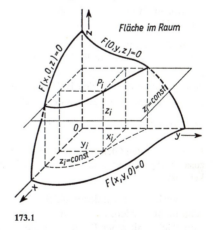

173.1

geometrisch darzustellen, führt man ein rechtwinkliges, räumliches Koordinatensystem (Rechts-System) ein, dessen Achsen mit x, y und z bezeichnet werden (**173.1**). Die frei wählbaren Wertepaare $(x; y)$ entspechen geometrisch den Punkten in der $(x; y)$-Ebene. Der auf Grund der Funktionsgleichung zu jedem Wertepaar $(x; y)$ gehörige z-Wert wird nun senkrecht auf der (x, y)-Ebene nach oben (positive z-Werte) oder nach unten (negative z-Werte) abgetragen. Man erhält so einen Punkt P_i mit den Koordinaten $(x_1; y_1; z_i)$, die die Funktionsgleichung erfüllen. Werden alle Punkte P_i miteinander verbunden, so ergibt sich als geometrisches Bild der Funktionsgleichung eine Fläche im Raum.

Vor der Behandlung allgemeiner Flächen werden einige Spezialfälle untersucht. Setzt man in der Funktionsgleichung $z = $ const, so bedeutet dies, daß für alle Wertepaare $(x; y)$ stets der gleiche z-Wert vorhanden ist. Diese Bedingung ist geometrisch nur in einer Ebene erfüllt, die parallel zur (x, y)-Ebene liegt. Damit wird $z = $ const die Gleichung dieser Ebene. Ganz entsprechend bedeutet $y = $ const, daß für alle Wertepaare $(x; z)$ stets der gleiche y-Wert vorhanden ist; dies ist nur in den Punkten einer Parallelebene zur (x, z)-Ebene der Fall. Wird speziell die Konstante gleich Null, so erhält man die Gleichung der betreffenden Koordinatenebene. Setzt man in der Funktionsgleichung eine der Variablen gleich Null, so erhält man eine Funktion von nur noch zwei Variablen. Diese kann geometrisch als Kurve in einer Ebene gedeutet werden.

Werden in einer Funktionsgleichung mit drei Variablen diese der Reihe nach gleich Null (oder einer anderen Konstanten) gesetzt, so erhält man die drei Schnittkurven der Funktionsfläche mit den Koordinatenebenen oder Parallelebenen hierzu (173.1).

Oft genügt dieses Verfahren bereits, um einen Überblick über den Verlauf der Funktionsfläche zu erlangen.

Beispiel 1. Welche Fläche entspricht der Gleichung

$$\frac{x}{4} + \frac{y}{5} + \frac{z}{6} = 1$$

Setzt man $z = 0$, so ergibt sich die Achsenabschnitts-Form einer Geraden in der (x, y)-Ebene. Auch bei Nullsetzen der anderen Veränderlichen ergeben sich Geraden in den entsprechenden Ebenen, so daß die Funktionsfläche eine Ebene ist, die die drei Koordinatenebenen in den genannten Geraden schneidet.

Beipiel 2. Die Funktion $x^2 + y^2 + z^2 = r^2$ stellt eine Kugel mit dem Mittelpunkt im Koordinatenursprung und dem Radius r dar.

Die Funktion $x^2/a^2 + y^2/b^2 + z^2/c^2 = 1$ stellt ein Ellipsoid mit dem Mittelpunkt im Koordinatenursprung und den Halbachsen a, b und c dar.

Im räumlichen Koordinatensystem stellt die Funktion $x^2 + y^2 = r^2$ einen Kreiszylinder dar.

Beispiel 3. Die Funktionen $x = r \cos \varphi$; $y = r \sin \varphi$; $z = c \, \varphi$ stellen die Parameterform einer Schraubenlinie dar.

Die beiden ersten Gleichungen können mit $\sin^2 \varphi + \cos^2 \varphi = 1$ zur Kreisgleichung $x^2 + y^2 = r^2$ zusammengefaßt werden. Die dritte Gleichung sagt aus, daß die Höhe z proportional dem Winkel φ ist.

Der Verlauf der Funktionsfläche kann auch noch in anderer Weise geometrisch veranschaulicht werden. Setzt man $z = $ const $= z_1$, so erhält man die Schnittkurve der Funktionsfläche mit einer Parallel-Ebene in der Höhe z_1 zur (x, y)-Ebene. Diese Schnittkurve wird senkrecht auf die (x, y)-Ebene projiziert und der betreffende Wert z_1 darangeschrieben (**173.1**). Wird dieses Verfahren für mehrere z-Werte wiederholt, so erhält man in der

(x, y)-Ebene eine Schar von Kurven, die nach z beschriftet sind (z. B. Landkarte mit Höhenlinien). In der Technik heißt ein derartiges Diagramm eine **Netztafel** und ist zur Ablesung von Funktionswerten besser geeignet als eine räumliche perspektivische Darstellung. Für die weiteren Überlegungen in diesem Abschnitt ist aber eine räumliche Vorstellung von der Funktionsfläche geeigneter.

8.2. Partielle Ableitungen

Definition. Unter den **partiellen Ableitungen erster Ordnung** der Funktionsgleichung $z = f(x, y)$ versteht man folgende Grenzwerte

$$\lim_{\Delta x \to 0} \frac{f(x + \Delta x, y) - f(x, y)}{\Delta x} = \frac{\partial z}{\partial x} = \frac{\partial f(x, y)}{\partial x} = f_x \qquad (175.1)$$

$$\lim_{\Delta y \to 0} \frac{f(x, y + \Delta y) - f(x, y)}{\Delta y} = \frac{\partial z}{\partial y} = \frac{\partial f(x, y)}{\partial y} = f_y \qquad (175.2)$$

($\partial z / \partial x$ wird gesprochen: dz partiell durch dx).

Diese Gleichungen bedeuten, daß beim Bilden der ersten partiellen Ableitung $\partial z / \partial x$ die Größe y wie eine Konstante behandelt und die Funktionsgleichung nach den in Abschn. 3 entwickelten Regeln nach x differenziert wird. Entsprechend wird bei der Bildung von $\partial z / \partial y$ die Größe x wie eine Konstante behandelt und die Funktion $z = f(x, y)$ nach y differenziert.

Die geometrische Bedeutung der ersten Ableitungen ergibt sich aus Abschn. 8.1 und Bild **176**.1. Beim Bilden von f_x wird $y = $ const gesetzt. Nach Abschn. 8.1 ist aber $y = $ const eine Ebene parallel zur (x, z)-Ebene. Bei gleichen Einheitslängen auf den drei Koordinatenachsen ist die erste Ableitung $f_x = \tan \alpha$ der Anstieg der Schnittkurve der Funktionsfläche mit dieser Ebene gegenüber einer Raumparallelen zur positiven x-Achse. Entsprechend ist die Ableitung $f_y = \tan \beta$ der Anstieg der Schnittkurve zwischen Funktionsfläche und einer Parallelebene zur (y, z)-Ebene gegenüber einer Raumparallelen zur positiven y-Achse.

Beispiel 4. Man differenziere die Funktion $z = x^2 y + x \sin y + \ln y$ partiell nach x und y.

$$f_x = 2x y + \sin y \qquad\qquad f_y = x^2 + x \cos y + \frac{1}{y}$$

Beispiel 5. Durch den Punkt $x = + 1,5$; $y = + 2,0$ der (x, y)-Ebene werden die beiden senkrechten Parallelebenen zu den Koordinatenebenen gelegt. Man berechne die Anstiegswinkel der in diesen Ebenen liegenden Tangenten an eine Fläche mit der Gleichung

$$\frac{x^2}{9} + \frac{y^2}{16} + \frac{z^2}{6,25} = 1$$

Durch Nullsetzen der einzelnen Variablen erhält man als Schnittkurve mit den Koordinatenebenen jeweils eine Ellipse. Die Funktionsfläche ist also ein dreiachsiges Ellipsoid (**176**.1). Der

Anstieg der Tangente in der Parallelebene zur (x, z)-Ebene ergibt sich mit $y = $ const und durch partielles Differenzieren der Gleichung nach x unter Benutzung der Kettenregel für implizite Funktion Gl. (44.1)

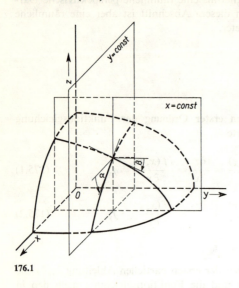

$$\frac{2x}{9} + \frac{2z}{6,25}\frac{\partial z}{\partial x} = 0$$

und daraus

$$\frac{\partial z}{\partial x} = -\frac{6,25}{9}\frac{x}{z}$$

Entsprechend erhält man für den Anstieg in der Parallelebene $x = $ const durch partielles Differenzieren nach y

$$\frac{2y}{16} + \frac{2z}{6,25}\frac{\partial z}{\partial y} = 0$$

und daraus

$$\frac{\partial z}{\partial y} = -\frac{6,25}{16}\frac{y}{z}$$

Den z-Wert des vorgegebenen Punktes bestimmt man aus der Ausgangsgleichung, die (erst jetzt) nach z aufgelöst wird

$$z = 2,5\sqrt{1 - \frac{x^2}{9} - \frac{y^2}{16}}$$

176.1

Aus den gegebenen x- und y-Werten erhält man $z = 1,768$. Damit wird für den betrachteten Punkt bei gleichen Einheitslängen $l_x = l_y$

$$\frac{\partial z}{\partial x} = \tan\alpha = -0,589; \qquad \alpha = -30,5° = -33,89^g$$

$$\frac{\partial z}{\partial y} = \tan\beta = -0,442; \qquad \beta = -23,8° = -26,44^g$$

Die partiellen Ableitungen f_x und f_y sind im allgemeinen beide von x und y abhängig. Deshalb kann jede dieser Funktionen nochmals nach x und nach y differenziert werden. Es ergeben sich vier partielle Ableitungen zweiter Ordnung

$$\frac{\partial f_x}{\partial x} = f_{xx} \qquad \frac{\partial f_x}{\partial y} = f_{xy} \qquad \frac{\partial f_y}{\partial x} = f_{yx} \qquad \frac{\partial f_y}{\partial y} = f_{yy}$$

Diese höheren Ableitungen sind nicht voneinander unabhängig. Wie hier nicht bewiesen werden kann, gilt der

Satz von Schwarz. Bei stetigen Funktionen und Ableitungen darf die Reihenfolge des Differenzierens vertauscht werden.

Bei den Ableitungen zweiter Ordnung ist also $f_{xy} = f_{yx}$.

Beispiel 6. Wie lauten die partiellen Ableitungen zweiter Ordnung der Funktion in Beispiel 4, S. 175?

$$f_{xx} = 2y \qquad\qquad f_{yx} = 2x + \cos y$$

$$f_{xy} = 2x + \cos y \qquad f_{yy} = -\left(x\sin y + \frac{1}{y^2}\right)$$

Die partiellen Ableitungen können benutzt werden, um die Extremwerte einer Funktion zu bestimmen. Geometrisch ist der Extremwert ein Punkt der Fläche, der höher oder tiefer liegt als alle Punkte seiner unmittelbaren Umgebung. Dies bedeutet, daß dort eine waagerechte Tangentialebene vorhanden ist. Die analytische Bedingung hierfür ist $f_x = 0$ und $f_y = 0$. Diese Bedingung ist notwendig, aber nicht hinreichend. Wie bei Kurven in der Ebene gibt es auch hier Punkte, in denen eine waagerechte Tangentialebene vorhanden ist, die aber keine Extremwerte sind. Ein Beispiel ist der in Bild **177**.1 gezeigte Sattelpunkt S. Wie hier nicht gezeigt werden kann, gelten für einen Extremwert folgende notwendige und hinreichende Bedingungen

$$f_x = 0 \quad \text{und} \quad f_y = 0 \quad \text{und} \quad \Delta = f_{xx}f_{yy} - f_{xy}^2 > 0$$

Maximum, wenn $f_{xx} < 0$ **Minimum, wenn** $f_{xx} > 0$ (177.1)

Ist $\Delta < 0$, so liegt ein Sattelpunkt vor, bei $\Delta = 0$ kann mit den Ableitungen zweiter Ordnung keine Entscheidung gefällt werden.

177.1   177.2

Die beiden ersten Beziehungen in Gl. (177.1) liefern zwei Bestimmungsgleichungen für die Extremwertsabszissen x_E und y_E. Diese Werte werden in die Gleichung für Δ eingesetzt, um zu prüfen, ob ein Extremwert vorliegt.

Beispiel 7. Ein Blech mit der Breite b soll durch Hochbiegen der seitlichen Enden zu einer trapezförmigen Rinne mit möglichst großem Querschnitt F verformt werden (**177**.2). Mit welcher Länge x und unter welchem Winkel α müssen die Enden abgebogen werden?

Gesucht ist das Maximum der Funktion $F = f(x, \alpha)$. Dabei ist F die Fläche eines Trapezes mit der unteren Grundlinie $g_1 = b - 2x$, der oberen Grundlinie $g_2 = b - 2x + 2x \cos \alpha$ und der Höhe $h = x \sin \alpha$, also

$$F = h \frac{g_1 + g_2}{2} = b x \sin \alpha - 2x^2 \sin \alpha + x^2 \sin \alpha \cos \alpha$$

Die Extremwerte erhält man durch Nullsetzen der beiden ersten Ableitungen

$$\frac{\partial F}{\partial x} = b \sin \alpha - 4x \sin \alpha + 2x \cos \alpha \sin \alpha = 0 \tag{177.2}$$

$$\frac{\partial F}{\partial \alpha} = b x \cos \alpha - 2x^2 \cos \alpha + x^2 (\cos^2 \alpha - \sin^2 \alpha) = 0 \tag{177.3}$$

Eine Lösung ergibt sich für $x = 0$ und $\alpha = 0$. Mit Gl. (177.1) wird die Art dieser Lösung untersucht. Die Ableitungen zweiter Ordnung lauten

$$F_{xx} = -4 \sin \alpha + \sin 2\alpha \qquad F_{\alpha\alpha} = (-b + 2x) x \sin \alpha - 2x^2 \sin 2\alpha$$

$$F_{x\alpha} = (b - 4x) \cos \alpha + 2x \cos 2\alpha$$

Mit den genannten Werten wird $F_{xx} = F_{\alpha\alpha} = 0$ und $F_{x\alpha} = b$. Damit ist $\Delta < 0$, und es handelt sich um einen Sattelpunkt. Wenn x und α nicht Null sind, darf Gl. (177.2) durch $\sin \alpha$ und Gl. (177.3) durch x geteilt werden. Anschließend wird Gl. (177.2) nach $\cos \alpha = (4x - b)/2x$ aufgelöst und in Gl. (177.3) eingesetzt. Mit der Umformung $\sin^2 \alpha = 1 - \cos^2 \alpha$ kann diese Gleichung dann nach x aufgelöst werden. Man erhält als weitere Lösungen $x = b/3$ und $\alpha = 60°$. Mit diesen Werten wird

$$F_{xx} = -3 \cdot 0{,}866 \qquad F_{\alpha\alpha} = -\left(\frac{b^2}{3}\right) 0{,}866 \qquad F_{x\alpha} = -b/2$$

Damit ist $\Delta > 0$ und wegen $F_{xx} < 0$ liegt das gesuchte Maximum vor.

Beispiel 8. Die Wassergeschwindigkeit v in einem offenen Gerinne kann mit der Gleichung von Chezy $v = k\sqrt{RI}$ ermittelt werden; hierin ist k ein (empirisch gewonnener) Geschwindigkeitsbeiwert, R der hydraulische Radius ($R = F/U$, durchströmte Querschnittsfläche durch benetzten Umfang) und I das Wasserspiegelgefälle. Damit die Geschwindigkeit maximal wird, muß bei konstantem k und I der hydraulische Radius R maximal sein bzw. der benetzte Umfang U minimal. Gegeben ist eine trapezförmige Wasserrinne mit der durchströmten Fläche F (**178.1**).

Gesucht sind die Wassertiefe t und der Böschungswinkel α, damit der benetzte Umfang U minimal wird, d. h. das **hydraulisch günstigste Profil** ist zu ermitteln.

Dem Bild ist zu entnehmen

$$F = t(b + t \cot \alpha)$$

178.1

$$U = b + 2\,\frac{t}{\sin \alpha}$$

Mit der ersten wird die zweite Beziehung umgeformt.

$$b = \frac{F}{t} - t \cot \alpha \qquad\qquad\qquad (178.1)$$

$$U = \frac{F}{t} - t \cot \alpha + 2\,\frac{t}{\sin \alpha}$$

Das Minimum der Funktion $U(t, \alpha)$ ist gesucht.

$$U_t = -\frac{F}{t^2} - \cot \alpha + \frac{2}{\sin \alpha} = 0 \qquad\qquad (178.2)$$

$$U_\alpha = +\frac{t}{\sin^2 \alpha} - \frac{2t}{\sin^2 \alpha} \cos \alpha = 0 \qquad\qquad (178.3)$$

Als brauchbare Lösung folgt aus Gl. (178.3)

$$\cos \alpha = 1/2 \qquad\qquad\qquad \alpha = \pi/3 = 60° = 66{,}67^{\mathrm{g}}$$

Aus Gl. (178.2) ergibt sich dann

$$t^2 = F/\sqrt{3} \qquad\qquad\qquad t = \sqrt{F/\sqrt{3}} = 0{,}759\,\sqrt{F}$$

Die Sohlenbreite b, die bei gegebenem F abhängig von t und α ist, ergibt sich aus Gl. (178.1)

$$b = \frac{F\sqrt[4]{3}}{\sqrt{F}} - \frac{\sqrt{F}\sqrt{3}}{\sqrt[4]{3}\cdot 3} = \sqrt{F}\left(\sqrt[4]{3} - \frac{\sqrt[4]{3}}{3}\right) = \sqrt{F}\,\frac{2\sqrt[4]{3}}{3} = 0{,}879\,\sqrt{F}$$

8.3. Totales Differential

In Bild **179**.1 ist P_1 ein Punkt der Funktionsfläche mit den Koordinaten $(x_1; y_1; z_1)$. An der Stelle $[(x_1 + \mathrm{d}x); (y_1 + \mathrm{d}y)]$ geht die Funktionsfläche durch den Punkt Q_3 mit der z-Koordinate $(z_1 + \Delta z)$. Durch den Punkt P_1 wird die waagerechte Ebene $P_1 P_2 P_3 P_4$ mit der z-Koordinate z_1 gelegt. Die Strecke $\overline{P_3 Q_3} = \Delta z$ ist ein Bild der **Funktionsdifferenz**

$$\Delta z = f[(x_1 + \mathrm{d}x), (y_1 + \mathrm{d}y)] - f(x_1, y_1) \qquad (179.1)$$

Definition. Man bezeichnet folgende Größe als **totales Differential** dz

$$\mathrm{d}z = f_x\, \mathrm{d}x + f_y\, \mathrm{d}y \qquad (179.2)$$

Das totale Differential hat die geometrische Bedeutung der Strecke $\overline{P_3 T_3}$, wobei T_3 der Schnittpunkt der in P_1 an die Funktionsfläche angelegten Tangentialebene mit der Senkrechten $\overline{P_3 Q_3}$ ist. Es gilt nämlich bei $l_x = l_y = l_z$

$$\overline{P_2 T_2} = \mathrm{d}x \tan \alpha = f_x\, \mathrm{d}x$$

$$\overline{P_4 T_4} = \mathrm{d}y \tan \beta = f_y\, \mathrm{d}y$$

Ferner ist auf Grund der in Bild **179**.1 gegebenen Konstruktion $\overline{P_2 T_2} = \overline{T_3' T_3}$ und $\overline{P_4 T_4} = \overline{P_3 T_3'}$. Damit wird

$$\overline{P_3 T_3} = \overline{P_3 T_3'} + \overline{T_3' T_3} = f_x\, \mathrm{d}x + f_y\, \mathrm{d}y$$

In vielen Fällen kann nun die exakte Funktionsdifferenz Δz durch das totale Differential dz angenähert werden. Gl. (179.2) gibt somit die Möglichkeit, Funktionsänderungen zu schätzen, wenn die Änderungen der Argumentwerte um kleine Beträge bekannt sind. Die entsprechende Überlegung für Funktionen mit e i n e r unabhängigen Variablen wird in Abschn. 2.6 durchgeführt.

Anwendungen des totalen Differentials auf Funktionen mit mehreren Variablen werden in Abschn. 12 gezeigt. Gl. (179.2) kann auch auf Funktionen mit nur einer unabhängigen Variablen angewendet werden. Betrachtet man die Funktion

$$z = f(x, y) = 0$$

so können die beiden rechten Glieder dieser Gleichungskette als implizite Form einer Funktion mit einer unabhängigen Variablen aufgefaßt werden.

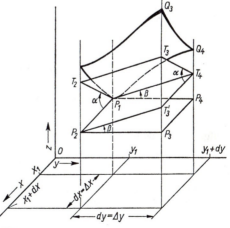

179.1

Andererseits ist dies auch der Spezialfall einer Funktion mit zwei unabhängigen Variablen, bei der für alle x- und y-Werte stets $z = 0$ ist. Deshalb ist auch stets das totale Differential $\mathrm{d}z = 0$

$$\mathrm{d}z = f_x\,\mathrm{d}x + f_y\,\mathrm{d}y = 0$$

Löst man diese Gleichung nach $\mathrm{d}y/\mathrm{d}x$ auf, so erhält man eine Regel zum Differenzieren einer impliziten Funktion mit einer unabhängigen Variablen

$$\frac{\mathrm{d}y}{\mathrm{d}x} = y' = -\frac{f_x}{f_y} \tag{180.1}$$

Gl. (180.1) liefert y' unmittelbar explizit. Eine andere Regel hierfür wird in Abschn. 3.3 hergeleitet. Die andere Regel Gl. (44.1) ist oft vorteilhaft anzuwenden, wenn anschließend $y' = 0$ gesetzt wird.

Zur Berechnung der zweiten Ableitung wird Gl. (180.1) beiderseits nach x differenziert. Links erhält man unmittelbar y'', rechts wird zunächst die Quotientenregel angewandt

$$y'' = -\frac{(\mathrm{d}f_x/\mathrm{d}x)\,f_y - f_x\,(\mathrm{d}f_y/\mathrm{d}x)}{f_y^2} \tag{180.2}$$

f_x und f_y sind implizite Funktionen von x und y. Deshalb ist mit der Kettenregel und Gl. (180.1)

$$\frac{\mathrm{d}f_x}{\mathrm{d}x} = f_{xx} + f_{xy}\,\frac{\mathrm{d}y}{\mathrm{d}x} = f_{xx} - f_{xy}\frac{f_x}{f_y}$$

$$\frac{\mathrm{d}f_y}{\mathrm{d}x} = f_{yx} + f_{yy}\,\frac{\mathrm{d}y}{\mathrm{d}x} = f_{yx} - f_{yy}\frac{f_x}{f_y}$$

Setzt man diese Ausdrücke in Gl. (180.2) ein und wendet die Beziehung $f_{xy} = f_{yx}$ an, so erhält man endgültig

$$y'' = -\frac{f_{xx}f_y^2 - 2f_x f_y f_{xy} + f_{yy}f_x^2}{f_y^3} \tag{180.3}$$

Beispiel 9. Die Gleichung eines Kreises lautet in impliziter Form $x^2 + y^2 = r^2$. Man berechne y' und y''.

$$f_x = 2x \qquad f_y = 2y \qquad f_{xx} = f_{yy} = 2 \qquad f_{xy} = 0$$

Damit werden nach Gl. (180.1) und Gl. (180.3)

$$y' = -\frac{x}{y} \qquad \text{und} \qquad y'' = -\frac{8y^2 + 8x^2}{8y^3} = -\frac{r^2}{y^3}$$

Aufgaben zu Abschnitt 8

1. Man bilde die partiellen Ableitungen erster und zweiter Ordnung und prüfe, daß $f_{xy} = f_{yx}$ ist
a) $z = (x + y)\sin(x - y)$ \qquad b) $z = a\,\mathrm{e}^{x/y}$

2. Man skizziere die Funktionsfläche und berechne den Anstieg der Tangenten in den Parallelebenen zu den Koordinatenebenen für die Funktion $z = 2x^2 - 8x + 2y^2 + 12y - 6$ im Koordinatenursprung.

3. Bei der Funktion $z = m\,x + n\,y^2$ berechne und vergleiche man Δz und $\mathrm{d}z$.

4. Bei den folgenden Funktionsgleichungen berechne man das totale Differential dz. Dabei sind sämtliche Größen der rechten Seite der Gleichung als Variable zu behandeln.

a) $u = u_m \sin \omega t$ b) $\varphi = \arctan \dfrac{\omega L}{R}$

5. Von der nachstehenden allgemeinen Gleichung zweiten Grades bilde man y' und y''

$$A x^2 + B y^2 + C x y + D x + E y + F = 0$$

6. Man bestimme das totale Differential der Funktionen

a) $c^2 = a^2 + b^2 - 2ab \cos \gamma$ (Cosinussatz)   b) $b = a \dfrac{\sin \beta}{\sin \alpha}$ (Sinussatz)

Alle Größen der rechten Seite sind als Variable zu betrachten.

7. Man bilde w_{xx}, w_{yy} und w_{xy} der Funktion $w = r^2 \ln r$, wobei $r = \sqrt{x^2 + y^2}$ ist.

8. Die Verlängerung eines Stabes mit der Länge l und dem Querschnitt F, der durch die Kraft P gezogen wird, ist $\Delta l = Pl/(EF)$, wobei E der Elastizitätsmodul ist. Man ermittle das totale Differential von Δl, wenn P, l und F als Variable betrachtet werden.

9. Gewöhnliche Differentialgleichungen

Viele physikalische und technische Probleme lassen sich durch Funktionsgleichungen eindeutig beschreiben. Die Herleitung dieser Gleichungen erfolgt häufig durch Lösen von Differentialgleichungen. Bevor hierauf eingegangen wird, muß eine kurze Einführung in die komplexen Zahlen gegeben werden.

9.1. Einführung in die komplexen Zahlen

9.1.1. System der komplexen Zahlen

In Abschn. Zahlen und Zahlensysteme in Teil 1 wird das Zahlensystem aufgebaut. Dieser Aufbau endet mit der Einführung der imaginären Einheit. An dieser Stelle wird hier angeknüpft und das System der komplexen Zahlen entwickelt.
Die beiden quadratischen Bestimmungsgleichungen

$$x^2 = -4 \quad \text{und} \quad x^2 - 2x + 10 = 0 \tag{182.1}$$

sind im Bereich der reellen Zahlen nicht lösbar. Es ergibt sich nämlich

$$x_{1,2} = \pm \sqrt{-4} \quad \text{und} \quad x_{3,4} = 1 \pm \sqrt{-9} \tag{182.2}$$

Es gibt aber keine reelle Zahl, deren Quadrat negativ ist. Bei Benutzung des Permanenzprinzips (s. Abschn. Zahlen und Zahlensysteme in Teil 1) folgt aus $\sqrt{-4} = \sqrt{(-1) \cdot 4} = \sqrt{-1}\sqrt{4} = \sqrt{-1} \cdot 2$, daß diese Aufgaben immer auf das Problem $\sqrt{-1}$ zurückgeführt werden können.

Definition. Die **imaginäre Einheit i** ist eine Lösung der Gleichung $x^2 = -1$. Die andere Lösung dieser Gleichung heißt dann $-i$. Es gilt daher

$$i^2 = -1 \tag{182.3}$$

Eine Zahl ib mit reellem b heißt **imaginär,** eine Zahl

$$z = a + ib$$

mit reellen Zahlen a und b heißt **komplex.** Die Zahl $a = \operatorname{Re} z$ heißt der **Realteil,** $b = \operatorname{Im} z$ der **Imaginärteil** der komplexen Zahl $z = a + ib$. Die komplexe Zahl $z^* = a - ib$ heißt zu $z = a + ib$ **konjugiert komplex.**

Konjugiert komplexe Zahlen haben den gleichen Realteil, und die Imaginärteile unterscheiden sich nur durch das Vorzeichen.

Auf Grund dieser Definition schreibt man die Lösungen von Gl. (182.1)

$$x_{1,2} = \pm \, \mathrm{i} \, 2 \qquad x_{3,4} = 1 \pm \mathrm{i} \, 3$$

Gaußsche Zahlenebene. Alle reellen Zahlen kann man auf der Z a h l e n g e r a d e n durch Pfeile vom Nullpunkt aus symbolisieren. Nach G a u ß ist es zweckmäßig, die komplexen Zahlen in einer Z a h l e n e b e n e durch Punkte oder durch Pfeile vom Nullpunkt aus darzustellen (**183**.1). Ist der Imaginärteil b gleich Null, so liegt der Pfeil auf der reellen Achse (Permanenzprinzip). Ist der Realteil a gleich Null, so liegt der Pfeil auf der i m a g i n ä r e n A c h s e, die auf der reellen Achse im Nullpunkt senkrecht steht. Die Pfeile konjugiert komplexer Zahlen z und z^* liegen in der Zahlenebene symmetrisch zur reellen Achse. Nach Bild **183**.1 gilt

$$\left. \begin{array}{ll} \mathbf{Re} \, z = a = r \cos \varphi & |z| = r = + \sqrt{a^2 + b^2} \\[2mm] \mathbf{Im} \, z = b = r \sin \varphi & \mathrm{arc} \, z = \varphi = \arctan \dfrac{b}{a} \\[2mm] |z| = |z^*| = r & \mathrm{arc} \, z = - \, \mathrm{arc} \, z^* = \varphi \end{array} \right\} \qquad (183.1)$$

Eine komplexe Zahl wird entweder durch Real- und Imaginärteil oder durch den B e t r a g $|z| = r$ und den A r c u s (Bogen) arc $z = \varphi$ beschrieben. Beide Darstellungen einer komplexen Zahl und ihre gegenseitigen Umrechnungen werden benötigt. Auf dem R e c h e n - s c h i e b e r erfolgt diese gegenseitige Umrechnung nach den in Abschn. Trigonometrische Funktionen auf dem Rechenschieber und Abschn. Darstellung periodischer Vorgänge in Teil 1 angegebenen Verfahren.

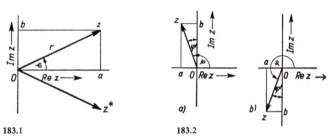

183.1 183.2

Die durch Pfeile in der Gaußschen Zahlenebene geometrisch dargestellten komplexen Zahlen dürfen nicht mit Vektoren verwechselt werden. Diese beiden mathematischen Begriffe V e k t o r und k o m p l e x e Z a h l sind nicht nur unterschiedlich definiert, sondern sie unterscheiden sich auch in ihren Rechenregeln, wie im folgenden gezeigt wird.

Beispiel 1. Es ist $z = -4{,}16 + \mathrm{i} \, 11{,}59$. Man bestimme r und φ.
Über D 416 stellt man die Zahl 1 auf CI, dann Läufer auf 1159 CI, auf T wird $\varphi' = 19{,}7°$ abgelesen; dann Läufer auf 19,7° von S, ergibt 1231 auf CI. Es ist $r = 12{,}31$ und wegen Bild **183**.2a der Arcus $\varphi = \varphi' + 90° = 109{,}7°$.

Beispiel 2. Man bestimme aus $|z| = r = 186{,}2$ und arc $z = \varphi = 258{,}4°$ Realteil $a = \mathrm{Re} \, z$ und Imaginärteil $b = \mathrm{Im} \, z$.
Es ist $\varphi' = 270° - 258{,}4° = 11{,}6° < 45°$, weiter gilt $a < 0$ und $b < 0$ sowie $|b| > |a|$, wie Bild **183**.2b zeigt. Einstellung: Läufer auf 11,6° der Skala S, 1862 CI darüber, Läufer auf 11,6° von T, auf CI liest man unter dem Läuferstrich $b = -182{,}4$ und unter 10 von C auf D den Wert $a = -37{,}4$ ab.

Beispiel 3. Es ist $r = 0,0416$ und $\varphi = 269,41°$. Man bestimme Re $z = a$ und Im $z = b$.

Mit Rechenschiebergenauigkeit ist $b = -0,0416$. Weiter ist $\varphi' = 270° - \varphi = 0,59°$. Einstellung: Läufer auf $0,59°$ von ST, 416 CI darüber ergibt unter 10 C auf D den Wert $a = -0,000428$.

Beispiel 4. Es ist $w = 0,945 - i\,90,2$. Man bestimme r und φ.

Da der Betrag des Imaginärteils mehr als das Zehnfache des Realteils ausmacht, ist mit ausreichender Genauigkeit $r = 90,2$. Die komplexe Zahl w liegt im vierten Quadranten der Zahlenebene. Der Arcus φ unterscheidet sich wenig von $270°$ oder von $-90°$. Liegt eine komplexe Zahl im vierten Quadranten, so ist es häufig zweckmäßig, den Arcus in Werten zwischen $0°$ und $-90°$ anzugeben. Man spricht dann auch vom **minus ersten Quadranten**. Rechenschiebereinstellung: Läufer auf 945 von D, 10 von C darüber. Jetzt wird der Läufer auf 902 von CI gestellt und auf ST der Wert $\varphi' = 0,600°$ abgelesen. Damit wird $\varphi = -90° + 0,6° = -89,4°$.

9.1.2. Die vier Grundrechnungsarten

Die Definition der Rechenregeln komplexer Zahlen ist eine Frage der Zweckmäßigkeit, also in gewissem Rahmen willkürlich, wenn nur die Rechenregeln der reellen Zahlen als Spezialfall erhalten bleiben (Permanenzprinzip).

Definition. Zwei komplexe Zahlen $z_1 = a_1 + i b_1$ und $z_2 = a_2 + i b_2$ sind dann und nur dann **gleich**, wenn $a_1 = a_2$ und $b_1 = b_2$ ist.

Die Relationen „größer als" und „kleiner als" sind für komplexe Zahlen nicht definiert.

Definition. Die **Summe** der komplexen Zahlen $z_1 = a_1 + i b_1$ und $z_2 = a_2 + i b_2$ ist

$$z_1 + z_2 = (a_1 + a_2) + i\,(b_1 + b_2) \tag{184.1}$$

Bild **184.**1 zeigt, daß die Addition für komplexe Zahlen und für Vektoren gleich definiert ist. Setzt man $b_1 = b_2 = 0$, so erhält man die übliche Addition der reellen Zahlen.

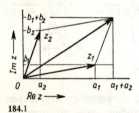

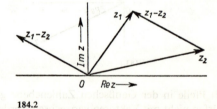

184.1   **184.**2

Definition. Die **Differenz** der komplexen Zahlen $z_1 = a_1 + i b_1$ und $z_2 = a_2 + i b_2$ ist

$$z_1 - z_2 = (a_1 - a_2) + i\,(b_1 - b_2) \tag{184.2}$$

Bild **184.**2 zeigt die Übereinstimmung dieser Definition mit der entsprechenden der Vektorrechnung. Aus Gl. (184.2) und Bild **184.**2 folgt im Spezialfall $z_1 = 0$, daß $-z = -a - ib$ in der Gaußschen Zahlenebene punktsymmetrisch zu $z = a + ib$ liegt.

Multiplikation. Die Multiplikation zweier komplexer Zahlen $z_1 = a_1 + i b_1$ und $z_2 = a_2 + i b_2$ wird so definiert, daß unter Berücksichtigung von $i^2 = -1$ die Multiplikationsregeln der reellen Multiplikation für Klammerausdrücke erhalten bleiben

$$z_1 \cdot z_2 = (a_1 + i b_1)(a_2 + i b_2) = a_1 a_2 + i b_1 a_2 + i a_1 b_2 + i^2 b_1 b_2$$
$$= (a_1 a_2 - b_1 b_2) + i\,(b_1 a_2 + a_1 b_2)$$

Definition. Das **Produkt** $z = z_1 z_2$ zweier komplexer Zahlen

$$z_1 = a_1 + i b_1 \quad \text{und} \quad z_2 = a_2 + i b_2$$

ist $z = a + ib$ mit

$$a = \mathbf{Re}\, z = \mathbf{Re}\,(z_1 z_2) = a_1 a_2 - b_1 b_2$$
$$b = \mathbf{Im}\, z = \mathbf{Im}\,(z_1 z_2) = a_2 b_1 + a_1 b_2$$

(185.1)

Das Produkt konjugiert komplexer Zahlen ist reell.

$$z \cdot z^* = (a + ib)(a - ib) = a^2 - i^2 b^2 = a^2 + b^2 = r^2$$

(185.2)

Beispiel 5. Es ist $z_1 = 4 - i\,3$ und $z_2 = -2 + i\,5$. Man berechne $z_1 \cdot z_2$.

Durch Ausmultiplizieren unter Beachtung der Klammerregeln und $i^2 = -1$ ist

$$z_1 \cdot z_2 = (4 - i\,3)(-2 + i\,5) = (-8 - i^2\,15) + i\,(20 + 6) = 7 + i\,26$$

Beispiel 6. Man bilde die ersten sechs Potenzen von i.
Diese Potenzen werden durch fortgesetzte Multiplikation ermittelt

$$i^2 = -1$$
$$i^3 = i \cdot i^2 = i \cdot (-1) = -i$$
$$i^4 = i \cdot i^3 = i \cdot (-i) = -i^2 = +1$$
$$i^5 = i \cdot i^4 = i \cdot (+1) = i$$
$$i^6 = i \cdot i^5 = i \cdot i = i^2 = -1$$

Hieraus erkennt man, daß sich bei fortgesetzter Multiplikation mit der imaginären Einheit i die Ausdrücke

$$-1; \; -i; \; +1; \; +i; \dots$$

periodisch wiederholen.

Division. Die Division wird so definiert, daß unter Benutzen von Gl. (185.2) die Multiplikationsregeln für Klammerausdrücke und die Bruchrechnungsregeln wie bei den reellen Zahlen gelten. Der Bruch $(a_1 + i b_1)/(a_2 + i b_2)$ wird mit der zum Nenner konjugiert komplexen Zahl erweitert

$$\frac{z_1}{z_2} = \frac{a_1 + i b_1}{a_2 + i b_2} = \frac{(a_1 + i b_1)(a_2 - i b_2)}{(a_2 + i b_2)(a_2 - i b_2)} = \frac{(a_1 a_2 + b_1 b_2) + i\,(a_2 b_1 - a_1 b_2)}{a_2^2 + b_2^2}$$

$$= \frac{a_1 a_2 + b_1 b_2}{a_2^2 + b_2^2} + i\,\frac{a_2 b_1 - a_1 b_2}{a_2^2 + b_2^2}$$

Definition. Der **Quotient** $z = z_1/z_2$ zweier komplexer Zahlen $z_1 = a_1 + i b_1$ und $z_2 = a_2 + i b_2$ ist $z = a + ib$ mit

$$a = \mathbf{Re}\, z = \mathbf{Re}\,\frac{z_1}{z_2} = \frac{a_1 a_2 + b_1 b_2}{a_2^2 + b_2^2}$$
$$b = \mathbf{Im}\, z = \mathbf{Im}\,\frac{z_1}{z_2} = \frac{a_2 b_1 - a_1 b_2}{a_2^2 + b_2^2}$$

(185.3)

Dividiert man beide Seiten von Gl. (182.3) durch die imaginäre Einheit i, so ergibt sich

$$i = -\frac{1}{i} \tag{186.1}$$

Beispiel 7. Man bilde den Quotienten $(5 - i\,2)/(8 + i)$.

$$\frac{5 - i\,2}{8 + i} = \frac{(5 - i\,2)\,(8 - i)}{8^2 + 1^2} = \frac{(40 - 2) + i\,(-16 - 5)}{65} = \frac{38}{65} - i\,\frac{21}{65} = 0{,}585 - i\,0{,}323$$

9.1.3. Euler-Gleichung

Nach Gl. (183.1) gilt $a = r \cos \varphi$ und $b = r \sin \varphi$. Damit wird

$$z = a + ib = r\,(\cos \varphi + i \sin \varphi) \tag{186.2}$$

Der Ausdruck $\cos \varphi + i \sin \varphi$ soll umgewandelt werden. Für die Funktionen $\cos \varphi$ und $\sin \varphi$ gelten nach Gl. (161.2) und (163.1) die für alle φ absolut konvergenten Potenzreihen

$$\cos \varphi = 1 - \frac{\varphi^2}{2!} + \frac{\varphi^4}{4!} - \frac{\varphi^6}{6!} + \cdots \tag{186.3}$$

$$\sin \varphi = \varphi - \frac{\varphi^3}{3!} + \frac{\varphi^5}{5!} - \frac{\varphi^7}{7!} + \cdots \tag{186.4}$$

Wegen ihrer absoluten Konvergenz dürfen diese Reihen umgeformt und zueinander addiert werden. Zunächst wird Gl. (186.4) mit i multipliziert

$$i \sin \varphi = i\varphi - i\,\frac{\varphi^3}{3!} + i\,\frac{\varphi^5}{5!} - i\,\frac{\varphi^7}{7!} + \cdots \tag{186.5}$$

Nach Beispiel 6, S. 185 ist

$$-i = i^3, \quad i = i^5, \quad -i = i^7, \cdots$$

Daher kann Gl. (186.5) auch in der Form

$$i \sin \varphi = i\varphi + \frac{(i\varphi)^3}{3!} + \frac{(i\varphi)^5}{5!} + \frac{(i\varphi)^7}{7!} + \cdots \tag{186.6}$$

geschrieben werden. Nach Beispiel 6, S. 185 ist auch

$$i^4 = i^8 = i^{12} = \cdots = 1 \quad \text{und} \quad i^2 = i^6 = i^{10} = \cdots = -1$$

Daher folgt aus Gl. (186.3)

$$\cos \varphi = 1 + \frac{(i\varphi)^2}{2!} + \frac{(i\varphi)^4}{4!} + \frac{(i\varphi)^6}{6!} + \cdots \tag{186.7}$$

Durch Addieren der beiden Reihen Gl. (186.7) und (186.6) sowie Ordnen der Potenzen von $i\varphi$ nach wachsendem Grad ergibt sich

$$\cos \varphi + i \sin \varphi = 1 + \frac{i\varphi}{1!} + \frac{(i\varphi)^2}{2!} + \frac{(i\varphi)^3}{3!} + \frac{(i\varphi)^4}{4!} + \cdots \tag{186.8}$$

Diese so erhaltene Reihe stimmt in ihrem Bildungsgesetz mit der Reihe für die Exponentialfunktion überein

$$e^x = 1 + \frac{x}{1!} + \frac{x^2}{2!} + \frac{x^3}{3!} + \frac{x^4}{4!} + \cdots \qquad (187.1)$$

Ein Vergleich dieser beiden Gleichungen zeigt, daß die rechten Seiten ineinander übergehen, wenn man $x = i\varphi$ setzt. Setzt man auch die linken Seiten einander gleich, so wird die Exponentialfunktion mit imaginärem Exponenten durch die Euler-Gleichung

$$e^{i\varphi} = \cos\varphi + i\sin\varphi \qquad (187.2)$$

erklärt. Wegen Gl. (186.2) kann eine komplexe Zahl z in der Form

$$z = a + ib = r\,(\cos\varphi + i\sin\varphi) = r \cdot e^{i\varphi} \qquad (187.3)$$

dargestellt werden.

Hauptform. Nebenform. Wegen der Euler-Gleichung (187.2) kann man eine komplexe Zahl z in zwei Formen schreiben. Ihre Hauptform oder Exponentialform lautet

$$z = r\,e^{i\varphi} \qquad (187.4)$$

die Nebenform

$$z = a + ib \qquad (187.5)$$

Umrechnungen der Hauptform in die Nebenform und umgekehrt sind in den Beispielen 1 bis 4, S. 183 gezeigt. Addition und Subtraktion komplexer Zahlen sind nur in der Nebenform möglich. Für alle anderen Rechenarten ist die Hauptform vorzuziehen, wodurch der Name erklärt ist. Hier werden nur Multiplikation und Division behandelt.

Periode der Exponentialfunktion. Der Sinus und der Cosinus haben die Periode 2π. Daher gilt nach der Euler-Gleichung (187.2)

$$e^{i(\varphi + 2\pi k)} = \cos(\varphi + 2\pi k) + i\sin(\varphi + 2\pi k) = e^{i\varphi} \quad (k = 0, \pm 1, \pm 2, \ldots) \quad (187.6)$$

Die Exponentialfunktion hat die imaginäre Periode $i\,2\pi$.

Multiplikation. Nach den Regeln der Potenzrechnung erhält man mit $z_1 = r_1\,e^{i\varphi_1}$ und $z_2 = r_2\,e^{i\varphi_2}$ das Produkt

$$z_1 z_2 = r_1 r_2\,e^{i(\varphi_1 + \varphi_2)} = r_1 r_2\,[\cos(\varphi_1 + \varphi_2) + i\sin(\varphi_1 + \varphi_2)] \qquad (187.7)$$

Man multipliziert zwei komplexe Zahlen, indem man die Beträge multipliziert und die Arcus addiert.

Es folgt:

Durch die Multiplikation einer komplexen Zahl z mit einer positiven reellen Zahl wird nur der Betrag geändert (Streckung) und durch die Multiplikation einer komplexen Zahl z mit einer komplexen Zahl vom Betrage eins wird nur der Arcus geändert (Drehung).

Division. Nach den Regeln der Potenzrechnung erhält man mit $z_1 = r_1\,e^{i\varphi_1}$ und $z_2 = r_2\,e^{i\varphi_2}$ den Quotienten

$$\frac{z_1}{z_2} = \frac{r_1}{r_2}\,e^{i(\varphi_1 - \varphi_2)} = \frac{r_1}{r_2}\,[\cos(\varphi_1 - \varphi_2) + i\sin(\varphi_1 - \varphi_2)] \qquad (187.8)$$

Man dividiert zwei komplexe Zahlen, indem man die Beträge dividiert und die Arcus voneinander subtrahiert.

Beispiel 8. Man drücke $\cos 3\alpha$ und $\sin 3\alpha$ durch $\cos\alpha$ und $\sin\alpha$ aus.

Diese Identitäten lassen sich durch zweimaliges Anwenden der Additionstheoreme (Teil 1) bestimmen, wesentlich einfacher kann man diese Beziehungen aber mit der Euler-Gleichung herleiten. Es ist

$$[e^{i\alpha}]^3 = e^{i\,3\alpha} = \cos 3\alpha + i\sin 3\alpha$$

Wendet man zunächst auf die eckige Klammer die Eulersche Umformung an, so wird

$$[e^{i\alpha}]^3 = (\cos\alpha + i\sin\alpha)^3$$
$$= \cos^3\alpha + 3\cos^2\alpha\,i\sin\alpha + 3\cos\alpha\,i^2\sin^2\alpha + i^3\sin^3\alpha$$
$$= (\cos^3\alpha - 3\cos\alpha\sin^2\alpha) + i(3\cos^2\alpha\sin\alpha - \sin^3\alpha)$$

Wegen der Gleichheit komplexer Zahlen (Abschn. 9.1.2) wird $\cos 3\alpha = \cos^3\alpha - 3\cos\alpha\sin^2\alpha$ $= 4\cos^3\alpha - 3\cos\alpha$ und $\sin 3\alpha = 3\cos^2\alpha\sin\alpha - \sin^3\alpha = 3\sin\alpha - 4\sin^3\alpha$.

Addiert man die Euler-Gleichung (187.2) für positive und negative Exponenten

$$e^{i\varphi} = \cos\varphi + i\sin\varphi \tag{188.1}$$

$$e^{-i\varphi} = \cos\varphi - i\sin\varphi \tag{188.2}$$

so erhält man nach Dividieren durch 2

$$\cos\varphi = \frac{e^{i\varphi} + e^{-i\varphi}}{2} \tag{188.3}$$

Subtrahiert man Gl. (188.2) von Gl. (188.1) und dividiert sie dann durch i 2, so wird

$$\sin\varphi = \frac{e^{i\varphi} - e^{-i\varphi}}{i\,2} \tag{188.4}$$

Die beiden Gl. (188.3) und (188.4) haben eine formale Ähnlichkeit mit den Definitionsgleichungen der hyperbolischen Funktionen (Teil 1).

9.2. Analytische Lösungsmethoden für gewöhnliche Differentialgleichungen

9.2.1. Begriffe. Einteilung

Definition. Eine Gleichung, die außer den Variablen auch noch deren Ableitungen enthält, heißt **Differentialgleichung.**

Man unterscheidet gewöhnliche und partielle Differentialgleichungen. Ist die gesuchte Funktion y nur von einer Variablen x abhängig, so liegt eine gewöhnliche Differentialgleichung vor, hängt y dagegen von mehreren Variablen ab und kommen die Differentialquotienten nach diesen Variablen in der Differentialgleichung vor, so spricht man von einer partiellen Differentialgleichung. Hier werden nur gewöhnliche Differentialgleichungen behandelt; diese haben die allgemeine Form

$$f(x, y, y', y'', \ldots, y^{(n)}) = 0 \tag{188.5}$$

Ist die n-te Ableitung die höchste in der Differentialgleichung vorkommende Ableitung, so ist die Differentialgleichung von n-ter Ordnung.

Beispiel 9. Darstellung einiger Differentialgleichungen

$$y^{(4)} + a\,y'' + b\,y = c\,x^6 \qquad \text{Differentialgleichung vierter Ordnung} \qquad (189.1)$$

$$y'' + \lambda^2\,y = 0 \qquad \text{Differentialgleichung zweiter Ordnung} \qquad (189.2)$$

$$\frac{y''}{\sqrt{1 + y'^2}^3} = C\,x \qquad \text{Differentialgleichung zweiter Ordnung} \qquad (189.3)$$

$$y' + 3x^2\,y = 0 \qquad \text{Differentialgleichung erster Ordnung} \qquad (189.4)$$

Definition. Als **Lösung** einer Differentialgleichung bezeichnet man eine Funktion, die mit ihren Ableitungen die Differentialgleichung zu einer identischen Gleichung in x macht.

Mit den hier in Abschn. 9.2 geschilderten Verfahren erhält man die gesuchte Funktion in Form einer Gleichung, mit den Verfahren von Abschn. 9.3 in Form einer Tafel und mit Hilfe des hier nicht beschriebenen elektronischen Analogrechners in Form einer Kurve.

Beispiel 10. Eine Lösung der Differentialgleichung (189.2) ist die Funktion

$$y = \sin \lambda\, x$$

denn es ist $y' = \lambda \cos \lambda\, x$ und $y'' = -\lambda^2 \sin \lambda\, x$. Man setzt y und y'' in die Differentialgleichung ein und erhält

$$y'' + \lambda^2\,y = -\lambda^2 \sin \lambda\, x + \lambda^2 \sin \lambda\, x \equiv 0$$

für jeden Wert von x.

Auch die Funktion $y = 4 \cos \lambda\, x$ ist eine Lösung von Differentialgleichung (189.2), weil mit $y' = -4\lambda \sin \lambda\, x$ und $y'' = -4\lambda^2 \cos \lambda\, x$, also $-4\lambda^2 \cos \lambda\, x + \lambda^2 \cdot 4 \cos \lambda\, x \equiv 0$ die Differentialgleichung für jeden Wert von x zu erfüllen ist.

Die Funktion $y = C\,e^{-x^3}$ ist eine Lösung von Gl. (189.4), denn sie erfüllt diese Gleichung für jeden Wert von x und beliebige Konstante C. Der Nachweis wird durch Einsetzen der Lösung in die Differentialgleichung geführt. Es ist $y' = -3x^2\,C\,e^{-x^3}$ und

$$-3x^2\,C\,e^{-x^3} + 3x^2\,C\,e^{-x^3} \equiv 0$$

Die Lösung einer Differentialgleichung ist nicht immer durch elementare Funktionen möglich. Manche Funktionen sind erst als Lösung einer Differentialgleichung definiert worden (z.B. die Bessel-Funktionen). In Beispiel 10 sind zwei verschiedene Funktionen als Lösungen der Differentialgleichung (189.2) angegeben worden. Dabei ergibt sich die Frage nach weiteren Lösungen oder einer allgemeineren Form der Lösung.

Da bei jeder Integration eine Integrationskonstante auftritt, enthält die allgemeine Lösung einer Differentialgleichung n-ter Ordnung n Integrationskonstanten.

Definition. Die **allgemeine Lösung** einer Differentialgleichung n-ter Ordnung ist eine Funktion, die mit ihren Ableitungen die Differentialgleichung für **jeden** Wert der Variablen x erfüllt und überdies n frei wählbare, voneinander unabhängige Integrationskonstanten enthält.

Haben eine oder mehrere der Konstanten bestimmte Werte, so entsteht aus der allgemeinen Lösung eine spezielle oder partikuläre Lösung.

Die Integrationskonstanten werden bei technischen Problemen im allgemeinen durch bekannte Funktionswerte und Ableitungen zu Beginn eines Vorganges oder am Rande eines Bereiches bestimmt.

Beispiel 11. In Abschn. 9.2.3.2 wird gezeigt, daß die allgemeine Lösung der Differentialgleichung (189.2)

$$y = A \sin \lambda x + B \cos \lambda x \qquad (190.1)$$

lautet. Der Nachweis kann durch Einsetzen von y aus Gl. (190.1) und

$$y'' = - A \lambda^2 \sin \lambda x - B \lambda^2 \cos \lambda x$$

in Gl. (189.2) erbracht werden

$$y'' + \lambda^2 y = - A \lambda^2 \sin \lambda x - B \lambda^2 \cos \lambda x + \lambda^2 (A \sin \lambda x + B \cos \lambda x) \equiv 0$$

ist für jeden Wert der Größen x, A und B erfüllt. Die in Beispiel 10 genannten Lösungen sind partikuläre Lösungen der Differentialgleichung (189.2). Sie sind in der allgemeinen Lösung (190.1) mit $A = 1$ und $B = 0$ bzw. $A = 0$ und $B = 4$ enthalten.

Auch die Funktion $y = 3 \sin \lambda x - 5 \cos \lambda x$ ist eine partikuläre Lösung, weil über die Integrationskonstanten verfügt ist.

9.2.2. Trennung der Veränderlichen

Besonders einfache Differentialgleichungen lassen sich schon mit den in Abschn. 5 gezeigten Methoden lösen.

Die einfachste Differentialgleichung enthält außer einer Ableitung von y nur Funktionen von x

$$y^{(n)} = f(x) \qquad (190.2)$$

Sie kann durch n-fache Integration direkt gelöst werden. Bei jeder Integration ist eine Integrationskonstante hinzuzusetzen (s. z.B. Abschn. 5.6.3).

Beispiel 12. Man gebe die allgemeine Lösung der Differentialgleichung $y^{(4)} = x$ an.

Man integriert viermal nacheinander und erhält

$$y''' = \frac{x^2}{2} + C_1$$

$$y'' = \frac{x^3}{6} + C_1 x + C_2$$

$$y' = \frac{x^4}{24} + C_1 \frac{x^2}{2} + C_2 x + C_3$$

$$y = \frac{x^5}{120} + C_1 \frac{x^3}{6} + C_2 \frac{x^2}{2} + C_3 x + C_4$$

Differentialgleichungen e r s t e r O r d n u n g lassen sich durch eine einmalige Integration lösen, wenn es gelingt, sie so umzuformen, daß die Veränderlichen getrennt sind, daß also auf einer Seite der Differentialgleichung nur eine Funktion von y steht, während die andere Seite der Gleichung nur von x abhängt. Dazu muß die Differentialgleichung direkt oder durch Substitution einer neuen Veränderlichen in der Form eines Produktes

$$y' = f_1(x) \cdot f_2(y) \qquad (190.3)$$

geschrieben werden können.

Man ersetzt dann y' durch den Quotienten $\mathrm{d}y/\mathrm{d}x$ und ordnet Gl. (190.3)

$$\frac{\mathrm{d}y}{f_2(y)} = f_1(x)\,\mathrm{d}x \tag{191.1}$$

Die Integration von Gl. (191.1) ergibt auf der linken Seite eine Funktion von y allein

$$F_2(y) = \int \frac{\mathrm{d}y}{f_2(y)} \tag{191.2}$$

und auf der rechten Seite eine nur von x abhängige Funktion

$$F_1(x) = \int f_1(x)\,\mathrm{d}x \tag{191.3}$$

Beim Integrieren tritt auf jeder Seite eine Konstante auf. Die Differenz dieser Konstanten ist wieder eine Konstante

$$F_2(y) + C_2 = F_1(x) + C_1$$
$$F_2(y) - F_1(x) = C_1 - C_2 = C$$
$$F_2(y) = F_1(x) + C \tag{191.4}$$

Falls Gl. (191.4) nach y aufgelöst werden kann, erhält man endgültig

$$y = F_3(x) \tag{191.5}$$

als Lösung der Differentialgleichung (190.3). Die Funktion $F_3(x)$ enthält eine noch frei wählbare Konstante.

Es ist allerdings nicht immer möglich, die Integrale in Gl. (191.2) und (191.3) in geschlossener Form darzustellen.

Beispiel 13. Wie lautet die allgemeine Lösung der Differentialgleichung $y' = x^2\,\sqrt{y}$?
Hier liegt die Form der Gl. (190.3) mit $f_1(x) = x^2$ und $f_2(y) = \sqrt{y}$ vor. Man kann die Veränderlichen trennen und erhält

$$\int \frac{\mathrm{d}y}{\sqrt{y}} = \int x^2\,\mathrm{d}x$$

$$2\,\sqrt{y} = \frac{x^3}{3} + C$$

$$y = \left(\frac{x^3}{6} + \frac{C}{2}\right)^2$$

Beispiel 14. Man löse die Differentialgleichung $y'\sin x = y\cos x$.
Auch hier ist die Trennung möglich mit $f_1(x) = \cot x$ und $f_2(y) = y$

$$\frac{\mathrm{d}y}{\mathrm{d}x} = y\cot x$$

$$\int \frac{\mathrm{d}y}{y} = \int \cot x\,\mathrm{d}x$$

$$\ln y = \ln\sin x + C$$

$$y = \mathrm{e}^{C + \ln\sin x} = \mathrm{e}^C\,\mathrm{e}^{\ln\sin x} = \mathrm{e}^C\sin x$$

Hier empfiehlt sich eine andere Bezeichnung der Konstanten: $e^C = A$. Dann läßt sich die Lösung in der einfacheren Form

$$y = A \sin x \tag{192.1}$$

schreiben. Die Lösung (192.1) erhält die willkürlich zu wählende Konstante A und erfüllt außerdem die Differentialgleichung. Davon überzeugt man sich durch Einsetzen von y und y'

$$A \cos x \sin x \equiv A \sin x \cos x$$

Wenn eine der Teilintegrationen (191.2) oder (191.3) einen Logarithmus ergibt, schreibt man häufig gleich $\ln A$ anstatt C und erspart damit die Umbenennung in die bequemere Form.

9.2.3. Lineare Differentialgleichungen

Definition. Differentialgleichungen, in denen die Funktion y und deren Ableitungen nur in der ersten Potenz und nicht miteinander multipliziert vorkommen, heißen **lineare Differentialgleichungen**. Sie haben die allgemeine Form

$$\sum_{i=0}^{n} f_i(x)\, y^{(i)} = g(x) \tag{192.2}$$

Hierin bedeutet $y^{(i)}$ die i-te Ableitung der Funktion y nach x. Die Funktion $g(x)$ heißt Störfunktion.

Lineare Differentialgleichungen sind z. B.

$$y'' + y = 0$$
$$y' + x^3\, y = 4\, x^3$$
$$x\, y'' + 3\, y' + e^x\, y = \sin 3\, x$$
$$y^{(4)} + 2\, y'' + y = 0$$

während die Gleichung

$$y' \cdot y = 1$$

nichtlinear ist, weil in ihr das Produkt der Funktion y mit ihrer Ableitung y' vorkommt. Ist die Störfunktion identisch gleich Null, wie in der ersten und vierten der vorstehenden Gleichungen, so spricht man von einer homogenen oder verkürzten Differentialgleichung. Die Lösung einer homogenen Differentialgleichung

$$\sum_{i=0}^{n} f_i(x)\, y^{(i)} = 0 \tag{192.3}$$

ist häufig einfacher als die Lösung einer inhomogenen Differentialgleichung.

9.2.3.1. Überlagerung von Lösungen

Bei linearen Differentialgleichungen kann man die allgemeine Lösung aus Teillösungen zusammensetzen, von denen eine allein die homogene (verkürzte) Differentialgleichung erfüllen muß. Das soll zunächst an einem einfachen Beispiel gezeigt werden.

Beispiel 15. Die Differentialgleichung $y' - y = 1$ ist zu lösen.

Man untersucht zunächst die verkürzte Differentialgleichung

$$y' - y = 0 \qquad (193.1)$$

Diese hat die Lösung $y = C e^x$ mit einer beliebigen Integrationskonstanten C. Die Differentialgleichung hat die spezielle Lösung $y = -1$, denn diese Funktion erfüllt wegen $y' = 0$ die Differentialgleichung. Die Gesamtlösung ist dann die Summe der beiden Anteile

$$y = C e^x - 1 \qquad (193.2)$$

Man überzeugt sich durch Einsetzen von $y = C e^x - 1$ und $y' = C e^x$ in die Differentialgleichung

$$C e^x - (C e^x - 1) = 1$$

$$C e^x - C e^x + 1 \equiv 1$$

Allgemein lautet der Satz

**Bei linearen Differentialgleichungen kann die Lösung von Gl. (192.2) aus der allgemeinen
Lösung $y_{(1)}$ der homogenen Differentialgleichung (192.3) und einer speziellen Lösung $y_{(2)}$ der
vollständigen Gleichungen (192.2) zusammengesetzt werden.**

Ist nämlich $y_{(1)}$ die allgemeine Lösung von Gl. (192.3) mit n Integrationskonstanten,
dann ist

$$\sum_{i=0}^{n} f_i(x)\, y_{(1)}^{(i)} = 0 \qquad (193.3)$$

Setzt man die spezielle Lösung $y_{(2)}$ in Gl. (192.2) ein, so ergibt sich

$$\sum_{i=0}^{n} f_i(x)\, y_{(2)}^{(i)} = g(x) \qquad (193.4)$$

Durch Addieren von Gl. (193.3) und Gl. (193.4) findet man

$$\sum_{i=0}^{n} f_i(x) \left[y_{(1)}^{(i)} + y_{(2)}^{(i)} \right] = \sum_{i=0}^{n} f_i(x)\left[y_{(1)} + y_{(2)} \right]^{(i)} = g(x) \qquad (193.5)$$

also erfüllt die Summe $y = y_{(1)} + y_{(2)}$ die Differentialgleichung (192.2) und ist daher
eine Lösung. Sie ist zugleich die allgemeine Lösung, da sie alle erforderlichen Integrationskonstanten enthält.

Eine spezielle Lösung der vollständigen Differentialgleichung wird häufig aus der technischen Problemstellung (z.B. als bekannter Sonderfall des Problems) oder aus einem
plausiblen mathematischen Ansatz gefunden.

9.2.3.2. Lineare Differentialgleichungen mit konstanten Koeffizienten

Bei den häufig vorkommenden linearen Differentialgleichungen mit konstanten Koeffizienten a_i anstatt der Funktionen $f_i(x)$ vor der Funktion y und deren Ableitungen

$$\sum_{i=0}^{n} a_i\, y^{(i)} = g(x) \qquad (193.6)$$

wird der Lösungsgang ebenfalls in zwei Schritte zerlegt: das Aufsuchen einer speziellen
Lösung der vollständigen Gleichung und das Bestimmen der allgemeinen Lösung der

verkürzten (homogenen) Gleichung. Die spezielle Lösung kann häufig durch einen Ansatz von der allgemeinen Form der Störfunktion $g(x)$ gefunden werden. Diese allgemeine Form enthält mehrere Konstanten, die so bestimmt werden, daß die Differentialgleichung erfüllt ist.

Beispiel 16.

Störfunktion	Ansatz
$g(x) = 3x + 2$	$y = a_1 x + a_0$
$g(x) = 8x^3 - 5x$	$y = a_3 x^3 + a_2 x^2 + a_1 x + a_0$
$g(x) = 4 \sin 0,5x$	$y = C \sin (0,5x + \varphi)$
	$= A \sin 0,5x + B \cos 0,5x$
$g(x) = 2 e^{-3x}$	$y = C e^{-3x}$

Homogene Differentialgleichung. Die homogene Differentialgleichung mit konstanten Koeffizienten

$$y^{(n)} + a_{n-1} y^{(n-1)} + \cdots + a_2 y'' + a_1 y' + a_0 y = 0 \qquad (194.1)$$

läßt als Lösung Funktionen zu, deren Ableitungen sich untereinander nur um konstante Faktoren unterscheiden. Diese Eigenschaft hat die Exponentialfunktion

$$y = C e^{px} \qquad (194.2)$$

Es liegt deshalb nahe, Gl. (194.2) als Lösungsansatz zu verwenden. Man setzt diese Funktion und ihre Ableitungen $y' = C p e^{px}$, $y'' = C p^2 e^{px}$, ..., $y^{(n)} = C p^n e^{px}$ in die Differentialgleichung (194.1) ein und untersucht, für welche Werte C und p der Ansatz (194.2) eine Lösung darstellt

$$p^n C e^{px} + a_{n-1} p^{n-1} C e^{px} + \cdots + a_2 p^2 C e^{px} + a_1 p C e^{px} + a_0 C e^{px} = 0 \quad (194.3)$$

Da e^{px} für keinen Wert Null wird und eine Lösung $C = 0$ meistens keine Bedeutung hat, kann man auch $C \neq 0$ voraussetzen und Gl. (194.3) durch $C e^{px}$ teilen. Man erhält dann als Bedingung für p die charakteristische Gleichung

$$p^n + a_{n-1} p^{n-1} + \cdots + a_2 p^2 + a_1 p + a_0 = 0 \qquad (194.4)$$

Diese Gleichung hat n Lösungen $p_1, p_2, \ldots, p_n$, die auch komplex oder untereinander gleich sein können.

Die Funktion

$$y_{(1)i} = C_i e^{p_i x} \qquad (194.5)$$

mit beliebiger Konstante C_i ist also eine Lösung der Differentialgleichung (194.1), wenn p_i eine Lösung der charakteristischen Gleichung (194.4) ist.

Sind alle p_i voneinander verschieden, so hat man n Lösungen $y_{(1)1} = C_1 e^{p_1 x}$, $y_{(1)2} = C_2 e^{p_2 x}$, ..., $y_{(1)n} = C_n e^{p_n x}$ gefunden, die jede für sich die linke Seite von Gl. (194.1) zu Null machen. Dann macht auch die Summe der Einzellösungen wegen der Linearität die linke Seite zu Null, denn es gilt z.B. $(y_{(1)1} + y_{(1)2})^{(n)} = y_{(1)1}^{(n)} + y_{(1)2}^{(n)}$. Die vollständige Lösung von Gl. (194.1) lautet demnach

$$y_{(1)} = C_1 e^{p_1 x} + C_2 e^{p_2 x} + \cdots + C_n e^{p_n x} \qquad (194.6)$$

falls $p_1 \neq p_2 \neq \cdots \neq p_n$ gilt.

Mehrfache Nullstellen. Die Lösung Gl. (194.6) ist unvollständig, wenn die charakteristische Gleichung mehrfache Nullstellen hat.

Gl. (194.6) kann für $p_1 = p_2$ dann in der Form

$$y_{(1)} = (C_1 + C_2)\, e^{p_1 x} + C_3\, e^{p_3 x} + \cdots + C_n\, e^{p_n x}$$

geschrieben werden. Die Konstanten C_1 und C_2 treten nur als Summe auf, können also durch eine andere Konstante C_1' ersetzt werden. Man hat nun nur noch $n-1$ voneinander unabhängige Konstanten, d.h. die Lösung ist nicht vollständig.

Ohne Beweis sei hier die vollständige Lösung für $p_1 = p_2$ angegeben

$$y_{(1)} = (C_1 + C_2\, x)\, e^{p_1 x} + C_3\, e^{p_3 x} + \cdots + C_n\, e^{p_n x} \tag{195.1}$$

Bei dreifacher Nullstelle der charakteristischen Gleichung steht anstatt der Konstanten ein Polynom zweiten Grades, bei vierfacher Nullstelle ein Polynom dritten Grades usw. vor derjenigen Exponentialfunktion, die die mehrfache Nullstelle im Exponenten enthält.

Komplexe Nullstellen. Falls die charakteristische Gleichung (194.4) komplexe Zahlen (Abschn. 9.1) als Lösungen hat, gibt es immer[1] zwei zueinander konjugiert komplexe Lösungen $p_1 = a + ib$ und $p_2 = a - ib$, und dieser Lösungsanteil der Differentialgleichung lautet

$$y_{(1)} = C_1\, e^{(a + ib)x} + C_2\, e^{(a - ib)x} = C_1\, e^{ax}\, e^{ibx} + C_2\, e^{ax}\, e^{-ibx} = e^{ax}(C_1\, e^{ibx} + C_2\, e^{-ibx})$$

Nach Gl. (187.2) ist $e^{ibx} = \cos b\, x + i \sin b\, x$ und $e^{-ibx} = \cos b\, x - i \sin b\, x$, also

$$\begin{aligned} y_{(1)} &= e^{ax}\, [C_1\, (\cos b\, x + i \sin b\, x) + C_2\, (\cos b\, x - i \sin b\, x)] \\ &= e^{ax}\, [(C_1 + C_2) \cos b\, x + i\, (C_1 - C_2) \sin b\, x] \\ &= e^{ax}\, (C_3 \cos b\, x + C_4 \sin b\, x) \end{aligned}$$

Die Konstanten $C_3 = C_1 + C_2$ und $C_4 = i\, (C_1 - C_2)$ sind reell, wenn C_1 und C_2 zueinander konjugiert komplex sind.

Beispiel 17. Man löse die Differentialgleichung $y'' + 5y' + 6y = 0$.

Der Ansatz $y = C\, e^{px}$, $y' = p\, C\, e^{px}$, $y'' = p^2\, C\, e^{px}$ wird in die Differentialgleichung eingesetzt

$$p^2\, C\, e^{px} + 5p\, C\, e^{px} + 6C\, e^{px} = 0$$

$$C\, e^{px}\, [p^2 + 5p + 6] = 0$$

$$p^2 + 5p + 6 = 0$$

Die charakteristische Gleichung hat die Lösungen $p_1 = -2$ und $p_2 = -3$. Teillösungen sind also $y_{(1)1} = C_1\, e^{-2x}$ und $y_{(1)2} = C_2\, e^{-3x}$. Die Gesamtlösung mit zwei Integrationskonstanten lautet demnach

$$y_{(1)} = C_1\, e^{-2x} + C_2\, e^{-3x}$$

Die Integrationskonstanten C_1 und C_2 sind aus dem technischen Problem (Rand- oder Anfangswerte) zu bestimmen.

Beispiel 18. Wie lautet die Lösung der Differentialgleichung $y'' - 4y = 3x$?

Man betrachtet zunächst die verkürzte Gleichung

$$y'' - 4y = 0$$

---

[1] Auf den Beweis wird verzichtet.

Der Exponentialansatz (194.2) liefert die charakteristische Gleichung

$$p^2 - 4 = 0$$

mit den Lösungen $p_1 = +2$ und $p_2 = -2$.

Dann ist
$$y_{(1)} = C_1 e^{2x} + C_2 e^{-2x}$$

die Lösung der verkürzten Differentialgleichung.

Die vollständige Lösung der gegebenen Gleichung gewinnt man durch Hinzunehmen einer speziellen Lösung. Man wählt den Ansatz $y_{(2)} = a_0 + a_1 x$, weil die Störfunktion $g(x) = 3x$ eine Linearfunktion ist. Dann ist $y''_{(2)} = 0$, und man erhält die Koeffizienten a_0 und a_1 durch Einsetzen von $y_{(2)}$ und $y''_{(2)}$ in die vollständige Differentialgleichung

$$0 - 4(a_0 + a_1 x) \equiv 3x$$

Die Gleichung gilt nur dann für jeden Wert von x, wenn $a_0 = 0$ und $-4a_1 = 3$, also $a_1 = -3/4$ ist. Die Gesamtlösung heißt dann

$$y = C_1 e^{2x} + C_2 e^{-2x} - 0{,}75 x$$

Von der Richtigkeit der Lösung überzeuge man sich durch Einsetzen der Lösung in die Differentialgleichung.

Beispiel 19. Man bestimme die Lösung der Differentialgleichung $y' + 5y = 4 \sin 3x$ mit der Anfangsbedingung $y = 1$ für $x = 0$.

Die verkürzte Differentialgleichung

$$y' + 5y = 0$$

wird durch Trennung der Variablen oder durch einen Exponentialansatz gelöst. Es ist

$$y_{(1)} = C e^{-5x}$$

Der Ansatz für die spezielle Lösung der vollständigen Gleichung lautet

$$y_{(2)} = A \sin 3x + B \cos 3x$$

als allgemeine Form der trigonometrischen Funktion mit dem Argument $3x$.

Man differenziert und setzt in die Differentialgleichung ein

$$3A \cos 3x - 3B \sin 3x + 5(A \sin 3x + B \cos 3x) \equiv 4 \sin 3x$$

Die Konstanten A und B bestimmt man am besten durch Einsetzen zweier geschickt gewählter Werte für x, denn die Gleichung soll für jedes x erfüllt sein. Für $x = 0$ ergibt sich die erste Bestimmungsgleichung für A und B

$$3A + 5B = 0$$

Als zweiten Wert nimmt man $3x = \pi/2$, weil dann $\cos 3x = 0$ und $\sin 3x = 1$ wird

$$-3B + 5A = 4$$

Die beiden Gleichungen werden durch $A = 10/17$ und $B = -6/17$ erfüllt. Die spezielle Lösung lautet dann

$$y_{(2)} = \frac{10}{17} \sin 3x - \frac{6}{17} \cos 3x$$

und die vollständige Lösung

$$y = C e^{-5x} + \frac{10}{17} \sin 3x - \frac{6}{17} \cos 3x$$

Die Konstante C wird nun durch die Anfangsbedingung $y(0) = 1$ bestimmt. Man setzt $x = 0$ und $y = 1$ in die Lösungsfunktion ein und erhält eine Bestimmungsgleichung für C

$$1 = C - \frac{6}{17}$$

Es ist also $C = 23/17$ und die spezielle Lösung mit $y(0) = 1$ lautet

$$y = \frac{1}{17}(23\,e^{-5x} + 10\sin 3x - 6\cos 3x)$$

Beispiel 20. Man gebe die allgemeine Lösung der Differentialgleichung $y^{(4)} + 8y'' + 16y = 0$ an.

Mit dem Exponentialansatz Gl. (194.2) erhält man die charakteristische Gleichung

$$p^4 + 8p^2 + 16 = 0$$

mit den Doppelwurzeln $p_{1,2} = +\,i\,2$ und $p_{3,4} = -\,i\,2$. Die Lösung lautet deshalb nach Gl. (195.1)

$$y = (C_1 + C_2\,x)\,e^{i2x} + (C_3 + C_4\,x)\,e^{-i2x}$$

Die Exponentialfunktionen mit komplexen Argumenten werden nach der Euler-Gleichung (187.2) umgeformt

$$\begin{aligned}
y &= (C_1 + C_2\,x)(\cos 2x + i\sin 2x) + (C_3 + C_4\,x)(\cos 2x - i\sin 2x)\\
&= [(C_1 + C_3) + (C_2 + C_4)\,x]\cos 2x + i\,[(C_1 - C_3) + (C_2 - C_4)\,x]\sin 2x\\
&= (B_1 + B_2\,x)\cos 2x + (B_3 + B_4\,x)\sin 2x
\end{aligned}$$

wenn man die Abkürzungen $C_1 + C_3 = B_1$, $C_2 + C_4 = B_2$, $i(C_1 - C_3) = B_3$ und $i(C_2 - C_4) = B_4$ benutzt.

9.3. Numerische Methode (Differenzenverfahren)

9.3.1. Annäherung von Ableitungen durch Differenzen

Viele Differentialgleichungen sind nicht durch Angabe der Lösungsfunktion in Form einer Funktionsgleichung lösbar. Man hat deshalb Verfahren entwickelt, die eine numerische Lösung teils für den Einzelfall, teils für ganze Klassen von Differentialgleichungen ermöglichen. Durch Einsatz von Rechenautomaten ist der früher gefürchtete numerische Rechenaufwand beherrschbar geworden.

Diese Verfahren beruhen auf Ersetzen der Differentialquotienten durch Differenzenquotienten der gesuchten Funktionswerte. Dadurch wird die Lösung einer Differentialgleichung auf die Lösung eines Gleichungssystems für die unbekannten Funktionswerte zurückgeführt. Bei linearen Differentialgleichungen ist auch das Gleichungssystem linear und kann mit den in Abschn. Lineare Gleichungssysteme in Teil 1 gezeigten Methoden gelöst werden. Man erhält die Lösungsfunktion als Tafel.

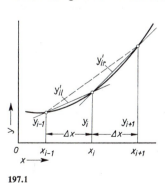

197.1

Die erste Ableitung der Funktion $y = f(x)$ an der Stelle x_i kann sowohl durch die Steigung im rechts von x_i gelegenen Feld (197.1), also durch die Steigung (Ableitung) der Sekante durch die Punkte $(x_i;\ y_i)$ und $(x_{i+1};\ y_{i+1})$

$$y'_{i\,r} = \frac{y_{i+1} - y_i}{\Delta x} \tag{197.1}$$

als auch durch die Steigung der Sekante im links von x_i gelegenen Feld

$$y'_{i1} = \frac{y_i - y_{i-1}}{\Delta x} \qquad (198.1)$$

ersetzt werden.

Eine bessere Annäherung ergibt sich jedoch bei Ausnutzung der Symmetrie durch Berücksichtigung **beider** Nachbarfelder

$$y'_i \approx \frac{y_{i+1} - y_{i-1}}{2\,\Delta x} \qquad (198.2)$$

weil die Sekante durch die Punkte $(x_{i-1}; y_{i-1})$ und $(x_{i+1}; y_{i+1})$ der Tangente an die Funktionskurve im Punkt x_i nahezu parallel ist.

Die zweite Ableitung gibt die Änderung der ersten Ableitung an. Bei Berücksichtigung der zentralen Lage von x_i zwischen x_{i-1} und x_{i+1} liegt es nahe, die Differenz der Ableitungen in den Mitten der beiden Nachbarfelder durch die x-Differenz Δx zwischen den Mitten der beiden Felder zu teilen und Gl. (197.1) und (198.1) zu benutzen

$$y''_i \approx \frac{y'_{ir} - y'_{i1}}{\Delta x} = \frac{\dfrac{y_{i+1} - y_i}{\Delta x} - \dfrac{y_i - y_{i-1}}{\Delta x}}{\Delta x}$$

$$y''_i \approx \frac{y_{i+1} - 2\,y_i + y_{i-1}}{(\Delta x)^2} \qquad (198.3)$$

Man kann auch $y''_i \approx (y'_{i+1} - y'_{i-1})/\Delta x$ setzen und die ersten Ableitungen mit Hilfe von Gl. (198.2) durch die Funktionswerte ausdrücken. Dadurch werden bei der zweiten Ableitung auch noch die Werte y_{i+2} und y_{i-2} herangezogen und dadurch eine bessere Annäherung erreicht. Hier soll jedoch nur mit Gl. (198.3) gerechnet werden.

Eine symmetrische Formel für die dritte Ableitung kann man folgendermaßen gewinnen

$$y'''_i \approx \frac{y''_{i+1} - y''_{i-1}}{2\,\Delta x} = \frac{\dfrac{y_{i+2} - 2\,y_{i+1} + y_i}{(\Delta x)^2} - \dfrac{y_i - 2\,y_{i-1} + y_{i-2}}{(\Delta x)^2}}{2\,\Delta x}$$

$$y'''_i \approx \frac{y_{i+2} - 2\,y_{i+1} + 2\,y_{i-1} - y_{i-2}}{2\,(\Delta x)^3} \qquad (198.4)$$

Hierbei steht der Abstand $2\,\Delta x$ der benutzten Werte y''_{i+1} und y''_{i-1} im Nenner.

Eine Gleichung für die vierte Ableitung ergibt sich durch Ersetzen von y'' durch $y^{(4)}$ und von y durch y'' in Gl. (198.3)

$$y_i^{(4)} \approx \frac{y''_{i+1} - 2\,y''_i + y''_{i-1}}{(\Delta x)^2}$$

Ersetzt man nun wiederum die zweiten Ableitungen der rechten Seite vorstehender Gleichung mit Hilfe von Gl. (198.3) durch die Funktionswerte, so erhält man

$$y_i^{(4)} \approx \frac{\dfrac{(y_{i+2} - 2\,y_{i+1} + y_i)}{(\Delta x)^2} - 2\,\dfrac{(y_{i+1} - 2\,y_i + y_{i-1})}{(\Delta x)^2} + \dfrac{(y_i - 2\,y_{i-1} + y_{i-2})}{(\Delta x)^2}}{(\Delta x)^2}$$

$$y_i^{(4)} \approx \frac{y_{i+2} - 4\,y_{i+1} + 6\,y_i - 4\,y_{i-1} + y_{i-2}}{(\Delta x)^4} \qquad (198.5)$$

9.3.2. Rand- und Eigenwertaufgaben

Man unterscheidet bei Differentialgleichungen Rand- und Anfangswertaufgaben. Anfangswertaufgaben treten häufig in der Dynamik auf, wenn z. B. bei der Beschreibung einer Bewegung durch eine Differentialgleichung eine spezielle Bahn aus der Lösungsmenge dadurch bestimmt ist, daß zu einem Zeitpunkt Lage und Geschwindigkeit vorgegeben sind.

Hier sollen Randwertaufgaben behandelt werden, bei denen aus den unendlich vielen Lösungen einer Differentialgleichung diejenigen gesucht sind, die am Rande eines Bereiches, also an mindestens zwei Stellen, gewisse Bedingungen, die Randbedingungen, erfüllen. So ist bei einem Träger auf zwei starren Stützen z. B. die Durchbiegung an den Stützen gleich Null. Bei einer allseitig eingespannten Platte ist an den Rändern sowohl die Durchbiegung als auch die Tangentenneigung gleich Null. Zwischen den Rändern ist dann z. B. die Durchbiegung als Funktion der Koordinaten gesucht.

An dem folgenden Beispiel soll die Lösung einer Randwertaufgabe mit Hilfe des Differenzenverfahrens gezeigt werden.

Bei dem Balken auf zwei Stützen mit linear veränderlicher Belastung $q(x) = q_0\, x/l$ (**199.1**) ist die Durchbiegung zu bestimmen.

199.1

Es gilt die Differentialgleichung $y'' = -\, M(x)/(E\,I)$ mit der Biegesteifigkeit $E\,I$ und dem Biegemoment

$$M(x) = \frac{q_0\, l\, x}{6}\left[1 - \left(\frac{x}{l}\right)^2\right] = \frac{P\, x}{3}\left[1 - \left(\frac{x}{l}\right)^2\right]$$

also

$$y'' = -\frac{P\, l}{3\, E\, I}\cdot\frac{x}{l}\cdot\left[1 - \left(\frac{x}{l}\right)^2\right] \tag{199.1}$$

Die Randbedingungen lauten $y(0) = y(l) = 0$, weil die Durchbiegung an den starren Lagern gleich Null ist. In der einfachsten Näherung teilt man die Balkenlänge wegen der unsymmetrischen Belastung in drei Intervalle der Breite $\Delta x = l/3$ und erhält folgende Zuordnung

$$x_0 = 0 \qquad x_1 = l/3 \qquad x_2 = 2\, l/3 \qquad x_3 = l$$

$$y_0 = 0 \qquad y_1 \qquad\qquad y_2 \qquad\qquad y_3 = 0$$

Die Funktionswerte y_1 und y_2 sind zu bestimmen. Nun schreibt man die Differentialgleichung für jeden Zwischenpunkt und ersetzt die Ableitungen nach Gl. (198.3) durch die Funktionswerte

$$y_1'' \approx \frac{y_2 - 2\, y_1 + y_0}{(l/3)^2} = -\frac{P\, l}{3\, E\, I}\cdot\frac{1}{3}\cdot\frac{8}{9}$$

$$y_2'' \approx \frac{y_3 - 2\, y_2 + y_1}{(l/3)^2} = -\frac{P\, l}{3\, E\, I}\cdot\frac{2}{3}\cdot\frac{5}{9}$$

In diesen Gleichungen ist wegen der Randbedingungen $y_0 = y_3 = 0$, so daß nach Multiplizieren mit $(l/3)^2$ die beiden linearen Gleichungen für y_1 und y_2 bleiben

$$-2y_1 + y_2 = -8\,\frac{P\,l^3}{729\,E\,I}$$

$$y_1 - 2y_2 = -10\,\frac{P\,l^3}{729\,E\,I}$$

Die Lösung dieses Gleichungssystems lautet

$$y_1 = \frac{26}{3}\cdot\frac{P\,l^3}{729\,E\,I} \qquad y_2 = \frac{28}{3}\cdot\frac{P\,l^3}{729\,E\,I}$$

Die exakte Lösung lautet

$$y_1 = 8\cdot\frac{P\,l^3}{729\,E\,I} \qquad y_2 = \frac{17}{2}\cdot\frac{P\,l^3}{729\,E\,I}$$

Der Vergleich zeigt, daß man mit dieser einfachen Methode die Lösung mit einem Fehler von nur 8% bis 10% gefunden hat

$$\frac{\Delta y_1}{y_1} = \frac{26/3 - 8}{8} = 0{,}083 = 8{,}3\%$$

$$\frac{\Delta y_2}{y_2} = \frac{28/3 - 17/2}{17/2} = 0{,}098 = 9{,}8\%$$

Eigenwertaufgabe. Bei der oben gelösten Randwertaufgabe ergaben sich aus der Belastung des Balkens Glieder auf der rechten Seite des Gleichungssystems, so daß eine eindeutige Lösung möglich war. Eigenwertaufgaben liegen dann vor, wenn das sich aus der Differentialgleichung ergebende lineare Gleichungssystem homogen ist und somit im allgemeinen nur die Lösung $y_1 = y_2 = y_3 = \cdots = y_n = 0$ hat. Dabei tritt in der Differentialgleichung dann ein noch unbestimmter Parameter, der sogenannte Eigenwert, auf. Dieser ist so zu bestimmen, daß eine Lösung möglich ist, ohne daß alle $y_i = 0$ sind.

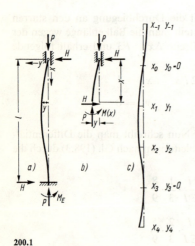

Das Verfahren wird am Beispiel des Knickstabes (**200.**1a) erläutert, für den die exakte Lösung in Abschn. 9.4.1 gegeben ist.

Nach Bild **200.**1b ist das Biegemoment an der Stelle x durch $M(x) = P\,y - H\,x$ bestimmt. Außerdem gilt $y'' = -M(x)/EI$, so daß man die Differentialgleichung

$$y'' = -(P\,y - H\,x)/(E\,I)$$

oder $\qquad y'' + \dfrac{P}{E\,I}\,y = \dfrac{H}{E\,I}\,x \qquad$ (200.1)

erhält (s. auch Abschn. 9.4.1).

Da H nicht bekannt ist, differenziert man die Gleichung zweimal nach x und erhält dann die homogene Differentialgleichung

$$y^{(4)} + \frac{P}{E\,I}\,y'' = 0 \qquad (200.2)$$

200.1

Die Randbedingungen lauten $y(0) = y(l) = 0$, weil die Durchbiegung an beiden Lagern gleich Null ist, ferner $y'(l) = 0$ wegen der senkrechten Einspannung und $y''(0) = 0$, weil das Biegemoment im Gelenklager Null ist. Bei Einteilung der Balkenlänge in drei Intervalle $\Delta x = l/3$ (**200.**1 c) ist also $y_0 = y_3 = 0$.

Die beiden übrigen Randbedingungen führen auf Zusammenhänge zwischen den Koordinaten y innerhalb und den als Hilfsgrößen anzunehmenden Koordinaten y_{-1} und y_4 außerhalb des Balkens

$$y_3' = \frac{y_4 - y_2}{2\,\Delta x} = 0 \quad \text{also} \quad y_4 = y_2$$

$$y_0'' = \frac{y_1 - 2y_0 + y_{-1}}{(\Delta x)^2} = 0 \quad \text{also} \quad y_{-1} = -y_1 \quad \text{wegen} \quad y_0 = 0$$

Man schreibt nun die Differentialgleichung für die Punkte x_1 und x_2

$$\frac{y_3 - 4y_2 + 6y_1 - 4y_0 + y_{-1}}{(\Delta x)^4} + \frac{P}{EI}\frac{y_2 - 2y_1 + y_0}{(\Delta x)^2} = 0$$

$$\frac{y_4 - 4y_3 + 6y_2 - 4y_1 + y_0}{(\Delta x)^4} + \frac{P}{EI}\frac{y_3 - 2y_2 + y_1}{(\Delta x)^2} = 0$$

multipliziert mit $(\Delta x)^4 = (l/3)^4$ und setzt die Randwerte $y_0 = 0$ und $y_3 = 0$ sowie die über den Rand hinausgreifenden Werte $y_{-1} = -y_1$ und $y_4 = y_2$ ein

$$-4y_2 + 6y_1 - y_1 + \frac{P\,l^2}{9\,EI}(y_2 - 2y_1) = 0$$

$$y_2 + 6y_2 - 4y_1 + \frac{P\,l^2}{9\,EI}(-2y_2 + y_1) = 0$$

Nach dem Ordnen ergibt sich mit der Abkürzung $\lambda = P\,l^2/(9\,E\,I)$ das homogene Gleichungssystem

$$(5 - 2\lambda)\,y_1 + (-4 + \lambda)\,y_2 = 0$$
$$(-4 + \lambda)\,y_1 + (7 - 2\lambda)\,y_2 = 0$$

Eine Lösung, bei der nicht $y_1 = y_2 = 0$ ist, bei der also der Stab nicht gerade bleibt, sondern ausknickt, erfordert das Nullwerden der Determinante

$$\begin{vmatrix} 5 - 2\lambda & -4 + \lambda \\ -4 + \lambda & 7 - 2\lambda \end{vmatrix} = 0$$

Man löst die Determinante auf und erhält die quadratische Bestimmungsgleichung für den Eigenwert λ

$$3\lambda^2 - 16\lambda + 19 = 0$$

mit den Wurzeln $\lambda_1 = 1,785$ und $\lambda_2 = 3,55$.

Der kleinste Eigenwert (die kleinste Knicklast) ist für das Versagen des Stabes maßgebend

$$\lambda = 1,785 = \frac{P\,l^2}{9\,EI}$$

$$P_{Ki} = \frac{1,785 \cdot 9\,EI}{l^2} = 16,1\,\frac{EI}{l^2}$$

Mit P_{Ki} wird die ideale Knicklast (Eulersche Knicklast) bezeichnet.

Die in Abschn. 9.4.1 gewonnene genaue Lösung, bei der eine transzendente Gleichung gelöst werden muß, liefert den Zahlenwert 20,2. Der Fehler der Differenzenrechnung beträgt wegen der sehr einfachen Methode und der geringen Anzahl von Funktionswerten 20 %.

9.4. Anwendungen in der Technik

Die Lösung einfacher Differentialgleichungen durch Trennung der Veränderlichen ist in Abschn. 5.6.1 Barometrische Höhenmessung, Abschn. 5.6.2 Belastung-Querkraft-Biegemoment, Abschn. 5.6.3 Biegelinie, Abschn. 5.6.4 Seilreibung und Abschn. 5.6.5 Schiefer Wurf gezeigt. Hier wird diese Methode an zwei weiteren Beispielen angewendet.

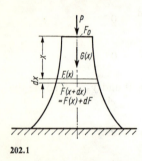

202.1

Beispiel 21. Wie muß eine Säule ausgeführt werden, damit in jedem Querschnitt die gleiche maximal zulässige Spannung zul σ_D wirkt (Säule gleicher Festigkeit)?

Mit der Wichte γ des Werkstoffes ergibt sich mit den Bezeichnungen des Bildes 202.1 die Spannung an der Stelle x zu

$$\sigma = \text{zul } \sigma_D = \frac{P + G(x)}{F(x)}$$

und an der Stelle $x + dx$ zu

$$\sigma = \text{zul } \sigma_D = \frac{P + G(x) + \gamma F(x)\, dx}{F(x) + dF}$$

In der letzten Gleichung ist $\gamma F(x)\, dx$ die Gewichtskraft des scheibenförmigen Volumenelements der Dicke dx. In beiden Gleichungen wird $F(x)$ durch F ersetzt, sie werden umgestellt und subtrahiert

$$\text{zul } \sigma_D \cdot F = P + G(x)$$

$$\text{zul } \sigma_D \cdot dF + \text{zul } \sigma_D \cdot F = P + G(x) + \gamma F\, dx$$

$$\text{zul } \sigma_D \cdot dF = \gamma F\, dx$$

$$\frac{dF}{dx} - \frac{\gamma}{\text{zul } \sigma_D} \cdot F = 0$$

Diese gewöhnliche Differentialgleichung erster Ordnung wird durch Trennung der Veränderlichen gelöst

$$\frac{dF}{F} = \frac{\gamma}{\text{zul } \sigma_D} \cdot dx$$

$$\ln F = \frac{\gamma}{\text{zul } \sigma_D} \cdot x + C$$

Für $x = 0$ ist $F_0 = P/\text{zul } \sigma_D$; daraus folgt

$$\ln F_0 = C$$

und weiter $\ln F - \ln F_0 = \ln \dfrac{F}{F_0} = \dfrac{\gamma}{\text{zul } \sigma_D} \cdot x$

$$F = F_0 \cdot e^{\gamma x / \text{zul } \sigma_D} \tag{202.1}$$

In der Praxis werden die Abmessungen von Stützen und Wänden normalerweise nicht stetig nach Gl. (202.1) ausgeführt, sondern stufenweise.

Beispiel 22. Bei der in Bild **203.**1 dargestellten Schleppkurve ist die Tangentenlänge konstant. Sie wird durch den Weg der Hinterachse eines Wagens beschrieben, wenn sich die Vorderachse in x-Richtung bewegt (Anfangslage ist gestrichelt eingezeichnet). Es ist die G l e i c h u n g d e r S c h l e p p k u r v e gesucht.

Für den Anstieg der Kurve kann dem Bild die Beziehung

$$y' = \frac{dy}{dx} = -\frac{y}{\sqrt{a^2 - y^2}} \qquad (203.1)$$

entnommen werden. Die nichtlineare Differentialgleichung (203.1) für y kann umgeformt werden

$$\frac{dx}{dy} = x' = -\frac{\sqrt{a^2 - y^2}}{y} \qquad (203.2)$$

203.1

Gl. (203.2) ist eine lineare Differentialgleichung für x, die durch Trennung der Veränderlichen gelöst wird

$$x = -\int \frac{\sqrt{a^2 - y^2}}{y}\, dy = -\int \frac{a^2 - y^2}{y\sqrt{a^2 - y^2}}\, dy = -\int \frac{a - \dfrac{y^2}{a}}{y\sqrt{1 - \left(\dfrac{y}{a}\right)^2}}\, dy$$

$$= -\int \frac{a}{y\sqrt{1 - \left(\dfrac{y}{a}\right)^2}}\, dy + \int \frac{y}{a\sqrt{1 - \left(\dfrac{y}{a}\right)^2}}\, dy$$

Mit der Substitution

$$y = a\,u \qquad dy = a\,du$$

wird bei Vertauschung der Summanden

$$x = \int \frac{a\,u}{\sqrt{1 - u^2}}\, du - \int \frac{a}{u\sqrt{1 - u^2}}\, du \qquad (203.3)$$

Für das erste Integral erhält man mit der Substitution $v = 1 - u^2$

$$\int \frac{a\,u}{\sqrt{1 - u^2}}\, du = -a\sqrt{1 - u^2} = -a\sqrt{1 - \left(\frac{y}{a}\right)^2} = -\sqrt{a^2 - y^2}$$

Die Richtigkeit läßt sich durch Differenzieren leicht bestätigen. Beim zweiten Integral in Gl. (203.3) wird die Substitution

$$u = \frac{1}{t} \qquad du = -\frac{1}{t^2}\, dt$$

benutzt. Man erhält

$$\int \frac{a}{u\sqrt{1 - u^2}}\, du = -\int \frac{a\,t}{t^2\sqrt{1 - \left(\dfrac{1}{t}\right)^2}}\, dt = -\int \frac{a}{\sqrt{t^2 - 1}}\, dt$$

14*

Mit Gl. (97.2) wird

$$\int \frac{a}{u\sqrt{1-u^2}}\, du = -a \operatorname{arcosh} t = -a \ln\left(t + \sqrt{t^2 - 1}\right)$$

$$= -a \operatorname{arcosh} \frac{1}{u} = -a \ln\left(\frac{1}{u} + \sqrt{\frac{1}{u^2} - 1}\right)$$

$$= -a \operatorname{arcosh} \frac{a}{y} = -a \ln\left(\frac{a}{y} + \sqrt{\left(\frac{a}{y}\right)^2 - 1}\right)$$

Damit erhält man endgültig die Gleichung der Schleppkurve, wenn noch die Integrationskonstante hinzugefügt wird

$$x = a \operatorname{arcosh} \frac{a}{y} - \sqrt{a^2 - y^2} + C = a \ln\left(\frac{a}{y} + \sqrt{\left(\frac{a}{y}\right)^2 - 1}\right) - \sqrt{a^2 - y^2} + C$$

Da für $y = a$ die Abszisse $x = 0$ ist, ist $C = 0$.

9.4.1. Knicken gerader elastischer Stäbe

Schlanke Bauglieder, z. B. Fachwerkstäbe und Stützen, verlieren bei Belastung durch in der Stabachse wirkende Druckkräfte durch plötzliches seitliches Ausweichen ihre Tragfähigkeit. Die Last, bei der dieses Ausknicken auftritt, nennt man Knicklast. Bei

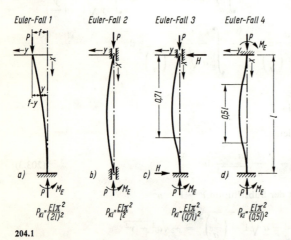

204.1

der folgenden Untersuchung wird vorausgesetzt, daß die Stabachse gerade ist, daß die Belastung in der Stabachse wirkt und das Hookesche Gesetz $\varepsilon = \sigma/E$ unbeschränkt gültig ist sowie die Formänderungen klein sind, so daß die üblichen Rechnungsvereinfachungen erlaubt sind. In Bild 204.1 sind vier Knickstäbe mit verschiedenen Randbedingungen in der ausgebogenen Form dargestellt. Man spricht von den vier Eulerfällen; sie werden in den folgenden Beispielen untersucht. Wegen der Idealisierung wird die interessierende kleinste Knicklast mit P_{Ki} bezeichnet.

Kennzeichnend für die folgenden Untersuchungen ist, daß die Gleichgewichtsbedingungen am verformten System angesetzt werden müssen (Theorie 2. Ordnung).

Beispiel 23. Man ermittle die Knicklast des ersten Eulerfalles (204.1a); konstantes Trägheitsmoment I über die Stablänge l.

Aufstellen der Differentialgleichung. Nach Bild 204.1a ist an der Stelle x das Biegemoment $M(x) = -P \cdot (f - y)$, wobei f die Maximalauslenkung des Stabendes ist. Außerdem gilt $y'' = -M(x)/(EI)$, so daß sich die Differentialgleichung der Biegelinie

$$EI\,y'' = +P(f - y) = -P(y - f) \qquad (204.1)$$

ergibt.

Lösen der Differentialgleichung. Wird in Gl. (204.1) die Substitution $u = y - f$ und $u'' = y''$ eingeführt, so erhält man die homogene Differentialgleichung 2. Ordnung

$$EI\,u'' + P\,u = 0$$

$$u'' + \frac{P}{EI}\,u = 0$$

$$u'' + \lambda^2\,u = 0 \qquad\qquad (205.1)$$

Hier ist $\lambda^2 = P/(EI)$ gesetzt. Zur Lösung von Gl. (205.1) ist eine Funktion u gesucht, die ihrer zweiten Ableitung proportional ist. Die allgemeine Lösung (s. Beispiel 11, S. 190) lautet

$$u = C_1 \sin(\lambda x) + C_2 \cos(\lambda x)$$

$$y = f + C_1 \sin\left(\sqrt{\frac{P}{EI}}\,x\right) + C_2 \cos\left(\sqrt{\frac{P}{EI}}\,x\right) \qquad\qquad (205.2)$$

Die Integrationskonstanten lassen sich aus den Randbedingungen bestimmen.

Erfüllen der Randbedingungen. Bei $x = 0$ ist $y = f$; mit Gl. (205.2) ergibt sich daraus $C_2 = 0$. Bei $x = 0$ ist weiterhin $M = 0$ bzw. $y'' = -M(x)/(EI) = 0$; daraus folgt ebenfalls $C_2 = 0$. Somit läßt sich Gl. (205.2) in der Form

$$y = f + C_1 \sin\left(\sqrt{\frac{P}{EI}}\,x\right) \qquad\qquad (205.3)$$

schreiben. Bei $x = l$ ist $y' = 0$; damit folgt aus Gl. (205.3)

$$0 = C_1 \left(\sqrt{\frac{P}{EI}}\cos\left(\sqrt{\frac{P}{EI}}\,l\right)\right) \qquad\qquad (205.4)$$

Gl. (205.4) ist für $C_1 = 0$ erfüllt. Dann bleibt aber nach Gl. (205.3) der Stab gerade ($y \equiv f$). Eine Lösung für den ausgebogenen Stab ist also nur möglich, wenn in Gl. (205.4) der dritte Faktor $\cos\left(\sqrt{P/(EI)}\,l\right) = 0$ wird. Da $P \neq 0$ ist, muß

$$\sqrt{\frac{P}{EI}}\,l = n\,\pi/2 \qquad n = 1, 3, 5, \cdots$$

sein. Eine Lösung ist also nur für ganz bestimmte ‚kritische Lasten‘, die Eigenwerte

$$P = \frac{(n\,\pi/2)^2\,EI}{l^2} \qquad\qquad (205.5)$$

möglich. Bei $x = l$ ist weiterhin $y = 0$; mit Gl. (205.3) wird $0 = f + C_1 \sin(n\,\pi/2) = f + C_1$ und somit $C_1 = -f$. So erhält man als Gleichung der Knickbiegelinie

$$y = f\left(1 - \sin\left(\sqrt{\frac{P}{EI}}\,x\right)\right) \qquad\qquad (205.6)$$

Die Biegelinie hat also die Form einer Sinuskurve, wobei in Gl. (205.6) die Maximalauslenkung f allerdings unbestimmt bleibt.

In der Technik interessiert zumeist die kleinste der sich nach Gl. (205.5) ergebenden Lasten, die Knicklast. Sie ergibt sich für $n = 1$

$$P_{\mathrm{Kl}} = \frac{EI\,\pi^2}{(2l)^2} \qquad\qquad (205.7)$$

Beispiel 24. Man ermittle die Knicklast des zweiten Eulerfalles (**204.**1 b); konstantes Trägheitsmoment I über die Stablänge l.

Aufstellen der Differentialgleichung. Nach Bild **204.**1 b ist an der Stelle x das Biegemoment $M(x) = P y$. Außerdem gilt $y'' = - M(x)/(EI)$, so daß sich die Differentialgleichung der Biegelinie

$$EI\, y'' = - P\, y \qquad\qquad (206.1)$$

ergibt.

Lösen der Differentialgleichung. Durch Umstellen von Gl. (206.1) erhält man die homogene Differentialgleichung 2. Ordnung

$$y'' + \lambda^2\, y = 0 \qquad\qquad (206.2)$$

Hier ist wieder $\lambda^2 = P/(EI)$ gesetzt. Als Lösung ergibt sich die Funktion

$$y = C_1 \sin(\lambda x) + C_2 \cos(\lambda x) = C_1 \sin\left(\sqrt{\frac{P}{EI}}\, x\right) + C_2 \cos\left(\sqrt{\frac{P}{EI}}\, x\right) \qquad (206.3)$$

Erfüllen der Randbedingungen. Bei $x = 0$ ist $y = 0$; daraus folgt $C_2 = 0$, so daß als Lösung nur eine Sinusfunktion erscheint, was auch Bild **204.**1 b anschaulich zeigt. Die zweite Randbedingung, bei $x = l$ ist $y = 0$, führt auf die Gleichung

$$0 = C_1 \sin\left(\sqrt{\frac{P}{EI}}\, l\right) \qquad\qquad (206.4)$$

Gl. (206.4) ist mit $C_1 = 0$ erfüllt, dann bleibt aber der Stab gerade ($y \equiv 0$); man hat die nicht ausgeknickte Gleichgewichtslage als Sonderlösung. Gl. (206.4) ist außerdem mit $\sin\left(\sqrt{P/(EI)}\, l\right) = 0$ erfüllt, d. h. mit

$$\sqrt{\frac{P}{EI}}\, l = n\,\pi \qquad n = 0, 1, 2, 3, \ldots$$

Die interessierende Lösung lautet demnach

$$P = \frac{(n\,\pi)^2\, EI}{l^2} \qquad\qquad (206.5)$$

Auch hier ist wieder nur die kleinste Last die für die Praxis wichtige Knicklast

$$P_{K1} = \frac{EI\,\pi^2}{l^2} \qquad\qquad (206.6)$$

Beispiel 25. Man ermittle die Knicklast des dritten Eulerfalles (**204.**1 c); konstantes Trägheitsmoment I über die Stablänge l.

Aufstellen der Differentialgleichung. An der Einspannstelle entsteht in der ausgebogenen Lage ein Einspannmoment, und damit wirkt quer zum Stab eine Auflagerkraft H, die bei der Ermittlung des Biegemoments berücksichtigt werden muß. Das Moment an der Stelle x ist $M(x) = Py - Hx$. Außerdem gilt $y'' = - M(x)/(EI)$, so daß sich die Differentialgleichung der Biegelinie

$$EI\, y'' = - (Py - Hx) \qquad\qquad (206.7)$$

ergibt. Gl. (206.7) wird auf die Normalform

$$y'' + \frac{P}{EI}\, y = \frac{H}{EI}\, x \qquad\qquad (206.8)$$

umgeformt und in der in Abschn. 9.2.3.2 beschriebenen Weise gelöst.

Allgemeine Lösung der verkürzten (homogenen) Gleichung. Die verkürzte Differentialgleichung

$$y'' + \frac{P}{EI}\, y = 0 \qquad\qquad (206.9)$$

stimmt mit Gl. (206.2) überein und hat die allgemeine Lösung

$$y_{(1)} = C_1 \sin\left(\sqrt{\frac{P}{EI}}\, x\right) + C_2 \cos\left(\sqrt{\frac{P}{EI}}\, x\right) \qquad (207.1)$$

Spezielle Lösung der vollständigen Gleichung. Für die spezielle Lösung von Gl. (206.8) macht man den Ansatz

$$y_{(2)} = a_1 x + a_0 \qquad (207.2)$$

Diesen Ansatz führt man mit $y'_{(2)} = a_1$ und $y''_{(2)} = 0$ in Gl. (206.8) ein und erhält

$$\frac{P}{EI}(a_1 x + a_0) \equiv \frac{H}{EI}\, x \qquad (207.3)$$

Durch Vergleich der Koeffizienten ergibt sich $a_0 = 0$ und $a_1 = H/P$. Die spezielle Lösung von Gl. (206.8) lautet somit

$$y_{(2)} = \frac{H}{P}\, x \qquad (207.4)$$

Vollständige Lösung. Diese ergibt sich durch Addition der beiden Lösungsanteile $y_{(1)}$ und $y_{(2)}$

$$y = \frac{H}{P}\, x + C_1 \sin\left(\sqrt{\frac{P}{EI}}\, x\right) + C_2 \cos\left(\sqrt{\frac{P}{EI}}\, x\right) \qquad (207.5)$$

Erfüllen der Randbedingungen. Am gelenkig gelagerten Stabende ($x = 0$) ist die Auslenkung $y = 0$. Diese Bedingung ist mit $C_2 = 0$ erfüllt. An der Einspannstelle ($x = l$) ist die Auslenkung $y = 0$ und die Neigung $y' = 0$; aus Gl. (207.5) folgt damit

$$0 = \frac{H}{P}\, l + C_1 \sin\left(\sqrt{\frac{P}{EI}}\, l\right)$$

$$0 = \frac{H}{P} + C_1 \sqrt{\frac{P}{EI}} \cos\left(\sqrt{\frac{P}{EI}}\, l\right)$$

Es muß sowohl

$$C_1 = -\frac{H\,l}{P \sin\left(\sqrt{\frac{P}{EI}}\, l\right)} \qquad \text{als auch} \qquad C_1 = -\frac{H}{P \sqrt{\frac{P}{EI}} \cos\left(\sqrt{\frac{P}{EI}}\, l\right)}$$

sein. Diese beiden Gleichungen sind nur miteinander verträglich, wenn

$$\frac{l}{\sin\left(\sqrt{\frac{P}{EI}}\, l\right)} = \frac{1}{\sqrt{\frac{P}{EI}} \cos\left(\sqrt{\frac{P}{EI}}\, l\right)}$$

oder $\qquad \tan\left(\sqrt{\frac{P}{EI}}\, l\right) = \left(\sqrt{\frac{P}{EI}}\, l\right) \qquad (207.6)$

ist. Gl. (207.6) ist eine transzendente Gleichung, deren Lösung in Beispiel 1, S. 127, mit $\left(\sqrt{P/(EI)}\, l\right)$ = 4,493 gefunden wurde. Die Gleichgewichtslage wird also instabil, wenn P die kritische Last

$$P_{\mathrm{Ki}} = \frac{20{,}19\, EI}{l^2} \qquad (207.7)$$

erreicht. Um eine Ähnlichkeit mit Gl. (205.7) und Gl. (206.6) zu erreichen, schreibt man den Zahlenwert $20,19 \approx (\pi/0,7)^2$. Die Knicklast beträgt damit

$$P_{K1} = \frac{E I \pi^2}{(0,7l)^2}$$

Beispiel 26. Man ermittle die Knicklast des vierten Eulerfalles (**204.**1 d); konstantes Trägheitsmoment I über die Stablänge l.

Aufstellen der Differentialgleichung. Nach Bild **204.**1 d ist an der Stelle x das Biegemoment $M(x) = Py + M_E$. Außerdem gilt $y'' = - M(x)/(EI)$, so daß sich die Differentialgleichung der Biegelinie

$$EI\,y'' = - Py - M_E \tag{208.1}$$

ergibt. Gl. (208.1) wird in die Normalform

$$y'' + \frac{P}{EI}\,y = - \frac{M_E}{EI} \tag{208.2}$$

gebracht.

Allgemeine Lösung der verkürzten (homogenen) Gleichung. Die verkürzte Differentialgleichung

$$y'' + \frac{P}{EI}\,y = 0 \tag{208.3}$$

hat die allgemeine Lösung

$$y_{(1)} = C_1 \sin\left(\sqrt{\frac{P}{EI}}\,x\right) + C_2 \cos\left(\sqrt{\frac{P}{EI}}\,x\right) \tag{208.4}$$

Spezielle Lösung der vollständigen Gleichung. Für die spezielle Lösung von Gl. (208.2) macht man den Ansatz

$$y_{(2)} = a_0$$

Mit $y'_{(2)} = 0$ und $y''_{(2)} = 0$ erhält man aus Gl. (208.2)

$$\frac{P}{EI}\,a_0 \equiv - \frac{M_E}{EI}$$

Der Koeffizientenvergleich liefert $a_0 = - M_E/P$. Die spezielle Lösung der Gl. (208.2) lautet somit

$$y_{(2)} = - \frac{M_E}{P} \tag{208.5}$$

Vollständige Lösung. Durch Addition der beiden Lösungsanteile $y_{(1)}$ und $y_{(2)}$ ergibt sich die vollständige Lösung

$$y = - \frac{M_E}{P} + C_1 \sin\left(\sqrt{\frac{P}{EI}}\,x\right) + C_2 \cos\left(\sqrt{\frac{P}{EI}}\,x\right) \tag{208.6}$$

Erfüllen der Randbedingungen. Bei $x = 0$ ist $y' = 0$; daraus ergibt sich $C_1 = 0$. Bei $x = 0$ ist $y = 0$; daraus ergibt sich $0 = - M_E/P + C_2$ und somit $M_E/P = C_2$. Gl. (208.6) vereinfacht sich damit

$$y = \frac{M_E}{P}\left(\cos\left(\sqrt{\frac{P}{EI}}\,x\right) - 1\right) \tag{208.7}$$

Weiter ist bei $x = l$ die Auslenkung $y = 0$ und die Neigung $y' = 0$. Man erhält

$$0 = \frac{M_\mathrm{E}}{P} \left(\cos \left(\sqrt{\frac{P}{EI}}\, l \right) - 1 \right)$$

$$0 = - \frac{M_\mathrm{E}}{P} \sqrt{\frac{P}{EI}} \sin \left(\sqrt{\frac{P}{EI}}\, l \right)$$

Diese beiden Bedingungen sind nur dann gleichzeitig erfüllt, wenn

$$\sqrt{\frac{P}{EI}}\, l = n \cdot 2\pi \qquad n = 0, 1, 2, \ldots$$

ist. Man erhält damit die Eigenwerte

$$P = \frac{EI\,(2\,n\,\pi)^2}{l^2} \qquad\qquad \text{209.1}$$

Auch hier ist wieder die kleinste Last P maßgebend, d.h. man erhält als Knicklast

$$P_\mathrm{Kl} = \frac{EI\,(2\pi)^2}{l^2} = \frac{EI\,\pi^2}{(0,5\,l)^2} \tag{209.1}$$

9.4.2. Knickbiegung

In Abschn. 9.4.1 wird das Knicken gerader, elastischer Stäbe untersucht, bei denen die Belastung zentrisch wirkt. Hier sollen nun Stäbe betrachtet werden, bei denen neben einer zentrischen Belastung auch vorgegebene Biegemomente wirken; man spricht von K n i c k b i e g u n g.

Beispiel 27. Man ermittle die K n i c k l a s t und die B i e g e l i n i e des planmäßig exzentrisch belasteten Stabes (**209.1**); konstantes Trägheitsmoment I über die Stablänge l.

A u f s t e l l e n d e r D i f f e r e n t i a l g l e i c h u n g. Mit der gegebenen Exzentrizität a ist das Moment $M(x) = P(a + y)$. Außerdem gilt $y'' = - M(x)/(EI)$. Die D i f f e r e n t i a l g l e i c h u n g d e r B i e g e l i n i e lautet demnach

$$EI\,y'' = - P(a + y) \tag{209.2}$$

L ö s e n d e r D i f f e r e n t i a l g l e i c h u n g. Gl. (209.2) wird mit der Substitution $u = a + y$ und $u'' = y''$ umgeformt; man erhält

$$u'' + \frac{P}{EI}\, u = 0 \tag{209.3}$$

Wie bei Gl. (205.1) lautet die Lösung

$$u = C_1 \sin \left(\sqrt{\frac{P}{EI}}\, x \right) + C_2 \cos \left(\sqrt{\frac{P}{EI}}\, x \right)$$

$$y = - a + C_1 \sin \left(\sqrt{\frac{P}{EI}}\, x \right) + C_2 \cos \left(\sqrt{\frac{P}{EI}}\, x \right) \tag{209.4}$$

E r f ü l l e n d e r R a n d b e d i n g u n g e n. Mit der Randbedingung $y(0) = 0$ folgt aus Gl. (209.4)

$$0 = - a + 0 + C_2 \qquad C_2 = a$$

Mit der Randbedingung $y'(l/2) = 0$ folgt aus Gl. (209.4)

$$y' = C_1 \sqrt{\frac{P}{EI}} \cos \left(\sqrt{\frac{P}{EI}} x \right) - C_2 \sqrt{\frac{P}{EI}} \sin \left(\sqrt{\frac{P}{EI}} x \right)$$

$$0 = C_1 \sqrt{\frac{P}{EI}} \cos \left(\sqrt{\frac{P}{EI}} \frac{l}{2} \right) - a \sqrt{\frac{P}{EI}} \sin \left(\sqrt{\frac{P}{EI}} \frac{l}{2} \right)$$

$$C_1 = a \tan \left(\sqrt{\frac{P}{EI}} \frac{l}{2} \right)$$

Aus Gl. (209.4) ergibt sich somit die Gleichung der Biegelinie

$$y = a \left(\tan \left(\sqrt{\frac{P}{EI}} \frac{l}{2} \right) \sin \left(\sqrt{\frac{P}{EI}} x \right) + \cos \left(\sqrt{\frac{P}{EI}} x \right) - 1 \right) \quad (210.1)$$

Die Maximalauslenkung tritt bei $x = l/2$ auf (zur Abkürzung wird vorübergehend $\gamma = \sqrt{P/(EI)}\, l/2$ gesetzt)

$$\max y = a (\tan \gamma \cdot \sin \gamma + \cos \gamma - 1) = a \left(\frac{\sin^2 \gamma + \cos^2 \gamma}{\cos \gamma} - 1 \right)$$

$$\max y = a \left(\frac{1}{\cos \left(\sqrt{\frac{P}{EI}} \frac{l}{2} \right)} - 1 \right) \quad (210.2)$$

Es kann eine wichtige Feststellung getroffen werden: Während der Knickstab im Eulerfall 2 gerade bleibt, bis die Knicklast erreicht ist, nimmt die Ausbiegung bei der Knickbiegung (209.1) mit der Last P zu; Proportionalität zwischen Ausbiegung y und Last P besteht jedoch nicht. Hier liegt kein Stabilitätsproblem, sondern ein Spannungsproblem vor. Mit wachsender Auslenkung nehmen die Spannungen zu; als Traglast wird die Last bezeichnet, bei der der Stab durch Überschreiten der Streckgrenze zu Bruch geht. Die vorgegebene Ausmittigkeit a ist die baupraktisch unvermeidbare Exzentrizität und wird in Abhängigkeit der Stablänge l festgelegt. Nach Gl. (210.2) wächst max y über alle Grenzen, wenn $\cos \left(\sqrt{P/(EI)}\, l/2 \right) = 0$ wird; dies ist der Fall bei

$$\sqrt{\frac{P}{EI}} \frac{l}{2} = \frac{n\pi}{2} \qquad n = 1, 3, 5, \ldots$$

Mit $n = 1$ ergibt sich dann die Knicklast

$$P_K = \frac{EI \pi^2}{l^2} \quad (210.3)$$

Diese Last stimmt mit der Knicklast des 2. Eulerfalles überein.

9.4.3. Druckbiegung

Wird ein auf Biegung beanspruchter Träger gleichzeitig auf Druck beansprucht, so spricht man von Druckbiegung (210.1).

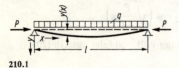

210.1

Beispiel 28. Man ermittle für den in Bild **210.1** gegebenen Einfeldträger, belastet durch die Gleichstreckenlast q und die zentrische Druckkraft P, die Biegelinie $y(x)$ und das Biegemoment $M(x)$; Biegesteifigkeit EI über die Trägerlänge l konstant.

Aufstellen der Differentialgleichung. Das Biegemoment an der Stelle x ist

$$M(x) = \frac{q}{2}(lx - x^2) + Py \tag{211.1}$$

Außerdem gilt $y'' = -M(x)/(EI)$. Die Differentialgleichung der Biegelinie lautet demnach

$$EI\,y'' = -\left[\frac{q}{2}(lx - x^2) + Py\right] \tag{211.2}$$

Gl. (211.2) wird auf die Normalform umgeformt

$$y'' + \frac{P}{EI}y = -\frac{q}{2EI}(lx - x^2)$$

Zur Abkürzung wird $P/(EI) = \lambda^2$ gesetzt

$$y'' + \lambda^2 y = -\frac{q\lambda^2}{2P}(lx - x^2) \tag{211.3}$$

Gl. (211.3) ist eine inhomogene Differentialgleichung 2. Ordnung.

Allgemeine Lösung der homogenen Gleichung. Die verkürzte Differentialgleichung

$$y'' + \lambda^2 y = 0 \tag{211.4}$$

hat wie Gl. (205.1) die Lösung

$$y_{(1)} = C_1 \sin(\lambda x) + C_2 \cos(\lambda x) \tag{211.5}$$

Spezielle Lösung der vollständigen Gleichung. Für die spezielle Lösung der Gl. (211.3) macht man den Ansatz

$$y_{(2)} = a_2 x^2 + a_1 x + a_0 \tag{211.6}$$

Diesen Ansatz führt man mit $y''_{(2)} = 2a_2$ in Gl. (211.3) ein

$$2a_2 + \lambda^2 a_2 x^2 + \lambda^2 a_1 x + \lambda^2 a_0 \equiv -\frac{q\lambda^2}{2P}lx + \frac{q\lambda^2}{2P}x^2$$

Der Koeffizientenvergleich liefert

$$\lambda^2 a_2 = \frac{q\lambda^2}{2P} \qquad\qquad a_2 = \frac{q}{2P}$$

$$\lambda^2 a_1 = -\frac{q\lambda^2 l}{2P} \qquad\qquad a_1 = -\frac{ql}{2P}$$

$$2a_2 + \lambda^2 a_0 = 0 \qquad \frac{q}{P} + \lambda^2 a_0 = 0 \qquad a_0 = -\frac{q}{\lambda^2 P}$$

Die spezielle Lösung von Gl. (211.3) lautet dann

$$y_{(2)} = \frac{q}{2P}x^2 - \frac{ql}{2P}x - \frac{q}{\lambda^2 P} = \frac{q}{2P}(x^2 - lx) - \frac{q}{\lambda^2 P} \tag{211.7}$$

Vollständige Lösung. Diese erhält man durch Addition der beiden Lösungsanteile $y_{(1)}$ und $y_{(2)}$

$$y = C_1 \sin(\lambda x) + C_2 \cos(\lambda x) - \frac{q}{2P}(lx - x^2) - \frac{q}{\lambda^2 P} \tag{211.8}$$

Erfüllen der Randbedingungen. Mit der Randbedingung $y(0) = 0$ erhält man aus Gl. (211.8)

$$0 = C_1 \cdot 0 + C_2 - 0 - \frac{q}{\lambda^2 P} \qquad\qquad C_2 = \frac{q}{\lambda^2 P}$$

Mit der Randbedingung $y(l) = 0$ wird

$$0 = C_1 \sin (\lambda l) + \frac{q}{\lambda^2 P} \cos (\lambda l) - 0 - \frac{q}{\lambda^2 P} \qquad C_1 = \frac{q}{\lambda^2 P} \frac{1 - \cos (\lambda l)}{\sin (\lambda l)}$$

Gl. (211.8) wird mit den gefundenen Werten für C_1 und C_2

$$y = \frac{q}{\lambda^2 P} \left(\frac{1 - \cos (\lambda l)}{\sin (\lambda l)} \sin (\lambda x) + \cos (\lambda x) - 1 \right) - \frac{q}{2 P} (lx - x^2)$$

Mit dem Additionstheorem $\sin (\alpha - \beta) = \sin \alpha \cos \beta - \cos \alpha \sin \beta$ erhält man nach kurzer Rechnung als Gleichung der Biegelinie

$$y = \frac{q}{\lambda^2 P} \left(\frac{\sin (\lambda x) + \sin (\lambda l - \lambda x)}{\sin (\lambda l)} - 1 \right) - \frac{q}{2 P} (lx - x^2) \tag{212.1}$$

Die Maximaldurchbiegung wird

$$\max y = y(l/2) = \frac{q}{\lambda^2 P} \left(\frac{\sin (\lambda l/2) + \sin (\lambda l/2)}{\sin (\lambda l)} - 1 \right) - \frac{q}{2 P} \left(\frac{l^2}{2} - \frac{l^2}{4} \right)$$

$$= \frac{q}{\lambda^2 P} \left(\frac{2 \sin (\lambda l/2)}{\sin (\lambda l)} - 1 \right) - \frac{q l^2}{8 P} \tag{212.2}$$

Wird y nach Gl. (212.1) in Gl. (211.1) eingesetzt, so erhält man die Gleichung für das Biegemoment

$$M(x) = \frac{q}{\lambda^2} \left(\frac{\sin (\lambda x) + \sin (\lambda l - \lambda x)}{\sin (\lambda l)} - 1 \right) \tag{212.3}$$

Das Maximalmoment wirkt in Trägermitte. Aus Gl. (212.3) folgt

$$\max M = M(l/2) = \frac{q}{\lambda^2} \left(\frac{2 \sin (\lambda l/2)}{\sin (\lambda l)} - 1 \right) \tag{212.4}$$

Die Trägerdurchbiegung wird nach Gl. (212.2) und das Biegemoment wird nach Gl. (212.4) unbeschränkt groß, wenn $\sin (\lambda l) = 0$ wird. Das tritt ein bei

$$\lambda l = \sqrt{\frac{P}{EI}} \, l = n \pi \qquad n = 0, 1, 2, \dots$$

Mit $n = 1$ wird hieraus wieder die Knicklast $P_K = EI \pi^2 / l^2$ erhalten.

9.4.4. Balken auf elastischer Unterlage

Elastisch gebettete Balken kommen im Bauwesen z. B. als Fundamentbalken oder Eisenbahnschienen vor (wenn die Schwellenlagerung als kontinuierliche Lagerung betrachtet wird). Nach Bild 212.1 ist ein Balken mit der Biegesteifigkeit $EI(x)$ mit der Streckenlast $q(x)$ belastet und auf einem elastischen Untergrund gelagert. Vom Untergrund wirkt auf den Balken die Streckenlast $p(x)$, die durch die Eindrückung des Balkens in den Untergrund geweckt wird. Häufig nimmt man an, daß die Bodenpressung der Einsenkung (Durchbiegung) des Balkens y proportional ist (Bettungszahlverfahren)

212.1

$$p(x) = b \, C_b \, y(x) \tag{212.5}$$

In Gl. (212.5) ist C_b der Proportionalitätsfaktor – Bettungszahl genannt – mit der

Einheit kp/cm^3 und b die Balkenbreite. Mit der resultierenden Belastung $q(x) - p(x)$ erhält man aus Gl. (113.5)

$$y^{(4)} = \frac{q(x) - p(x)}{E I(x)}$$

Hier kann $p(x)$ durch die Beziehung Gl. (212.5) ersetzt werden. Wird noch $E I(x)$ als konstant angesehen, so erhält man nach kurzer Umformung die **Differentialgleichung des elastisch gebetteten Balkens**

$$y^{(4)} + \frac{b\, C_b}{EI}\, y = \frac{q(x)}{EI} \tag{213.1}$$

$$y^{(4)} + 4\, \lambda^4\, y = \frac{q(x)}{EI} \tag{213.2}$$

In Gl. (213.2) bedeutet $4\,\lambda^4 = b\,C_b/(EI)$ bzw. $\lambda = \sqrt[4]{b\,C_b/(4\,EI)}$.

Gl. (213.2) ist eine inhomogene Differentialgleichung 4. Ordnung. Die verkürzte homogene Differentialgleichung

$$y^{(4)} + 4\,\lambda^4\,y = 0 \tag{213.3}$$

hat die allgemeine Lösung

$$y = e^{\lambda x}\,[C_1 \cos(\lambda x) + C_2 \sin(\lambda x)] + e^{-\lambda x}\,[C_3 \cos(\lambda x) + C_4 \sin(\lambda x)] \tag{213.4}$$

Von der Richtigkeit der Lösung Gl. (213.4) kann man sich durch Einsetzen in Gl. (213.3) überzeugen. Man kann aber auch die Lösung Gl. (213.4) nach Abschn. 9.2.3.2 durch den dort angegebenen Ansatz ermitteln, wobei die charakteristische Gleichung

$$p^4 + 4\,\lambda^4 = 0$$

zu lösen ist.

Beispiel 29. Man ermittle die Gleichung der Biegelinie und die Schnittkräfte eines beidseits unendlich langen, elastisch gebetteten Balkens, der durch eine Einzellast P an der Stelle $x = 0$ belastet ist (**213.**1 a).

Aufstellen der Differentialgleichung. Da keine Streckenlast wirkt ($q = 0$), lautet nach Gl. (213.2) die Differentialgleichung der Biegelinie

$$y^{(4)} + 4\lambda^4\,y = 0 \tag{213.5}$$

Hierin ist $\lambda^4 = b\,C_b/(4\,EI)$.

213.1

Lösen der Differentialgleichung. Die Lösung der homogenen Differentialgleichung 4. Ordnung Gl. (213.5) lautet

$$y = e^{\lambda x}\,[C_1 \cos(\lambda x) + C_2 \sin(\lambda x)] + e^{-\lambda x}\,[C_3 \sin(\lambda x) + C_4 \cos(\lambda x)] \tag{213.6}$$

Da über die Lastangriffsstelle nicht hinweggeintegriert werden darf, müssen zwei Bereiche unterschieden werden: $x < 0$ und $x > 0$.

Erfüllen der Randbedingungen. Es wird nach Bild **213.**1 b der bei $x = 0$ abgeschnittene, nach rechts unendlich lange Balken betrachtet, auf den dann nur die Kraft $P/2$ wirkt, außerdem an der Schnittstelle die Querkraft $Q(0)$ und das Moment $M(0)$. Da für $x \to \infty$ die Durchbiegung $y \to 0$ strebt, müssen in Gl. (213.6) die Konstanten C_1 und C_2 gleich Null sein. Gl. (213.6) vereinfacht sich damit

$$y = e^{-\lambda x} \left[C_3 \sin (\lambda x) + C_4 \cos (\lambda x) \right] \tag{214.1}$$

Aus Symmetriegründen gilt die Randbedingung $y'(0) = 0$. Mit Gl. (214.1) wird

$$y' = e^{-\lambda x} \left[C_3 \lambda \cos (\lambda x) - C_4 \lambda \sin (\lambda x) \right] - \lambda e^{-\lambda x} \left[C_3 \sin (\lambda x) + C_4 \cos (\lambda x) \right]$$

$$y' = \lambda e^{-\lambda x} \left[(C_3 - C_4) \cos (\lambda x) - (C_3 + C_4) \sin (\lambda x) \right] \tag{214.2}$$

$$y'(0) = 0 = \lambda \cdot 1 \cdot (C_3 - C_4)$$

Es folgt $C_3 = C_4$. Mit $C_3 = C_4 = C$ vereinfachen sich Gl. (214.1) und (214.2)

$$y = C e^{-\lambda x} \left[\sin (\lambda x) + \cos (\lambda x) \right] \tag{214.3}$$

$$y' = -2 C \lambda e^{-\lambda x} \sin (\lambda x) \tag{214.4}$$

Aus Gleichgewichtsgründen muß $Q(0) = -P/2$ sein. Mit Gl. (113.4) wird diese Randbedingung in der Form

$$EI y'''(0) = -Q(0) = \frac{P}{2} \tag{214.5}$$

geschrieben. Es werden noch die 2. und 3. Ableitung gebildet. Man erhält

$$y'' = 2 C \lambda^2 e^{-\lambda x} \left[\sin (\lambda x) - \cos (\lambda x) \right] \tag{214.6}$$

$$y''' = 4 C \lambda^3 e^{-\lambda x} \cos (\lambda x) \tag{214.7}$$

Mit Gl. (214.7) folgt aus der Randbedingung Gl. (214.5)

$$\frac{P}{2} = EI \cdot 4 C \lambda^3$$

und $\qquad C = \dfrac{P}{8\,EI\,\lambda^3} = \dfrac{P \lambda}{8\,EI\,\lambda^4} = \dfrac{P \lambda}{2\,b\,C_b}$

Die gesuchte Gleichung der Biegelinie lautet dann

$$y = P \cdot \frac{\lambda}{2\,b\,C_b} \cdot e^{-\lambda x} \left[\sin (\lambda x) + \cos (\lambda x) \right] \tag{214.8}$$

Die Sohlstreckenlast wird nach Gl. (212.5) erhalten

$$p(x) = P \cdot \frac{\lambda}{2} \cdot e^{-\lambda x} \left[\sin (\lambda x) + \cos (\lambda x) \right] \tag{214.9}$$

Mit Gl. (214.6) und der Beziehung $M(x) = -EI y''$ erhält man die Gleichung des Biegemoments

$$M(x) = P \cdot \frac{1}{4 \lambda} \cdot e^{-\lambda x} \left[\cos (\lambda x) - \sin (\lambda x) \right] \tag{214.10}$$

Mit Gl. (214.7) und der Beziehung $Q(x) = -EI y'''$ erhält man die Gleichung der Querkraft

$$Q(x) = P \cdot \frac{1}{2} \cdot \left[- e^{-\lambda x} \cos (\lambda x) \right] \tag{214.11}$$

Es wird darauf hingewiesen, daß die hier angegebenen Gleichungen für einen unendlich langen Balken mit einer bei $x = 0$ wirkenden Einzellast P gelten, und zwar für $x > 0$. Bei der Anwendung der Gleichungen ist die Symmetrie der Biegelinie, der Sohlstreckenlast und des Moments und die Antimetrie der Querkraft zu beachten.

Aufgaben zu Abschnitt 9

1. Man bestimme die Hauptform von

a) $z = -21{,}35 - i\,11{,}92$ b) $z = 0{,}67 + i\,2{,}17$ c) $z = 0{,}37 + i\,8{,}97$

d) $z = -0{,}196 + i\,6{,}34$ e) $z = 2{,}73 - i\,1{,}98$ f) $z = -7{,}56 + i\,18{,}34$

2. Man bestimme die Nebenform von

a) $z = 35{,}1\,e^{i\,252{,}9°}$ b) $z = 29{,}7\,e^{-i\,153{,}4°}$ c) $z = 9{,}02\,e^{i\,189{,}4°}$

d) $z = 3{,}67\,e^{-i\,136{,}2°}$ e) $z = 2{,}47\,e^{i\,126{,}6°}$

3. Man drücke $\cos 4\alpha$ und $\sin 4\alpha$ durch $\cos \alpha$ und $\sin \alpha$ aus.

4. Man berechne $z = \dfrac{2{,}11 - i\,4{,}36}{0{,}17 + i\,1{,}22}$

5. Man berechne $z = \dfrac{(-2{,}78 + i\,0{,}97)\,(0{,}18 + i\,7{,}36)}{(8{,}63 + i\,11{,}27)^3}$

Man bestimme für die folgenden Differentialgleichungen die allgemeinen Lösungen und diejenigen speziellen Lösungen, die die Anfangsbedingung $y = 1$ für $x = 0$ erfüllen

6. $y' + x\,y^3 = 0$

7. $y'\,(1 + x^2) - x\,y = 0$

8. $y' - y^2 \sin x = 0$

9. $y'^2 - 4y = 0$

10. $y' + 2y = x + 1$

11. Man gebe die allgemeinen Lösungen der folgenden Differentialgleichungen an. Wie lauten die speziellen Lösungen mit den Anfangsbedingungen $y = 0$ und $y' = 1$ für $x = 0$? Man skizziere die Lösungsfunktionen im Bereich $0 \le x \le 6$

a) $y'' + 4y = 0$

b) $y'' + 2y' + 4y = 0$

c) $y'' + 4y' + 4y = 0$

d) $y'' + 6y' + 4y = 0$

Man bestimme die allgemeinen Lösungen der folgenden Differentialgleichungen

12. $y'' + 9y = x^2 + 4x - 1$

13. $y'' + 2y' + 2y = \cos 3x$

14. $y^{(4)} - 3y''' + y'' + 3y' - 2y = 0$

15. $y''' + 4y'' + 6y' + 4y = 0$

16. Man löse die Differentialgleichung (199.1)

$$y'' = -\frac{Pl}{3EI}\,\frac{x}{l}\left(1 - \frac{x^2}{l^2}\right)$$

mit dem Differenzenverfahren. Man wähle $\Delta x = l/4$ und die Randbedingungen $y(0) = y_0 = 0$ und $y(l) = y_4 = 0$.

Hinweis: Abkürzung $\lambda = \dfrac{2\,Pl^2}{EI}$ wählen.

17. Man bestimme numerisch die Lösung der Differentialgleichung $y'' - y = x$ mit den Randbedingungen $y(0) = 0$ und $y(2) = -1$ im Bereich $0 \le x \le 2$ und $\Delta x = 0{,}5$. Ferner bestimme man die analytische Lösung dieser Differentialgleichung und vergleiche die Funktionswerte für $x_1 = 0{,}5$, $x_2 = 1$ und $x_3 = 1{,}5$ mit der Lösung nach dem Differenzenverfahren.

18. Man bestimme die Euler-Knicklast für den beiderseits gelenkig gelagerten Druckstab (**204.**1 b) mit dem Differenzenverfahren einmal mit zwei und einmal mit drei Stützstellen und gebe den relativen Fehler gegenüber der exakten Lösung (s. Beispiel 24, S. 205) an.

19. Bei der Berechnung der Knicklast eines beiderseits gelenkig gelagerten Stabes unter Eigengewicht (**216.**1) tritt die Differentialgleichung

$$y^{(4)} + \frac{q}{EI} x y'' + \frac{q}{EI} y' = 0$$

auf. Man löse die Differentialgleichung mit Hilfe des Differenzenverfahrens und gebe die kritische Knicklast $P = q\,l$ an. Man wähle $\Delta x = l/3$ und benutze die Abkürzung $\lambda = \dfrac{q\,l^3}{27\,EI}$.

20. Man ermittle die Knicklast und die Biegelinie des planmäßig exzentrisch belasteten Stabes (**216.**2); konstantes Trägheitsmoment I über die Stablänge l.

Hinweis: Man gehe wie bei Beispiel 27, S. 209 vor.

21. Man ermittle für einen Einfeldträger, belastet durch eine Gleichstreckenlast q und eine zentrische Zugkraft P (s. Bild **210.**1, jedoch Zug statt Druck), die Biegelinie $y(x)$ und das Biegemoment $M(x)$; Biegesteifigkeit EI über der Trägerlänge l konstant.

22. Man weise nach, daß Gl. (213.4) die allgemeine Lösung der Differentialgleichung (213.3) ist

a) durch Einsetzen   b) durch den Ansatz $y = C\,e^{px}$

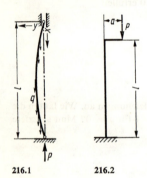

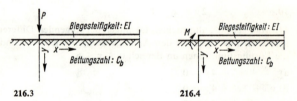

216.1   216.2   216.3   216.4

23. Man ermittle die Gleichung der Biegelinie des in Bild **216.**3 dargestellten einseitig unendlich langen, elastisch gebetteten Balkens; als Belastung wirkt eine Einzellast P am Balkenende.

24. Man ermittle die Gleichung der Biegelinie des in Bild **216.**4 dargestellten einseitig unendlich langen, elastisch gebetteten Balkens; als Belastung wirkt ein Moment M am Balkenende.

10. Digitale Informationsverarbeitung

Im Rahmen dieses Buches wird nur eine Einführung in ein Teilgebiet der Informationsverarbeitung, in die digitale Informationsverarbeitung gegeben. Technische Geräte, die Informationen verarbeiten können, werden in zwei Klassen eingeteilt.

Definition. In einem **Digitalrechner** werden die Zahlen durch ihre Ziffern (engl. digits) dargestellt. Das Rechnen geschieht in enger Anlehnung an die numerische Arithmetik.

Der älteste, heute nur noch im Elementarunterricht benutzte Digitalrechner besteht aus Kugeln, die an Stangen verschiebbar sind. Mit diesem Abakus wurden bis in die Neuzeit erstaunliche Rechnungen durchgeführt.

Definition. In einem **Analogrechner** werden die Zahlen durch analoge physikalische Größen dargestellt. Das Rechnen wird durch physikalische Prozesse simuliert.

Der Rechenschieber ist der bekannteste Analogrechner. Bei ihm werden die Logarithmen der zu verarbeitenden Zahlen durch Längen dargestellt; das Addieren erfolgt durch Aneinanderfügen zweier Längen. Ein weiterer Analogrechner ist das Polarplanimeter, bei dem eine Flächenmessung das Integrieren ersetzt. Beim elektronischen Analogrechner werden die zu verarbeitenden Zahlen z. B. durch Spannungen, Ströme oder Widerstände dargestellt und die zu lösende Aufgabe durch einen physikalischen Prozeß nachgebildet. Im wesentlichen bestehen die Rechenelemente eines solchen Rechners aus Drehpotentiometern und Gleichspannungsverstärkern.

Vergleicht man beide Bauprinzipien, so liegt die Stärke der Digitalrechner in ihrer vielseitigen Anwendungsmöglichkeit und praktisch unbegrenzten Genauigkeit. Allerdings sind die Anschaffungskosten eines Digitalrechners erheblich höher als die eines Analogrechners der gleichen technischen Stufe. Demgegenüber ist ein bestimmter Analogrechner nur für spezielle Aufgaben geeignet, und seine Rechengenauigkeit ist durch die physikalische Meßgenauigkeit begrenzt. Seine spezielle Aufgabe löst ein Analogrechner aber oft schneller als ein Digitalrechner der gleichen technischen Stufe. Manchmal werden Digital- und Analogrechner gekoppelt. Man spricht dann vom Hybrid-Rechnen.

10.1. Funktioneller Aufbau von Digitalrechnern

Digitalrechner bestehen grundsätzlich aus den in Bild **218**.1 gezeigten Teilen. Die Durchführung des gesamten Rechenprozesses wird entweder vom Menschen oder von einem Teil der Anlage, dem Leitwerk, überwacht. Geräte erster Art werden im folgenden kurz als Rechenmaschinen, die anderen als Rechenautomaten bezeichnet. Nach DIN 44 300 Informationsverarbeitung ist ihre genaue Bezeichnung: speicherprogrammierte Rechenanlage. Ausdrücke wie „Elektronengehirn" sollte man als Ingenieur vermeiden.

Neuerdings bahnen sich Übergänge zwischen Rechenmaschinen und Rechenautomaten an. Oft ist es zweckmäßig, einfach vom „Rechner" (engl. computer) zu sprechen, unabhängig davon, ob ein Mensch oder das Leitwerk den Rechenprozeß überwacht.

Die Ein- und Ausgabe der Daten (im einfachsten Falle sind dies Zahlen) ist technisch oft in einem Geräteteil vereinigt. Die Eingabe kann auf eine oder mehrere der folgenden Arten geschehen: manuell über eine Tastatur, Lesen von Lochkarten, -streifen, Magnetbändern oder gedruckten Schriftzeichen. Die Ausgabe besteht aus einer visuellen Ablesung oder Druck von Schriftzeichen, Stanzen von Lochkarten, -streifen, Beschriften von Magnetbändern. Mit Zusatzgeräten können auch graphische Darstellungen wie z. B. Funktionskurven durch mechanische Schreiber oder auf Fernsehbildschirm aufgezeichnet werden. In der Entwicklung befindet sich Ein- und Ausgabe mit menschlicher Sprache. Das Rechenwerk führt die gegebenen Anweisungen (im einfachsten Falle arithmetische Operationen) aus. Es besteht aus mechanischen Getrieben oder elektronischen Bauelementen.

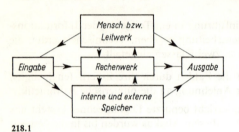

218.1

Der Speicher dient zur Aufnahme von Daten, die von dort zur Verarbeitung ins Rechenwerk abgerufen werden. Rechenmaschinen haben selten mehr als drei Speicherplätze für je eine Zahl. Sie sind technisch oft eng mit dem Rechenwerk verbunden. Rechenautomaten verfügen über Tausende von Speicherplätzen. Das Fassungsvermögen dieser mit der Anlage fest verbundenen, sog. internen Speicher ist bei Rechenmaschinen stets und bei Rechenautomaten oft zu klein. Deshalb werden außerdem externe Speicher benutzt, z. B. das menschliche Gehirn, beschriebenes Papier, Lochkarten, Magnetbänder, -platten, -trommeln oder -kassetten.

10.2. Programmieren

Vor dem Einsatz eines Rechners sind folgende Aufgaben zu lösen

1. Übersetzen des technischen Problems in mathematische Formeln. Die Bestimmung der Stützmomente eines Durchlaufträgers mit der Dreimomentengleichung führt z. B. auf ein lineares Gleichungssystem, die Frage nach der Leistung bei einem Kolbenhub eines Motors auf ein bestimmtes Integral.

2. Auswahl eines geeigneten numerischen Lösungsverfahrens. Digitalrechner können nur mit Zahlenwerten rechnen. Kriterien für die Auswahl eines Verfahrens sind Genauigkeit und Schnelligkeit, mit der die Lösung gewünscht wird.

3. Das Programmieren. Nach DIN 44300 Informationsverarbeitung gilt folgende

Definition. Ein **Programm** ist eine in einer beliebigen Sprache abgefaßte, vollständige Anweisung zur Lösung einer Aufgabe mittels einer digitalen Rechenanlage.

Eine Sprache im Sinne dieser Definition ist z. B. die Arithmetik. Oft wird in Einengung dieser Definition unter einem Programm die Darstellung in einer Sprache verstanden, die von einem Rechenautomaten verarbeitet werden kann. Eine derartige Sprache wird in Abschn. 10.4.2 erläutert. Als erster Schritt beim Aufstellen eines Programmes wird oft ein Programmablaufplan erarbeitet.

Definition. In einem **Programmablaufplan** (Flußdiagramm) werden die zur Lösung einer Aufgabe erforderlichen Operationen und logischen Entscheidungen in einem zweidimensionalen Plan dargestellt.

Ein derartiger Plan kann unabhängig von den Eigenschaften eines bestimmten Rechners hergestellt werden (Beispiel 1, 2, S. 220). Man kann ihn aber auch, insbesondere bei Verwendung von Rechenmaschinen, bereits im Hinblick auf das zu benutzende Modell so gestalten, daß damit vom steuernden Menschen unmittelbar gerechnet werden kann (s. Beispiel 3, 4, S. 222). Bei Verwendung von Rechenautomaten stellt der Plan eine Zwischenlösung dar, die insbesondere bei umfangreichen Problemen hergestellt wird. Rechenautomaten können beim heutigen Stand der Technik diese Pläne noch nicht lesen.

Die eben besprochenen Aufgaben werden noch auf lange Sicht vom Menschen gelöst werden. Der Programmierer muß dabei von der Voraussetzung ausgehen, daß der Rechner keine mathematischen Fähigkeiten besitzt. Deshalb sind außer Anweisungen für den normalen Rechenablauf auch solche für „Ausnahmefälle" vorzusehen. Jedes Rechenwerk kann nur Zahlen endlicher Länge aufnehmen.

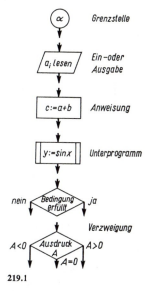

Grenzstelle

Ein –oder Ausgabe

Anweisung

Unterprogramm

Verzweigung

219.1

Was soll z.B. geschehen, wenn dieser Bereich während der Rechnung überschritten wird? Was soll geschehen, wenn ein berechneter Divisor Null wird? Wenn ein Mensch den Rechenprozeß steuert, sollte der Programmablaufplan außerdem Rechenkontrollen enthalten. Nach DIN 66 001 Sinnbilder für Programmablaufpläne werden die in Bild **219.1** gezeigten Symbole verwendet. G r e n z s t e l l e n sind Anfang α, Ende ω und Übergänge auf andere Stellen im Plan. A n w e i s u n g e n sind im einfachsten Falle arithmetische Operationen, z.B. $c := a + b$. Für den Anfänger ungewohnt ist die Bedeutung des Zeichens $:=$.

Definition. Das Zeichen $:=$ hießt **Wertzuweisung** und bedeutet nicht die formale Identität zweier Seiten einer Gleichung. Der Wert der rechten Seite der Anweisung wird berechnet und der auf der linken Seite stehenden Variablen zugeordnet. Das Zeichen $:=$ kann als „ergibt sich aus" gelesen werden.

Werden die Operanden durch Buchstaben bezeichnet, so bedeuten diese die Bezeichnung von Speicherplätzen, auf denen die betreffenden Zahlenwerte zu finden sind. Der Buchstabe auf der linken Seite der Anweisung bedeutet den Speicherplatz, auf den das Ergebnis zu bringen ist. So kommt häufig auf beiden Seiten einer Anweisung der gleiche Buchstabe vor, z.B. $a := a^2$ oder $i := i + 1$. Das Ergebnis wird auf einen Speicherplatz gebracht, auf dem bis dahin ein Teil der rechten Seite der Anweisung stand. Dieser „frühere" Wert wird dadurch gelöscht.

U n t e r p r o g r a m m e sind Teile der Aufgabe, die bereits fertig programmiert sind und vom Speicher abgerufen werden können. Bei Rechenautomaten gehören dazu z.B. alle elementaren transzendenten Funktionen. Eine V e r z w e i g u n g erfolgt im Anschluß an eine Entscheidung. Diese kann vom Menschen oder von der Anlage selbst getroffen werden.

Mit der in Abschn. 10.4.2 behandelten Programmiersprache ALGOL kann geprüft werden, ob eine Bedingung erfüllt ist oder nicht. Im Programmablaufplan empfiehlt sich dann die Verwendung der Raute mit zwei Ausgängen (**219**.1). Mit der in der Praxis ebenfalls häufig verwendeten Sprache FORTRAN kann geprüft werden, ob ein Ausdruck kleiner, gleich oder größer Null ist. Dann ist im Programmablaufplan die Raute mit drei Ausgängen zweckmäßiger.

Bild **220**.1 zeigt drei typische Grundformen von Programmablauf-plänen. Links ein wegen seiner Einfachheit sehr seltenes unverzweigtes Programm. Werden im Anschluß an eine Verzweigung verschiedene Programmteile (Zweige) durchlaufen, die sich an einer späteren Stelle wieder treffen, spricht man von Maschen. Jeder Zweig einer Masche wird nur einmal durchlaufen. Bei einer Schleife erfolgt im Anschluß an eine Verzweigung ein Sprung an eine frühere Stelle des Programms, ein Teil des Programms wird mehrfach durchlaufen.

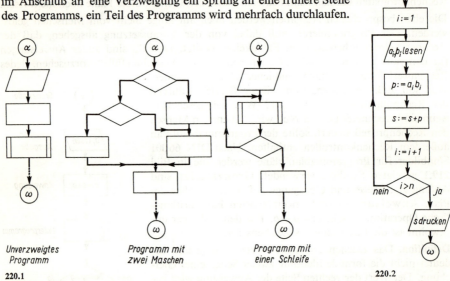

Unverzweigtes Programm

Programm mit zwei Maschen

Programm mit einer Schleife

220.1

220.2

Beispiel 1. Eine in der angewandten Mathematik sehr häufige Rechenoperation ist das Bilden einer Produktsumme $s = \sum\limits_{i=1}^{n} a_i b_i$. Hierfür ist ein Programmablaufplan zu erstellen.

Bild **220**.2 zeigt die Lösung. Zunächst ist dem Rechner die Anzahl n der Summanden mitzuteilen. Mit $s := 0$ wird der Speicher, in dem die Summe gebildet wird, gelöscht. Mit $i := 1$ beginnt die Zählung der Summanden. Nun werden die beiden ersten Faktoren eingegeben und multipliziert. Die zentrale Anweisung lautet $s := s + p$. Hiermit wird das soeben gebildete Produkt zur bereits vorhandenen Summe addiert. Dann wird der Index im Zählspeicher um Eins erhöht, und es wird gefragt, ob bereits n Summanden addiert sind. Wenn dies nicht der Fall ist, erfolgt der Rücksprung, andernfalls wird die endgültige Summe ausgegeben. In diesem Programm liegt die Anzahl n der Durchläufe der Schleife von vornherein fest, man nennt dies eine Induktionsschleife.

Beispiel 2. Man entwickle einen Programmablaufplan zum Ziehen der Quadratwurzel $y = \sqrt{x}$ mit der Näherungsformel

$$y_2 = 0,5 \left(y_1 + \frac{x}{y_1} \right) \tag{220.1}$$

Der Fehler soll kleiner als eine gegebene Zahl ε sein. y_2 ist ein besserer Näherungswert für die Wurzel als y_1. Das Verfahren konvergiert für alle $y_1 \neq 0$. Bei Rechenmaschinen nimmt man als ersten Näherungswert y_1 eine Rechen-schieberablesung, bei Rechenautomaten häufig $y_1 = 1$.

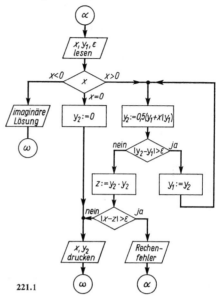

Bild **221**.1 zeigt die Lösung. Wieweit die zentrale Anweisung Gl. (220.1) im Programm weiter zerlegt werden muß, hängt von der verwendeten Programmiersprache ab. Mit der Anweisung $y_1 := y_2$ gelangt der neue Näherungswert auf den Speicherplatz, auf dem bis dahin der alte stand. Dann wird das Verfahren wiederholt, wenn die gewünschte Fehlerschranke noch nicht unterschritten ist. $z := y_2 \, y_2$ ist eine Rechenkontrolle, die bei Automaten entfallen kann. Die Marke α am Schluß des Plans bedeutet, daß bei einem Rechenfehler, falls sich nämlich $z \neq y^2$ ergibt, die gesamte Rechnung wiederholt werden soll.

In diesem Beispiel liegt die Anzahl der erforderlichen Durchläufe durch die Schleife nicht von vornherein fest, man nennt dies eine Iterationsschleife.

221.1

10.3. Rechenmaschinen

Die ersten Rechenmaschinen mit mechanischen Getrieben wurden im 17. Jahrhundert von S c h i c k a r d t, P a s c a l und L e i b n i z entwickelt. Die zehn Ziffern des Dezimalsystems werden durch zehn Zähne eines Zahnrades dargestellt, die verschiedenen Stellen einer Zahl durch verschiedene Zahnräder. Es können die vier Grundrechnungsarten ausgeführt werden. Multiplikation und Division werden in der Maschine auf wiederholte Additionen bzw. Subtraktionen zurückgeführt. Die Addition läuft vereinfacht in folgender Form ab: Mit der Eingabe eines Summanden werden an Zahnrädern die den Ziffern entsprechenden Anzahlen von Zähnen erzeugt oder wirksam gemacht. Das Addieren geschieht durch eine Drehung der Räder. Dadurch drehen sich „Ergebnisräder" um die gleichen Zähneanzahlen weiter. Dann wird der nächste Summand eingegeben. Nach der nächsten Drehung haben sich die „Ergebnisräder" bereits um die Summe der beiden Zahlen weitergedreht. Die entgegengesetzte Drehrichtung bewirkt die Subtraktion.

Seit einigen Jahren gibt es auch Maschinen, die elektronisch und damit geräuschlos und wesentlich schneller arbeiten. Man unterscheidet ferner zwischen Maschinen, bei denen die eingegebenen Zahlen und die Ergebnisse auf Papierstreifen gedruckt werden und solchen für visuelle Ablesung. Bei einfachen mechanischen Modellen werden die Rechenoperationen durch Betätigen einer Handkurbel durchgeführt. Bei größeren elektromechanischen und elektronischen Geräten verläuft eine arithmetische Operation nach folgendem Prinzip: Eintasten des 1. Operanden, Druck auf die entsprechende Operationstaste, Eintasten des 2. Operanden, Druck auf eine Ergebnis-Taste. Dann beginnt die Maschine zu rechnen, und das Ergebnis steht zur Verfügung.

Außer den vier Grundrechnungsarten können bei allen Modellen Summen und Produkt-

summen $s = \sum\limits_{i=1}^{n} a_i\, b_i$ mit beliebig vielen Summanden in einem Arbeitsgang ohne Zwischen-

ausgabe gebildet werden (das Fassungsvermögen der Maschine darf dabei natürlich nicht überschritten werden). Das Resultatwerk, ein Teil des Rechenwerkes, dient dabei als Speicher. Maschinen der nächsthöheren technischen Stufe erlauben zusätzlich das Bilden von Produktketten $p = a_1\, a_2\, a_3 \cdots a_n$ und Ausdrücken der Form $d = a\, b/c$ in einem Arbeitsgang mit Hilfe der sog. automatischen Rückübertragung aus dem Resultatwerk

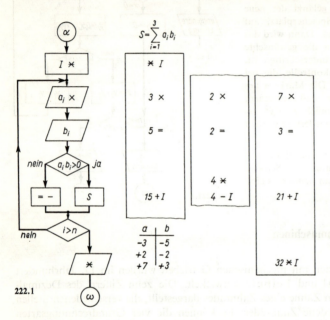

222.1

ins Einstellwerk. Die besten Modelle besitzen mehrere vom Rechenwerk unabhängige Speicherplätze zur Aufnahme von je einer Zahl, die beliebig oft ins Rechenwerk gebracht werden kann. Der überwiegende Teil der Arbeitszeit und die hauptsächlichsten Fehler-quellen beim Maschinenrechnen liegen in der Ein- und Ausgabe der Zahlen. Deshalb sind die geschilderten Ausbaustufen im allgemeinen zu empfehlen, denn das Herausschreiben von Zwischenergebnissen wird dadurch sehr reduziert.

Beispiel 3. Man schreibe einen Programmablaufplan für das Bilden einer P r o d u k t s u m m e
$s = \sum\limits_{i=1}^{n} a_i\, b_i$.

Es handele sich um eine elektromechanisch schreibende Maschine mit zwei Addierwerken, einem Werk für Produkte und Quotienten und einem Speicherplatz. Außer aus dem Einstellwerk (Zehner-Tastatur) können die Operanden von jedem dieser vier Plätze abgerufen werden[1]. Bild **222.1** zeigt den Plan und ein von der Maschine gedrucktes Protokoll. Die in Beispiel 1, S. 220 durch-geführte Indexzählung ist hier weggelassen, da sie im Kopf des Rechnenden stattfindet. Die

---

[1] Eine solche Maschine ist z. B. das von der Fa. Diehl, Nürnberg, hergestellte Modell Transmatic S.

arithmetischen und sonstigen Zeichen im Plan sind die Bezeichnungen von Funktionstasten der Maschine, die in dieser Reihenfolge zu drücken sind. Die gleichen Zeichen werden auf dem Streifen gedruckt. Durch Betätigen der Tasten I und * wird der Inhalt des Addierwerkes Nr. I gedruckt und das Werk anschließend gelöscht. Bei a_i und b_i sind die entsprechenden Zahlenwerte einzutasten. Mit S wird das Produkt gebildet und in Werk I addiert, mit den Tasten = und − erfolgt Produktbildung und Subtraktion in Werk I. Die Entscheidungen vor den Verzweigungen sind vom Menschen zu fällen.

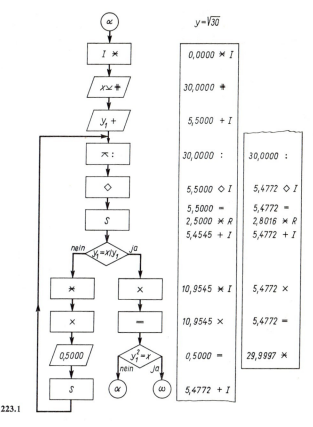

223.1

Beispiel 4. Man schreibe einen Programmablaufplan zum Ziehen der Quadratwurzel nach Gl. (220.1).

Außer den im vorigen Beispiel erläuterten Tasten treten im Plan **223**.1 folgende Tasten auf: $\vee$ bewirkt die Aufnahme einer Zahl (hier des Radikanden) in das Speicherwerk. Mit π wird die Zahl vom Speicherwerk abgerufen. Mit $\diamond$ wird der Inhalt von Addierwerk I gedruckt, aber nicht gelöscht.

Die Prüfung, ob x positiv ist, wird hier weggelassen. Der Vergleich zweier aufeinanderfolgender Näherungswerte erfolgt hier schon an einer früheren Stelle des Plans als in Beispiel 2, S, 220 während der Berechnung von Gl. (220.1). Statt einer beliebigen Fehlerschranke ε wird hier die Gleichheit $y_1 = x/y_1$ im Rahmen der gerechneten Stellenzahl gefordert. Die Zahlen vor dem Zeichen R auf dem Streifen sind die Divisionsreste, mit denen man bei Bedarf die Rechengenauigkeit steigern kann.

10.4. Rechenautomaten

10.4.1. Aufbau und Wirkungsweise

Der erste, rein mechanische Automat wurde bereits im vorigen Jahrhundert von Babbage konstruiert. Sein Bau scheiterte allerdings am damaligen Stand der Fertigungstechnik. Während des 2. Weltkrieges entstanden die ersten tatsächlich arbeitenden Geräte mit elektromechanischen Bauelementen in Deutschland durch Zuse und in den USA durch Aiken. Heute erfolgen Rechnung und Steuerung elektronisch. Gegenüber den Rechenmaschinen weisen die Automaten drei wesentliche Vorteile auf: Der gesamte Rechenprozeß wird durch die Anlage selbst gesteuert; sehr große Datenmengen (z.B. Funktionstafeln oder der Bestand eines Materiallagers) können in externen Speichern auf kleinem Raum untergebracht werden und stehen der Anlage ständig zur Verfügung. Ein Automat rechnet wesentlich schneller als ein Mensch mit einer Rechenmaschine, das Verhältnis liegt bei einer Stunde zu mehreren Jahren.

Über die Wirkungsweise eines Automaten können hier nur einige grundsätzliche Bemerkungen gemacht werden. Mit den Mitteln der Elektronik lassen sich nur zwei Zustände technisch leicht realisieren, z.B. „ein" und „aus" oder zwei Magnetisierungsrichtungen. Diesen beiden Zuständen ordnet man die Ziffern Null und Eins zu. Die Zahlen des Dezimalsystems und alle anderen Daten müssen deshalb zur Verarbeitung in eine Form gebracht werden, die nur aus diesen beiden Ziffern besteht. Man nennt dies eine binäre Codierung. Bereits für Zahlen gibt es verschiedene Möglichkeiten:

1. In einem Dualrechner wird jede Dezimalzahl in die in Abschn. Zahlen und Zahlensysteme in Teil 1 besprochene Dualzahl umgeformt. Vor der Ausgabe erfolgt eine entsprechende Rückübersetzung. Diese Umformungen sind relativ schwierig. Hingegen ist das Rechnen mit Dualzahlen technisch leicht zu realisieren. Dualrechner werden deshalb vorwiegend bei technisch-wissenschaftlichen Aufgaben eingesetzt, weil hier nur relativ wenige Daten ein- und ausgegeben werden, aber viel gerechnet wird.

2. In einem Dezimalrechner wird jede einzelne Ziffer der Dezimalzahl in eine Dualzahl (oder eine andere binäre Form) umgeformt. Dies ist technisch leicht durchzuführen, hingegen ist das Rechnen in diesem Code kompliziert. Dezimalrechner werden deshalb vorwiegend bei kommerziellen Aufgaben eingesetzt, weil hier nur wenig zu rechnen ist, aber große Datenmengen transportiert werden müssen.

Ein Automat kann unmittelbar meist nur folgende Anweisungen ausführen: Daten ein- und ausgeben, Daten von einem Speicherplatz zum anderen transportieren, arithmetische Operationen (die vier Grundrechnungsarten) durchführen, logische Entscheidungen fällen. Meist beruht eine solche Entscheidung auf dem Vergleich zweier Zahlen. Je nachdem, ob die Differenz positiv oder negativ ist, wird das Programm in verschiedener Weise fortgesetzt. Diese dem Automaten unmittelbar verständlichen Anweisungen heißen Befehle. Die Gesamtheit der Befehle ist die Befehlsliste, je nach Größe der Anlage umfaßt sie etwa 30 bis 150 verschiedene Befehle. Ein Befehl für eine arithmetische Operation hat folgenden Aufbau: Im Operationsteil wird die Art der Operation (z.B. Addieren) angegeben. Ferner müssen die Operanden bekannt sein. Von Ausnahmefällen abgesehen, werden im Befehl nicht die Operanden selbst, sondern ihre Adressen angegeben. Darunter versteht man die Nummern der Speicherplätze, auf denen die Operanden stehen.

Die Anzahl der Adressen, die ein Befehl enthält, ist ein wichtiges Kriterium für die Wirkungsweise der betreffenden Rechenanlage. Die meisten Anlagen enthalten in ihren Befehlen eine oder zwei Adressen. Bei einer Zwei-Adreß-Anlage bedeuten sie die Adressen der Operanden. Das Ergebnis der Rechnung steht oft wie bei einer Tischrechenmaschine im Ergebniswerk, dem sog. Akkumulator. Durch einen weiteren Befehl kann dieses Ergebnis auf einen beliebigen Speicherplatz gebracht werden. Bei einer Drei-Adreß-Maschine wird bereits im arithmetischen Befehl die Adresse des Ergebnisses angegeben. Bei einer Ein-Adreß-Maschine muß hingegen vor dem arithmetischen Befehl durch einen Transport-Befehl ein Operand in den Akkumulator gebracht werden. Der arithmetische Befehl enthält nur die Adresse des zweiten Operanden, das Ergebnis steht im Akkumulator.

Ein Programm, das sich aus solchen – binär codierten – Befehlen zusammensetzt, heißt Objektprogramm oder Maschinenprogramm und ist unmittelbar von der Maschine ausführbar. Für den Menschen ist es andererseits sehr schwierig, ein solches Programm zu schreiben. Meist ist es möglich, bei den Adressen statt der tatsächlichen Speicherplatznummer sog. symbolische Adressen zu benutzen, das sind Namen, z.B. A oder ALPHA, die den betreffenden Speicherplatz kennzeichnen, aber in Anlehnung an die übliche mathematische Schreibweise gewählt werden können. Auch die Operationen können durch leicht zu merkende Abkürzungen bezeichnet werden. So heißt z.B. ADD A B „addiere die Inhalte der Speicherplätze mit den symbolischen Adressen A und B". Ein Programm, das in einer derartigen maschinenorientierten Programmsprache geschrieben ist, kann aber nicht unmittelbar verarbeitet werden, sondern muß zunächst von einem anderen Programm, dem sog. Assembler (der vom Hersteller der Anlage mitgeliefert wird), in die eigentliche Maschinensprache übersetzt werden. Bei einer maschinenorientierten Sprache entspricht jeder Befehl einem Maschinenbefehl. Auch dies ist noch relativ schwierig zu programmieren, und vor allem ist ein derartiges Programm nur auf einer bestimmten Anlage ausführbar, da die Maschinensprachen verschiedener Anlagen verschieden sind. Deshalb wurden problemorientierte Programmiersprachen entwickelt. Sie sind für den Menschen am leichtesten erlernbar und unabhängig von einer bestimmten Anlage. Es gibt eine Reihe derartiger Sprachen z.B. ALGOL und FORTRAN für technisch-wissenschaftliche Probleme, COBOL für kaufmännische Aufgaben, PL/I für technisch-wissenschaftliche und kaufmännische Aufgaben oder EXAPT zur numerischen Steuerung von Werkzeugmaschinen. Ein derartiges Programm, das Quellprogramm, wird durch den sog. Compiler (Übersetzungsprogramm) in die Maschinensprache (Objektprogramm) übersetzt. Ein solcher Compiler ist bereits recht umfangreich und deshalb nur bei mittleren und größeren Rechenanlagen vorhanden. Ein von einem Compiler erzeugtes Maschinenprogramm ist heute noch länger und umständlicher und braucht deshalb mehr Rechenzeit, als wenn der Mensch das Programm selbst unmittelbar in einer maschinenorientierten Sprache geschrieben hätte. Deshalb werden Programme, die sehr oft gebraucht werden, heute noch häufig in einer maschinenorientierten Sprache geschrieben, die Entwicklung tendiert aber eindeutig zur vermehrten Anwendung problemorientierter Sprachen.

Die Lösung einer Aufgabe mit einer Rechenanlage läuft äußerlich etwa in folgender Weise ab: Das Programm wird in einer problemorientierten Sprache geschrieben und z.B. auf Lochkarten abgelocht. Diese Programmkarten werden eingelesen und ihr Inhalt vom Compiler (der sich bereits im Hauptspeicher befinden muß) in das Objektprogramm übersetzt. Dann erst erfolgt die Ausführung des Programmes. Hierzu werden die Daten von einem externen Speicher eingelesen. Die Ergebnisse werden auf einen externen Speicher gebracht, also z. B. auf Papier gedruckt, in Lochkarten gestanzt oder mit Zeichengeräten geschrieben. Wenn eine Anlage über geeignete Zwischenspeicher verfügt, braucht ein Programm nur einmal übersetzt zu werden und kann dann als Objektprogramm gespeichert und beliebig oft ausgeführt werden, was den Arbeitsablauf wesentlich verkürzt.

10.4.2. Die Programmiersprache ALGOL

Die Sprache ALGOL (**algo**rithmic **l**anguage) wird nicht nur in Verbindung mit Rechenautomaten benutzt, sondern dient auch zur Beschreibung von Rechenverfahren für den menschlichen Leser. Dies ist auch das Ziel der folgenden kurzen Einführung. Sie soll das Lesen von ALGOL-Programmen ermöglichen. Das Schreiben ist naturgemäß schwieriger und erfordert insbesondere die exakte Kenntnis einer Reihe von syntaktischen Regeln (z. B. über die Verwendung von Sonderzeichen), für die auf die Spezialliteratur [35] verwiesen werden muß.

Die Zeichen der Sprache sind

Großbuchstaben	A	B	C	D	E	.	.	.	.	X	Y	Z
Ziffern	0	1	2	3	4	5	6	7	8	9
Sonderzeichen	$+$	$-$	$\times$	$/$	$:=$	.	,	;	( )	[ ]	'	:	$_{10}$

Während über die Verwendung von Sonderzeichen sehr strenge Regeln gelten (wenn das Programm von einer Rechenanlage übersetzt werden soll), können Zwischenräume und Zeilenanfänge weitgehend frei gewählt werden. Dadurch kann ein Programm für den menschlichen Leser sehr übersichtlich geschrieben werden.

Die Zahlen werden, z.T. abweichend vom normalen mathematischen Sprachgebrauch, nach zwei verschiedenen Gesichtspunkten eingeteilt.

Definitionen. Zahlen, die im Programm durch ihre Ziffern dargestellt werden, heißen **Konstante.** Zahlen, die im Programm durch Buchstaben gekennzeichnet werden, heißen **Variable.** Zahlen, bei denen der Dezimalpunkt während aller Rechenoperationen an einer festen Stelle in bezug auf den Zahlenanfang oder das Zahlenende bleibt, heißen **Festkommazahlen.** Ist dies nicht der Fall, spricht man von **Gleitkommazahlen.**

Der wichtigste Spezialfall für Festkommazahlen sind die ganzen Zahlen, z.B. Indizes. Gebrochene Zahlen werden im Programm im allgemeinen durch Gleitkommazahlen dargestellt. Festkomma- und Gleitkommazahlen werden von der Rechenanlage völlig unterschiedlich verarbeitet, deshalb müssen sie auch im Programm unterschieden werden. Die im Anschluß an das Programm einzugebenden Daten sind stets Konstanten. Bei den Konstanten darf ein positives Vorzeichen weggelassen werden. Festkommakonstanten dürfen keinen Dezimalpunkt enthalten, z.B. $-5; 300; +12$. Gleitkommakonstanten müssen einen Dezimalpunkt enthalten, ferner darf die aus den folgenden Beispielen ersichtliche Schreibweise mit einer ausgehobenen Zehnerpotenz verwendet werden[1]: $-5.0; 3.14159; 7.5_{10}-3$

---

[1] Das Semikolon ist in den folgenden Zeilen nicht als ALGOL-Zeichen verwendet, sondern dient der Trennung der Zahlen.

gleich 0.0075; $1.0_{10}+3$ gleich 1000.0. Wie bei den Variablen zwischen Festkomma- und Gleitkommazahlen unterschieden wird, ist auf S. 228 erläutert.

Definition. Die Variablen **V** werden durch **Namen** gekennzeichnet. Ein Name muß mit einem Buchstaben beginnen, darf Ziffern, aber keine Sonderzeichen enthalten. Es werden **einfache** und **indizierte Variable** unterschieden. Bei den letzteren werden die Indizes in eckige Klammern gesetzt.

In Verbindung mit der Unterscheidung zwischen Festkomma- und Gleitkommavariablen gibt es also vier verschiedene Arten von Variablen. Den einfachen Variablen entspricht eine Zahl, d. h. ein Speicherplatz, während für die indizierten Variablen für jeden Index-wert ein Speicherplatz vorhanden ist. Beispiele für einfache Variable sind: PI, ALPHA, AIK, A12, falsch wären: 2. WERT, A (3). Beispiele für indizierte Variable sind: VEKTOR [K], A [I, K]. Die Variable VEKTOR hat einen Index für die Komponenten, die Variable A ist z. B. das Element einer Matrix und hat demzufolge zwei Indizes.

Außer den Variablen tragen noch andere Größen Namen, insbesondere die folgenden S t a n d a r d f u n k t i o n e n

SIN   COS   ARCTAN   LN   EXP   SQRT   ABS

Die Schreibweise der ersten vier Funktionen entspricht der in der Mathematik gebräuch-lichen, EXP ist die Exponential-Funktion, SQRT die Quadratwurzel, ABS der Absolut-betrag. Diese Funktionsnamen dürfen nicht für Variable benutzt werden. Hinter einem Funktionsnamen folgt in runden Klammern das Argument der Funktion, meist eine Variable, z. B. SIN (ALPHA).

Die O p e r a t i o n s z e i c h e n sind meist Sonderzeichen, und zwar

Addition: $+$ Subtraktion: $-$

Multiplikation: $\times$ Division: $/$

Potenzieren: Basis 'POWER' Exponent.

Basis und Exponent sind Variable oder Konstante.

Zwei Operationszeichen dürfen nicht unmittelbar aufeinander folgen.

Runde Klammern haben die gleiche Wirkung wie in der Arithmetik. Insbesondere ist das Setzen von überflüssigen Klammerpaaren erlaubt. Von dieser Regel soll man in Zweifels-fällen Gebrauch machen. In Klammern m u ß gesetzt werden: das Argument von Funk-tionen, der Nenner von Brüchen (Ausnahme: Der Nenner ist eine vorzeichenlose Zahl oder eine Variable).

Definition. Jede Konstante, Variable oder Funktion ist ein arithmetischer **Ausdruck** (expression) E. Das Argument einer Funktion ist ebenfalls ein Ausdruck. Zwei Ausdrücke, die durch ein Operationszeichen verbunden sind, ergeben wieder e i n e n Ausdruck.

Aus dem letzten Teil dieser Definition folgt, daß Ausdrücke theoretisch beliebig lang sein dürfen, praktische Grenzen sind durch die Kapazität der Rechenanlage gesetzt. Bei mitt-leren Anlagen dürfen Ausdrücke einige hundert Zeichen lang sein. Wie das folgende Bei-spiel zeigt, haben diese Ausdrücke große Ähnlichkeit mit den rechten Seiten von Formeln in der üblichen Schreibweise, deshalb ist diese Sprache für Menschen so leicht lesbar.

Beispiel 5. Es sind einige A u s d r ü c k e in der üblichen Schreibweise und in ALGOL gegenüber gestellt

$\dfrac{a + b}{a - b}$	(A + B)/(A − B)
$a_{i,i}\, a_{i+1,\,i+1} - a_{i,\,i+1}\, a_{i+1,i}$	A [I, I] × A [I + 1, I + 1] − A [I, I + 1] × A [I + 1, I]
$\sin(\omega t + \varphi)$	SIN (OMEGA × T + PHI)
e^{-x^2}	EXP (− X × X)
$a^{-1,33}$	A 'POWER' (− 1.33)
$\ln\left(x + \sqrt{1 - x^2}\right)$	LN (X + SQRT (1.0 − X × X))
$\sin 17° \cdot \cos 45^{\text{g}}$	SIN (17 × 0.01745329) × COS (45 × 0.01570796)

Definition. Wortsymbole haben im Gegensatz zu den Namen eine festgelegte Schreibweise und Bedeutung. Sie werden fett gedruckt oder zwischen Apostrophe gesetzt. Jedes Wortsymbol wirkt wie ein einzelnes mathematisches Zeichen.

Beispiele sind   'INTEGER'   'REAL'   'BEGIN'   'END'   'GOTO'

Alle nachstehend erläuterten Vereinbarungen werden durch Wortsymbole getroffen. Ferner werden aber auch manche Anweisungen durch Wortsymbole dargestellt.

Ein P r o g r a m m hat im einfachsten Fall folgenden Aufbau

'BEGIN' Vereinbarungsteil, Anweisungsteil **'END'**

Die Wortsymbole 'BEGIN' und 'END' wirken ähnlich wie Klammern und treten auch innerhalb des Programms auf. Jedem 'BEGIN' muß ein entsprechendes 'END' folgen. Nach jedem 'BEGIN' darf das Wortsymbol 'COMMENT' und daran beliebiger Text folgen. Dieser Text wird von der Rechenanlage nicht beachtet, sondern dient nur als Kommentar für den Menschen. Dieser Kommentar sowie jede Vereinbarung und jede Anweisung müssen mit einem Semikolon abgeschlossen werden. Ein Kommentar darf auch nach jedem 'END' stehen (s. Beispiel 6, S. 230 und Beispiel 7, S. 231).

Der V e r e i n b a r u n g s t e i l dient zur Reservierung von Speicherplätzen für die Variablen. Deshalb sind sämtliche im Programm vorkommenden Variablen, und zwar getrennt nach Fest- und Gleitkomma sowie nach einfachen und indizierten Variablen, aufzuführen. Die verschiedenen Arten der Variablen werden durch die folgenden Wortsymbole vereinbart. Im Anschluß an jedes Wortsymbol folgt eine Liste der betreffenden Variablen. Jeder Variablenname darf nur einmal benutzt werden.

'INTEGER' I, J, K;	einfache Festkommavariable
'REAL' X, Y, Z;	einfache Gleitkommavariable
'INTEGER' 'ARRAY' N [1:5];	indizierte Festkommavariable
'ARRAY' VEKTOR [1:3], A [1:10, 1:20];	indizierte Gleitkommavariable

Bei den indizierten Variablen müssen hinter dem Namen in eckigen Klammern die Laufgrenzen der einzelnen Indizes angegeben werden. Hierfür wird vom Rechner die entsprechende Anzahl von Speicherplätzen reserviert. Bei der Variablen N wären dies 5 Plätze für die Werte n_1, n_2, n_3, n_4, n_5. Die Variable A wären z.B. die Elemente einer Matrix mit 10 Zeilen und 20 Spalten, hierfür werden 200 Plätze benötigt. Derartige zusammengehörige Speicherplätze heißen ein F e l d. Bei der Herstellung des Programms wird der

Vereinbarungsteil meist zuletzt geschrieben, weil man erst dann alle Variablen kennt. Wenn das Programm in die Rechenanlage eingelesen wird, muß er jedoch am Anfang stehen.

Im Anweisungsteil kommen folgende Arten von Anweisungen vor

Ein- und Ausgabeanweisungen. Im Programmablaufplan werden sie nach Bild **219**.1 dargestellt. In ALGOL gibt es für jede der vier Arten von Variablen eine eigene Anweisung zur Ein- bzw. Ausgabe. Die Reihenfolge der Variablen in der folgenden Aufzählung ist die gleiche wie bei den Vereinbarungen

Eingabeanweisungen	Ausgabeanweisungen
ININTEGER (I, V);	OUTINTEGER (I, V);
INREAL (I, V);	OUTREAL (I, V);
INTARRAY (I, V);	OUTTARRAY (I, V);
INARRAY (I, V);	OUTARRAY (I, V);

I ist eine Festkommakonstante oder -variable. Sie gibt die Schlüsselzahl des gewünschten Ein- bzw. Ausgabemediums an, z.B. Lochkarte oder Drucker[1]. Diese Schlüsselzahlen sind für jede Rechenanlage verschieden. V ist der Name der Variablen, die ein- oder ausgegeben werden soll. Bei den indizierten Variablen wird nur der Name ohne Indizes angegeben, es wird aber das ganze Feld ein- bzw. ausgegeben.

Zum Drucken von Überschriften u.ä. dient die Ausgabeanweisung OUTSTRING (I, 'AUSZUGEBENDER TEXT'). Auf das Problem, wie die Eingabedaten auf Lochkarten oder Lochstreifen angeordnet werden müssen bzw. wieviele Zahlen bei der Ausgabe in einer Zeile gedruckt werden, kann hier nicht eingegangen werden. Es sei nur bemerkt, daß in dieser Hinsicht die andere in der Technik viel benutzte Sprache FORTRAN dem ALGOL überlegen ist. Dafür ist ALGOL mathematisch klarer aufgebaut.

Arithmetische Anweisungen (statements) S haben die Form

$$V: = E; \qquad (229.1)$$

V ist eine (einfache oder indizierte)Variable, E ein Ausdruck. Man beachte die Definition auf S. 227 und die allgemeinen Ausführungen über Anweisungen auf S. 219. Mehrere Anweisungen können durch die Symbole 'BEGIN' und 'END' zu einer sog. zusammengesetzten Anweisung zusammengefaßt werden. Mit dem Symbol S wird im folgenden eine einfache oder eine zusammengesetzte Anweisung bezeichnet.

Im Normalfall werden die Anweisungen in der Reihenfolge ausgeführt, in der sie im Programm stehen. Durch die Sprunganweisung 'GOTO' M wird diese Reihenfolge durchbrochen. Als nächstes wird die durch die Marke M gekennzeichnete Anweisung ausgeführt. M ist ein Name, z.B.

'GOTO' SCHLUSS;

jetzt folgen Anweisungen, die übersprungen werden

SCHLUSS: OUTREAL (3, X);

Die bedingte Anweisung entspricht im Programmablaufplan der Verzweigung und hat die Form

$$\text{'IF' B 'THEN' S 1 'ELSE' S 2;} \qquad (229.2)$$

---

[1] Diese Ein- und Ausgabeanweisungen entsprechen einem Compiler der Rechenanlage IBM 1130. Bei anderen Compilern gibt es z.T. andere Anweisungen.

Dabei ist **B** die im Symbol des Programmablaufplans 219.1 stehende Bedingung, sie hat die Form **E1 ′C′ E2**. Die arithmetischen Ausdrücke **E1** und **E2** werden miteinander verglichen. Für **′C′** steht je nach der Art des gewünschten Vergleiches eines der folgenden Wortsymbole

$>$	'GREATER'	$\geqq$	'NOTLESS'
$<$	'LESS'	$\leqq$	'NOTGREATER'
$=$	'EQUAL'	$\neq$	'NOTEQUAL'

Die nach ′THEN′ und ′ELSE′ folgenden, im allgemeinen zusammengesetzten Anweisungen **S1** und **S2** entsprechen den beiden Zweigen einer Masche bzw. einer Schleife im Programmablaufplan 220.1. Oft fehlt das ′ELSE′, dann wird der Zweig ′THEN′ durchlaufen, wenn die Bedingung erfüllt ist, andernfalls erfolgt ein Sprung zu der auf diese bedingte Anweisung folgende Anweisung

Beispiel 6. Es ist ein ALGOL-Programm zum Ziehen der Q u a d r a t w u r z e l mit dem in Beispiel 2, S. 220 beschriebenen Näherungsverfahren zu schreiben.

```
'BEGIN' 'COMMENT' QUADRATWURZEL MIT NAEHERUNGSVERFAHREN;
'REAL' X, EPSILON, Y1, Y2;
INREAL (0, X); INREAL (0, EPSILON);
Y1 : = 1.0;
ANFANG: Y2 : = 0.5 × (Y1 + X/Y1);
'IF' ABS (Y2 − Y1) 'GREATER' EPSILON 'THEN'
'BEGIN' Y1 : = Y2 ;
'GOTO' ANFANG ;
'END' ITERATIONSSCHLEIFE ;
OUTREAL (1, X); OUTREAL (1, Y2) ;
'END' PROGRAMM ;
```

Die Zahlen 0 und 1 bei den Ein- bzw. Ausgabebefehlen bedeuten z. B., daß die Daten von Lochkarten eingelesen bzw. die Ergebnisse über den Drucker ausgegeben werden.

Die in Bild 221.1 dargestellte Abfrage, ob x positiv ist sowie die abschließende Rechenkontrolle $x = y^2$, wurden der Einfachheit halber weggelassen.

Mit der bedingten Anweisung könnten auch Induktionsschleifen programmiert werden. Da diese sehr häufig sind, gibt es hierfür eine eigene kürzere Anweisung, die sog. L a u f - a n w e i s u n g. Sie hat die Form

$$\text{'FOR' V:} = \text{E1 'STEP' E2 'UNTIL' E3 'DO' S;} \tag{230.1}$$

V ist die Laufvariable, **E1, E2** und **E3** sind Ausdrücke, **S** eine Anweisung. Die Laufanweisung (Schleife) wird mit verschiedenen Werten von **V** beginnend mit dem Wert des Ausdrucks **E1** mit der Schrittweite **E2** bis einschließlich **E3** durchlaufen. In der meist zusammengesetzten Anweisung **S** dürfen weitere Laufanweisungen oder bedingte Anweisungen enthalten sein. Hierfür gibt es noch einige Regeln, von denen nur die wichtigsten erwähnt seien: Es ist verboten, von einem anderen Teil des Programms unter Umgehen des ersten Teils von Gl. (230.1) in die Anweisung **S** „hineinzuspringen". Es ist aber erlaubt, aus der Anweisung **S** „herauszuspringen", ehe **V** den Wert **E3** erreicht hat.

Beispiel 7. Es ist ein ALGOL-Programm zum Bilden einer Produktsumme (s. Beispiel 1, S. 220) zu schreiben

$$s = \sum_{i=1}^{n} a_i \, b_i$$

Es wird je eine Lösung mit einfachen und indizierten Variablen vorgeführt. Dabei besteht folgender Unterschied. Im ersten Programm werden für alle Werte a_i und b_i nur zwei Speicherplätze gebraucht. Bei jedem Durchlauf der Schleife kommt das jeweilige Wertepaar auf diese Plätze, wobei der frühere Inhalt gelöscht wird. Das hat zur Folge, daß nach dem Bilden der Produktsumme die Summanden nicht mehr zur Verfügung stehen. Benutzt man hingegen indizierte Variable, so kommt jeder Wert a_i und b_i auf einen eigenen Speicherplatz, er kann deshalb noch zu weiteren Rechnungen verwendet werden.

Weil auch für das zweite Programm auf jeder Lochkarte ein Wertepaar a_i, b_i stehen soll, werden alle Werte als Matrix mit n Zeilen und zwei Spalten aufgefaßt. Dann kann das Einlesen mit einer Anweisung geschehen. Würde man zwei Variable A [I] und B [I] vereinbaren, so wäre das Einlesen in der geforderten Form nur umständlich zu verwirklichen.

```
'BEGIN' 'COMMENT' PRODUKTSUMME MIT EINFACHEN VARIABLEN;
'INTEGER' J, N;
'REAL' AI, BI, S;
ININTEGER (0, N);   S : = 0.0 ;
'FOR' J : = 1 'STEP' 1 'UNTIL' N 'DO'
   'BEGIN' INREAL (0, AI);   INREAL (0, BI);
      S : = S + AI × BI ;
   'END' INDUKTIONSSCHLEIFE;
OUTREAL (1, S);
'END' PROGRAMM;
```

```
'BEGIN' 'COMMENT' PRODUKTSUMME MIT INDIZIERTEN VARIABLEN;
'INTEGER' N ;   ININTEGER (0, N) ;
'BEGIN' 'COMMENT' INNERER BLOCK;
   'INTEGER' I;   'REAL' S;   'ARRAY' A [1 : N, 1 : 2];
   'INARRAY (0, A); S : = 0.0 ;
   'FOR' I : = 1 'STEP' 1 'UNTIL' N 'DO'
      S : = S + A [I, 1] × A [I, 2] ;
   OUTREAL (1, S) ;
   'END' INNERER BLOCK;
'END' PROGRAMM ;
```

Im zweiten Programm wird eine in diesem Buch nicht näher erläuterte Blockstruktur verwendet, damit der Rechner bei der Vereinbarung 'ARRAY' die Anzahl N der Summanden zur Verfügung hat. Die Schleife besteht aus einer einfachen Anweisung, diese braucht nicht in 'BEGIN' und 'END' eingeschlossen zu werden.

Aufgaben zu Abschnitt 10

1. In eine Rechenanlage werden 3 Zahlen a, b, c eingelesen. Der Rechner soll sie ordnen und in der Reihenfolge kleinste, mittlere und größte Zahl drucken. Hierfür ist ein Programmablaufplan zu entwerfen. Hinweis: Man benutze eine Anweisung „Austausch m, n". Dadurch wechseln die Zahlen m und n ihre Speicherplätze.

2. In eine Rechenanlage werden die Zahlen x, y eingelesen. Sie bedeuten die rechtwinkligen Koordinaten eines Punktes P. Der Rechner soll nach dem Schema 232.1 eine Ziffer drucken, aus der sich die Lage des Punktes ergibt. Hierfür ist ein Programmablaufplan zu entwerfen.

3. Die quadratische Gleichung

$$a x^2 + b x + c = 0 \qquad \text{hat die Lösungen} \qquad x_{1,2} = \frac{-b \pm \sqrt{b^2 - 4ac}}{2a}$$

Es ist ein Programmablaufplan zur Lösung dieser Aufgabe zu entwickeln. Dabei sind auch die Möglichkeiten, daß Koeffizienten Null sind oder komplexe Lösungen auftreten, vorzusehen. Die Realteile der komplexen Lösung sind mit x_1, x_2, die Imaginärteile mit y_1, y_2 zu bezeichnen.

4. Es ist $\pi = 3{,}141\,593$. Man berechne mit einer Rechenmaschine

a) π^2 b) π^3 c) $\dfrac{180}{\pi}$ d) $\dfrac{\pi}{180}$ e) $\sqrt{\pi}$

5. Aus der Funktionstafel 232.2 berechne man mit einer Rechenmaschine

a) $\sum x$ b) $\sum y$ c) $\sum x^2$ d) $\sum x y$

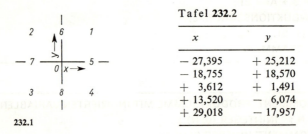

232.1

Tafel 232.2	
x	y
$-27{,}395$	$+25{,}212$
$-18{,}755$	$+18{,}570$
$+3{,}612$	$+1{,}491$
$+13{,}520$	$-6{,}074$
$+29{,}018$	$-17{,}957$

6. Mit der folgenden Reihe ist die Zahl π auf sechs Dezimalen zu berechnen

$$\pi = 2 \cdot \sqrt{3} \left(1 - \frac{1}{3 \cdot 3} + \frac{1}{5 \cdot 3^2} - \frac{1}{7 \cdot 3^3} + \cdots \right)$$

7. Mit der folgenden Reihe ist $\sin 75°$ auf sechs Dezimalen zu berechnen

$$\sin x = x - \frac{x^3}{3!} + \frac{x^5}{5!} - \frac{x^7}{7!} + \cdots$$

8. Mit der folgenden Reihe ist $\ln 5$ auf fünf Dezimalen zu berechnen. Gegeben ist $\ln 4 = 1{,}38629$

$$\ln(z + 1) = \ln z + 2 \left(\frac{1}{(2z + 1)} + \frac{1}{3(2z + 1)^3} + \frac{1}{5(2z + 1)^5} + \cdots \right)$$

9. Was leistet das nachstehende Programm?

```
'BEGIN' 'COMMENT' PROGRAMM;
'INTEGER' N;  ININTEGER (0, N);
'BEGIN' 'COMMENT' INNENBLOCK;
'INTEGER' I;  'REAL' X, XMIN, DX, XMAX, Y, ABL;
'ARRAY' A [0 : N], P [0 : N];
OUTSTRING (1, 'KOEFFIZIENTEN IN ANSTEIGENDER FOLGE');
INARRAY (0, A);  OUTARRAY (1, A);
INREAL (0, XMIN);  INREAL (0, DX);  INREAL (0, XMAX);  X : = XMIN;
OUTSTRING (1, '  X      Y      1. ABL.');
MARKE: Y : = 0.0;  ABL : = 0.0;
'FOR' I : = N 'STEP' − 1 'UNTIL' 0 'DO'
'BEGIN'   Y : = Y × X + A [I];  P [I] : = Y;  'END';
'FOR' I : = N 'STEP' − 1 'UNTIL' 1 'DO'
ABL : = ABL × X + P [I];
OUTREAL (1, X);  OUTREAL (1, Y);  OUTREAL (1, ABL);
X : = X + DX;
'IF' X 'NOTGREATER' XMAX 'THEN' 'GOTO' MARKE;
'END' INNENBLOCK;  'END' PROGRAMM;
```

10. Man schreibe ein Programm zur Berechnung und Ausgabe des Ausdrucks

$$x = \frac{\tan 33^g \cdot \sqrt[3]{4{,}5^2 + 3{,}6^3}}{e^3}$$

11. Was wird von dem folgenden ALGOL-Programm geleistet?

```
'BEGIN'
'INTEGER' I, K, N;
I : = 5;  K : = 5 × 3;  N : = I + K;
'IF' I 'EQUAL' 20 'THEN' I : = I + 5 'ELSE' I : = I + N;
OUTREAL (1, I);  OUTREAL (1, K);  OUTREAL (1, N);
'IF' I 'NOTEQUAL' 25 'THEN' OUTREAL (1, I × 2) 'ELSE' OUTREAL (1, I × 3);
'END';
```

12. Man schreibe ein ALGOL-Programm zur Berechnung und Ausgabe der Fläche F und der Schwerpunktkoordinaten $(x_S; y_S)$ einer polygonal begrenzten Fläche mit n Ecken (Ergänzungsmöglichkeit des Programms: Berechnung der Trägheitsmomente I_x, I_y, I_{xy}, der Trägheitsmomente I_u, I_v, I_{uv} und der Hauptträgheitsmomente I_ξ und I_η mit dem zugehörigen Winkel mit den in Abschn. 4.4.4 angegebenen Gleichungen), (s. Aufg. 13).

13. Was wird von dem folgenden ALGOL-Programm geleistet?

```
'BEGIN' 'COMMENT' PROGRAMM;
'INTEGER'N;
ININTEGER (0, N);
   'BEGIN' 'COMMENT' INNERER BLOCK;
   'INTEGER' I;   'REAL' F;   'ARRAY' X [1 : N + 1], Y [1 : N + 1];
   INARRAY (0, X);   INARRAY (0, Y);
   F: = 0.0;
   'FOR' I: = 1 'STEP' 1 'UNTIL' N 'DO' F: = F + X [I] × Y [I + 1] −
            X [I + 1] × Y [I];
   F: = F/2;   OUTREAL (1, F);
   'END' INNERER BLOCK;
'END' PROGRAMM;
```

11. Statistik

Es gibt viele Vorgänge, bei denen eine interessierende Größe von so vielen Ursachen abhängt, daß diese nicht im einzelnen erfaßt werden können und es nicht gelingt, den
Zusammenhang zwischen den einzelnen Einflüssen durch die in Abschn. 8 behandelten
Funktionsgleichungen zu beschreiben. Z.B. sollen bei Artikeln einer Serienfertigung
bestimmte Größen einen Sollwert erhalten. Bei jedem einzelnen Stück sind aber diese
Größen von den verschiedensten Ursachen wie dem jeweiligen Zustand der Werkzeuge,
dem nicht völlig homogenen Material oder der Aufmerksamkeit eines Arbeiters abhängig.
Die Druckfestigkeit von Betonwürfeln ist abhängig von der Zementgüte, den Eigen-
schaften der Zuschläge, dem Wasserzementfaktor, von der Durchmischung, der Verdich-
tung usw. Trotzdem schwanken die Größen nicht regellos, sondern streuen um den
Soll-Wert. In der Meßtechnik hängt der Meßwert ebenfalls von vielen unkontrollier-
baren Einflüssen wie Lagerreibung im Meßinstrument oder mechanischer Trägheit von
Schreibstiften ab. Auch hier streuen die Werte von Wiederholungsmessungen um einen
Mittelwert (s. Abschn. 12.1). In der Kernphysik lassen sich die Beziehungen zwischen
einzelnen Größen prinzipiell nicht mehr durch die Begriffe Ursache-Wirkung beschreiben,
sondern nur noch durch die hier behandelten statistischen Gesetzmäßigkeiten.

Definition. Die **Statistik** befaßt sich mit den Gesetzmäßigkeiten von Größen oder Ereig-
nissen, die von vielen, im einzelnen nicht erfaßbaren Ursachen abhängen.

Die Statistik wurde im 18. Jahrhundert durch Bernoulli, Poisson und Gauß begrün-
det. Sie baut auf der Wahrscheinlichkeitslehre auf. Für diese theoretischen Grundlagen
muß auf die Literatur [20] verwiesen werden. Leider besteht in der Literatur wenig Ein-
heitlichkeit in bezug auf die Benennung von Formelzeichen und Größen. Hier wird in
enger Anlehnung an DIN 55302, Statische Auswertungsverfahren, vorgegangen. Bei
Abweichungen wird in Klammern der entsprechende Ausdruck dieser DIN-Norm angegeben.

Aus den vorstehenden Anwendungsbeispielen der Statistik ergeben sich folgende Voraussetzungen: Es existiert eine beliebig große Anzahl von Elementen, die alle dem gleichen Ursachenkomplex unterliegen. Sie bilden die Grundgesamtheit. Die Forderung
„beliebig groß" ist in der Praxis nicht streng erfüllbar und durch „sehr groß" zu ersetzen.
Beispiele für Grundgesamtheiten sind: die Einwohner einer Großstadt, die Monatspro-
duktion eines Massenartikels, die Atome eines Milligramm Radiums. Aus dieser Grundgesamtheit von N Elementen wird eine wesentlich kleinere Anzahl von n Elementen entnommen. Sie bilden die Stichprobe. Die tatsächliche Durchführung einer Stichprobenentnahme bietet bereits manche Probleme, auf die hier nicht eingegangen werden kann.
Wichtig ist, daß die einzelnen Elemente zufällig und unabhängig voneinander entnommen
werden. Bei jedem Element wird nun im einfachsten Falle eine Größe oder eine Eigenschaft, das Merkmal, festgestellt. Dieses Merkmal muß eindeutig durch eine Zahl oder

eine Größe, den Beobachtungswert x_i, erfaßbar sein. Im Bereich der Technik, wo die Merkmale meist physikalische Größen sind, ist diese Forderung unproblematisch. Bei anderen Anwendungen der Statistik wie Eignungstests, Meinungsforschung oder genetischen Untersuchungen treten hier bereits schwierige Probleme auf.

Zunächst wird die Auswertung einer Stichprobenuntersuchung geschildert. Dann folgt ein Abschnitt über Grundgesamtheiten. Abschließend wird über den Zusammenhang zwischen Stichprobe und Grundgesamtheit gesprochen. Dabei treten insbesondere zwei Fragestellungen auf:

1. Wie kann man von den Kennwerten der Stichprobe ($\bar{x}$, s) auf die entsprechenden Kennwerte der Grundgesamtheit (μ, σ) schließen? Mit welcher Sicherheit kann man eine bestimmte Eigenschaft der Grundgesamtheit angeben?

2. Wie kann man nachweisen, daß das Verteilungsgesetz der Grundgesamtheit die Gaußsche Normalverteilung ist, wenn nur eine Stichprobe vorliegt?

11.1. Die Stichprobe

11.1.1. Verteilungs- und Summenfunktionen

Die bei den einzelnen Elementen festgestellten Beobachtungswerte x_i werden zunächst in einer Urliste zusammengestellt. Darin sind in beliebiger Reihenfolge die einzelnen Elemente mit einem Namen oder einer sonstigen Bezeichnung aufgeführt, neben jedes Element wird der betreffende Beobachtungswert geschrieben. Ist die Anzahl der Elemente größer als etwa 50, wird oft die Häufigkeit der einzelnen Beobachtungswerte festgestellt. Es wird abgezählt, wie oft jeder Beobachtungswert in der Stichprobe vorkommt. Dabei zeigt sich, daß es zwei prinzipiell verschiedene Arten von Merkmalen gibt. Bei den einen können nur ganzzahlige Beobachtungswerte vorkommen, z.B. beim Merkmal „Anzahl der Kinder". Ein wichtiger Sonderfall dieser Gruppe sind Merkmale, die nur entweder vorhanden oder nicht vorhanden sind. Die Beobachtungswerte sind dann die beiden Zahlen 1 und 0: Entweder ist ein Stück einer Lieferung Ausschuß oder nicht. Bei der zweiten Art von Merkmalen sind die Beobachtungswerte kontinuierlich veränderlich, es können also auch beliebige reelle Zahlen auftreten. Zu dieser Gruppe gehören alle (klassischen) physikalischen Größen.

Wenn sich die Beobachtungswerte kontinuierlich ändern können, ist man gezwungen, alle Zahlen eines Intervalls zu einer Klasse zusammenzufassen. Die Wahl der geeigneten Anzahl solcher Klassen wirft folgendes Problem auf: Ist deren Anzahl k zu groß, so fallen in viele Klassen keine oder nur wenige Beobachtungswerte. Dadurch wird das anschließend zu zeichnende Diagramm sehr unruhig. Sind hingegen zu wenig Klassen vorhanden, gehen wertvolle Einzelheiten im Diagramm verloren. Im Extremfall nur einer Klasse erhält man als Diagramm ein Rechteck. Als Ergebnis bereits recht schwieriger theoretischer Überlegungen erhält man folgende Faustformel zur Bestimmung der Anzahl k der Klassen in einer Stichprobe von n Elementen

$$k \approx \sqrt{n} \quad \text{wenn} \quad 50 < n < 500 \tag{236.1}$$

Für $n < 50$ ist das Feststellen von Häufigkeiten wenig sinnvoll. Für $n > 500$ wächst die Anzahl der Klassen langsamer, man wählt selten mehr als 30 Klassen. In DIN 55302

Statistische Auswertungsverfahren, Blatt 1, sind in einer Tafel Mindestzahlen von Klassen für verschiedene Stichprobenumfänge angegeben. Die einzelnen Klassen werden durch ihre K l a s s e n m i t t e n $\bar{x}_i$ (manchmal auch durch die Klassengrenzen) gekennzeichnet. Hierfür wählt man nach Möglichkeit glatte Zahlenwerte. Die meist konstante Differenz $\Delta x = \bar{x}_{i+1} - \bar{x}_i$ heißt die K l a s s e n b r e i t e. Sie kann aus der Anzahl k der Klassen, dem größten und dem kleinsten Beobachtungswert max x und min x berechnet werden

$$\Delta x = \frac{\max x - \min x}{k} \qquad (237.1)$$

In DIN 55302 wird als Faustformel $\Delta x < 0,6\,s$ angegeben. Dabei ist s die in Abschn. 11.1.2 erläuterte Standardabweichung. Dies kann als Kontrolle von Gl. (237.1) benutzt werden, wenn der Verdacht besteht, daß max x oder min x sog. Ausreißer sind, d. h. Werte, die ungewöhnlich weit außerhalb der sonstigen Werte der Stichprobe liegen.

Das Ergebnis der Stichprobenuntersuchung wird nun durch eine der folgenden Verteilungs- oder Summenfunktionen dargestellt.

Definition. Die Abszissenwerte der **Verteilungsfunktionen** (Häufigkeitsverteilung) sind die Klassenmitten $\bar{x}_i$, die Ordinaten eine der folgenden Größen

a) die **absolute Häufigkeit** (Besetzungszahl) n_i ist die Anzahl der Beobachtungswerte, die in die i-te Klasse fallen. Die n_i-Werte werden zweckmäßig mit einer S t r i c h l i s t e gewonnen. Dazu werden die Klassenmitten $\bar{x}_i$ aufgeschrieben, die Beobachtungswerte der Reihe nach betrachtet und bei jedem Wert in der betreffenden Klasse ein Strich gemacht. Werte, die genau auf Klassengrenzen fallen, werden abwechselnd der oberen und unteren Klasse zugeordnet;

b) die **absolute Häufigkeitsdichte** (Besetzungsdichte) $g_i = \dfrac{n_i}{\Delta x}$ $\qquad (237.2)$

Manchmal wählt man die Klassenbreite an den Rändern der Verteilung größer als in der Mitte. Dann sind nur die g_i-Werte vergleichbar;

c) die **relative Häufigkeit** $h_i = \dfrac{n_i}{n}$ $\qquad (237.3)$

Diese auf die Gesamtmenge n der Stichprobe bezogene Größe wird meist in Prozenten angegeben und ist besonders anschaulich;

d) die **relative Häufigkeitsdichte** $\varphi_i = \dfrac{g_i}{n} = \dfrac{h_i}{\Delta x} = \dfrac{n_i}{n\,\Delta x}$ $\qquad (237.4)$

Diese Größe wird beim Vergleich verschiedener Stichproben und bei Betrachtungen der Grundgesamtheit in Abschn. 11.2 verwendet.

Definition. Die Abszissenwerte der **Summenfunktionen** (Häufigkeitssummenverteilung) sind ebenfalls die Klassenmitten $\bar{x}_i$, die Ordinaten eine der folgenden Größen

a) die **absoluten Häufigkeitssummen** (aufsummierten Besetzungszahlen)

$$G_i = \sum_{j=1}^{i} n_j = \sum_{j=1}^{i} g_j\,\Delta x \qquad (237.5)$$

Eine Ordinate G_i gibt die Anzahl der Beobachtungswerte an, die nicht größer als die betreffende Abszisse x_i sind. Es ist max $G = n$;

b) die relativen Häufigkeitssummen

$$\Phi_i = \sum_{j=1}^{i} h_j = \sum_{j=1}^{i} \varphi_j \, \Delta x \qquad (238.1)$$

Diese Größe wird wieder vorwiegend bei Betrachtung der Grundgesamtheit verwendet. Es ist max $\Phi = 1 = 100\%$.

Beispiel 1. In einer hier nicht aufgeführten Urliste stehen als Beobachtungswerte x_i die Durchmesser von 150 Wellen. Der Solldurchmesser beträgt 2,000 mm, der kleinste Beobachtungswert min $x = 1{,}966$ mm, der größte max $x = 2{,}022$ mm. Es sind eine Tafel und ein Schaubild der Verteilungs- und Summenfunktionen mit den in Gl. (237.2) bis (238.1) definierten Größen herzustellen.

Zunächst ist die Klassenanzahl k und mit Gl. (237.1) die Klassenbreite Δx festzulegen. Man erhält $k \approx \sqrt{150} \approx 12$ und $\Delta x = 5$ μm; als Klassenmitten wählt man $\bar{x}_i = 1{,}965$ mm; 1,970 mm; ....; 2,015 mm; 2,020 mm. Nun sind mit der Urliste die absoluten Häufigkeiten n_i in den einzelnen

Tafel **238.1**

x_i mm	n_i	g_i μm^{-1}	h_i %	φ_i 10^{-2} μm^{-1}	G_i	Φ_i %
1,965	1	0,2	0,67	0,13	1	0,67
1,970	2	0,4	1,33	0,27	3	2,00
1,975	1	0,2	0,67	0,13	4	2,67
1,980	6	1,2	4,00	0,80	10	6,67
1,985	14	2,8	9,33	1,87	24	16,00
1,990	23	4,6	15,33	3,07	47	31,33
1,995	28	5,6	18,67	3,73	75	50,00
2,000	37	7,4	24,67	4,93	112	74,67
2,005	22	4,4	14,67	2,93	134	89,34
2,010	11	2,2	7,33	1,47	145	96,67
2,015	4	0,8	2,67	0,53	149	99,34
2,020	1	0,2	0,67	0,13	150	100,01

Klassen festzustellen. Dabei fallen z. B. in die Klasse $\bar{x}_i = 2{,}000$ mm alle Beobachtungswerte 1,998 mm $\leqq x_i \leqq 2{,}002$ mm. Wenn Beobachtungswerte exakt mit Klassengrenzen zusammenfallen, werden sie je zur Hälfte der oberen und unteren Klasse zugezählt.

Tafel 238.1 zeigt die n_i-Werte und die daraus berechneten Größen beider Funktionen. Aus den Tafelwerten erhält man in den Schaubildern diskrete Punkte. Es ist üblich, die Verteilungsfunktion in der in Bild 239.1a gezeigten Säulenform (Histogramm) darzustellen. Dadurch wird die Zusammenfassung der Beobachtungswerte in Klassen, die ja mit einer gewissen Willkür behaftet ist, graphisch zum Ausdruck gebracht. Je kleiner die Klassenbreite ist, um so mehr nähert sich die Säulendarstellung einer stetigen Kurve. Bei der Summenkurve (239.1b) ist zu beachten, daß die Funktionswerte nicht über den Klassenmitten, sondern den rechten Klassengrenzen aufzutragen sind, da erst dort der jeweilige Wert der Summe erreicht ist. Wird für die Verteilungskurve die Säulendarstellung gewählt, so werden die Punkte der Summenkurve durch Strecken verbunden.

Durch Wahl verschiedener Einheitslängen auf der Ordinate wird erreicht, daß jede Kurve nur einmal gezeichnet wird und alle berechneten Größen in zwei Schaubildern dargestellt werden. Dies ist möglich, weil sich die einzelnen Größen der Verteilungs- und Summenfunktionen jeweils nur durch konstante Faktoren unterscheiden. Man beachte, daß auch die Ordinaten stets mit glatten Zahlenwerten zu beschriften sind. Im allgemeinen genügt eine dieser Funktionen zur Beschreibung der Stichprobe.

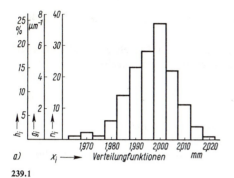
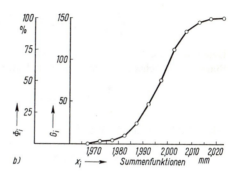

239.1

11.1.2. Mittelwert und Standardabweichung

Durch eine Verteilungs- oder Summenfunktion werden die Eigenschaften einer Stichprobe ausführlich beschrieben. Oft genügen knappere Angaben, die sog. statistischen Kennwerte. Dies sind (meist zwei) für die Verteilung charakteristische Gößen. Sie werden insbesondere auch bei kleinem Stichprobenumfang ($5 < n < 50$) berechnet, wenn das Aufstellen einer Verteilungs- oder Summenfunktion wenig sinnvoll ist. Es gibt eine Reihe statistischer Kennwerte, die wichtigsten sind Mittelwert und Standardabweichung. Der manchmal notwendige Zusatz „der Stichprobe" wird in diesem Abschnitt weggelassen.

Definition. Der **Mittelwert** $\bar{x}$ ist gleich der Summe aller Beobachtungswerte x_i dividiert durch die Anzahl n der Elemente[1])

$$\bar{x} = \frac{1}{n} \sum_{i=1}^{n} x_i = \frac{1}{n} \sum x_i \tag{239.1}$$

Für eine Zahlenrechnung ist es oft zweckmäßig, für $\bar{x}$ zunächst einen glatten Zahlenwert a zu schätzen und nur mit den kleinen Differenzen $z_i = x_i - a$ zu rechnen. Man erhält dann für den **Mittelwert aus einzelnen Beobachtungswerten**

$$\bar{x} = a + \frac{1}{n} \sum z_i \quad \text{mit} \quad z_i = x_i - a \tag{239.2}$$

Werden in Gl. (239.2) die Summanden von z_i einzeln summiert, erhält man mit $\sum a = n\,a$ unmittelbar Gl. (239.1). Diese beiden Gleichungen sind für eine Zahlenrechnung nur bei kleinem Stichprobenumfang zweckmäßig, wenn unmittelbar die Urliste benutzt wird.

---

[1]) Die Grenzen des Summenzeichens werden im folgenden weggelassen, da stets über alle Beobachtungswerte bzw. alle Klassen zu summieren ist.

Verwendet man zur Berechnung von $\bar{x}$ die Häufigkeitstafel, so ist die Summe der Beobachtungswerte der i-ten Klasse angenähert $n_i\,\bar{x}_i$. Damit erhält man für den **Mittelwert aus Klassenmitten**

$$\bar{x} \approx \frac{1}{n} \sum n_i\,\bar{x}_i = a + \frac{1}{n} \sum n_i\,\bar{z}_i \quad \text{mit} \quad \bar{z}_i = \bar{x}_i - a \tag{240.1}$$

Definition. Die Streuung der Beobachtungswerte um den Mittelwert wird durch die **Standardabweichung** s oder deren Quadrat, die **Varianz** s^2, zum Ausdruck gebracht

$$s^2 = \frac{1}{n-1} \sum (x_i - \bar{x})^2 \tag{240.2}$$

Hier wird häufig die Größe s^2 benutzt, weil dann bei Zahlen- und Buchstabenrechnungen das Wurzelzeichen entfällt. Der Grundgedanke von Gl. (240.2) ist, einen „Mittelwert" aus den Abweichungen $(x_i - \bar{x})$ zu bilden. Nun ist aber die Summe dieser Abweichungen stets Null

$$\sum (x_i - \bar{x}) = \sum x_i - \sum \bar{x} = \sum x_i - n\frac{\sum x_i}{n} = 0$$

Man könnte deshalb z. B. die Summe der Absolutwerte dieser Differenzen bilden. (Bei der Auswertung von Messungen wird dies auch manchmal getan.) Nach einem Vorschlag von Gauß wird aber meist die Summe der Quadrate der Differenzen benutzt. Anders als in Gl. (239.1) wird nun diese Summe nicht durch n, sondern durch $n-1$ dividiert. Der Grund hierfür ist, daß von einer Abweichung nur gesprochen werden kann, wenn mindestens ein Vergleichswert vorhanden ist. Wenn aus irgendwelchen Gründen mindestens 2 oder 3 Elemente vorhanden sein müssen, hätte man entsprechend statt $(n-1)$ die Nenner $(n-2)$ bzw. $(n-3)$ zu berücksichtigen. Bei großem Stichprobenumfang ersetzt man oft $(n-1)$ durch n.

Gl. (240.2) wird nun in eine Form gebracht, aus der s^2 numerisch in einem Rechenschema zusammen mit $\bar{x}$ berechnet werden kann. Wird die Klammer ausquadriert und werden die Summen einzeln gebildet, erhält man mit $\sum \bar{x}^2 = n\,\bar{x}^2$ und Gl. (239.1)

$$(n-1)\,s^2 = \sum x_i^2 - 2\bar{x} \sum x_i + n\,\bar{x}^2 = \sum x_i^2 - \frac{1}{n} \left[\sum x_i\right]^2$$

In der rechten Seite dieser Gleichung werden nun die Beobachtungswerte x_i mit der Gleichung $x_i = z_i + a$ durch die reduzierten Werte z_i ersetzt. Mit $\sum a = n\,a$ erhält man

$$\sum (z_i + a)^2 - \frac{1}{n} \left[\sum (z_i + a)\right]^2 = \sum (z_i^2 + 2a\,z_i + a^2) - \frac{1}{n} \left[\sum z_i + n\,a\right]^2$$

$$= \sum z_i^2 + 2a \sum z_i + n\,a^2 - \frac{1}{n} \left(\sum z_i\right)^2 - 2a \sum z_i - n\,a^2 = \sum z_i^2 - \frac{1}{n} \left(\sum z_i\right)^2$$

Damit erhält man für die **Varianz aus einzelnen Beobachtungswerten**

$$s^2 = \frac{1}{n(n-1)} \left[n \sum z_i^2 - \left(\sum z_i\right)^2\right] \tag{240.3}$$

Soll s aus einer Häufigkeitstafel berechnet werden, benutzt man auch hier die Klassenmitten $\bar{x}_i$. Jede Differenz $(\bar{x}_i - \bar{x})$ und somit auch jedes Quadrat in der Summe von

Gl. (240.2) kommt n_i-mal (und nicht etwa n_i^2-mal) vor. Mit der Näherung $(n-1) \approx n$ und den reduzierten Klassenmitten $z_i = \bar{x}_i - a$ erhält man für die **Varianz aus Klassenmitten**

$$s^2 \approx \frac{1}{n-1} \sum (\bar{x}_i - \bar{x})^2 \, n_i = \frac{1}{n^2} \left[n \sum (\bar{z}_i^2 \, n_i) - (\sum \bar{z}_i \, n_i)^2 \right] \qquad (241.1)$$

Beispiel 2. Man berechne den Mittelwert $\bar{x}$ und die Standardabweichung s der in der ersten Spalte von Tafel **241.**1 angegebenen Prüfergebnisse einer Druckfestigkeitsprüfung von Betonwürfeln. Mit dem Schätzwert $a = 260$ kp/cm^2 wird die Rechnung durchgeführt.

Mit Gl. (240.1) wird

$$\bar{x} = \left(260 + \frac{-13}{10} \right) \text{kp/cm}^2 = 258,7 \text{ kp/cm}^2$$

Mit Gl. (240.3) wird

$$s^2 = \frac{1}{10 \cdot 9} (10 \cdot 11893 - 169) \text{ kp}^2/\text{cm}^4$$

$$= 1320 \text{ kp}^2/\text{cm}^4$$

$$s = 36,3 \text{ kp/cm}^2$$

Tafel **241.**1

x_i kp/cm^2	z_i kp/cm^2	z_i^2 kp^2/cm^4
248	-12	144
303	$+43$	1849
209	-51	2601
230	-30	900
260	0	0
215	-45	2025
242	-18	324
285	$+25$	625
315	$+55$	3025
280	$+20$	400
	-13	11893

Tafel **241.**2

$\bar{x}_i$ mm	n_i	$\bar{z}_i$ μm	$\bar{z}_i \, n_i$ μm	$\bar{z}_i^2$ $(\mu m)^2$	$\bar{z}_i^2 \, n_i$ $(\mu m)^2$
1,965	1	-30	-30	900	900
1,970	2	-25	-50	625	1 250
1,975	1	-20	-20	400	400
1,980	6	-15	-90	225	1 350
1,985	14	-10	-140	100	1 400
1,990	23	-5	-115	25	575
1,995	28	0	0	0	0
2,000	37	$+5$	$+185$	25	925
2,005	22	$+10$	$+220$	100	2 200
2,010	11	$+15$	$+165$	225	2 475
2,015	4	$+20$	$+80$	400	1 600
2,020	1	$+25$	$+25$	625	625
	150		$+230$		13 700

Beispiel 3. Aus der Häufigkeitstafel **238.**1 berechne man Mittelwert und Standardabweichung.

Die beiden ersten Spalten der Tafel **241.**2 werden unmittelbar der Häufigkeitstafel entnommen. Der geschätzte Wert sei $a = 1,9950$ mm. Die Produktsummen der vierten und sechsten Spalte des Schemas können mit einer Rechenmaschine unmittelbar, ohne Herausschreiben der hier aufgeführten Zwischenprodukte, gebildet werden.

Nach Gl. (240.1) erhält man

$$\bar{x} = 1{,}9950 \, \text{mm} + \frac{0{,}230 \, \text{mm}}{150} = 1{,}9965 \, \text{mm}$$

Nach Gl. (241.1) wird

$$s^2 = \frac{1}{150^2} \left[150 \cdot 0{,}0137 \, \text{mm}^2 - (0{,}230 \, \text{mm})^2 \right] = 88{,}9 \cdot 10^{-6} \, \text{mm}^2$$

$$s = 9{,}43 \, \mu\text{m}$$

11.2. Die Grundgesamtheit

Die Grundgesamtheit enthält beliebig viele Elemente. Dadurch wird nach Gl. (237.1) $\Delta x = 0$, und die in Gl. (237.4) und (238.1) definierten relative Häufigkeitsdichte φ_i und relative Häufigkeitssumme Φ_i werden zu stetigen Funktionen

$$\lim_{\substack{n \to \infty \\ \Delta x \to 0}} \frac{n_i}{n \, \Delta x_i} = \varphi(x) \tag{242.1}$$

$$\lim_{\Delta x \to 0} \sum \varphi_i \, \Delta x_i = \int_{-\infty}^{x} \varphi(\xi) \, \mathrm{d}\xi = \Phi(x) \tag{242.2}$$

Wegen max $\Phi = 1$ ist $\quad \int_{-\infty}^{+\infty} \varphi(\xi) \, \mathrm{d}\xi = 1$

Die tatsächliche Lösung der sog. uneigentlichen Integrale mit den Grenzen $\pm \infty$ kann hier nicht gezeigt werden. Für die hier behandelten Zwecke werden die Funktionswerte von $\varphi(x)$ und $\Phi(x)$ Tafeln entnommen.

Gl. (240.1) und (240.2) können ebenfalls auf die Grundgesamtheit angewandt werden und ergeben ihren Mittelwert μ und ihre Varianz σ^2

$$\mu = \lim_{\substack{\Delta x \to 0 \\ n \to \infty}} \sum \frac{\bar{x}_i \, n_i \, \Delta x}{n \, \Delta x} = \int_{-\infty}^{+\infty} x \, \varphi(x) \, \mathrm{d}x \tag{242.3}$$

$$\sigma^2 = \lim_{\substack{\Delta x \to 0 \\ n \to \infty}} \sum \frac{(\bar{x}_i - \mu)^2 \, n_i \, \Delta x}{(n-1) \, \Delta x} = \int_{-\infty}^{+\infty} (x - \mu)^2 \, \varphi(x) \, \mathrm{d}x \tag{242.4}$$

Diese Integrale entsprechen den in Abschn. 4.4.3 und 4.4.4 hergeleiteten Formeln für die Schwerpunktsabszisse und das Flächenmoment zweiter Ordnung der Fläche unter einer Kurve. Hiermit erhält man eine geometrische Deutung der statistischen Kennwerte.

Von verschiedenen Verteilungsfunktionen $\varphi(x)$ kann hier nur die Gauß-Verteilung behandelt werden. Sie entsteht unter der Voraussetzung, daß nicht nur die Anzahl der Elemente, sondern auch die Anzahl der Ursachen, die das Zustandekommen des Beobachtungswertes bewirken, beliebig groß ist. Da in der Praxis mit der Forderung

„beliebig groß" recht großzügig verfahren werden darf, lassen sich sehr viele Vorgänge zumindest annähernd durch diese Verteilung beschreiben. Sie heißt deshalb auch die Normal-Verteilung und genügt der Gleichung

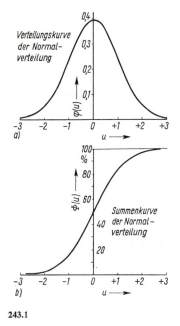

Verteilungskurve
der Normal-
verteilung

243.1

$$\varphi(x) = \frac{1}{\sigma\sqrt{2\pi}} \, e^{-\frac{1}{2}\left(\frac{x-\mu}{\sigma}\right)^2} \qquad (243.1)$$

μ und σ sind Mittelwert und Standardabweichung dieser Verteilung. Dies kann gezeigt werden, indem man diese Gleichung in Gl. (242.3) und (242.4) einsetzt und die Integrale löst. Dann ergeben sich die identischen Gleichungen $\mu = \mu$ und $\sigma = \sigma$. Um bei der Aufstellung von Tafeln unabhängig von bestimmten Werten für μ und σ zu sein, wird eine neue unabhängige Variable $u = (x - \mu)/\sigma$ eingeführt. Für die neue Veränderliche u sind der Mittelwert 0 und die Standardabweichung 1. Dadurch erhält man die normierte Normalverteilung, die oft kurz als N(0,1)-Verteilung bezeichnet wird. Sie genügt der Gleichung

$$\varphi(u) = \frac{1}{\sqrt{2\pi}} \, e^{-\frac{u^2}{2}} \qquad (243.2)$$

Bild 243.1a zeigt die Funktionskurve; Funktionswerte finden sich in Tafel 243.2. In Beispiel 15, S. 139, ist eine Kurvendiskussion durchgeführt, aus der insbesondere folgt, daß die Wendepunkte der Kurve bei $u = \pm 1$ liegen.

Setzt man Gl. (243.2) in Gl. (242.2) ein, so erhält man als relative Häufigkeitssumme mit der Integrationsvariablen v

$$\Phi(u) = \frac{1}{\sqrt{2\pi}} \int_{-\infty}^{u} e^{-\frac{v^2}{2}} \, dv \qquad (243.3)$$

Tafel 243.2 Werte der normierten Normalverteilung $\varphi(u)$ und der Funktion $\Psi(u)$

u	$\varphi(u)$	$\Psi(u)$ %	u	$\varphi(u)$	$\Psi(u)$ %	u	$\varphi(u)$	$\Psi(u)$ %
0,0	0,3989	0,00						
0,1	0,3970	3,98	1,1	0,2178	36,43	2,1	0,0440	48,21
0,2	0,3910	7,93	1,2	0,1942	38,49	2,2	0,0355	48,61
0,3	0,3814	11,79	1,3	0,1714	40,32	2,3	0,0283	48,93
0,4	0,3683	15,54	1,4	0,1497	41,92	2,4	0,0224	49,18
0,5	0,3521	19,15	1,5	0,1296	43,32	2,5	0,0175	49,38
0,6	0,3332	22,57	1,6	0,1109	44,52	2,6	0,0136	49,53
0,7	0,3122	25,80	1,7	0,0940	45,54	2,7	0,0104	49,65
0,8	0,2897	28,81	1,8	0,0790	46,41	2,8	0,0079	49,74
0,9	0,2661	31,59	1,9	0,0656	47,13	2,9	0,0060	49,81
1,0	0,2420	34,13	2,0	0,0540	47,72	3,0	0,0044	49,87

Bild 243.1 b zeigt die Funktionskurve. Wegen der Symmetrie der Kurve des Integranden $\varphi(u)$ zur Ordinate ist $\Phi(0) = 0,5 = 50\%$. Um bei der Berechnung des Integrals Gl. (243.3) die untere Grenze minus Unendlich zu vermeiden, benutzt man statt $\Phi(u)$ oft die Funktion

Tafel **244**.1
Statistische Sicherheit

$$\Psi(u) = \frac{1}{\sqrt{2\pi}} \int\limits_0^u e^{-\frac{v^2}{2}} dv \qquad (244.1)$$

S in %	$\pm u_S$
50	0,675
68,3	1,000
90	1,645
95	1,960
99,0	2,576
99,9	3,291

Dieses Integral wird in Abschn. 7.3 gelöst, indem der Integrand in eine Taylor-Reihe entwickelt und diese Reihe integriert wird. Die Funktionswerte $\Psi(u)$ geben den Prozentsatz der Elemente, die sich zwischen dem Mittelwert ($u = 0$) und der oberen Grenze u befinden. Wegen der Symmetrie der Kurve $\varphi(u)$ ist $-\Psi(+u) = \Psi(-u)$. Daraus folgt

$$\Phi(\pm u) = 50\% \pm \Psi(u) \qquad (244.2)$$

Tafel **243**.2 enthält die Werte der Funktion $\Psi(u)$. Hiermit kann berechnet werden, wieviel Prozent der Elemente zwischen zwei gegebenen Grenzen u_1 und u_2 links und rechts vom Mittelwert liegen. In der Praxis ist oft $u_1 = -u_2$, und es gilt die

Definition. Der prozentuale Anteil der Elemente, die sich innerhalb des Bereiches $\pm u_S$ beiderseits vom Mittelwert befinden, heißt die **statistische Sicherheit** $S(u_S)$

$$S(u_S) = \int\limits_{-u_S}^{+u_S} \varphi(u)\, du = 2\,\Psi(u_S) \qquad (244.3)$$

Oft ist eine bestimmte Sicherheit gefordert und nach den entsprechenden Grenzen u_S gefragt. Tafel **244**.1 gibt deshalb die wichtigsten Werte der Kehrfunktion $u_S = F(S)$. Man stellt z.B. fest: Innerhalb des Bereiches

$$-1{,}645 \leqq u \leqq +1{,}645 \qquad \text{bzw.} \qquad -(\mu + 1{,}645\,\sigma) \leqq x \leqq +(\mu + 1{,}645\,\sigma)$$

befinden sich 90% der Elemente der Grundgesamtheit. Dann müssen sich aus Gründen der Symmetrie unterhalb der Grenze $x = -(\mu + 1{,}645\,\sigma)$ und oberhalb der Grenze $x = +(\mu + 1{,}645\,\sigma)$ jeweils 5% der Elemente der Grundgesamtheit befinden. Als 5% − Fraktile bezeichnet man den Schrankenwert $x_{5\%} = \mu - 1{,}645\,\sigma$, der nur mit 5%-iger Wahrscheinlichkeit unterschritten wird.

11.3. Beziehungen zwischen Stichprobe und Grundgesamtheit

11.3.1. Schätzen von Kennwerten

Mit den in Abschn. 11.1 geschilderten Methoden werden Mittelwert $\bar{x}$ und Varianz s^2 der Stichprobe berechnet. Wie groß sind nun die entsprechenden Werte μ und σ^2 der Grundgesamtheit, aus der die Stichprobe stammt? Wenn der Grundgesamtheit verschiedene Stichproben entnommen würden, erhielte man daraus verschiedene Mittelwerte und Varianzen. Diese Größen können nun wieder als neue Beobachtungswerte aufgefaßt werden, die eine bestimmte Verteilung haben, d.h. man kann nach dem Mittelwert und der Varianz der aus den verschiedenen Stichproben berechneten Mittelwerte und Varianzen fragen. Es kann nachgewiesen werden, daß der Mittelwert dieser Mittelwerte bei wachsender Anzahl der Stichproben gegen μ konvergiert und der Mittelwert der Varianzen gegen σ^2. Dieses erwünschte Ergebnis kommt zustande, wenn man in der Definitionsgleichung (240.2) für die Varianz als Nenner $n-1$ wählt. Die Varianz $\bar{s}^2$ der verschiedenen Mittelwerte hängt eng mit der aus einer Stichprobe berechneten Varianz s^2 zusammen

$$\bar{s}^2 = \frac{s^2}{n} \qquad (245.1)$$

Für die Varianz der verschiedenen Varianzen muß auf die Spezialliteratur [18] verwiesen werden.

Da man sich jede Stichprobe aus vielen kleineren Stichproben zusammengesetzt denken kann, bezeichnet man $\bar{x}$ und s^2 der Stichprobe als Schätzungen für die entsprechenden Kennwerte der Grundgesamtheit. Das bis jetzt Gesagte gilt für jede beliebige Verteilung der Grundgesamtheit.

Die Güte dieser Schätzung kann hingegen nur angegeben werden, wenn die Grundgesamtheit normal verteilt ist. Wie diese Voraussetzung ebenfalls an der Stichprobe geprüft werden kann, wird in Abschn. 11.3.2 erläutert. Für eine bestimmte statistische Sicherheit wird ein Vertrauensbereich berechnet.

Definition. Der **Vertrauensbereich** ist ein Intervall von Beobachtungswerten, innerhalb dessen sich der betreffende Kennwert der Grundgesamtheit mit der angegebenen statistischen Sicherheit befindet. Die Grenzen des Bereiches heißen die **Vertrauensgrenzen**.

Tafel **245.1** t-Verteilung

n	\multicolumn{3}{c}{t_S für $S =$}		
	90 %	95 %	99 %
3	2,92	4,30	9,92
4	2,35	3,18	5,84
5	2,13	2,78	4,60
6	2,02	2,57	4,03
7	1,94	2,45	3,71
8	1,90	2,36	3,50
9	1,86	2,31	3,36
10	1,83	2,26	3,25
15	1,76	2,14	2,98
20	1,73	2,09	2,86
30	1,70	2,04	2,76
50	1,68	2,01	2,68
100	1,66	1,98	2,63
∞	1,64	1,96	2,58

Die Berechnung des Vertrauensbereiches kann hier nur ohne Beweis für den Mittelwert μ angegeben werden. Grob kann man zwei Fälle unterscheiden.

1. Wenn die Anzahl der Beobachtungswerte $n > 100$ ist, besteht die Sicherheit S, daß sich μ innerhalb des Vertrauensbereiches

$$\bar{x} - u_S \frac{s}{\sqrt{n}} \leq \mu \leq \bar{x} + u_S \frac{s}{\sqrt{n}} \qquad (245.2)$$

befindet. Dabei ist u_S eine der in Tafel **244.1** angegebenen Abszissen der Normalverteilung für eine bestimmte Sicherheit. In der Praxis wird meist eine Sicherheit von 95 % verlangt. Wenn man die Vertrauensgrenzen für $S = 95\%$ als Toleranzgrenzen bezeichnet, erwartet man 5 % Ausschuß.

2. Wenn $n < 100$ ist, also insbesondere bei den in Abschnitt 12.1 besprochenen mehrfachen Messungen einer konstanten Größe, müssen in Gl. (245.2) die Abszissen u_S der Normalverteilung durch die in Tafel **245.1** angegebenen Abszissen t_S der sog. t-Verteilung ersetzt werden.

Diese Verteilung ist von n abhängig. Für kleine n verläuft die Häufigkeitskurve flacher als die der Normalverteilung, nähert sich ihr aber mit wachsendem n unbegrenzt an.

Um Vertrauensgrenzen von σ zu berechnen, müßte eine weitere Verteilungsfunktion herangezogen werden, die nicht mehr symmetrisch ist.

Beispiel 4. Wie groß ist der Vertrauensbereich für μ in Beispiel 3, S. 241 bei einer geforderten Sicherheit $S = 95\%$?

Mit den in jenem Beispiel berechneten Werten $\bar{x} = 1,9965$ mm; $s = 9,43$ μm; $n = 150$ und $u_S = 1,96$ aus Tafel **244.**1 erhält man mit Gl. (245.2)

$$\pm u_S \frac{s}{\sqrt{n}} = \pm 1,51 \ \mu\text{m} \qquad \text{und} \qquad 1,9950 \ \text{mm} \leqq \mu \leqq 1,9980 \ \text{mm}$$

Es kann hier also mit einer Sicherheit von 95 % gesagt werden, daß der Mittelwert der Durchmesser der gesamten Lieferung kleiner als der Solldurchmesser $d = 2,000$ mm ist. Andererseits wäre eine Toleranzangabe $d = (2,00 \pm 0,01)$ mm ebenfalls mit mehr als 95 % Sicherheit erfüllt.

Beispiel 5. Wie groß ist der Vertrauensbereich für μ in Beispiel 2, S. 241 bei einer geforderten Sicherheit von $S = 95\%$?

Man erhält

$$\pm t_S \frac{s}{\sqrt{n}} = \pm 2,26 \frac{36,3 \ \text{kp/cm}^2}{\sqrt{10}} = \pm 26,0 \ \text{kp/cm}^2$$

Mit einer Sicherheit von 95 % liegt also der Mittelwert der Würfelfestigkeit im Bereich

$$(258,7 - 26,0) \ \text{kp/cm}^2 \leqq \mu \leqq (258,7 + 26,0) \ \text{kp/cm}^2$$
$$232,7 \ \text{kp/cm}^2 \leqq \mu \leqq 284,7 \ \text{kp/cm}^2$$

Häufig ist die Frage zu beantworten, wie groß die 5 %-Fraktile ist, wenn eine Stichprobe von n Elementen vorliegt. Ohne Nachweis wird die Gleichung

$$x_{5\%} = \bar{x} - t_S s \tag{246.1}$$

angegeben, wobei t_S für das gegebene n (und die Sicherheit $S = 90\%$) der Tafel **245.**1 zu entnehmen ist.

Beispiel 6. Wie groß ist die 5 %-Fraktile in Beispiel 2, S. 241?

Es wird

$$x_{5\%} = (258,7 - 1,83 \cdot 36,3) \ \text{kp/cm}^2 = 192,2 \ \text{kp/cm}^2$$

Es kann also festgestellt werden, daß der Wert 192,2 kp/cm² höchstens mit 5 % Sicherheit unterschritten und mit mindestens 95 % Sicherheit überschritten wird.

11.3.2. Stichprobenverteilung

Nach dem in Abschn. 11.3.1 gezeigten Verfahren dürfen die Kennwerte nur dann abgeschätzt werden, wenn die Grundgesamtheit normal verteilt ist. Eine erste Antwort auf die Frage nach der Verteilung der Grundgesamtheit erhält man aus der Verteilungskurve der Stichprobe. In Bild **247.**1 a ist eine normal verteilte Stichprobe, in Bild **247.**1 b eine links-schief verteilte Stichprobe und in Bild **247.**1 c eine rechts-schief verteilte Stichprobe zu erkennen. Genauere Aussagen liefert eine Auswertung auf Wahrscheinlichkeitspapier (**247.**2). Dies ist ein im Handel erhältliches Funktionspapier (Abschn. 5.2) der Funktion $\Phi(u)$ in Gl. (243.3). Die Längen der Ordinate entsprechen den u-Werten, angeschrieben sind die Werte $\Phi(u)$. Dadurch wird die Kurve des Bildes **243.**1 b zu einer Geraden gestreckt. Von der Stichprobe werden nun die relativen Häufigkeitssummen Φ_i nach Gl. (238.1) gebildet (s. Tafel **238.**1, letzte Spalte) und in das Papier eingetragen. Der Abszissenmaßstab ist beliebig. Dabei sind die Φ_i-Werte nicht über den Klassenmitten $\bar{x}_i$, sondern über den rechten Klassengrenzen einzutragen, da erst dort der Wert der Summe erreicht wird. Bei einer Normalverteilung liegen die Punkte auf einer Geraden. Bei kleinen Streuungen ist man in der Praxis großzügig. Eine systematische Abweichung der Punkte von einer Geraden, z. B. eine Krümmung, läßt oft bestimmte Schlüsse zu. Die Stichprobe könnte z. B. zwei verschiedenen Grundgesamtheiten mit unterschiedlichem Mittelwert und (oder) Standardabweichung entstammen. Ein Beispiel dieser Art findet man in [2].

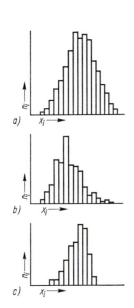

247.1

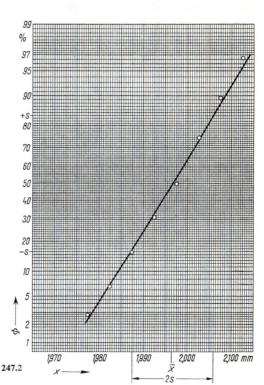

247.2

Außer zum Prüfen auf Normalverteilung kann das Wahrscheinlichkeitspapier noch zu anderen Untersuchungen verwendet werden. Wenn eine Normalverteilung vorliegt, gibt der Abszissenwert bei der Ordinate $\Phi = 50\%$ den Mittelwert $\bar{x}$ und die Differenz der Abszissen bei $\Phi_1 = 15{,}9\%$ und $\Phi_2 = 84{,}1\%$ die doppelte Standardabweichung $2s$. Bild **247.2** zeigt diese Auswertung für Beispiel 1, S. 238. In guter Übereinstimmung mit den in Beispiel 3, S. 241 berechneten Werten erhält man hier

$$\bar{x} = 1{,}9965 \text{ mm}$$

$$2s = (2{,}0060 - 1{,}9875) \text{ mm} = 18{,}5 \ \mu\text{m}$$

$$s = 9{,}25 \ \mu\text{m}$$

Die 5%-Fraktile kann als Abszissenwert bei der Ordinate $\Phi = 5\%$ abgegriffen werden.

Ferner werden in das Wahrscheinlichkeitspapier oft die relativen Häufigkeitsummen verschiedener Stichproben eingetragen, die einer Grundgesamtheit in zeitlichen Abständen entnommen wurden. Ergeben sich Geraden mit unterschiedlicher Neigung und (oder) seitlicher Verschiebung, so bedeutet dies eine zeitliche Änderung der Standardabweichung und (oder) des Mittelwertes des untersuchten Merkmals. Bei einer laufenden Stichprobenentnahme in einem Fertigbetonbetrieb wäre dies z. B. ein Hinweis, die Meßeinrichtungen für die Zugabe des Zements, des Wassers oder der Zuschläge zu kontrollieren.

Die Auswertung auf einem Wahrscheinlichkeitspapier liefert nur eine qualitative Antwort auf die Frage nach der Verteilung der Grundgesamtheit. Einen quantitativen Hinweis gibt z. B. das hier nicht besprochene Chi-Quadrat-Verfahren.

Aufgaben zu Abschnitt 11

1. Mit den nachstehenden Häufigkeitstafeln sind folgende Aufgaben zu lösen:

Verteilungsfunktion zeichnen;

Mittelwert und Standardabweichung berechnen;

relative Häufigkeitssummen in Wahrscheinlichkeitspapier eintragen, daraus Mittelwert und Standardabweichung bestimmen;

abschätzen, ob eine normalverteilte Grundgesamtheit vorliegt.

a) Tafel **248.**1 zeigt eine Untersuchung elektrischer Widerstände.

b) Tafel **248.**2 zeigt eine Prüfung von Durchmessern. Die Stichprobe umfaßt etwa einhundert Elemente.

2. Bei einer normalverteilten Stichprobe sind der Mittelwert $\bar{x} = 40{,}03$ mm und die Standardabweichung $s = 0{,}07$ mm. Man berechne den Vertrauensbereich für eine statistische Sicherheit $S = 99\%$ und prüfe, ob der Sollwert $x = 40{,}00$ mm innerhalb der Vertrauensgrenzen liegt. Der Stichprobenumfang beträgt

a) $n = 20$ Elemente   b) $n = 200$ Elemente

Tafel **248.**1
Elektrische
Widerstände

Tafel **248.**2
Durchmesser

Tafel **248.**3

Tafel **248.**4

$\bar{x}_i$ Ω	n_i	$\bar{x}_i$ mm	h_i %	x_i kp/cm^2	$\bar{x}_i$ kp/cm^2	n_i
840	2	5,63	3	350	340	1
844	4	5,64	13	417	370	4
848	21	5,65	32	303	400	12
852	45	5,66	23	392	430	18
856	58	5,67	14	291	460	22
860	44	5,68	8	325	490	10
864	20	5,69	4	342	520	5
868	5	5,70	2	355	550	3
872	1	5,71	1			

3. Man bestimme Mittelwert, Standardabweichung und die 5%-Fraktile einer Druckfestigkeitsprüfung von Betonwürfeln

a) bei einer Probenzahl von 8 Würfeln (Tafel **248.**3)

b) bei einer Probenzahl von 75 Würfeln (Tafel **248.**4)

12. Fehler- und Ausgleichsrechnung

Alle physikalischen Meßgrößen sind mit Fehlern behaftet. Je genauer die Instrumente, je vorteilhafter die Meßmethoden und je exakter die Beobachtungen sind, desto geringer werden diese Fehler sein. Sie lassen sich jedoch nie ganz ausschalten. Zweck der Fehler- und Ausgleichsrechnung ist es, aus dem vorliegenden Beobachtungsmaterial den wahrscheinlichsten Wert der gesuchten Größen zu ermitteln, für direkt gemessene Größen oder aus diesen hergeleitete Größen zutreffende Genauigkeitsangaben zu machen und schließlich auf Grund von Genauigkeitsbetrachtungen über den zweckmäßigen Einsatz von Geräten und Meßverfahren und über die Anzahl der Wiederholungsmessungen zu entscheiden. In der Fehlerrechnung verbinden sich Gedankengänge der Statistik, Differentialrechnung und Gleichungslehre. Die Grundbegriffe der Fehlerrechnung werden in DIN 1319, Blatt 3 Grundbegriffe der Meßtechnik, behandelt.

12.1. Fehlerarten

Nach ihrer Ursache unterscheidet man im wesentlichen drei Arten von Fehlern: grobe, systematische und zufällige Fehler.

Grobe Fehler ergeben sich durch falsche Ablesungen an Instrumenten oder in Tafeln sowie durch Rechenfehler. Ein grober Fehler liegt beispielsweise vor, wenn bei der Absteckung des einfachen rechtwinkligen Gebäudes in Bild 249.1 als Länge des Hauses durch falsche Ablesung am Meßband an Stelle von 12 m eine Entfernung von 13 m abgesteckt wird. Gegen grobe Fehler kann man sich durch erhöhte Aufmerksamkeit, unabhängige Zweitmessung oder durch unabhängige Kontrollen schützen. So werden im vorliegenden Falle zur Kontrolle der abgesteckten Maße und der Rechtwinkligkeit des Gebäudes die beiden Diagonalen des Hauses nach der Absteckung gemessen und mit den Sollwerten verglichen.

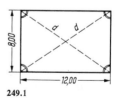

249.1

Systematische oder regelmäßige Fehler entstehen durch nicht oder falsch geeichte Instrumente, durch die Art der Meßmethode, durch persönliche Fehler des Beobachters und durch Abweichung der physikalischen Meßbedingungen von den normalen Verhältnissen. Ist z.B. die Länge eines 20 m-Meßbandes um 1 cm zu kurz, dann ergibt sich bei Messung einer Strecke von 100 m ein entsprechend vergrößerter Fehler von 5 cm. Diese Fehler lassen sich durch die Berichtigung der Instrumente oder durch rechnerische Korrekturen des Ergebnisses beseitigen.

Zufällige oder statistische Fehler haben ihre Ursache in der begrenzten Genauigkeit der Instrumente, der Unvollkommenheit der menschlichen Sinne und den besonderen

Verhältnissen und nicht erfaßbaren Veränderungen des Meßraumes. Sie ergeben die unvermeidbaren Abweichungen, die man erhält, wenn eine Größe mit dem gleichen Instrument mehrfach gemessen wird. Diese Fehler gehorchen den Gesetzen der Statistik. Die Fehlerrechnung kann nur die statistischen Fehler erfassen und behandeln. Es ist deshalb notwendig, vor Anwendung der Fehlerrechnung die Meßergebnisse von groben und systematischen Fehlern zu befreien.

Bei der Bestimmung einer Meßgröße wird ihr **Erwartungswert** oder **wahrer Wert** X gesucht. Da keine Messung frei von Ungenauigkeiten ist, wird man den wahren Wert der Größe nur in den wenigsten Fällen finden, ihn aber doch durch den Mittelwert $\bar{x}$ einer Beobachtungsreihe mehr oder weniger gut approximieren können. Zu den wenigen Fällen, in denen der wahre Wert bekannt ist, gehört die Dreieckssumme im ebenen Dreieck. Werden die drei Winkel gemessen, dann müßte ihre Summe den Wert 200^{g} bzw. $180°$ ergeben. Dies ist jedoch eine a priori feststehende Tatsache und sagt nichts aus über die wahren Werte der in den jeweiligen Fällen gemessenen Winkel.

Wird in Abschn. 11 von dem Fall ausgegangen, daß n gleichartige Objekte, die alle denselben Sollwert haben, je einmal gemessen wurden, dann betrachten wir jetzt den Fall, daß ein und dasselbe Objekt n-fach gemessen wird. Es entsteht dabei entsprechend ein Kollektiv von n Werten mit Gauß-Verteilung, auf das sich die in Abschn. 11 entwickelten Formeln anwenden lassen.

Definitionen. a) Die Differenzen des wahrscheinlichsten Wertes $\bar{x}$ (Mittelwert) zu den einzelnen Meßwerten werden **wahrscheinliche Fehler** v_i genannt. Ihre Vorzeichen werden, wie in der Ausgleichsrechnung üblich, im Sinne von Verbesserungen eingeführt

$$v_i = \bar{x} - x_i \tag{250.1}$$

b) Die Differenzen des wahren Wertes X zu den einzelnen Meßwerten werden als **wahre Fehler** ε_i bezeichnet.

$$\varepsilon_i = X - x_i \tag{250.2}$$

c) Eine Genauigkeitsangabe für die einzelnen Meßwerte ist die Standardabweichung oder der **mittlere Fehler der Einzelmessung** s, Gl. (240.2)

$$s = \sqrt{\frac{\sum (\bar{x} - x_i)^2}{n-1}} = \sqrt{\frac{[v\,v]}{n-1}} \;^{1)} \tag{250.3}$$

Nach den vorausgehenden Betrachtungen zur relativen Häufigkeitsdichte ist zu erwarten, daß $68{,}3\,\%$ der n Einzelmessungen x_i innerhalb des Bereiches von $\bar{x} \pm s$ liegen.

Vergrößert man die Anzahl der Beobachtungen, dann nähert sich der Mittelwert $\bar{x}$ immer mehr dem wahren Wert

$$X = \lim_{n \to \infty} \frac{1}{n} \sum x_i = \lim_{n \to \infty} \bar{x} \tag{250.4}$$

Damit folgt aus Gl. (250.3) angenähert für $n \gg 1$ mit Gl. (250.2)

$$s = \sqrt{\frac{\sum (X - x_i)^2}{n}} = \sqrt{\frac{[\varepsilon\,\varepsilon]}{n}} \tag{250.5}$$

---

1) In der Fehler- und Ausgleichsrechnung wird neben dem Zeichen Σ die eckige Klammer [ ] als Summenzeichen verwendet.

d) Eine Genauigkeitsangabe für den Mittelwert einer Beobachtungsreihe ist der Vertrauensbereich oder der **mittlere Fehler des Mittelwertes** Δx. Er errechnet sich, wie in Abschn. 12.3 hergeleitet wird

$$\Delta x = \frac{s}{\sqrt{n}} = \sqrt{\frac{[v\,v]}{n\,(n-1)}} \qquad (251.1)$$

Als vollständiges Ergebnis einer Messung gibt man den Mittelwert mit seinem mittleren Fehler an

$$x = \bar{x} \pm \Delta x$$

12.2. Fehlerfortpflanzungsgesetz

In vielen Fällen ist eine Größe zu bestimmen, die nicht direkt gemessen werden kann, sondern aus unmittelbar gemessenen Größen zu berechnen ist. Da alle Meßgrößen mit Fehlern behaftet sind, wird auch dieses Ergebnis einen Fehler aufweisen. Den mathematischen Zusammenhang zwischen den Fehlern der unmittelbar gemessenen Größen und dem Fehler der daraus hergeleiteten Größe erhält man mit Hilfe der Statistik und der Differentialrechnung als Fehlerfortpflanzungsgesetz.

Gegeben sei die Funktion $Z = f(U, V, W)$. Die wahren Ausgangsgrößen U, V und W sind nicht bekannt und müssen durch die gemessenen, wahrscheinlichsten Werte u, v, w ersetzt werden. Damit erhält man einen wahrscheinlichsten Wert $z = f(u, v, w)$. Zwischen den wahren und wahrscheinlichsten Werten bestehen die Beziehungen

$$Z = z + \varepsilon_z, \qquad U = u + \varepsilon_u, \qquad V = v + \varepsilon_v, \qquad W = w + \varepsilon_w$$

womit folgt
$$z + \varepsilon_z = f(u + \varepsilon_u, v + \varepsilon_v, w + \varepsilon_w)$$

Faßt man ε_u, ε_v und ε_w als kleine Änderungen der Größen u, v und w auf, dann kann die Änderung des Funktionswertes ε_z bei Beschränkung auf die partiellen Ableitungen erster Ordnung f_u, f_v und f_w der Funktion $f(u, v, w)$ nach Gl. (179.2) durch das totale Differential angenähert dargestellt werden

$$\varepsilon_z = f_u\,\varepsilon_u + f_v\,\varepsilon_v + f_w\,\varepsilon_w \qquad (251.2)$$

Die wahren Fehler ε_u, ε_v und ε_z sind nicht bekannt. Betrachtet man ein Kollektiv von n Funktionswerten z_i, die aus n Beobachtungseinheiten u_i, v_i und z_i bestimmt sind, dann erhält man die wahren Fehler

$$\varepsilon_z' = f_u\,\varepsilon_u' + f_v\,\varepsilon_v' + f_w\,\varepsilon_w'$$

$$\varepsilon_z'' = f_u\,\varepsilon_u'' + f_v\,\varepsilon_v'' + f_w\,\varepsilon_w'' \qquad (251.3)$$

$$\cdot \qquad \cdot \qquad \cdot \qquad \cdot$$

$$\varepsilon_z^{(n)} = f_u\,\varepsilon_u^{(n)} + f_v\,\varepsilon_v^{(n)} + f_w\,\varepsilon_w^{(n)}$$

Der mittlere Fehler der Einzelmessung s errechnet sich aus den wahren Fehlern ε nach Gl. (250.5)

$$s = \sqrt{\frac{[\varepsilon\,\varepsilon]}{n}}$$

Damit folgt

$$s_z = \sqrt{\frac{[\varepsilon_z\,\varepsilon_z]}{n}}$$

$$= \sqrt{f_u^2\,\frac{[\varepsilon_u\,\varepsilon_u]}{n} + f_v^2\,\frac{[\varepsilon_v\,\varepsilon_v]}{n} + f_w^2\,\frac{[\varepsilon_w\,\varepsilon_w]}{n} + 2f_u f_v\,\frac{[\varepsilon_u\,\varepsilon_v]}{n} + 2f_u f_w\,\frac{[\varepsilon_u\,\varepsilon_w]}{n} + 2f_v f_w\,\frac{[\varepsilon_v\,\varepsilon_w]}{n}}$$

Die wahren Fehler ε sind kleine Größen, deren positive und negative Summanden sich weitgehend gegenseitig aufheben. Die Glieder mit den gemischten Koeffizienten $\dfrac{[\varepsilon_u\,\varepsilon_v]}{n}$, $\dfrac{[\varepsilon_u\,\varepsilon_w]}{n}$ und $\dfrac{[\varepsilon_v\,\varepsilon_w]}{n}$ werden bei zunehmender Zahl von Beobachtungen n gegen Null konvergieren. Die Glieder mit den gleichlautenden Koeffizienten $\dfrac{[\varepsilon_u\,\varepsilon_u]}{n}$, $\dfrac{[\varepsilon_v\,\varepsilon_v]}{n}$ und $\dfrac{[\varepsilon_w\,\varepsilon_w]}{n}$ stellen die Varianzen s_u^2, s_v^2 und s_w^2 der beobachteten Größen dar.

Damit folgt für $n \gg 1$

$$s_z = \sqrt{(f_u\,s_u)^2 + (f_v\,s_v)^2 + (f_w\,s_w)^2} \tag{252.1}$$

Geht man vom mittleren Fehler der Einzelmessung durch Division von Gl. (252.1) durch $\sqrt{n}$ auf den mittleren Fehler des Mittelwertes (Gl. (251.1)) über und beschränkt die Funktion nicht nur auf drei Veränderliche, dann erhält man das **Fehlerfortpflanzungsgesetz von Gauß** in allgemeiner Form

$$\Delta z = \sqrt{(f_u\,\Delta u)^2 + (f_v\,\Delta v)^2 + (f_w\,\Delta w)^2 + \cdots} \tag{252.2}$$

Der mit vorstehender Gleichung berechnete Wert Δz ist der **absolute mittlere Fehler**. Oft wird auch der **relative mittlere Fehler** des Ergebnisses $\Delta z/z$ gesucht oder angegeben.

Ist der **Maximalfehler** zu berechnen, der in dem ungünstigsten Fall auftritt, daß sich alle einzelnen Meßfehler in derselben Richtung auswirken, dann werden die Absolutwerte der einzelnen Fehleranteile addiert

$$\max \Delta z = |f_u\,\Delta u| + |f_v\,\Delta v| + |f_w\,\Delta w| + \cdots \tag{252.3}$$

Beispiel 1. Die Entfernung s zwischen zwei Punkten wird in zwei Teilstücken gemessen. Für die Teilstücke u und v werden folgende Werte ermittelt: $u = 120{,}12$ m $\pm$ 2 cm und $v = 80{,}44$ m $\pm$ 4 cm. Die Strecke s und ihr absoluter mittlerer Fehler Δs sind zu berechnen.

$$s = u + v = 200{,}56 \text{ m} \qquad f_u = 1 \qquad f_v = 1$$
$$\Delta s = \sqrt{(f_u\,\Delta u)^2 + (f_v\,\Delta v)^2} = \sqrt{(1\cdot 2)^2 + (1\cdot 4)^2} \text{ cm} = 4{,}3 \text{ cm}$$
$$s = 200{,}56 \text{ m} \pm 4{,}3 \text{ cm}$$

Beispiel 2. Die Kantenlängen eines Quaders mit ihren absoluten mittleren Fehlern sind gegeben: $a = 10$ cm $\pm$ 1 mm, $b = 15$ cm $\pm$ 1 mm und $c = 20$ cm $\pm$ 2 mm. Wie groß ist der Rauminhalt des Quaders sowie sein absoluter und relativer mittlerer Fehler?

$$V = a\,b\,c = 3 \text{ dm}^3$$
$$f_a = b\,c \qquad f_b = a\,c \qquad f_c = a\,b$$
$$\Delta V = \sqrt{(f_a\,\Delta a)^2 + (f_b\,\Delta b)^2 + (f_c\,\Delta c)^2}$$
$$= \sqrt{(300\cdot 0{,}1)^2 + (200\cdot 0{,}1)^2 + (150\cdot 0{,}2)^2} \text{ cm}^3 = 47 \text{ cm}^3$$
$$V = 3 \text{ dm}^3 \pm 47 \text{ cm}^3 \qquad \frac{\Delta V}{V} = 1{,}6\,\%$$

Besteht die Funktionsgleichung zur Berechnung des Ergebnisses aus Produkten und Quotienten, so kann es vorteilhaft sein, die Gleichung vor dem Differenzieren zu logarithmieren. Dies trifft vor allem dann zu, wenn für die Ausgangsgrößen und das Ergebnis relative Fehler gegeben bzw. gesucht sind, da die erste Ableitung von ln z gleich $1/z$ ist.

Beispiel 3. Die Knicklast P_K eines runden Stabes mit dem Durchmesser d, der Länge l und dem Elastizitätsmodul E beträgt

$$P_K = \frac{\pi^3 \, E \, d^4}{64 \, l^2}$$

Die relativen Fehler der einzelnen Größen sind mit $\Delta E/E = 2\%$, $\Delta d/d = 1\%$ und $\Delta l/l = 0,5\%$ gegeben.

Der relative Fehler von P_K ist von der Wahl bestimmter Einheiten und den Zahlenwerten der vorstehenden Variablen unabhängig. Zu seiner Berechnung wird die Gleichung logarithmiert und dann differenziert. Die partiellen Ableitungen werden anschließend mit den absoluten Fehlern der einzelnen Variablen multipliziert. Damit erhält man das totale Differential der Funktion, und der absolute wie der relative mittlere Fehler von P_K lassen sich mit Gl. (252.2) angeben.

Da Logarithmen nur von Zahlen und nicht von Größen gebildet werden können, wird die Ausgangsgleichung in eine Gleichung von Zahlenwerten – nach DIN 1313, Schreibweise physikalischer Gleichungen in Naturwissenschaft und Technik, dargestellt durch in { } gestellte Formelzeichen – umgeformt. Diese Gleichung der Zahlenwerte erhält man, indem man die auftretenden Größen durch die Produkte von Zahlenwert mal Einheit ersetzt und die Einheiten kürzt

$$\ln \{P_K\} = \ln \frac{\pi^3}{64} + \ln \{E\} + 4\ln \{d\} - 2\ln \{l\}$$

$$\frac{\partial \ln \{P_K\}}{\partial \{P_K\}} = \frac{1}{\{P_K\}} \qquad \frac{\partial \ln \{P_K\}}{\partial \{E\}} = \frac{1}{\{E\}}$$

$$\frac{\partial \ln \{P_K\}}{\partial \{d\}} = \frac{4}{\{d\}} \qquad \frac{\partial \ln \{P_K\}}{\partial \{l\}} = -\frac{2}{\{l\}}$$

$$\frac{dP_K}{P_K} = \frac{dE}{E} + \frac{4 \, dd}{d} - \frac{2 \, dl}{l}$$

$$\frac{\Delta P_K}{P_K} = \sqrt{\left(\frac{\Delta E}{E}\right)^2 + \left(4 \, \frac{\Delta d}{d}\right)^2 + \left(2 \, \frac{\Delta l}{l}\right)^2} = \sqrt{2^2 + 4^2 + 1^2} \, \% = 4,6\%$$

Beispiel 4. Die Meereshöhe H_T der Turmspitze T, die durch trigonometrische Höhenmessung bestimmt wurde, und ihr mittlerer Fehler sind zu bestimmen. Es liegen folgende Ausgangswerte und Messungsergebnisse vor: Höhe des Standpunktes $H_A = 420,460$ m (fehlerfrei angenommen), Instrumentenhöhe $i_A = 1,530$ m $\pm$ 5 mm, Horizontalentfernung $s = 90,12$ m $\pm$ 2 cm und Höhenwinkel $\alpha = 20,240^g \pm 0,0010^g$.

Die Funktion zur Berechnung von H_T läßt sich aus Bild **254**.1 ablesen

$$H_T = H_A + i_A + s \tan \alpha = 420,460 \, \text{m} + 1,530 \, \text{m} + 90,12 \cdot 0,32909 \, \text{m} = 451,648 \, \text{m}$$

$$\Delta H_A = 0 \qquad f_{iA} = 1 \qquad f_s = \tan \alpha \qquad f_\alpha = s \, \frac{1}{\cos^2 \alpha}$$

$$\Delta H_T = \sqrt{\Delta i_A^2 + (\tan \alpha \, \Delta s)^2 + \left(\frac{s}{\cos^2 \alpha} \, \Delta \alpha\right)^2}$$

Anmerkung: Es ist ein strenges Augenmerk darauf zu richten, daß alle Summanden dieselbe Einheit aufweisen. Insbesondere ist darauf zu achten, daß die mittleren Fehler von Winkelgrößen im Bogenmaß eingeführt werden. Im vorliegenden Fall ist

$$\Delta\alpha = 0,0010^g = \frac{0,0010^g \cdot 1\ \text{rad}}{63,6620^g} = \frac{10}{636620}$$

$$\Delta H_T = \sqrt{5^2 + (0,33 \cdot 20)^2 + \left(\frac{90120 \cdot 10}{0,90 \cdot 636620}\right)^2}\ \text{mm} = 8,3\ \text{mm}$$

$$H_T = 451,65\ \text{m} \pm 8\ \text{mm}$$

Anmerkung: Ein Ergebnis sollte immer nur mit der Stellenzahl angegeben werden, die auf Grund der Fehlerbetrachtung als gesichert erscheint. Deshalb ist vorstehende Höhe auf cm gerundet. Beim mittleren Fehler interessiert vor allem die Größenordnung, so daß eine Beschränkung des Zahlenwertes auf ein bis zwei Stellen angebracht ist.

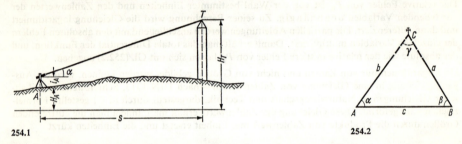

254.1 254.2

Beispiel 5. Zur Bestimmung der Entfernung vom Bodenpunkt A zum Hochpunkt C (**254.2**) wird die Horizontalentfernung von A nach B gemessen und in den Punkten A und B eine Horizontalwinkelmessung durchgeführt. Die Messung ergibt folgende Werte

$$c = 500,44\ \text{m} \pm 5\ \text{cm} \qquad \alpha = 60,2430^g \pm 0,0030^g \qquad \beta = 81,9020^g \pm 0,0030^g$$

Die Entfernung b, ihr absoluter mittlerer Fehler und ihr Maximalfehler sind gesucht.

$$b = \frac{c \sin \beta}{\sin \gamma} = \frac{c \sin \beta}{\sin (200^g - \alpha - \beta)} = \frac{c \sin \beta}{\sin (\alpha + \beta)}$$

$$b = \frac{500,44 \cdot 0,95994}{0,78876}\ \text{m} = 609,05\ \text{m}$$

$$f_c = \frac{\sin \beta}{\sin (\alpha + \beta)} \qquad f_\alpha = -\frac{c \sin \beta \cos (\alpha + \beta)}{\sin^2 (\alpha + \beta)}$$

$$f_\beta = \frac{c \cos \beta \sin (\alpha + \beta) - c \sin \beta \cos (\alpha + \beta)}{\sin^2 (\alpha + \beta)}$$

$$\Delta b = \sqrt{\left(\frac{\sin \beta}{\sin (\alpha + \beta)} \Delta c\right)^2 + \left(-\frac{c \sin \beta \cos (\alpha + \beta)}{\sin^2 (\alpha + \beta)} \Delta\alpha\right)^2 + \left(\frac{c \cos \beta \sin (\alpha + \beta) - c \sin \beta \cos (\alpha + \beta)}{\sin^2 (\alpha + \beta)} \Delta\beta\right)^2}$$

$$= \sqrt{\left(\frac{0,955}{0,788} \cdot 5\right)^2 + \left(\frac{50044 \cdot 0,955 \cdot 0,584 \cdot 30}{0,788^2 \cdot 636620}\right)^2 + \left(\frac{50044 \cdot 0,280 \cdot 0,788 + 50044 \cdot 0,955 \cdot 0,584 \cdot 30}{0,788^2 \cdot 636620}\right)^2}\ \text{cm}$$

$$= \sqrt{6,06^2 + 2,12^2 + 2,95^2}\ \text{cm} = 7,0\ \text{cm}$$

$$b = 609,05\ \text{m} \pm 7\ \text{cm}$$

$$\max \Delta b = |f_c\ \Delta c| + |f_\alpha\ \Delta\alpha| + |f_\beta\ \Delta\beta| = (6,1 + 2,1 + 3,0)\ \text{cm} = 11,2\ \text{cm}$$

12.3. Ausgleichung direkter Beobachtungen

12.3.1. Ausgleichung direkter Beobachtungen gleicher Genauigkeit

Bei der Ausgleichung direkter Beobachtungen ist die zu bestimmende Größe selbst mehrfach gemessen. Im einfachsten Fall liegen n gleichgenaue Meßergebnisse vor, die theoretisch alle denselben Wert ergeben müßten. Infolge verschiedener unkontrollierbarer Fehlereinflüsse durch Meßinstrumente, Beobachter und Beobachtungsbedingungen erhält man eine Reihe von streuenden Meßwerten. So wurden zur Bestimmung des Durchmessers eines im Zugversuch zu prüfenden Rundstahls folgende Werte in cm gemessen

x_1	x_2	x_3	x_4	x_5	x_6	x_7	x_8	x_9
2,124	2,118	2,122	2,120	2,119	2,121	2,123	2,118	2,121

Man findet den wahrscheinlichsten Wert $\bar{x}$ (Mittelwert) mit Gl. (239.1)

$$\bar{x} = \frac{1}{n} \sum x_i \qquad (255.1)$$

Da das Kollektiv derartiger Meßwerte meist nur aus wenigen Elementen besteht, verzichtet man auf die Aufstellung einer Häufigkeitstafel und berechnet $\bar{x}$ direkt aus dem Meßprotokoll. Vorteilhafterweise geht man von einem Näherungswert a aus und erhält mit Gl. (239.2)

$$\bar{x} = a + \frac{1}{n} \sum (x_i - a) \qquad (255.2)$$

Gauß ging bei der Begründung der Ausgleichsrechnung davon aus, daß der wahrscheinlichste Wert einer überbestimmten Größe so zu wählen ist, daß die Quadratsumme der Abweichungen der Einzelwerte vom wahrscheinlichsten Wert, $[v\,v]$ ein Minimum wird. Die Bildung des Mittelwertes $\bar{x}$ bei einer Anzahl von gleichgenauen Beobachtungen stellt somit eine Ausgleichung nach der „Methode der kleinsten Quadrate" dar.

Die Berechnung des mittleren Fehlers des Mittelwertes läßt sich mit Hilfe des Fehlerfortpflanzungsgesetzes herleiten. Aus n gleichgenauen Meßwerten errechnet sich der Mittelwert $\bar{x}$ nach Gl. (255.1), in ausführlicher Form angeschrieben

$$\bar{x} = \frac{x_1}{n} + \frac{x_2}{n} + \frac{x_3}{n} + \cdots + \frac{x_n}{n}$$

Für die mittleren Fehler der Größen $x_1, x_2, \ldots, x_n$ (Einzelmessungen) gilt $\Delta x_1 = \Delta x_2 = \cdots = \Delta x_n = s$. Mit $f_{x1} = f_{x2} = \cdots = f_{xn} = 1/n$ folgt aus Gl. (252.2)

$$\Delta x = \sqrt{(f_{x1}\,\Delta x_1)^2 + (f_{x2}\,\Delta x_2)^2 + \cdots + (f_{xn}\,\Delta x_n)^2} = \sqrt{n\left(\frac{s}{n}\right)^2} = \frac{s}{\sqrt{n}} \qquad (255.3)$$

Als Kontrolle für die richtige Berechnung des Mittelwertes $\bar{x}$ wird die Summe der Verbesserungen $\sum v_i$ gebildet. Mit Gl. (250.1) erhält man

$$\sum v_i = \sum (\bar{x} - x_i) = n\,\bar{x} - \sum x_i$$

und weiter mit Gl. (255.1)

$$[v] = 0 \qquad (255.4)$$

Infolge der Rundungsfehler bei der Bildung des Mittelwertes wird $[v]$ in den meisten Fällen einen Wert ergeben, der von Null verschieden ist. Bezeichnet man mit E die letzte Recheneinheit (im nachfolgenden Beispiel 10^{-3} mm), dann muß $[v]$ folgender Bedingung genügen

$$[v] \leqq \frac{n\,E}{2} \qquad\qquad (256.1)$$

Beispiel 6. Aus den in Tafel **256.**1 aufgeführten Meßwerten für den Durchmesser eines im Zugversuch zu prüfenden Rundstahles sind der wahrscheinlichste Wert $\bar{x}$, der mittlere Fehler der Einzelmessung s und der mittlere Fehler des Mittelwertes Δx zu berechnen. Weiter stellt sich die Frage, wieviel Meßwerte bei entsprechenden Meßbedingungen notwendig sind, um den Durchmesser einer anderen Welle auf ± 10 µm zu erhalten.

Tafel **256.**1

x_i cm	v_i µm	$v_i\,v_i$ (µm)^2
2,124	-33	1089
2,118	$+27$	729
2,122	-13	169
2,120	$+ 7$	49
2,119	$+17$	289
2,121	$- 3$	9
2,123	-23	529
2,118	$+27$	729
2,121	$- 3$	9

$\Sigma(x_i - a) = 0{,}186$ cm $\Sigma v_i = +3$ µm $\Sigma(vv) = 3601$ (µm)^2

$$a = 2{,}100 \text{ cm} \qquad\qquad \bar{x} = 2{,}100 \text{ cm} + \frac{0{,}186}{9} \text{ cm} = 2{,}1207 \text{ cm}$$

$$s = \sqrt{\frac{3601}{8}}\ \mu\text{m} = 21\ \mu\text{m} \qquad \Delta x = \frac{s}{\sqrt{9}}\ \mu\text{m} = 7\ \mu\text{m}$$

Kontrolle $[v] = 3\ \mu\text{m} < \dfrac{9 \cdot 1}{2}\ \mu\text{m}$

Endergebnis $x = 2{,}121 \text{ cm} \pm 7\ \mu\text{m}$

Zur Ermittlung der Anzahl der Wiederholungsmessungen geht man von Gl. (255.3) aus

$$\Delta x = \frac{s}{\sqrt{n}}$$

Ist der mittlere Fehler der Einzelmessung s wie hier bekannt und für das Ergebnis als Genauigkeitsangabe ein gewisser mittlerer Fehler Δx gefordert, dann erhält man die Anzahl n der Wiederholungsmessungen mit

$$n = \left(\frac{s}{\Delta x}\right)^2$$

Im vorliegenden Fall wird $n = \left(\dfrac{21}{10}\right)^2 = 4$.

Es sind also unter gleichen Bedingungen 4 Messungen notwendig, um den Durchmesser einer Welle mit einem mittleren Fehler von ± 10 µm angeben zu können.

12.3.2. Ausgleichung direkter Beobachtungen ungleicher Genauigkeit

Im vorstehend behandelten Fall lagen n Messungen gleicher Genauigkeit vor, aus denen nach Gl. (255.1) der Mittelwert $\bar{x}$ berechnet wurde. Sind die Beobachtungen von unterschiedlicher Genauigkeit durch Verwendung verschiedener Instrumente, Anwendung anderer Meßmethoden oder Veränderung der Meßbedingungen, dann muß zur Berechnung des wahrscheinlichsten Wertes $\bar{x}$ ein allgemeineres Bildungsgesetz hergeleitet werden.

Zur Herleitung der Bildung des **allgemeinen arithmetischen Mittels** kann man von der Bildung des einfachen arithmetischen Mittels bei Beobachtungen gleicher Genauigkeit ausgehen. Nimmt man aus dem Gesamtkollektiv von Messungen des vorhergehenden Beispiels Teilkollektive heraus und bildet das Mittel der Teilkollektive, dann erhält man z. B.

$$\bar{x}_1 = \frac{x_1 + x_2}{2} \qquad \bar{x}_2 = \frac{x_3 + x_4 + x_5 + x_6}{4} \qquad \bar{x}_3 = \frac{x_7 + x_8 + x_9}{3} \qquad (257.1)$$

Zur Berechnung des wahrscheinlichsten Wertes des Gesamtkollektivs $\bar{x}$ aus den Mittelwerten der Teilkollektive kann die Gleichung für die Bildung des einfachen arithmetischen Mittels nicht verwendet werden, da die Mittelwerte der Teilkollektive $\bar{x}_1$, $\bar{x}_2$ und $\bar{x}_3$ auf einer unterschiedlichen Anzahl von Messungen beruhen und damit nicht gleichgewichtig sind.

Schreibt man Gl. (255.1)

$$\bar{x} = \frac{(x_1 + x_2) + (x_3 + x_4 + x_5 + x_6) + (x_7 + x_8 + x_9)}{2 \quad + \quad 4 \quad + \quad 3}$$

dann folgt mit Gl. (257.1)

$$\bar{x} = \frac{2\,\bar{x}_1 + 4\,\bar{x}_2 + 3\,\bar{x}_3}{2 \;+\; 4 \;+\; 3}$$

Bezeichnet man die Koeffizienten der Mittelwerte $\bar{x}_i$ mit m_i[1]) ($m_1 = 2$, $m_2 = 4$, $m_3 = 3$), dann erhält man die allgemeine Form

$$\bar{x} = \frac{m_1 x_1 + m_2 x_2 + m_3 x_3 + \cdots}{m_1 \;+\; m_2 \;+\; m_3 \;+\; \cdots} = \frac{\sum (m_i x_i)}{\sum m_i} \qquad (257.2)$$

Die Größen m_i werden als **Gewichte** bezeichnet. Geht man wie hier von der Mittelbildung von Teilsummen gleichgenauer Beobachtungen aus, dann können die Gewichte m_i gleich der Anzahl n_i der zur Mittelbildung der Teilsummen verwendeten Werte gesetzt werden. Ein allgemeineres Gesetz zur Festlegung der Gewichte von Messungen, die von vornherein eine unterschiedliche Genauigkeit aufweisen, läßt sich mit Hilfe des Fehlerfortpflanzungsgesetzes herleiten.

Der mittlere Fehler der Einzelmessung sei s. Damit ergeben sich für die mittleren Fehler der Teilsummen $\bar{x}_1$, $\bar{x}_2$ und $\bar{x}_3$ des gewählten Beispiels nach dem Fehlerfortpflanzungsgesetz die mittleren Fehler

$$\Delta x_1 = \frac{s}{\sqrt{2}} \qquad \Delta x_2 = \frac{s}{\sqrt{4}} \qquad \Delta x_3 = \frac{s}{\sqrt{3}}$$

---

[1]) Abweichend von allen Lehrbüchern der Ausgleichsrechnung werden die Gewichte nicht mit p_i, sondern in Anlehnung an DIN 55302 Blatt 2 mit m_i bezeichnet.

oder allgemein

$$\Delta x_1 = \frac{s}{\sqrt{m_1}} \qquad \Delta x_2 = \frac{s}{\sqrt{m_2}} \qquad \Delta x_3 = \frac{s}{\sqrt{m_3}} \qquad (258.1)$$

damit folgt

$$\Delta x_1 \sqrt{m_1} = \Delta x_2 \sqrt{m_2} = \Delta x_3 \sqrt{m_3} \qquad (258.2)$$

$$\frac{m_2}{m_1} = \frac{(\Delta x_1)^2}{(\Delta x_2)^2} \qquad \frac{m_3}{m_1} = \frac{(\Delta x_1)^2}{(\Delta x_3)^2} \qquad (258.3)$$

Die Gewichte verhalten sich umgekehrt proportional zu den Quadraten der mittleren Fehler.

Man führt den mittleren Gewichtseinheitsfehler s_0 ein. Er ist der mittlere Fehler einer Beobachtung vom Gewicht 1, im vorliegenden Fall also der mittlere Fehler der ursprünglichen Einzelbeobachtung.

Damit lautet Gl. (258.2) in allgemeiner Form

$$\Delta x_i \sqrt{m_i} = s_0 \sqrt{1} = s_0 \qquad (258.4)$$

Liegen für eine Größe n Meßwerte unterschiedlicher Genauigkeit vor

$$x_1 \pm \Delta x_1, \quad x_2 \pm \Delta x_2, \ldots, \quad x_n \pm \Delta x_n$$

dann lassen sich diese Größen durch Multiplikation mit $\sqrt{m_i}$ in fingierte Beobachtungen gleicher Genauigkeit überführen.

Die fingierten Größen

$$x_1 \sqrt{m_1} \pm \Delta x_1 \sqrt{m_1}, \quad x_2 \sqrt{m_2} \pm \Delta x_2 \sqrt{m_2}, \ldots, \quad x_n \sqrt{m_n} \pm \Delta x_n \sqrt{m_n}$$

haben alle den mittleren Fehler s_0, sind also Beobachtungen vom Gewicht 1. Durch die Multiplikation mit $\sqrt{m_i}$ erhält man aus Gl. (250.1) die scheinbaren Fehler v_i' der fingierten Beobachtungen

$$v_i' = v_i \sqrt{m_i} = \bar{x} \sqrt{m_i} - x_i \sqrt{m_i} = (\bar{x} - x_i) \sqrt{m_i} \qquad (258.5)$$

und damit den mittleren Gewichtseinheitsfehler s_0 nach Gl. (250.3)

$$s_0 = \sqrt{\frac{\sqrt{m_1} \, v_1 \sqrt{m_1} \, v_1 + \sqrt{m_2} \, v_2 \sqrt{m_2} \, v_2 + \cdots + \sqrt{m_n} \, v_n \sqrt{m_n} \, v_n}{n-1}} = \sqrt{\frac{[mvv]}{n-1}} \qquad (258.6)$$

Für den mittleren Fehler des allgemeinen arithmetischen Mittels, das aus Messungen vom Gewicht $[m]$ gebildet ist, folgt damit nach Gl. (258.4)

$$\Delta x = \sqrt{\frac{[mvv]}{[m](n-1)}} = \frac{s_0}{\sqrt{[m]}} \qquad (258.7)$$

Wie die Berechnung des einfachen arithmetischen Mittels erfolgt die Berechnung des allgemeinen arithmetischen Mittels vorteilhafterweise von einem Näherungswert a aus nach dem Bildungsgesetz

$$\bar{x} = a + \frac{m_1(x_1 - a) + m_2(x_2 - a) + \cdots + m_n(x_n - a)}{m_1 + m_2 + \cdots + m_n}$$

$$= a + \frac{\sum \{m_i(x_i - a)\}}{\sum m_i} \qquad (258.8)$$

Summiert man über die mit $\sqrt{m_i}$ erweiterten scheinbaren Fehler der fingierten Beobachtungen Gl. (258.5), dann erhält man

$$\sum (\sqrt{m_i}\, v_i') = \sum (m_i\, v_i) = \sum (m_i\, \bar{x}) - \sum (m_i\, x_i)$$

und mit Gl. (257.2) die Kontrollbedingung für die richtige Berechnung des allgemeinen arithmetischen Mittels

$$[mv] = 0 \qquad (259.1)$$

Geht man bei der Berechnung der v_i von einem gerundeten Wert $\bar{x}$ aus, dann ist diese Bedingung nicht streng erfüllt. Es muß jedoch gelten

$$[mv] \leqq \frac{[m]\,E}{2} \qquad (259.2)$$

Setzt man die scheinbaren Fehler der fingierten Beobachtungen $\sqrt{m_i}\, v_i$ an die Stelle der scheinbaren Fehler v_i der gleichgenauen Beobachtungen, dann geht die Ausgleichungsbedingung $[vv] = $ Min. in die allgemeine Ausgleichungsbedingung nach der Methode der kleinsten Quadrate über

$$[m\,v\,v] = \text{Min.} \qquad (259.3)$$

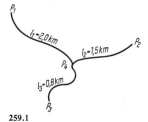

259.1

Beispiel 7. Zur Ermittlung der Höhe von P_4, s. Bild 259.1, werden die Höhenunterschiede von den Höhenfestpunkten P_1, P_2 und P_3 nach P_4 durch Nivellement bestimmt. Damit liegen für P_4 drei Werte vor, die voneinander abweichen. Der wahrscheinlichste Wert für die Höhe von P_4, der mittlere Kilometerfehler des Nivellements und der mittlere Fehler der ausgeglichenen Höhe von P_4 sind zu ermitteln.

Vor jeder Ausgleichung muß gesichert erscheinen, daß die Meßwerte frei von groben und systematischen Fehlern sind. Grobe Fehler können beim Nivellement z. B. auftreten, wenn sich die Lage eines Ausgangspunktes durch Setzungen verändert hat, wenn dem Beobachter ein Ablesefehler oder dem Aufschreiber ein Schreibfehler unterläuft, während systematische Fehler u. a. durch instrumentelle Fehler und atmosphärische Einflüsse entstehen können. Es wird in vorliegendem Beispiel angenommen, daß grobe Fehler durch Überprüfung der Ausgangspunkte und durch Meß- und Rechenkontrollen ausgeschlossen und eventuelle systematische Fehler durch die Messungsanordnung kompensiert sind. Auf Grund der Eichung der Nivellierlatten sei lediglich eine Korrektion von $+ 14$ mm auf 100 m Höhenunterschied notwendig, um die Ergebnisse von systematischen Fehlern zu befreien.

Nach Anbringen dieser Korrektion dürften damit Werte vorliegen, deren Streuung allein durch statistische Fehler verursacht wird, so daß eine Ausgleichung der Werte vorgenommen werden kann.

Nach Bild 259.1 haben die Nivellementsstrecken eine Länge von 0,8 bis 2,0 km. Die Genauigkeit eines gemessenen Höhenunterschiedes ist abhängig von der Länge des Weges, so daß hier eine Ausgleichung von Beobachtungen unterschiedlicher Genauigkeit vorliegt.

Als mittlerer Gewichtseinheitsfehler s_0 wird der mittlere Fehler eines Nivellements von 1 km Länge festgesetzt (mittlerer Kilometerfehler). Da sich ein auf diese Weise bestimmter Höhenunterschied aus einer Summe von Teilhöhenunterschieden zusammensetzt, folgt nach dem Fehlerfortpflanzungsgesetz für den mittleren Fehler eines Nivellements von der Länge l_i

$$\Delta l_i = s_0 \sqrt{l_i}$$

Nach Gl. (258.4) gilt $\Delta l_i \sqrt{m_i} = s_0$

Damit folgt

$$m_i = \frac{s_0^2}{(\Delta l_i)^2} = \frac{s_0^2}{s_0^2\, l_i} = \frac{1}{l_i}$$

d.h. das Gewicht eines durch Nivellement ermittelten Höhenunterschiedes ist umgekehrt proportional zur Länge der nivellierten Strecke.

Ausgangshöhen und Höhenunterschiede sind in Tafel 260.1 niedergelegt. Für die Ausgleichung wird angenommen, daß die Ausgangshöhen fehlerfrei sind.

Tafel 260.1

Punkt	Höhe	gemessener Höhenunterschied	Korr.	verbesserter Höhenunterschied	vorl. Höhe H_i	Gewicht $m_i = 1/l_i$	$m_i(H_i - H_a)$	v_i	$m_i v_i$	$m_i v_i v_i$
	m	m	mm	m	m	1/km	mm/km	mm	mm/km	mm²/km
P_1	420,620	$+35,202$	$+5$	$+35,207$	455,827	0,50	3,5	$+8$	4,0	32
P_2	460,955	$-5,112$	$-1^{1)}$	$-5,113$	455,842	0,67	14,7	-7	$-4,7$	33
P_3	433,206	$+22,626$	$+3$	$+22,629$	455,835	1,25	18,8	0	0	0
						2,42	37,0		$-0,7$	65

Ausgangswert $\qquad H_a = 455,820$ m

Höhe von Punkt P_4: $\quad H_4 = H_a + \dfrac{\sum\{m_i(H_i - H_a)\}}{\sum m_i} = 455,835\ \text{m} + \dfrac{37,0}{2,42}\ \text{mm} = 455,835\ \text{m}$

Kontrolle $\qquad [mv] = 0,7\ \text{mm/km} < \dfrac{2,4\ \text{mm}}{2\ \text{km}}$

Mittlerer Kilometerfehler des Nivellements

$$s_0 = \sqrt{\frac{[mvv]}{n-1}} = \sqrt{\frac{65}{2}}\ \text{mm}/\sqrt{\text{km}} = 5,7\ \text{mm}/\sqrt{\text{km}} \approx 6\ \text{mm}/\sqrt{\text{km}}$$

Mittlerer Fehler der Höhe von P_4

$$\Delta H_4 = \frac{s_0}{\sqrt{\sum m_i}} = \frac{5,7}{\sqrt{2,42}}\ \text{mm} = 3,8\ \text{mm} \approx 4\ \text{mm}$$

Sollen mehrere Größen gleichzeitig aus einem Kollektiv von Meßgrößen bestimmt werden, dann führt dies auf eine bedingte oder vermittelnde Ausgleichung. Bei der bedingten Ausgleichung bestehen zwischen den Beobachtungen Bedingungen, die neben der Ausgleichungsbedingung $[mvv] = $ Min. erfüllt werden müssen. Bei der vermittelnden Ausgleichung werden nicht die Beobachtungen selbst als Unbekannte aufgefaßt, sondern von ihnen hergeleitete Größen, so daß die Beobachtungen gleichsam vermittelnd zwischen den gesuchten Unbekannten stehen. Beide Ausgleichsverfahren liefern das gleiche Ergebnis und lassen sich ineinander überführen. Welches der beiden Verfahren günstiger anzuwenden ist, hängt von der Art des Problems ab. Auf die einschlägige Literatur [54], [55] wird verwiesen.

---

1) Die Korrektion ist so anzubringen, daß der Absolutwert des Höhenunterschiedes vergrößert wird.

Aufgaben zu Abschnitt 12

1. Bei der Zusammenstellung der Winkelsummen in acht ebenen Dreiecken ergaben sich nachfolgende Widersprüche w ($w = \alpha + \beta + \gamma - 200^g$):

$w_1 = + 0,0004^g$, $w_2 = - 0,0006^g$, $w_3 = + 0,0002^g$, $w_4 = + 0,0009^g$, $w_5 = - 0,0007^g$,

$w_6 = + 0,0010^g$, $w_7 = + 0,0008^g$ und $w_8 = - 0,0001^g$.

Der mittlere Dreieckswiderspruch s_w und der mittlere Fehler eines Winkels s_α sind zu berechnen.

2. Der Durchmesser eines Rundstahls wird zu 8,02 mm $\pm$ 0,02 mm bestimmt. Die Querschnittsfläche F, ihr absoluter mittlerer Fehler ΔF und ihr relativer mittlerer Fehler $\Delta F/F$ sind zu berechnen.

3. Die Fläche eines Rechtecks soll mit einer relativen mittleren Genauigkeit von 1 % ermittelt werden. Mit welchem relativen mittleren Fehler $\Delta e/e$ sind die Seiten des Rechtecks zu messen?

4. Zur Bestimmung der Länge einer unzugänglichen Strecke wurde ein rechtwinkliges Dreieck angelegt, dessen Katheten zu 40,00 m $\pm$ 2 cm und 30,00 m $\pm$ 1 cm gemessen wurden. Die Länge c der unzugänglichen Strecke und ihr mittlerer Fehler sind zu berechnen.

5. Ein U-Eisen (261.1) hat die ungefähren Abmessungen $H = 300$ mm, $B = 100$ mm, $h = 268$ mm und $b = 90$ mm. Mit welchem maximalen absoluten Fehler max Δe müssen die einzelnen Längen eingehalten werden, wenn der maximale Fehler des Flächenträgheitsmomentes I kleiner als 1 % sein soll? Hinweise: $I = (BH^3 - bh^3)/12$. Der absolute Fehler aller Längen kann als gleich angenommen werden.

6. Die Entfernung zweier Punkte wird, bedingt durch die Geländeverhältnisse, in drei Teilstrecken mit unterschiedlicher Genauigkeit gemessen. Es ergaben sich folgende Werte: $e_1 = 81,20$ m $\pm$ 4 cm, $e_2 = 54,00$ m $\pm$ 0,5 cm und $e_3 = 96,99$ m $\pm$ 2 cm. Die Länge der Gesamtstrecke e, ihr absoluter mittlerer Fehler und ihr Maximalfehler max Δe sind zu berechnen.

7. In einem Dreieck werden die Seiten $a = 200,20$ m und $b = 160,84$ m mit einer relativen Genauigkeit 1 : 10000 und der Winkel $\gamma = 146,6800^g$ mit einem mittleren Fehler von $0,0020^g$ gemessen. Die Seite c und ihr absoluter mittlerer Fehler sind zu berechnen.

261.1

8. Die graphische Ermittlung der Fläche F eines Flurstücks mit Hilfe eines Polarplanimeters ergibt bei den sechs Umfahrungen folgende Werte: $F_1 = 1024$ m^2, $F_2 = 1030$ m^2, $F_3 = 1020$ m^2, $F_4 = 1018$ m^2, $F_5 = 1031$ m^2 und $F_6 = 1021$ m^2. Der wahrscheinlichste Wert der Fläche F, der mittlere Fehler einer Umfahrung s_F und der mittlere Fehler des Mittelwertes sind zu berechnen.

9. Zur exakten Bestimmung der Länge l eines Schwimmbades werden mit einem geeichten Stahlmeßband an drei Tagen Messungen durchgeführt. Nachstehend sind die Mittelwerte l_i der Messungen, die Anzahl n_i der jeweiligen Einzelmessungen und die Temperaturen ϑ_i zusammengestellt

$$l_1 = 50,000 \text{ m}, \quad n_1 = 6, \quad \vartheta_1 = 20\,^\circ\text{C};$$
$$l_2 = 50,014 \text{ m}, \quad n_2 = 4, \quad \vartheta_2 = 14\,^\circ\text{C};$$
$$l_3 = 49,985 \text{ m}, \quad n_3 = 8, \quad \vartheta_3 = 28\,^\circ\text{C}.$$

Das Meßband hat folgende Bandgleichung: $b = 20,000$ m $+ 0,23$ $(\vartheta - 20\,^\circ\text{C})$ mm/$^\circ$C. (Bei 30 $^\circ$C hat damit das Band eine Länge von 20,0023 m; das bedeutet, daß eine Strecke von 20 m um 2,3 mm zu kurz ermittelt wird). An den Messungsergebnissen sind Temperaturkorrektionen anzubringen (Beseitigung der systematischen Fehler). Das allgemeine arithmetische Mittel l, der mittlere Gewichtseinheitsfehler s_0 und der mittlere Fehler des Mittelwertes sind zu berechnen.

13. Netzplantechnik

13.1. Entwicklung der Netzwerktechnik als Planungsinstrument

Für jeden Produktionsablauf sind bestimmte Teilaufgaben zu lösen, die teils hinter-einander, teils nebeneinander ablaufen müssen. Die gegenseitigen Abhängigkeiten und Verflechtungen dieser Aufgaben bringen gerade im komplexen baubetrieblichen Ablauf komplizierte Planungsprobleme mit sich, die durch externe Einflüsse (Wetter usw.) noch erschwert werden.

Das althergebrachte Verfahren der Bauzeitplanung in der Form des Balkendiagramms (Bild 262.1) genügte den Anforderungen großer Bauobjekte bald nicht mehr. Man verwendet heute sowohl für Termin- als auch für Kapazitäts- und Kostenplanungen immer mehr die Verfahren der Netzplantechnik, die in den Jahren 1956/58 entwickelt wurden.

262.1

Durch Trennung von Abhängigkeiten und Zeitdauer bei Planung der einzelnen Vorgänge ist der Netzplan in der Lage, die während des Bauablaufs oft variierenden Zeitwerte der einzelnen Vorgänge und ihren Einfluß auf das Gesamtprojekt besser zu überwachen und zu koordinieren.

13.2. Voraussetzungen. Verfahren

Bei der Netzplanung werden verschiedene Vorgänge in ihrer Abhängigkeit voneinander dargestellt. Durch Eintragung der erforderlichen Zeitdauer bei den Einzelvorgängen kann die Gesamtzeit des Projektes ermittelt werden. Bei Darstellung der Zuordnungen werden sowohl **technologisch** wie auch **arbeitstechnisch und organisatorisch bedingte Abhängigkeiten** eingetragen.

Zur Aufstellung des Netzwerks müssen die für die Durchführung eines Projekts erforderlichen Teilarbeiten (Tätigkeiten, Vorgänge) selbst, ihre Zeitdauer und ihre Vorgänger (Tätigkeiten, die im Programm direkt davor liegen) bekannt sein. Sie werden in eine Liste übernommen (Tafel 263.1).

Ein Netz besteht aus Knoten und Kanten (Verbindungslinien zwischen den Knoten). Bei kantenorientierten Netzplänen (Vorgangspfeil-Netzplan), s. Bild **263**.2, sind die einzelnen Tätigkeiten als gerichtete Kanten (Pfeile) dargestellt. Die dazwischenliegenden Knoten bedeuten Zustände (Ereignisse, Situationen), die nach Abschluß der

Tafel **263**.1   Tätigkeitsliste

Kennbuchstabe	Dauer der Tätigkeit (Tage)	direkt davor
A	3	–
B	2	A
C	1	A
D	1	A
E	2	A
F	6	A
G	1	B, C, D
H	3	C
I	1	E, G, H
K	3	F, I

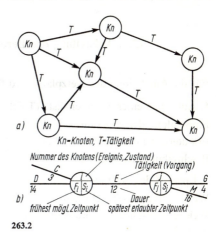

263.2

vorherliegenden Tätigkeiten erreicht werden. Bei knotenorientierten Netzplänen (Vorgangsknoten-Netzplan) (**263**.3) werden die Tätigkeiten als Knoten dargestellt. Die verbindenden Pfeile zwischen den Knoten symbolisieren die einzelnen Abhängigkeiten. Beide Verfahren werden in der Praxis verwendet. Das Vorgangsknotennetz (z. B. MPM = Metra-Potential-Methode) gewinnt im Bauwesen neuerdings mehr Verbreitung als das Vorgangspfeilnetz (z. B. CPM = Critical-Path-Method, PERT = Program Evaluation and Review Technique).

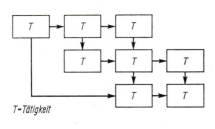

T-Tätigkeit

263.3

Bei komplexen Produktionsabläufen gibt es Teilarbeiten, bei denen die Einhaltung der geplanten Zeit entscheidend für die Einhaltung des Projektendtermins ist. Für andere Teilarbeiten steht mehr Zeit im Plan zur Verfügung, als für die eigentliche Ausführung erforderlich ist. Hier liegen sogenannte Pufferzeiten vor.

Der Netzplan gibt an, welche frühesten und spätesten Beginne und Beendigungen für die einzelnen Vorgänge möglich sind, wenn der Endtermin des Gesamtprojekts nicht gefährdet werden soll.

Es werden folgende Abkürzungen verwendet:

FA = Frühester Anfang eines Vorgangs; SA = Spätester Anfang eines Vorgangs; FE = Frühestes Ende eines Vorgangs; SE = Spätestes Ende eines Vorgangs; GP = Gesamte Pufferzeit = Zeit, um die ein Vorgang verschoben werden kann, ohne daß der Endtermin des Gesamtprojekts gefährdet wird; FP = Freie Pufferzeit = Zeit, um die ein Vorgang verschoben werden kann, ohne daß der frühest mögliche Beginn einer nachfolgenden Tätigkeit gefährdet wird.

Es können beliebige Zeiteinheiten (z. B. Stunden, Tage, Wochen usw.) zur Aufstellung des Netzes gewählt werden. Diese gelten dann aber für das gesamte Projekt.

13.3. Aufstellung und Berechnung von Netzplänen

Für die Aufstellung des Netzplans wird folgender Weg empfohlen:

1. Aufstellen einer Tätigkeitsliste (Tafel **263**.1)

Empfehlung der ungefähren Reihenfolge

Erläuterung mit Kennbuchstaben oder Kennzahlen

Beschreibung der Tätigkeit

2. Entwurf des Netzplans

Welcher Teilprozeß geht dem betrachteten unmittelbar voraus?

Welche zusätzlichen Voraussetzungen sind für die Durchführung der Teilaufgabe erforderlich?

Welche Tätigkeiten können gleichzeitig mit der betrachteten ablaufen?

Welche Vorgänge liegen unmittelbar hinter der betrachteten Teilaufgabe?

3. Überprüfung von Tätigkeitsliste und Entwurf auf

Vollständigkeit der Tätigkeitsliste

Sachliche und funktionelle Zusammenhänge der Tätigkeiten

Abgrenzung der Verantwortlichkeit einzelner Abteilungen und Festlegung der Nahtstellen, Festlegung der Tätigkeitsdauer und Überprüfung durch die Sachbearbeiter

4. Abänderung bzw. Ergänzung des Netzplanes nach Abhängigkeiten und Zeitbedarf

5. Durchrechnung des Netzes von Beginn bis Ende und Eintragung der frühest möglichen Zeiten für die einzelnen Vorgänge und/oder die dazwischenliegenden Ereignisse

6. Ermittlung des frühest möglichen Abschlußtermins für das Gesamtprojekt

7. Rückrechnung von Ende bis Beginn und Eintragung der spätest erlaubten Zeiten unter Berücksichtigung des unter 6 ermittelten Abschlußtermins

8. Ermittlung und Eintragung des kritischen Weges, d. h. des Durchlaufs durch den Netzplan, für den keinerlei Zeitreserven vorhanden sind. Hierfür wird die Gesamte Pufferzeit $GP = 0$

9. Berechnung und Eintragung der Pufferzeiten für alle Vorgänge

10. Tabellarische Auswertung

Vorgangs- und Terminliste

Plan zur Terminüberwachung

Kalendervergleichsliste

Im nachfolgenden Beispiel wird die Tätigkeitsliste aus Tafel **263**.1 zugrunde gelegt.

13.3.1. Das Vorgangspfeilnetz (CPM)

Im Vorgangspfeilnetz ergibt sich die Lösung der Aufgabe in Bild **265.1**.
Die für die Knoten geltenden frühesten Termine bestimmen sich aus dem frühest möglichen Abschluß der spätesten Vorgängertätigkeit, die spätesten Termine aus dem spätest erlaubten Beginn des frühesten Nachfolgers. Die Form der Knoten kann unterschiedlich gestaltet werden.

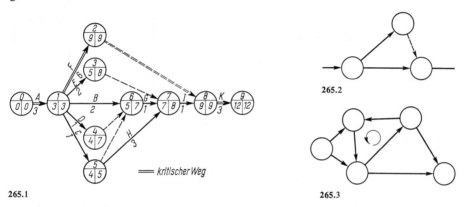

265.1   == kritischer Weg

265.2

265.3

Zur Darstellung von Abhängigkeiten, denen kein echter Vorgang zugrunde liegt, müssen verschiedentlich sogenannte Scheintätigkeiten (unterbrochene Tätigkeitspfeile ohne Zeitdauer) eingeführt werden (**265.2**). Schleifen im Netz ergeben keine logische Aussage und müssen bei der Aufstellung vermieden werden (**265.3**).

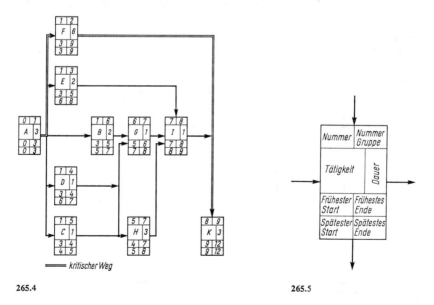

265.4   == kritischer Weg

265.5

13.3.2. Das Vorgangsknotennetz (MPM)

Im Vorgangsknotennetz ergibt sich die Lösung der Aufgabe in Bild **265.4** .

Die Form der Knoten kann unterschiedlich gestaltet werden (**265.5** oder **266.1**).

In das Netz können wahlweise verschiedene zeitliche Abhängigkeiten zwischen den einzelnen Vorgängen eingetragen werden (**266.2**).

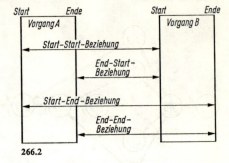

266.1 Beispiel einer vollständigen Knotendarstellung (MPM)

266.2

Beispiel: Vorgang B kann 6 Tage nach dem Start des Vorgangs A beginnen (Start-Start = 6) oder

Vorgang B muß 15 Tage nach dem Start des Vorgangs A abgeschlossen sein (Start-End = 15).

13.3.3. Tabellarische Auswertung

Zur Übersicht über die gesamten in einem Netz erfassten Vorgänge dient die in Tafel **266.3** dargestellte

Vorgangs- und Terminliste. Hieraus sind alle frühest möglichen und spätest erlaubten Zeiten für die einzelnen Vorgänge sowie die insgesamt zur Verfügung stehende Zeit und

Tafel **266.3** Vorgangs- und Terminliste

Kenn-buchstabe	Nr. der Tätigkeit	Dauer	FA	SA	FE	SE	max. Zeit	GP	FP
A	0−1	3	0	0	3	3	3	0	0
B	1−6	2	3	5	5	7	4	2	0
C	1−5	1	3	4	4	5	2	1	0
D	1−4	1	3	6	4	7	4	3	1
E	1−3	2	3	6	5	8	5	3	2
F	1−2	6	3	3	9	9	6	0	0
G	6−7	1	5	7	6	8	3	2	1
H	5−7	3	4	5	7	8	4	1	0
I	7−8	1	7	8	8	9	2	1	1
K	8−9	3	9	9	12	12	3	0	0

die vorhandenen Pufferzeiten ersichtlich. Der Projektleiter muß alle Tätigkeiten mit der Gesamtpufferzeit gleich Null ständig genau überwachen, wenn er den Endtermin des Projektes nicht gefährden will. In zweiter Linie sind dann die Vorgänge mit der Freien Pufferzeit gleich Null zu kontrollieren, während für Tätigkeiten mit großen Freien Pufferzeiten eine weniger intensive Terminkontrolle ausreicht.

Der Plan zur Terminüberwachung (Tafel 267.1) ordnet die Angaben über frühest mögliche und spätest erlaubte Zeitpunkte nach fortschreitenden Arbeitstagen. Hierdurch wird die Überwachung für den Projektleiter erheblich vereinfacht.

Eine Kalendervergleichsliste (Tafel 267.2) fügt die Arbeitstage in den Kalender des jeweiligen Jahres mit seinen Sonn- und Feiertagen sowie den evtl. arbeitsfreien Samstagen ein, so daß für jedes Projekt der kalendermäßige Ablauf kontrolliert werden kann.

Tafel 267.1   Plan zur Terminüberwachung

Am Ende des Tages	FA	SA	FE	SE
0	A	A		
3	BCDEF	F	A	A
4	H	C	CD	
5	G	BH	BE	C
6		DE	G	
7	I	G	H	BD
8		I	I	EGH
9	K	K	F	FI
12			K	K

Tafel 267.2   Kalendervergleichsliste

	So	Mo	Di	Mi	Do	Fr	Sa	So	Mo	Di	Mi	Do	Fr	Sa
März KT	12	13	14	15	16	17	18	19	20	21	22	23	24	25
AT	/	—	—	—	—	—	/	/	1	2	3	4	5	/
KT	26	27	28	29	30	31	1	2	3	4	5	6	7	8
AT	/	6	7	8	9	F	/	/	F	10	11	12	—	/
April KT	9	10	11	12	13	14	15	16	17	18	19	20	21	22
AT	/	—	—	—	—	—	/	/						/

KT = Kalendertag,   AT = Arbeitstag für das geplante Projekt

13.3.4. Darstellung als Balkendiagramm

Zum besseren Verständnis durch das Baustellenpersonal wird der Netzplan vielfach in Form eines Balkendiagramms dargestellt, aus dem auch die einzelnen Abhängigkeiten und die Pufferzeiten zu ersehen sind. Hierbei werden – soweit sinnvoll – die einzelnen Abteilungen bzw. Arbeitsgruppen jeweils in einer Zeile angeordnet, so daß ihre Auslastung durch dieses Projekt erkennbar ist.

13.4. Analyse und Optimierung des Programms

Die technologischen Abhängigkeiten eines Programms sind in den meisten Fällen nicht zu verändern. Beeinflußbar sind dagegen die arbeitstechnischen und organisatorischen Bedingungen; z.B. durch gleichzeitigen Einsatz mehrerer Arbeitsgruppen und/oder Geräte, wenn gleiche Arbeiten an verschiedenen Orten des Bauwerks anfallen. Wenn eine Arbeitsgruppe mit Arbeiten, die auf dem kritischen Weg liegen, voll ausgelastet ist, wird der Einsatz einer zweiten Gruppe sicherlich zeitliche Einsparungen bringen. Falls hierdurch zusätzliche Kosten entstehen (Auslösung, Mietgerät usw.), muß die zeitliche Einsparung der Kostenerhöhung gegenübergestellt werden (Vertragsstrafe/Prämie).

Wenn bei einzelnen Arbeiten große Freie Puffer auftreten, so kann ggf. durch Verminderung der eingesetzten Kapazität eine bessere Einpassung in den Gesamtplan erreicht werden. Hierdurch ist es in einigen Fällen möglich, eine größere Zahl der Verbindungen als kritische Wege auszubilden (überspanntes Netzwerk) und damit ein theoretisches Kostenoptimum anzustreben.

Im Baubetrieb muß vor solchen überspannten Netzwerken gewarnt werden, da bei den oft auftretenden unvorhergesehenen Einflüssen (Wetter, Lieferschwierigkeiten o.ä.) der Projektleiter mit einer solchen Aufgabe in den meisten Fällen überfordert ist. Es sollten bei größeren Bauobjekten im allgemeinen nicht mehr als 15 bis 25% der Arbeiten auf dem kritischen Weg eingeplant werden.

Beim Einsatz der Arbeitsgruppen ist darauf zu achten, daß die teuersten Kolonnen möglichst voll ausgelastet sind und mit ihren Arbeiten auf dem kritischen Wege liegen.

13.5. Anwendungsbeispiel aus dem Bauwesen

Für den Bau der in Bild **268**.1 skizzierten Brücke soll ein vereinfachter Netzplan aufgestellt werden. Hierbei können an drei Orten (Widerlager links – Widerlager rechts – Platte) z.T. gleichartige Arbeiten ausgeführt werden. In den zu erstellenden Terminplan sind die in Tafel **269**.1 aufgeführten Arbeiten aufzunehmen.

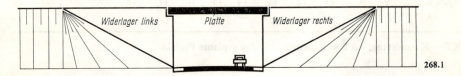

268.1

Für die Ausführung stehen folgende Kolonnen bzw. Geräte und Hilfsmittel zur Verfügung

1 Erdkolonne mit Bagger

1 Zimmererkolonne (+ Schalarbeiten)

1 Betonierkolonne (+ Eisenbiegearbeiten)

2 Schalungssätze für die Widerlager

1 Lehrgerüst

1 Schalungssatz für die Platte

Tafel 269.1   Terminplan einer Brückenbaustelle (Aufgabenstellung)
Widerlager links (Wl), Widerlager rechts (Wr), Platte (PL)

Nr.	Kennbuchstabe	Tätigkeit	Dauer Tage	direkt davor	Bemerkungen
1	A	Baustelleneinrichtung	20	—	
2	B	Bodenaushub Wl	3	A	
3	C	Bodenaushub Wr	3	B	
4	D	Schalarbeiten Wl	14	B	
5	E	Schalarbeiten Wr	14	C, D	
6	F	Betonarbeiten Wl	6	D	
7	G	Betonarbeiten Wr	6	E, F	
8	H	Abbindezeit Wl	8	F	
9	I	Abbindezeit Wr	8	G	
10	K	Abbau der Schalung Wl	3	H, M	
11	L	Abbau der Schalung Wr	3	I, K	
12	M	Aufbau Lehrgerüst und Schalung PL	16	E	
13	N	Bewehrung PL	8	G, M	
14	O	Betonarbeiten PL	3	N	
15	P	Abbindezeit PL	14	O	
16	Q	Hinterfüllen Wl	4	C, K	
17	R	Hinterfüllen Wr	4	L, Q	
18	S	Abbau des Lehrgerüstes	8	L, P	
19	T	Räumen der Baustelle	6	R, S	

Die Darstellung in einem nach Tätigkeiten geordneten Balkendiagramm ist aus Bild **270.1** ersichtlich. Bild **270.2** zeigt den Netzplan nach CPM, Bild **271.1** nach MPM; Tafel **271.2** zeigt die Vorgangs- und Terminliste, Tafel **272.1** den Plan zur Terminüberwachung.

Der besseren Übersichtlichkeit halber ist eine vereinfachte Darstellungsweise gewählt worden. Unter den vorgegebenen Bedingungen können die Arbeiten frühestens nach 106 Arbeitstagen abgeschlossen sein. Der kritische Weg verläuft über die Vorgänge A–B–D–E–M–N–O–P–S–T. Wenn festgelegt wird, daß der Aushub B schon 8 Tage nach Beginn der Baustelleneinrichtungsarbeiten angefangen werden kann (Beziehung Start-Start = 8 Tage), dann verkürzt sich das Gesamtprojekt auf 94 Tage. Durch Einsatz einer zweiten Zimmererkolonne für Schalung des Widerlagers rechts, die am Ende des 26. Arbeitstages beginnen kann, läßt sich die Dauer des Gesamtprojekts um weitere 14 Tage verkürzen. (Die erste Zimmererkolonne springt dann von D nach M.) Durch

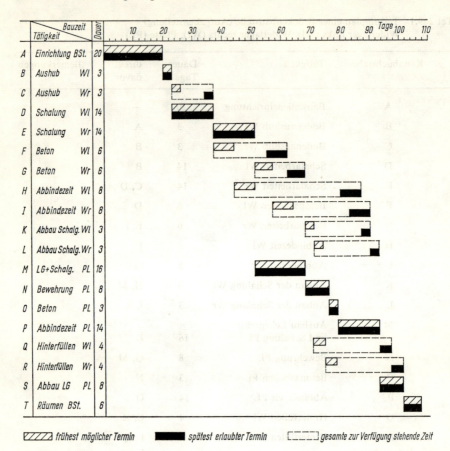

	Tätigkeit	Bauzeit	Dauer
A	Einrichtung	BSt.	20
B	Aushub	Wl	3
C	Aushub	Wr	3
D	Schalung	Wl	14
E	Schalung	Wr	14
F	Beton	Wl	6
G	Beton	Wr	6
H	Abbindezeit	Wl	8
I	Abbindezeit	Wr	8
K	Abbau Schalg.	Wl	3
L	Abbau Schalg.	Wr	3
M	LG+Schalg.	PL	16
N	Bewehrung	PL	8
O	Beton	PL	3
P	Abbindezeit	PL	14
Q	Hinterfüllen	Wl	4
R	Hinterfüllen	Wr	4
S	Abbau LG	PL	8
T	Räumen	BSt.	6

▨ frühest möglicher Termin   ▬ spätest erlaubter Termin   ⌐⌐⌐ gesamte zur Verfügung stehende Zeit

270.1 Terminplan einer Brückenbaustelle (Balkendiagramm)

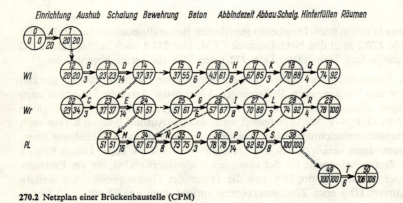

270.2 Netzplan einer Brückenbaustelle (CPM)

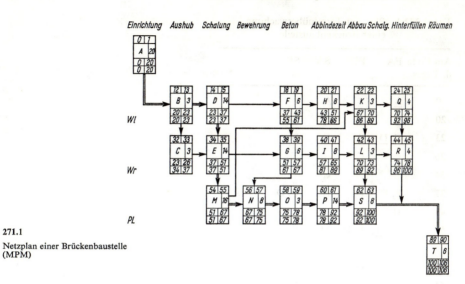

271.1

Netzplan einer Brückenbaustelle
(MPM)

Tafel **271.2** Vorgangs- und Terminliste einer Brückenbaustelle

Kenn-buchst.	Tätigkeit	Dauer Tage	direkt davor	direkt dahinter	FA	FE	SA	SE	max. Zeit	GP	FP	Bem.
A	Einrichtung BSt.	20	—	B	0	20	0	20	20	0	0	
B	Bodenaush. Wl	3	A	C, D	20	23	20	23	3	0	0	
C	Bodenaush. Wr	3	B	E	23	26	34	37	14	11	11	
D	Schalarb. Wl	14	B	E, F	23	37	23	37	14	0	0	
E	Schalarb. Wr	14	C, D	G, M	37	51	37	51	14	0	0	
F	Betonarbeiten Wl	6	D	G, H	37	43	55	61	24	18	0	
G	Betonarbeiten Wr	6	E, F	I, N	51	57	61	67	16	10	0	
H	Abbindezeit Wl	8	F	K	43	51	78	86	43	35	16	
I	Abbindezeit Wr	8	G	L	57	65	81	89	32	24	5	
K	Abbau Schalg. Wl	3	H, M	L, Q	67	70	86	89	22	19	0	
L	Abbau Schalg. Wr	3	I, K	R, S	70	73	89	92	22	19	1	
M	LG + Schalg. PL	16	E	K, N	51	67	51	67	16	0	0	
N	Bewehrung PL	8	G, M	O	67	75	67	75	8	0	0	
O	Betonarbeiten PL	3	N	P	75	78	75	78	3	0	0	
P	Abbindezeit PL	14	O	S	78	92	78	92	14	0	0	
Q	Hinterfüllen Wl	4	C, K	R	70	74	92	96	26	22	0	
R	Hinterfüllen Wr	4	L, Q	T	74	78	96	100	26	22	22	
S	Abbau LG	8	L, P	T	92	100	92	100	8	0	0	
T	Räumen BSt.	6	R, S	—	100	106	100	106	6	0	0	

Tafel **272.**1   Plan zur Terminüberwachung
einer Brückenbaustelle

Am Ende d. Tages	FA	FE	SA	SE
0	A̲		A	
20	B̲	A̲	B	A
23	C, D̲	B̲	D	B
26		C		
34			C	
37	E̲, F	D̲	E	C, D
43	H	F		
51	G, M̲	E̲, H	M	E
55			F	
57	I	G		
61			G	F
65		I		
67	K, N̲	M̲	N	G, M
70	Q, L	K		
73		L		
74	R	Q		
75	O̲	N̲	O	N
78	P̲	O̲, R	H, P	O
81		I		
86			K	H
89			L	I, K
92	S̲	P̲	Q, S	L, P
96			R	Q
100	T̲	S̲	T	R, S
106		T̲		T

solche Überlegungen läßt sich jedes Projekt an Hand eines übersichtlich dargestellten Netzplans nach Zeit und Kosten optimieren.

Die **Optimierung der Kosten** kann z.B. über Formblätter wie in Tafel **273.**1 und **273.**2 erfolgen. Nachdem die Kosten der einzelnen Arbeitsgruppen ermittelt sind, werden auf dem Blatt Kosten-Optimierung verschiedene nach dem Netzplan mögliche und technisch sinnvolle Projektabläufe durchgerechnet und das Optimum für die gegebene Situation ermittelt. Vorhandene Risiken müssen hierbei in jedem Fall gegenübergestellt werden.

Tafel **273**.1   Kosten der Arbeitsgruppen

Kenn-buchst.	Arbeits-gruppe	Zahl	Arbeitsgruppen DM/Tag		Sonstige Kosten DM/Tag		Anfahrt/ Abfahrt DM/Tag	Geräte Kosten Fahrt DM/Tag	
			1. Gr.	2. Gr.	1. Gr.	2. Gr.			
A,T	Einricht. u. Abrüstg.	5	750,–	–	150,–	–	60,–	–	600,–
B,C,Q,R	Erdaushub u. Verfüllg.	2	300,–	–	60,–	–	20,–	500,–	200,–
D,E,M,K L,S	Schalungs-kolonne	8	1200,–	1500,–	240,–	300,–	60,–		
F,G,N,O	Betonier-kolonne	8	1200,–		240,–		60,–	200,–	60,–

Tafel **273**.2 Kostenoptimierung

Baustelle: Fall:

Kenn-buch-stabe	Bezeichnung	Dauer Tage	Arbeits-wert	Sonstige Kosten	Anfahrt/ Abfahrt Personal	Geräte Kosten An-/ Abfahrt		Ge-samt-Kosten	V-Strafe 1000,– Tg.	Prämie 200,– Tg.
A	Einricht. BSt.	20	15000,–	3000,–	120,–	–	600,–	18720,–		
B	Bodenaush. Wl	3	900,–	180,–	20,–	1500,–	200,–	2800,–		
C	Bodenaush. Wr	3	900,–	180,–	20,–	1500,–	200,–	2800,–		
D	Schalarb. Wl	14	16800,–	3360,–	60,–	–	–	20220,–		
E	Schalarb. Wr	14								
F	Betonarb. Wl	6								
G	Betonarb. Wr	6								
H	Abbindez. Wl	8								
I	Abbindez. Wr	8								
K	Abbau Schalg. Wl	3								
L	Abbau Schalg. Wr	3								
M	LG + Schalg. PL	16								
N	Bewehrung PL	8								
O	Betonarb. PL	3								
P	Abbindez. PL	14								
Q	Hinterfüllen Wl	4								
R	Hinterfüllen Wr	4								
S	Abbau LG	8								
T	Räumen BSt.	6								

13.6. Auswertung über Datenverarbeitungsanlagen

Wenn ein Projekt plangemäß abläuft, kann mit den vorhandenen Planunterlagen jederzeit der genaue Fortschritt kontrolliert werden. Im baubetrieblichen Ablauf kommt es nicht selten vor, daß Ausführungstermine nicht eingehalten werden können und die vorgegebenen Zeiten abgeändert werden müssen. Dies bedingt bei bleibender Netzstruktur jeweils eine neue Durchrechnung der Zeiten sowie eine Kontrolle des kritischen Weges und der Puffer.

Bei kleinen und mittleren Netzen (bis etwa 100 Vorgänge) ist in den meisten Fällen eine Durchrechnung von Hand wirtschaftlich. Bei größeren Netzen vor allem mit zahlreichen Verknüpfungen erfordert die Durchrechnung von Hand einen hohen Arbeitsaufwand. Aus diesem Grunde wird bei größeren Netzen immer mehr die Hilfe von Datenverarbeitungsanlagen in Anspruch genommen.

Hierbei werden für die einzelnen Tätigkeiten Vorgangskarten aufgestellt, aus denen die Nummer, die Beschreibung des Vorgangs und die geschätzte Zeitdauer zu ersehen ist. In einer oder mehreren Vorgängerkarten werden dann die direkten Vorgänger und ihre Beziehungen zu der Tätigkeit eingetragen (Start–Start, Start–Ende usw.).

Mit diesen Grundwerten und einigen auf gesonderten Karten einzutragenden Ergänzungsangaben ist die Datenverarbeitungsanlage in der Lage, die gewünschten Tafeln auszudrucken. Wenn sich während des Projektablaufs Zeiten oder auch Vorläufer ändern, so kann dies pro Vorgang mit einer Änderungskarte berücksichtigt werden. Bei einem erneuten Durchlauf des Programms werden die veränderten Bedingungen zugrunde gelegt.

Mit diesem Verfahren kann auch eine laufende Überwachung des Baufortschritts erfolgen, die als Grundlage der Abschlagszahlungen dient.

Aufgaben zu Abschnitt 13

Für den Ort A-Dorf wird die Ausführung einer Ortsumgehung vorgeplant (Lageskizze Bild **274**.1). Die wesentlichen Arbeiten werden in einer Tätigkeitsliste zusammengestellt und die direkten Vorläufer für die Aufstellung einer Terminplanung ermittelt (Tafel **275**.1).

Für dieses Beispiel sollen ausgearbeitet werden: 1. Balkendiagramm, 2. Netzplan CPM, 3. Netzplan MPM, 4. Vorgangs- und Terminliste, 5. Plan zur Terminüberwachung.

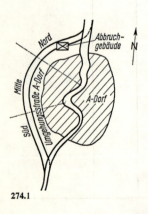

Es sind folgende Fragen zu beantworten:

1. Nach wieviel Arbeitstagen können die Arbeiten frühestens abgeschlossen werden?

2. Welche Arbeiten liegen auf dem kritischen Weg?

3. Wie groß sind die gesamten Pufferzeiten für die Tätigkeiten D, G, T, U, R, W und X?

4. Wie groß werden die freien Pufferzeiten für diese Tätigkeiten?

5. Was bringt der Einsatz von 2 Kolonnen bei der Herstellung des Gehweges (Q, R)?

6. Was läßt sich durch den Einsatz von zwei Bordstein-Kolonnen erreichen (N, O, P)?

7. In welchem Fall der unter 1, 5 und 6 beschriebenen Situationen ändert sich der Endtermin, wenn die Tätigkeit AB (Anpflanzung der Straßenränder) aus dem Terminplan herausgenommen wird? (Ausführung erst im nächsten Frühjahr oder Herbst.)

274.1

Tafel 275.1   Abschnitte Nord (N) – Mitte (M) – Süd (S)

Kenn-Buchst.	Beschreibung	Ort	Dauer Tage	direkt davor
A	Arbeitsvorbereitung		14	—
B	Baustelleneinrichtung		4	A
C	Antransport der Geräte		2	B
D	Abbruch alter Gebäude	M	12	C
E	Umlegung von Leitungen	N	10	C
F	Umlegung von Leitungen	S	10	E
G	Entwässerung	N	6	K, F
H	Entwässerung	M	6	G, L
I	Entwässerung	S	6	H, M
K	Erdarbeiten	N	14	E
L	Erdarbeiten	M	14	K, D
M	Erdarbeiten	S	14	L, F
N	Bordsteine und Rinne	N	18	S
O	Bordsteine und Rinne	M	18	T, N
P	Bordsteine und Rinne	S	18	O, U
Q	Gehweg einseitig	N	20	P
R	Gehweg einseitig	M	20	Q
S	Unterbauarbeiten	N	10	G
T	Unterbauarbeiten	M	10	H, S
U	Unterbauarbeiten	S	10	I, T
V	Deckenbauarbeiten		8	P
W	Antrag bis Genehmigung der Umleitung		21	A
X	Umleitung für Anschlüsse	N	1	V, W
Y	Umleitung für Anschlüsse	S	1	X
Z	Ausführung der Anschlüsse	N	12	X
AA	Ausführung der Anschlüsse	S	14	Y, Z
AB	Anpflanzung der Straßenränder		18	R
AC	Beseitigung der Umleitung und Eröffnung		1	AA
AD	Abrüstung der Baustelle		2	AC

Anhang

Ergebnisse zu den Aufgaben

Abschnitt 1

1. a) $1/3$ b) 0 c) divergent   d) $-1/3$ e) 1

f) $\dfrac{2-\sqrt{2}}{\sqrt{3}-1}=0{,}800$ g) $1/\left(2\sqrt{3}\right)=0{,}289$ h) $-6/7$ i) 1

2. a) 4 b) $3/5$ c) 0 für $a \neq 0$; 1 für $a=0$ **3.** a) $1/e$ b) $1/e$ c) 1

4. a) 1 b) $1/2$ c) $-\sin\alpha$ **5.** $1/(7 \cdot x^{6/7})$

6. Beschränkt, nicht monoton, konvergent mit Grenzwert -1

7. $s_1 = 1$; $s_2 = 1,2$; $s_3 = 1,24$; $s_4 = 1,248$; $s_5 = 1,2496$; $s_6 = 1,24992$

8. $s = 7$ **9.** $s = 2,5$. Bild **276.1**   **10.** konvergent für $c < 1$.

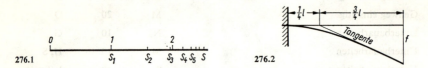

276.1

276.2

Abschnitt 2

1. a) $y' = 20x^4 - \dfrac{7}{3\sqrt[3]{x^2}} - \dfrac{4}{3\sqrt[3]{x^4}} - \dfrac{1}{5\sqrt[5]{x^4}}$ b) $y' = \dfrac{10}{x\ln 7}$

c) $y' = 3\cos x + 5\sin x$; $y'(\pi/4) = 5,66$

2. $x_1 = 0,762$; $y_1 = -0,830$; $x_2 = 1$; $y_2 = -1$; $\alpha_3 = 96,34°$

3. $x_0 = -4$; $y_0 = -64$ **4.** $\delta = 6,91°$

5. a) $y'' = -3\sin x$ b) $y'' = -\dfrac{4}{9\sqrt[3]{x^5}}$ c) $y'' = \dfrac{24}{25\sqrt[5]{x^{11}}}$

6. $v = 40\ \text{m/s} - 3\,(\text{m/s}^2)\, t$; $a = -3\ \text{m/s}^2$; $v(0) = 40\ \text{m/s}$
Stillstand für $t_1 = 13,3$ s; $s(t_1) = 267$ m.

7. $f = y(l) = q\,l^4/(8\,EI)$;
$\tan\alpha = y'(l) = q\,l^3/(6\,EI) = f/(0{,}75\,l)$;   Bild **276.2**

8. $v'(s_0) = \sqrt{2g}\big/\left(2\sqrt{s_0}\right) = v_0/(2s_0) = (v_0 - v_1)/s_0$;   also $v_1 = v_0/2$

9. $y_1 = -(n-1)\,y_0$ **10.** $V = (1,848 \pm 0,023)\ \text{m}^2$; $\mathrm{d}V/V = 1,24\%$.

Abschnitt 3

1. a) $y' = -\dfrac{2 \sin x}{(1 - \cos x)^2}$ b) $y' = \dfrac{1}{x \ln x}$ c) $y' = \dfrac{1}{\sin x}$ d) $y' = \dfrac{1}{\sqrt{x^2 + 1}}$

e) $y' = \dfrac{1}{\sqrt{(a x + b)(x + d)}}$ f) $y' = -12(x - 1)\dfrac{(2x - 1)^{1/2}}{(6x - 1)^{7/2}}$ g) $y' = \dfrac{1}{\sqrt{x^2 + a x}}$

h) $y' = \arcsin x$ i) $y' = \dfrac{2}{x} + \dfrac{1}{1 + e^{-2x}} + 3$ j) $y' = x\sqrt{8 x - x^2}$

k) $y' = \sin(\ln x)$ l) $y' = \dfrac{\sqrt{a^2 - b^2}}{2(a + b \cos x)}$

2. $y = \dfrac{x(x - 2)}{(x^2 - x + 1)^2}$; $y' = 0$ für $x = 0$ und $x = 2$; $y(0) = 1$; $y(2) = -1/3$

3. Schnittwinkel mit y-Achse $\alpha = 0°$;

Schnittwinkel mit x-Achse $\alpha = \pm 62{,}1°$ bei $x_0 = \pm 0{,}707$

4. $37{,}2°$ **5.** $73{,}8°$ **6.** $v = A \omega \cos(\omega t + \varphi)$; $a = -A \omega^2 \sin(\omega t + \varphi)$

7. Aus $y' = 0$ folgt $x_0 = l/\sqrt{3} = 0{,}577\, l$

Abschnitt 4

1. $I = 70\,\mathrm{cm}^3$ **2.** $F = 9\,\mathrm{cm}^2$ **3.** $y = -10x^3 + 69x^2 - 155x + 114$

4. $a = 1/[(2m + m^2)\,\mathrm{cm}]$ **5.** $A_\mathrm{i} = P^2 l^3/(6\,EI)$ **6.** $R = \dfrac{p_0\, a}{2}$; $x_\mathrm{R} = \dfrac{2}{3}\, a$

7. $x_\mathrm{S} = 4{,}672\,\mathrm{dm}$; $y_\mathrm{S} = 2{,}401\,\mathrm{dm}$ **8.** $V_\mathrm{y} = 0{,}628\,\mathrm{cm}^3$

9. Bild **77.2**a: $F = ca^3/3$; $x_\mathrm{S} = 3a/4$; $y_\mathrm{S} = 3ca^2/10$

Bild **77.2**b: $F = 2a\sqrt{2pa}/3$; $x_\mathrm{S} = 3a/5$; $y_\mathrm{S} = 3\sqrt{2pa}/8$

10. $F = 427\,\mathrm{mm}^2$; $x_\mathrm{S} = 10{,}7\,\mathrm{mm}$; $y_\mathrm{S} = 15{,}6\,\mathrm{mm}$ **11.** $G = 66{,}3\,\mathrm{kp}$

12. $x_\mathrm{S} = 4{,}21\,\mathrm{cm}$ **13.** $y = y_\mathrm{S}\left(1 - \dfrac{x^2}{16\,\mathrm{cm}^2}\right)$ mit $y_\mathrm{S} = 2{,}67\,\mathrm{cm}$

14. a) $I_\mathrm{x} = \dfrac{b\,h^3}{36}$ $I_\mathrm{y} = \dfrac{h\,b^3}{36}$ $I_\mathrm{xy} = -\dfrac{h^2\,b^2}{72}$

b) $I_\mathrm{x} = \dfrac{b\,h^3}{36}$ $I_\mathrm{y} = \dfrac{h\,b^3}{36}$ $I_\mathrm{xy} = +\dfrac{h^2\,b^2}{72}$

15. $\delta_\mathrm{m} = \dfrac{P\,l^3}{48\,EI}$ **16.** $\varphi_\mathrm{A} = -\dfrac{P\,a\,l}{6\,EI}$

17. Auf beiden Wegen erhält man $2a_0\, h + 2a_1\, h^2 + 8a_2\, h^3/3 + 4a_3\, h^4$

18. $I = 0{,}28665$, Korrektur $-3 \cdot 10^{-6}$ **19.** $V = \dfrac{h}{3}\,[F(0) + 4F(h) + F(2h)]$

20. $V = 2\pi \cdot a \cdot \pi r^2 = 2\pi^2 r^2\, a$; $O = 2\pi \cdot a \cdot 2\pi r = 4\pi^2\, a\, r$

21. 10 gleichbreite Streifen $x = 0{,}9753$ $y = 0{,}1637$

Genaue Ergebnisse $x = 0{,}9752877$ $y = 0{,}1637141$

Abschnitt 5

1. $y = 4{,}5x^4 - 4x^3 + 1{,}5x^2 - 6x - 33$

2. Bild 278.1 $\quad I(\pi) = 2\pi$

3. a) $I = -0{,}347$ $\qquad$ b) $I = 0{,}755$

4. $x_0/\text{cm} = 1{,}111 = 63{,}66°;\qquad F = 0{,}1039\ \text{cm}^2$

5. $\displaystyle\int \tan^2 x\,\mathrm{d}x = \tan x - x;\qquad \int \frac{\mathrm{d}x}{\cos^2 x} = \tan x$

6. $\displaystyle\int \cos(\omega t + \varphi)\,\mathrm{d}t = \frac{1}{\omega}\sin(\omega t + \varphi)$

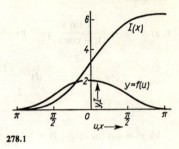

278.1

7. $F = 2\ \text{cm}^2$ $\qquad$ **8.** $\Delta l = \dfrac{Pl}{E\pi(R - r)}\left(\dfrac{1}{r} - \dfrac{1}{R}\right) = 0{,}524\ \text{m}$

9. a) $I = 2{,}5\,(1 - e^{-0{,}8}) = 1{,}377$ $\qquad$ b) $I(x) = \dfrac{r^2}{2}\arcsin\dfrac{x}{r} + \dfrac{x}{2}\sqrt{r^2 - x^2}$

$\quad$ c) $I(x) = \dfrac{x}{2}\sqrt{x^2 - 1} - \dfrac{1}{2}\ln\left(x + \sqrt{x^2 - 1}\right)$ $\qquad$ d) $I = \pi/16$

$\quad$ e) $I(x) = \text{arsinh}\left(x - 2\right) = \ln\left(x - 2 + \sqrt{x^2 - 4x + 5}\right)$

$\quad$ f) $I(x) = \dfrac{11}{8}\cdot\arcsin\dfrac{2x - 1}{3} - \dfrac{1}{4}(2x + 3)\sqrt{x + 2 - x^2}$ $\qquad$ g) $I(x) = \ln\left|\dfrac{\cos x}{1 - \sin x}\right|$

$\quad$ h) $I(x) = \dfrac{1}{2}\ln|x^2 - 7x + 3| + 0{,}575\ln\left|\dfrac{6{,}54 - x}{x - 0{,}459}\right|$

$\quad$ i) $I(x) = \dfrac{3}{8}x - \dfrac{1}{4}\sin 2x + \dfrac{1}{32}\sin 4x$

$\quad$ j) $I = \left[u - \dfrac{u^3}{3}\right]_0^{1/\sqrt{2}} = 0{,}589$ $\quad$ bei $u = \cos x$ $\qquad$ k) $I(x) = x(\ln x - 1)$

$\quad$ l) $I(x) = \left(\dfrac{x^2 + 1}{2}\cdot\arctan x\right) - \dfrac{x}{2}$

$\quad$ m) $I = \left[\dfrac{2x^3 - 3x}{4}\sin 2x + \dfrac{6x^2 - 3}{8}\cos 2x\right]_0^{\pi/2} = \dfrac{3}{4}\left(1 - \dfrac{\pi^2}{4}\right) = -1{,}101$

10. $F = \pi a b$ $\qquad$ **11.** $U = \dfrac{u_m}{\sqrt{3}}$ $\qquad$ **12.** $O = 490;\ x_S = 6{,}88$

13. $x_S = \dfrac{\pi}{2}a;\qquad y_S = \dfrac{\pi}{8}a;\qquad I_x = \dfrac{4}{9}a^4$

14. Kettenlinie $s_K(x_0) = a\sinh(x_0/a);\ s_K(a) = 1{,}175a;$

$\qquad$ Parabel $\quad s_P(x_0) = a\left\{\dfrac{x_0}{2a}\sqrt{1 + \dfrac{x_0^2}{a^2}} + \dfrac{1}{2}\ln\left[\dfrac{x_0}{a} + \sqrt{1 + \dfrac{x_0^2}{a^3}}\right]\right\}$

$\qquad\qquad s_P(a) = 1{,}148a;\qquad (s_K - s_P)/s_K = 2{,}3\%$

15. $F = \dfrac{a\omega}{\delta^2 + \omega^2}\,e^{\frac{\delta\varphi}{\omega}}\left(1 + e^{-\frac{\delta\pi}{\omega}}\right)$

16. für $0 \leqq x \leqq \dfrac{l}{2}$ ist $q(x) = \dfrac{2q}{l}x$; $\quad Q(x) = -\dfrac{q}{l}x^2$; $\quad M(x) = -\dfrac{q}{l} \cdot \dfrac{x^3}{3}$

für $\dfrac{l}{2} \leqq x \leqq l$ ist $q(x) = q$; $\quad Q(x) = -q\left(x - \dfrac{l}{4}\right)$; $\quad M(x) = -q\left(\dfrac{x^2}{2} - \dfrac{l}{4}x + \dfrac{l^2}{24}\right)$

17. für $0 \leqq x \leqq \dfrac{l}{4}$ ist $q(x) = q$; $\quad Q(x) = -qx$; $\quad M(x) = -q\dfrac{x^2}{2}$

für $\dfrac{l}{4} \leqq x \leqq \dfrac{5l}{4}$ ist $q(x) = q$; $\quad Q(x) = -q\left(x - \dfrac{25}{32}l\right)$;

$$M(x) = -q\left(\dfrac{x^2}{2} - \dfrac{25}{32}lx + \dfrac{25}{128}l^2\right)$$

Querkraftnullstelle $\quad x_0 = \dfrac{25}{32}l$

Maximalmoment $\quad \max M = M(x_0) = ql^2\dfrac{225}{2048} \approx \dfrac{ql^2}{9{,}10}$

18. für $0 \leqq x \leqq c$ ist $q(x) = \dfrac{qx}{c}$ $\quad Q(x) = q\left(\dfrac{c(3l - 2c)}{6l} - \dfrac{x^2}{2c}\right)$;

$$M(x) = q\left(\dfrac{c(3l - 2c)x}{6l} - \dfrac{x^3}{6c}\right)$$

für $c \leqq x \leqq l$ ist $q(x) = 0$; $\quad Q(x) = -q\dfrac{c^2}{3l}$; $\quad M(x) = q\dfrac{c^2}{3l}(l - x)$

Querkraftnullstelle $\quad x_0 = c\sqrt{1 - \dfrac{2c}{3l}}$

Maximalmoment $\quad \max M = M_0 = \dfrac{qc^2}{3}\sqrt{\left(1 - \dfrac{2c}{3l}\right)^3}$

19. $y(x) = \dfrac{ql^4}{120EI}\left[4 - 5\dfrac{x}{l} + \left(\dfrac{x}{l}\right)^5\right]$; $\quad y(0) = f = \dfrac{ql^4}{30EI}$; $\quad y'(0) = \tan\alpha = -\dfrac{ql^3}{24EI}$

20. $y(x) = \dfrac{M_Bl^2}{6EI}\left[\dfrac{x}{l} - \left(\dfrac{x}{l}\right)^3\right]$; $\quad y'(0) = \dfrac{M_Bl}{6EI}$; $\quad y'(l) = -\dfrac{M_Bl}{3EI}$

21. $y(x) = \dfrac{ql^4}{384EI}\left[16\left(\dfrac{x}{l}\right)^2 - 32\left(\dfrac{x}{l}\right)^3 + 16\left(\dfrac{x}{l}\right)^4\right]$

$\max y = y(l/2) = f = \dfrac{ql^4}{384EI}$

$A = B = \dfrac{ql}{2} \qquad M_A = M_B = -\dfrac{ql^2}{12}$

$\max M = M(l/2) = \dfrac{ql^2}{24} \qquad M(0{,}211\,l) = M(0{,}789\,l) = 0$

22. $Z_1 = 165{,}5$ kp; $\quad Z_2 = 380$ kp $\qquad$ **23.** $s_x = 2{,}34$ m

Abschnitt 6

1. $x_1 = -3{,}8284 \qquad x_2 = -0{,}4317 \qquad x_3 = +0{,}2317 \qquad x_4 = +1{,}8284$

2. $x_1 = 0{,}37089 \qquad x_2 = -1{,}19608$ $\quad$ **3.** $x_0 = 0{,}60527$

4. Mit $h/(15\text{ cm}) = u$ erhält man die Bestimmungsgleichung $u^3 - 3u^2 + 2{,}8 = 0$

$h_0 = 19{,}102$ cm

5. $\alpha = \pi/4$; max $s = v_0{}^2/g$

6. a) $b = d/\sqrt{3}$; $h = \sqrt{2/3}\,d$; $W = d^3/\left(9\sqrt{3}\right)$ b) $b = d/2$; $h = \sqrt{3}\,d/2$; $I = \sqrt{3}\,d^4/64$

7. $\tan 2\varphi_0 = -\dfrac{2 I_{xy}}{I_x - I_y}$, daraus die beiden Lösungen φ_{01} und φ_{02}. Die zugehörigen Trägheitsmomente sind extremal, eines ist minimal und eines ist maximal.

8. $b/h = \left(d/\sqrt{2}\right)\big/\left(d/\sqrt{2}\right)$ (Quadrat). **9.** $x = l/4$

10. $a = \sqrt{2} \cdot 15\ \text{m}/2 = 10{,}61\ \text{m}$; $b = \sqrt{2} \cdot 4{,}80\ \text{m}/2 = 3{,}39\ \text{m}$

11. a) $a = l/\sqrt{3}$ b) $a = l \cdot \left(\sqrt{3} - 1\right)/2$

12. $\max M = M(0{,}375\,l) = q\,l^2 \cdot 9/128 = 0{,}0703\,q\,l^2$
  $\max y = y(0{,}4215\,l) = q\,l^4/(184{,}6\,EI)$

13. $a = l \cdot 11/24$

14. $y = (x + 2)^2\,(x - 2)^2$ Nullstellen $x_1 = x_2 = -2$ $x_3 = x_4 = +2$
  Maximum $x_5 = 0$ $y_5 = 16$ Minimum $x_6 = -2$ $y_6 = 0$ $x_7 = 2$ $y_7 = 0$
  Wendepunkte $x_8 = -1{,}1547$ $y_8 = 7{,}1111$ $x_9 = 1{,}1547$ $y_9 = 7{,}1111$

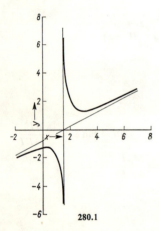

280.1

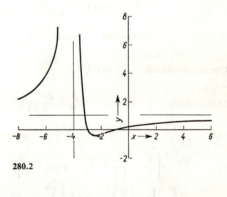

280.2

15. a) Keine Nullstellen, Unendlichkeitsstelle $x = 1{,}5$; Asymptote $y = x/2 - 3/4$
  Extremwerte $x_1 = 2{,}823$ $y_1 = 1{,}323$ $x_2 = 0{,}1771$ $y_2 = -1{,}323$; Bild **280.1**

  b) $y = \dfrac{(x + 1)\,(x + 3)}{(x + 4)^2}$ Asymptote $y = 1$ Nullstellen $x_1 = -1$ $x_2 = -3$

  Unendlichkeitsstelle $x = -4$ Extremwert $x_3 = -2{,}5$ $y_3 = -1/3$

  Wendepunkt $x_4 = -1{,}75$ $y_4 = -0{,}1852$ Bild **280.2**

  c) $y = \dfrac{2\,x\,\sqrt{(x - 3)\,(x - 1)}}{(x - 4)\,(x + 5)}$ für $1 < x < 3$ nicht definiert

  Asymptoten $y = 2$ für $x > 0$ $y = -2$ für $x < 0$

  Unendlichkeitsstellen $x_1 = 4$ $x_2 = -5$ Nullstellen $x_3 = 0$ $x_4 = 1$ $x_5 = 3$

Extremwerte $x_6 = 0,653$ $y_6 = -0,0628$ $x_7 = 11,74$ $y_7 = 1,756$ Bild **281.1**

d) $y = \dfrac{\sqrt[3]{x^2 - 1}}{\sqrt[6]{x + 2}}$ für $x \leqq -2$ nicht definiert

Unendlichkeitsstelle $x = -2$

Nullstelle $x_1 = -1$ $x_2 = 1$ (in diesen Punkten senkrechte Tangenten)

Extremwert $x_3 = -0,1315$ $y_3 = -0,896$ $y(0) = -0,891$

Wendepunkte $x_1 = -1$ $y_1 = 0$ $x_2 = 1$ $y_2 = 0$ $x_4 = -1,415$ $y_4 = 1,095$

für $x \to \infty$ strebt die Kurve gegen $y = \sqrt[6]{(x^2 + 2)(x - 2)}$;   Bild **281.2**

e) Nullstellen $x_1 = 1$ $x_2 = 2$

Extremwerte $x_3 = 1,232$ $y_3 = -0,01327$ $x_4 = 2,43$ $y_4 = 0,001259$

Wendepunkte $x_5 = 1,479$ $y_5 = -0,00886$ $x_6 = 2,85$ $y_6 = 0,000908$

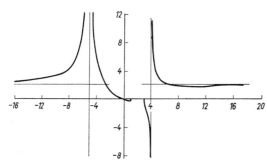

281.1

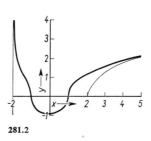

281.2

16. $\varrho = p$ **17.** $\varrho = 6,51$ m

18. $\varrho_1 = -1$; $\varrho_2 = \infty$; $\varrho_3 = +1$ **19.** $\varrho = 284$ m

20. a) $(x^2 + y^2)^2 = x^2 - y^2$. Die Kurve hat die Form des Zeichens ∞ und heißt Lemniskate.

b) $r = 4/(\sin \varphi + 3 \cos \varphi)$

21. Parabel $y^2 = 2p\,[x + (p/2)]$ Ellipse $(x - e)^2/a^2 + y^2/b^2 = 1$

Hyperbel $(x - e)^2/a^2 - y^2/b^2 = 1$

22. a) Erste senkrechte Tangente bei $\varphi = 49,3°$, erste waagerechte Tangente bei $\varphi = 116,2°$

$F = 2,58$ cm^2; $s = 4,16$ cm

b) Waagerechte Tangenten bei $\varphi = 0°$; $120°$; $240°$; senkrechte Tangenten bei $\varphi = 60°$; $180°$; $300°$; bei $\varphi = 0°$ unbestimmter Ausdruck mit dem Grenzwert Null (Spitze)

$F = 0,356\,(a^2/2) = 0,712$ cm^2; $s = -4a \cos(\varphi/2)$; $s\,(\pi/2) = 2,34$ cm

23. Kreis $x^2 + y^2 = r^2$

24. Nach unten geöffnete Parabel $y = x \tan \alpha - \dfrac{g}{2v_0^2 \cos^2 \alpha}\,x^2$

Wurfweite $\dfrac{v_0^2}{g} \sin 2\alpha$ Wurfhöhe $\dfrac{(v_0 \sin \alpha)^2}{2g}$

25. Ellipse $x^2/a^2 + y^2/b^2 = 1$ Nullstellen bei $x_1 = -a$ und $x_2 = +a$

horizontale Tangenten bei $P_3(0; +b)$ und $P_4(0; -b)$

vertikale Tangenten bei $P_5(-a; 0)$ und $P_6(+a; 0)$

26. $\tau = 0,5 = 28° 38' 52'' = 31,8310^g$

Abschnitt 7

1. a) $\sinh x = x + \dfrac{x^3}{3!} + \dfrac{x^5}{5!} + \cdots + \dfrac{x^{2n+1}}{(2n+1)!} \cosh x_m$

b) $\dfrac{1+x}{1-x} = 2\left[\dfrac{1}{2} + x + x^2 + x^3 + \cdots + \dfrac{x^{n+1}}{(1-x_m)^{n+2}}\right]$

c) $\dfrac{1}{x} = 1 - (x-1) + (x-1)^2 - (x-1)^3 + \cdots + (-1)^n \dfrac{(x-1)^n}{x_m^{n+1}}$

die Reihe konvergiert für $0 < x < 2$

2. $\arcsin x = x + \dfrac{1}{2}\dfrac{x^3}{3} + \dfrac{3 \cdot x^5}{2 \cdot 4 \cdot 5} + \dfrac{3 \cdot 5 \cdot x^7}{2 \cdot 4 \cdot 6 \cdot 7} + \cdots$ **3.** Gl. (168.1)

4. $\varphi = \dfrac{1}{2}\left[\dfrac{x}{l} - \dfrac{1}{3}\left(\dfrac{x}{l}\right)^3 + \dfrac{1}{5}\left(\dfrac{x}{l}\right)^5 - \cdots\right]$

5. $s = l\left[1 + \dfrac{2}{3}\left(\dfrac{h}{l}\right)^2 - \dfrac{2}{5}\left(\dfrac{h}{l}\right)^4 + \dfrac{4}{7}\left(\dfrac{h}{l}\right)^6 - \cdots\right]$

6. a) $\displaystyle\int_0^x \dfrac{\sin \xi}{\xi}\, d\xi = x - \dfrac{x^3}{3 \cdot 3!} + \dfrac{x^5}{5 \cdot 5!} - \dfrac{x^7}{7 \cdot 7!} + \cdots$

b) $\displaystyle\int_0^x \sqrt{1 + \xi^3}\, d\xi = x + \dfrac{x^4}{8} - \dfrac{x^7}{56} + \dfrac{x^{10}}{160} - \cdots$

c) $\displaystyle\int_{1/2\pi}^{1/\pi} \sin\left(\dfrac{1}{x}\right) dx = \ln x + \dfrac{1}{3! \, 2x^2} - \dfrac{1}{5! \, 4x^4} + \dfrac{1}{7! \, 6x^7} - \cdots \Big|_{0,1591}^{0,3183} = -0,4966 + 0,4002$

$\qquad = -0,0964$

7. a) $\dfrac{f'(5)}{g'(5)} = \dfrac{1}{2 \cdot \sqrt{14 - 5(2 \cdot 5)}} = \dfrac{1}{60}$ b) $\dfrac{f'(\pi)}{g'(\pi)} = \dfrac{4 \cdot \cos 4\pi}{2 \cdot \cos 2\pi} = 2$

c) $\sqrt[x]{x} = e^{(1/x)\ln x}$; $f(x) = \ln x$; $g(x) = x$; $\displaystyle\lim_{x \to \infty} \dfrac{f'(x)}{g'(x)} = \lim_{x \to \infty} \dfrac{1}{x} = 0$; $e^0 = 1$

Abschnitt 8

1. a) $f_x = \sin(x-y) + (x+y)\cos(x-y)$; $f_y = \sin(x-y) - (x+y)\cos(x-y)$

$f_{xx} = 2\cos(x-y) - (x+y)\sin(x-y)$; $f_{xy} = f_{yx} = (x+y)\sin(x-y)$

$f_{yy} = -2\cos(x-y) - (x+y)\sin(x-y)$

b) $f_x = \dfrac{a}{y}e^{x/y}$ $f_y = -\dfrac{ax}{y^2}e^{x/y}$ $f_{xy} = f_{yx} = -\dfrac{a}{y^2}\left(1 + \dfrac{x}{y}\right)e^{x/y}$

$f_{xx} = \dfrac{a}{y^2}e^{x/y}$ $f_{yy} = \dfrac{ax}{y^3}\left(2 + \dfrac{x}{y}\right)e^{x/y}$

2. $\tan \alpha = -8$; $\tan \beta = +12$

3. $\Delta z = m\, dx + 2ny\, dy + n\,(dy)^2$; $dz = m\, dx + 2ny\, dy$

4. a) $du = (\sin \omega t)\, du_m + u_m \cos \omega t\,(t\, d\omega + \omega\, dt)$

b) $d\varphi = \dfrac{R}{R^2 + (\omega L)^2}\left(L\, d\omega + \omega\, dL - \dfrac{\omega L}{R}\, dR\right)$

5. $y' = -\dfrac{2Ax + Cy + D}{2By + Cx + E}$

$y'' = -2 \dfrac{A(2By + Cx + E)^2 - C(2Ax + Cy + D)(2By + Cx + E) + B(2Ax + Cy + D)^2}{(2By + Cx + E)^3}$

6. a) $db = \dfrac{\sin\beta}{\sin\alpha}\,da - \dfrac{a\sin\beta\cos\alpha}{\sin^2\alpha}\,d\alpha + \dfrac{a\cos\beta}{\sin\alpha}\,d\beta$

b) $dc = \dfrac{(2a - 2b\cos\gamma)\,da + (2b - 2a\cos\gamma)\,db + 2ab\sin\gamma\,d\gamma}{2\sqrt{a^2 + b^2 - 2ab\cos\gamma}}$

7. $w_{xx} = \ln r^2 + 2x^2/r^2 + 1;\quad w_{yy} = \ln r^2 + 2y^2/r^2 + 1;\quad w_{xy} = 2xy/r^2$

8. $d(\Delta l) = \dfrac{P}{FE}\,dl + \dfrac{l}{FE}\,dP - \dfrac{lP}{F^2 E}\,dF$

Abschnitt 9

1. a) $z = 24{,}45\,e^{i\,209{,}2°}$ b) $z = 2{,}27\,e^{i\,72{,}8°}$ c) $z = 8{,}98\,e^{i\,87{,}6°}$

  d) $z = 6{,}34\,e^{i\,91{,}8°}$ e) $z = 3{,}37\,e^{-i\,36{,}0°}$ f) $z = 19{,}84\,e^{i\,112{,}4°}$

2. a) $z = -10{,}32 - i\,33{,}5$ b) $z = 17{,}71 - i\,23{,}8$ c) $z = 0{,}0945 + i\,9{,}02$

  d) $z = 2{,}96 - i\,2{,}17$ e) $z = -1{,}473 + i\,1{,}983$

3. $\cos 4\alpha = \cos^4\alpha - 6\cos^2\alpha\sin^2\alpha + \sin^4\alpha = 1 - 8\cos^2\alpha\sin^2\alpha;$

  $\sin 4\alpha = 4\cos^3\alpha\sin\alpha - 4\cos\alpha\sin^3\alpha = 4\sin\alpha\cos\alpha(\cos^2\alpha - \sin^2\alpha)$

4. $z = 3{,}93\,e^{i\,213{,}8°} = -3{,}27 - i\,2{,}19$ 5. $z = 0{,}00758\,e^{i\,91{,}69°} = -0{,}000224 + i\,0{,}00758$

6. $y = \sqrt{\dfrac{1}{2C - x^2}}\,;\quad y = \dfrac{1}{\sqrt{1 - x^2}}$ 7. $y = C\sqrt{1 + x^2};\quad y = \sqrt{1 + x^2}$

8. $y = \dfrac{1}{\cos x - C}\,;\quad y = \dfrac{1}{\cos x}$ 9. $y = (x + C)^2;\quad y = (x \pm 1)^2$

10. $y = C\,e^{-2x} + 0{,}25 + 0{,}5x;\quad y = \dfrac{1}{4}(3\,e^{-2x} + 1 + 2x)$

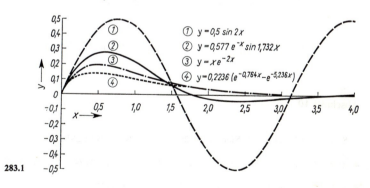

① $y = 0{,}5\sin 2x$
② $y = 0{,}577\,e^{-x}\sin 1{,}732x$
③ $y = x\,e^{-2x}$
④ $y = 0{,}2236\,(e^{-0{,}764x} - e^{-5{,}236x})$

283.1

11. a) $y = C_1\cos 2x + C_2\sin 2x;$ $y = 0{,}5\sin 2x$

  b) $y = e^{-x}(C_1\cos 1{,}732x + C_2\sin 1{,}732x);$ $y = 0{,}577\,e^{-x}\sin 1{,}732x$

  c) $y = (C_1 + C_2 x)\,e^{-2x};$ $y = x\,e^{-2x}$

  d) $y = C_1\,e^{-0{,}764x} + C_2\,e^{-5{,}236x};$ $y = 0{,}2236\,(e^{-0{,}764x} - e^{-5{,}236x})$, s. Bild **283.1**

12. $y = C_1 \cos 3x + C_2 \sin 3x + (9x^2 + 36x + 7)/81$

13. $y = e^{-x} (C_1 \cos x + C_2 \sin x) + (6 \sin 3x - 7 \cos 3x)/85$

14. $y = (C_1 + C_2 x) e^x + C_3 e^{-x} + C_4 e^{2x}$

15. $y = C_1 e^{-2x} + e^{-x} (C_2 \cos x + C_3 \sin x)$

16. $y_1 = 19 \, Pl^3/(2048 \, EI) \quad y_2 = 28 \, Pl^3/(2048 \, EI) \quad y_3 = 21 \, Pl^3/(2048 \, EI)$

17. Numerische Lösung $y_1 = -0{,}355 \quad y_2 = -0{,}673 \quad y_3 = -0{,}910$

Analytische Lösung $y = \dfrac{\sinh x}{\sinh 2} - x \quad y_1 = -0{,}356 \quad y_2 = -0{,}676 \quad y_3 = -0{,}913$

Fehler der Näherungslösung ungefähr $0{,}3\%$

18. 2 Stützstellen $P_{Ki} = 9 \, EI/l^2 \quad \Delta P_{Ki}/P_{Ki} = -0{,}088 = -8{,}8\%$

3 Stützstellen $P_{Ki} = 9{,}37 \, EI/l^2 \quad \Delta P_{Ki}/P_{Ki} = -5{,}1\%$

19. $P_{Ki} = q \, l = 16{,}87 \, EI/l^2$ **20.** $P_K = \dfrac{EI \, \pi^2}{(2l)^2} \quad y = a \, \dfrac{1 - \cos\left(\sqrt{\dfrac{P}{EI}}\, x\right)}{\cos\left(\sqrt{\dfrac{P}{EI}}\,\right)}$

21. $y(x) = \dfrac{q}{\lambda^2 P} \left(\dfrac{e^{\lambda x} + e^{\lambda l - \lambda x}}{e^{\lambda l} + 1} - 1 \right) + \dfrac{q}{2P} (lx - x^2)$

$M(x) = \dfrac{q}{\lambda^2} \left(1 - \dfrac{e^{\lambda x} + e^{\lambda l - \lambda x}}{e^{\lambda l} + 1} \right) \quad \text{mit} \quad \lambda^2 = P/(EI)$

22. Richtigkeit läßt sich bestätigen.

23. $y = P \cdot \dfrac{2\lambda}{bC_b} \cdot e^{-\lambda x} \cos(\lambda x) \quad \text{mit} \quad \lambda = \sqrt[4]{bC_b/(4 \, EI)}$

24. $y = \dfrac{M}{2 \, EI \, \lambda^2} [\sin(\lambda x) - \cos(\lambda x)] \quad \text{mit} \quad \lambda = \sqrt[4]{bC_b/(4 \, EI)}$

Abschnitt 10

1. Siehe Bild **285**.1 **2.** Siehe Bild **285**.2 **3.** Siehe Bild **285**.3

4. a) 9,869607 b) 31,006288 c) 57,29577 d) 0,0174533 e) 1,772454

5. a) 0,000 b) 21,242 c) 2140,12 d) − 1636,77

6. 3,141593 **7.** 0,965926 **8.** 1,60944

9. Berechnung und Druck einer Tafel einer ganzen rationalen Funktion n-ten Grades und deren erste Ableitung mit dem Horner-Schema

10.

```
'BEGIN'
'REAL' X, K;
K : = 0.01570796;
X : = SIN (33× K) × (4.5 × 4.5 + 3.6 'POWER' 3) 'POWER' (1/3)/
(COS (33 × K) × EXP (3));
OUTREAL (1, X);
'END';
```

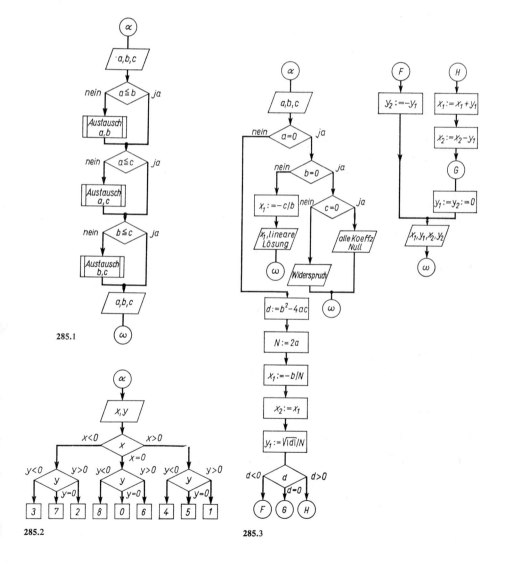

285.1

285.2   285.3

11. Ausdruck der Zahlen 25, 15, 20, 75

12.

```
'BEGIN' 'COMMENT' FLAECHEN- UND SCHWERPUNKTBERECHNUNG;
'INTEGER'N;
ININTEGER(0, N);
  'BEGIN' 'COMMENT' INNERER BLOCK;
  'INTEGER' I; 'REAL' F, SX, SY, XS, YS, FI;
  'ARRAY' X[1 : N + 1], Y[1 : N + 1];
  INARRAY (0, X); INARRAY (0, Y);
  F : = 0.0;   SX : = 0.0;   SY : = 0.0;
  'FOR' I : = 1' STEP' 1 'UNTIL' N 'DO'
    'BEGIN' FI  : = X[I] × Y[I + 1] + X[I + 1] × Y[I];
       F : = F + FI;
       SX : = SX + FI × (Y[I] + Y[I + 1]);
       SY : = SY + FI × (X[I] + X[I + 1]);   'END';
  F : = F/2;   SX : = SX/6;   SY : = SY/6;
  XS : = SY/F;   YS : = SX/F;
  OUTREAL (1, F);   OUTREAL (1, XS);   OUTREAL (1, YS);
  'END' INNERER BLOCK;
'END' PROGRAMM;
```

13. Berechnung und Ausgabe der Fläche einer polygonal begrenzten Fläche mit n Ecken (s. Abschn. 4.4.4, Gl. (64.7)). Reihenfolge der Eingabe: 1. ganzzahliges n, 2. alle x-Koordinaten der Eckpunkte, 3. alle y-Koordinaten der Eckpunkte; die Koordinaten des ersten Punktes werden jeweils wiederholt.

Abschnitt 11

1. a) $\bar{x} = 855,92\,\Omega$; $s = 5,53\,\Omega$; normalverteilte Grundgesamtheit
   b) $\bar{x} = 5,6588$ mm; $s = 0,0158$ mm; normalverteilte Grundgesamtheit

2. a) 39,985 mm $\leqq \mu \leqq$ 40,075 mm   b) 40,017 mm $\leqq \mu \leqq$ 40,043 mm

3. a) $\bar{x} = 346,9$ kp/cm^2; $s = 42,3$ kp/cm^2; $x_{5\%} = 266,5$ kp/cm^2
   b) $\bar{x} = 446,4$ kp/cm^2; $s = 44,5$ kp/cm^2; $x_{5\%} = 375,0$ kp/cm^2

Abschnitt 12

1. $s_w = 0,00066^g$; $s_\alpha = 0,00038^g$

2. $F = 50,52$ mm$^2 \pm 0,25$ mm^2 $\Delta F/F = 0,5\%$ **3.** $\Delta e/e = 0,7\%$

4. $c = 50,00$ m $\pm 2,2$ cm   **5.** max $\Delta l = 0,1$ mm

6. $e = 232,19$ m $\pm 4,5$ cm   max $\Delta e = 6,5$ cm   **7.** $c = 330,23$ m $\pm 2,4$ cm

8. $s_F = 5,4$ m^2 $F = 1024$ m$^2 \pm 2,2$ m^2 **9.** $s_0 = 15$ mm $l = 49,999$ m $\pm 3,5$ mm

Abschnitt 13

Zur Überprüfung die Ausarbeitung von Punkt 3: Netzplan MPM (Bild **287**.1).

1. 172 Tage

2. A−B−C−E−K−G−S−N−O−P−Q−R−AB

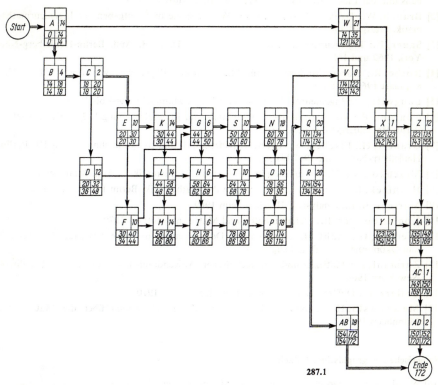

287.1

3. 16−0−4−8−0−107−20

4. 12−0−4−8−0−87−0

5. Einsparung von 20 Tagen, Endtermin: 152 Tage

6. a) bei Einsatz der zweiten Kolonne für O oder P: Endtermin: 144 Tage

    b) bei Einsatz der zweiten Kolonne als Zusatzkapazität für O und P nach Erfordernis: Endtermin 135 Tage

7. In der ursprünglichen Situation (Frage 1) Verkürzung des Endtermins von 172 auf 154 Tage

Weiterführendes Schrifttum

Allgemeine höhere Mathematik

[1] Brauch, W.; Dreyer, H.-J.; Haacke, W.: Mathematik für Ingenieure des Maschinenbaus und der Elektrotechnik. Tl. 1 bis 3. 3. Aufl. Stuttgart 1971

[2] Brauch, W.; Dreyer, H.-J.; Haacke, W.: Beispiele und Aufgaben zur Ingenieurmathematik. Stuttgart 1965

[3] Sauer, R.: Ingenieurmathematik. Tl. I, 4. Aufl. Tl. II, 3. Aufl. Berlin-Heidelberg-New York 1969 und 1968

[4] Rothe, R.: Höhere Mathematik für Mathematiker, Physiker, Ingenieure. Tl. I bis VII. Stuttgart 1960 bis 1969

[5] Laugwitz, D.: Ingenieurmathematik. Tl. I bis V. Mannheim 1964 bis 1967

[6] Courant, R.: Vorlesungen über Differential- und Integralrechnung I. 3. Aufl. 3. Nachdr. Berlin-Heidelberg-New York 1970

[7] Grauert, H.; Fischer, W.; Lieb, I.: Differential- und Integralrechnung I bis III. Berlin-Heidelberg-New York 1967 bis 1970

[8] Meschkowski, H.: Einführung in die moderne Mathematik. 2. Aufl. Mannheim 1966

[9] Hornfeck, B.; Lucht, L.: Einführung in die Mathematik. Berlin 1970

[10] Martensen, E.: Analysis I, II. Mannheim 1969

[11] Kochendörffer, R.: Determinanten und Matrizen. Stuttgart 1970

[12] Dietrich, G.; Stahl, H.: Matrizen und Determinanten und ihre Anwendung in Technik und Ökonomie. 3. Aufl. Leipzig 1970

[13] Zurmühl, R.: Matrizen und ihre technischen Anwendungen. 4. Aufl. Berlin-Heidelberg-New York 1964

[14] Collatz, L.: Differentialgleichungen. 4. Aufl. Stuttgart 1970

[15] Meschowski, H.; Laugwitz, D. (Hrsg.): Meyers Handbuch über die Mathematik. Mannheim 1967

Numerische und graphische Methoden

[16] Noble, B.: Numerisches Rechnen I, II. Mannheim 1966/72

[17] Stiefel, E.: Einführung in die numerische Mathematik. 4. Aufl. Stuttgart 1970

[18] Zurmühl, R.: Praktische Mathematik für Ingenieure und Physiker. 5. Aufl. Berlin-Heidelberg-New York 1965

[19] Werner, H.: Praktische Mathematik I. Berlin-Heidelberg-New York 1970

[20] Heinhold, J.; Gaede, K. W.: Ingenieurstatistik. 2. Aufl. München 1968

[21] Hengst, M.: Einführung in die mathematische Statistik und ihre Anwendung. Mannheim 1967

[22] Wallis, W. A.; Roberts, H. V.: Methoden der Statistik. 2. Aufl. Freiburg/Br. 1963.

[23] Hartwig, G.: Einführung in die Fehler- und Ausgleichsrechnung. München 1967

[24] Niemeyer, G.: Einführung in die lineare Planungsrechnung. Berlin 1968

[25] Müller-Merbach, H.: Operations Research. München 1970

[26] Künzi, H. P.; Tzschach, H. G.; Zehnder, G. A.: Numerische Methoden der mathematischen Optimierung. Stuttgart 1967

[27] Henn, R.; Künzi, H. P.: Einführung in die Unternehmensforschung I, II. Berlin-Heidelberg-New York 1968

[28] Wille, H.; Gewald, K.; Weber, H. D.: Netzplantechnik I: Zeitplanung. 2. Aufl. München 1967

Datenverarbeitung

[29] Stender, R.; Schuchardt, W.: Der moderne Rechenstab. 9. Aufl., Frankfurt 1967

[30] Petry, S.: Stabrechnen, Faber-Castell 1970

[31] Bauer, F. L.; Heinhold, J.; Samelson, K.; Sauer, R.: Moderne Rechenanlagen. Stuttgart 1965

[32] Schneider, H. J.; Jurksch, D.: Programmierung von Datenverarbeitungsanlagen. Berlin 1967

[33] Dworatschek, S.: Einführung in die Datenverarbeitung. 4. Aufl. Berlin 1971

[34] Weyh, U.; Schecher, H.: Ziffernrechenautomaten. München 1968

[35] Herschel, R.: Anleitung zum praktischen Gebrauch von ALGOL 60. 5. Aufl. München 1971

[36] Herschel, R.: ALGOL-Übungen. München 1968

[37] Spieß, W. E.; Rheingans, F. G.: Einführung in das Programmieren in FORTAN. 2. Aufl. Berlin 1971

[38] Müller, K. H.; Streker, J.: FORTRAN IV. Mannheim 1967

[39] Klein, G.: Einführung in die Programmiersprache FORTRAN IV. 2. Aufl. Berlin 1969

[40] Bates, F.; Douglas, M. L.; Gritsch, R.: PL/1. 3. Aufl. München 1971

[41] Weyh, U.: Elemente der Schaltalgebra. 5. Aufl. München 1968

[42] Heinhold, J.; Kulisch, U.: Analogrechnen. Mannheim 1969

[43] Schwartz, H.: Elektrische Analogrechner. Stuttgart 1962

[44] Mahrenholtz, O.: Analogrechnen in Maschinenbau und Mechanik. Mannheim 1968

Bau- und Vermessungswesen

[45] Wendehorst, R.: Bautechnische Zahlentafeln. 16. Aufl. Stuttgart 1970

[46] Kersten, R.: Das Reduktionsverfahren der Baustatik. Berlin-Göttingen-Heidelberg 1962

[47] Lesniak, Z.: Methoden der Optimierung von Konstruktionen. Berlin-München-Düsseldorf 1970

[48] Schreyer, C.; Ramm, H.; Wagner, W.: Praktische Baustatik. Teil IV. 2. Aufl. Stuttgart 1968

[49] Hammer, E.: Lehr- und Handbuch der ebenen und sphärischen Trigonometrie. 5. Aufl. Stuttgart 1923

[50] Sigl, R.: Ebene und sphärische Trigonometrie. Frankfurt 1969

[51] Wagner, K.: Kartografische Netzentwürfe. 2. Aufl. Mannheim 1962

[52] Mühlig, F.: Grundlagen und Beobachtungsverfahren der astronomisch-geodätischen Ortsbestimmung. Berlin 1960.

[53] Großmann, W.: Geodätische Rechnungen und Abbildungen in der Landesvermessung. 2. Aufl. Stuttgart 1964

[54] Großmann, W.: Grundzüge der Ausgleichsrechnung. 3. Aufl. Berlin-Heidelberg-New York 1968

[55] Jordan, W.; Eggert, O.; Kneissl, M.: Handbuch der Vermessungskunde. 12 Bde. Stuttgart 1956 bis 1970

[56] Volquardts, K.; Matthews, K.: Vermessungskunde. Teil I, 22. Aufl. Stuttgart 1967

[57] Wagner, G.: Die Anwendung der Netzplantechnik (CPM, PERT) in der Bauwirtschaft durch Unternehmer, Bauträger, Ingenieure und Architekten. 2. Aufl. Wiesbaden-Berlin 1966

[58] Jurecka, W.: Netzwerkplanung im Baubetrieb. Wiesbaden-Berlin 1967

Tafeln

[59] Schülkes Tafeln. Funktionswerte, Zahlenwerte, Formeln. 51. Aufl. Stuttgart 1971

[60] Rottmann, K.: Mathematische Funktionstafeln. Mannheim 1962

[61] Rottmann, K. (Hrsg.): Meyers Großer Rechenduden II. Mannheim 1964

[62] Hayashi, K.: Fünfstellige Tafeln der Kreis- und Hyperbelfunktionen. Berlin 1960.

[63] Lösch, F.: Siebenstellige Tafeln der elementaren transzendenten Funktionen. Berlin-Göttingen-Heidelberg 1954

[64] Gröbner, W.; Hofreiter, N.: Integraltafeln. I. Unbestimmte Integrale. 4. Aufl. Wien 1965

[65] Kasper, H.; Schürba, W.; Lorenz, H.: Die Klotoide als Trassierungselement. 4. Aufl. Hannover-Hamburg-Kiel-München 1968

Sachverzeichnis

Teubner-Fachbücher für den Bauingenieur

Städtebau

Von Baudirektor Dipl.-Ing. W. Müller, Nienburg, u.a. Mitarbeiter

XII, 474 Seiten mit 227 Bildern und 68 Tafeln, davon 8 Seiten 7farbig. Geb. DM 48,-

Schulze/Simmer: Grundbau

Neubearbeitet von Dozent Dr.-Ing. K. Simmer, Koblenz

14., erweiterte Auflage. X, 329 Seiten mit 429 Bildern und 38 Tafeln. Ln. DM 32,-

Hentze/Timm: Wasserbau

Von Regierungsbaudirektor Dipl.-Ing. J. Timm, Tübingen

14., neubearbeitete Auflage. VIII, 315 Seiten mit 462 Bildern und 39 Tafeln. Ln. DM 38,20

Dahlhaus/Damrath: Wasserversorgung

Bearbeitet von Baudirektor Dipl.-Ing. H. Damrath, Suderburg

5., überarbeitete Auflage. VI, 177 Seiten mit 210 Bildern und 47 Tafeln. Ln. DM 23,80

Hosang/Bischof: Stadtentwässerung

Bearbeitet von Dozent Dipl.-Ing. W. Bischof, Kiel

5., neubearbeitete und erweiterte Auflage. VII, 245 Seiten mit 229 Bildern und 48 Tafeln. Kart. DM 36,-

Hydromechanisches Berechnen

Formeln, Tafeln, Einsatz von Kleincomputern

Von Regierungsbaudirektor Dipl.-Ing. J. Timm, Tübingen, unter Mitwirkung von Baumeister H. W. Fritz, Mainz

2., überarbeitete und erweiterte Auflage. VIII, 148 Seiten mit 86 Bildern, 70 Tafeln und 35 Beispielen. Kart. DM 36,-

Preisänderungen vorbehalten